Library of Congress Cataloging-in-Publication Data

Efimov, Oleg P.
    Dictionary of mathematics. Russian–Engish/Oleg P. Efimov.
      p. cm.
    ISBN 0-8493-4456-5
    1. Mathematics–Dictionaries–Russian.   2. Russian language–Dictionaries–English.   I. Title.
    QA5.E33   1992
    510'.3—dc20
                              92-32734
                                CIP

This book represents information obtained from authentic and highly regarded sources. Reprinted material is quoted with permission, and sources are indicated. A wide variety of references are listed. Every reasonable effort has been made to give reliable data and information, but the author and the publisher cannot assume responsibility for the validity of all materials or for the consequences of their use.

Neither this book nor any part may be reproduced or transmitted in any form or by any means, electronic or mechanical, including photocopying, microfilming, and recording, or by any information storage and retrieval system, without permission in writing from the publisher.

Direct all inquiries to CRC Press, Inc., 2000 Corporate Blvd., N.W., Boca Raton, Florida, 33431.

© 1993 by CRC Press, Inc.

International Standard Book Number 0-8493-4456-5

Library of Congress Card Number 92-32734

Printed in the United States of America 1 2 3 4 5 6 7 8 9 0

Printed on acid-free paper

Preface

This Russian–English mathematics dictionary is the first of its kind relative to the size and scope of material presented. It embraces all the major branches of mathematics, from elementary topics to advanced studies in topology and higher algebra. Containing more than 27,000 entries, it thus exceeds in capacity any other bilingual mathematical dictionary or encyclopedia currently in use. By systematic and detailed study of mathematical terminology, the author has compiled a volume that will be an important contribution to the field of bilingual research in scientific terminology.

Selection of dictionary terms was based either on their importance established by authoritative sources, such as the Russian *Matematicheskaya entsiklopediya* and M.I.T.'s *Encyclopedic Dictionary of Mathematics*, or on their sufficiently high frequency of occurrence determined by the largest possible sample of mathematical terms. The sample sources included English math terminology compiled by researchers in the field of English philology, and the computer program CompuMath containing millions of terms and a continually renewed memory. The bibliographies and references of the volumes mentioned were scrutinized as well as the textbooks and monographs cited in their papers. Altogether these additional sources yielded thousands of titles from which to draw mathematical terms for evaluation and comparison.

The author concentrated on recording contemporary changes in mathematical terminology as well as recently introduced terms without neglecting the history of mathematics or foreign words. Particular importance was attached to the inclusion of terms related to the newest branches of mathematics such as the theories of games, trees, and knots or braids.

This work differs in another respect from the available dictionaries of mathematics in its grouping of the terms within articles under the principal term in question rather than alphabetically. Special attention has been given to numerous synonyms. In some rare cases where a suitable Russian term could not be provided, a definition or exact description has been given.

The *Russian–English Dictionary of Mathematics* is a comprehensive vocabulary aid for present-day readers or writers of Russian mathematical literature. It may prove useful also for translators of mathematical and scientific texts into English.

The Author

Oleg P. Efimov is a lecturer on English mathematical terminology for the United Nations Educational, Scientific, and Cultural Organization (UNESCO) in Moscow, where he teaches a special experts course for UNESCO students at the Teachers' Training University.

A mathematician by education, Dr. Efimov has taught mathematics in Africa for UNESCO and has translated into English several important Russian math monographs. His doctoral dissertation was devoted to the prefix system in the sublanguage of mathematics in contemporary English.

RUSSIAN–ENGLISH DICTIONARY OF MATHEMATICS

~ stands for main entry

◊ illustrates word in context

абак abac(us)
абацист abacist
абелев Abelian
абелевость Abelianness
абелизация Abelization, Abelianization
абсолют absolute
~ **пространства** absolute of a space
абсолютный absolute
абстрагировать abstract
абстрактно abstractly
абстрактный abstract
абстракция abstraction
λ- ~ lambda-abstraction
абсцисса abscissa; x-coordinate
~ **ограниченности** abscissa of boundedness
~ **регулярности** abscissa of regularity
~ **сходимости** abscissa of convergence
~ **устойчивости** abscissa of stability
спектральная ~ spectral abscissa
авария breakdown
авто- auto-
автодуальный self(-)dual, auto(-)dual
автоковариация auto(-)covariance (function)
автокод auto(-)code
автокорреляция auto(-)correlation (function)
автомат automaton; machine
~ **без памяти** automaton without memory
~ **без потери информации** information-lossless automaton
~ **над деревьями** generalized automaton, automaton on trees
~ **над термами** generalized automaton, automaton on trees
~ **с линейной тактикой** linear-strategy automaton
~ **с магазинной памятью** pushdown automaton, pushdown acceptor
~ **с памятью** automaton with memory
~ **с переменной структурой** variable-structure automaton
МП- ~ pushdown automaton, pushdown acceptor
абстрактный ~ abstract automaton
автономный ~ autonomous automaton
асимптотически оптимальный ~ asymptotically optimal automaton
асинхронный ~ asynchronous automaton
вероятностный ~ probabilistic automaton, stochastic automaton
групповой ~ group automaton
двусторонний ~ two-way automaton
детерминированный ~ deterministic automaton
дискретный ~ discrete automaton
клеточный ~ cellular automaton, tesselation automaton
конечный ~ finite automaton
линейный ~ linear automaton
минимальный ~ minimal automaton

автомат *(continued)*
  недетерминированный ~ non(-)deterministic automaton
  нечёткий ~ fuzzy automaton
  обобщённый ~ generalized automaton, automaton on trees
  обратимый ~ information-lossless automaton
  обучающий ~ learning automaton
  перестановочный ~ group automaton
  последовательный ~ sequential machine
  приведённый ~ minimal automaton
  реальный ~ real machine
  свободный ~ free automaton
  циклический ~ cyclic automaton
автоматизация automatization
автоматизировать automatize
автоматически automatically
автоматический automatic
автоматичность automaticity
автомодельность auto(-)modality
автоморфизм automorphism
  ~ **алгебры** automorphism of an algebra
  ~ **Бернулли** Bernoullian automorphism
  ~ **группы** automorphism of a group
  ~ **кольца** automorphism of a ring
  ~ **конечного порядка** automorphism of finite order
  ~ **подалгебры** automorphism of a subalgebra
  ~ **поля** automorphism of a field
  ~ **пространства** automorphism on a space
  ~ **тора** automorphism of a torus
  k- ~ k-automorphism
  R- ~ R-automorphism
  апериодический ~ aperiodic automorphism
  внешний ~ outer automorphism
  внутренний ~ inner automorphism
  гиперболический ~ hyperbolic automorphism
  главный ~ principal automorphism
  голоморфный ~ holomorphic automorphism
  групповой ~ group automorphism
  изоморфный ~ isomorphic automorphism
  инверсный ~ inverse automorphism
  инволютивный ~ involutive automorphism
  интегральный ~ special automorphism
  кватернионный ~ quaternionic automorphism
  контраградиентный ~ contragredient automorphism
  метрически изоморфные ~ ы metrically isomorphic automorphisms
  метрический ~ metric automorphism
  нормальный ~ normal automorphism
  операторный ~ operator automorphism
  относительный ~ relative automorphism
  регулярный ~ regular automorphism
  свободный ~ free automorphism
  скрещённый ~ crossed automorphism
  сопряжённый ~ adjoint of an automorphism
  специальный ~ special automorphism
  структурный ~ lattice automorphism, structural automorphism
  тождественный ~ identity automorphism
  формульный ~ automorphism definable by formulas
  целочисленный ~ automorph
  экспансивный ~ expansive automorphism
  элементарный ~ elementary automorphism

эргодический ~ ergodic automorphism
автоморфность automorphy
автоморфный automorphic
автономность autonomy
автономный autonomous
автополярный self(-)polar
авторегрессионный auto(-)regressive
авторегрессия auto(-)regression
агвинея (Ньютона) anguinea
агглютинативный agglutinating
агрегат aggregate
   ~ функций aggregate of functions, set of functions
   линейный ~ linear aggregate
агрегатный aggregative
агрегация aggregation
адаптация adaptation
адаптированный adapted
аддитивно additively
аддитивность additivity
   ~ вероятности additivity of probability
   ~ интеграла additivity of an integral
   ~ меры additivity of a measure
   ~ объёма additivity of volume
   σ- ~ sigma-additivity
   полная ~ complete additivity
   счётная ~ countable additivity
аддитивный additive
   G- ~ G-additive
   вполне ~ completely additive
адекватный adequate
адель adele
   главный ~ principal adele
адиабата adiabatic curve
адиабатический adiabatic
адиабатность adiabaticity
адический adic
   p- ~ p-adic
адъюнкта co(-)factor, algebraic(al) complement
азарт hazard
азимут bearing
азимутальный azimuthal

аксиально axially
аксиально-симметричный axis(-)symmetric(al)
аксиальный axial
аксиом‖а axiom ◊ **~ верна для сложения** axiom holds for addition
   ~ T_0 T_0-separation axiom
   ~ T_1 T_1-separation axiom
   ~ T_2 T_2-separation axiom
   ~ T_3 T_3-separation axiom, axiom of regularity
   ~ T_4 T_4-separation axiom, normality axiom
   ~ аддитивности additivity axiom
   ~ Архимеда Archimedian axiom
   ~ бесконечности axiom of infinity; principle of infinity
   ~ возвратной математической индукции axiom of complete induction
   ~ выбора axiom of choice
   ~ выделения axiom of set construction; axiom of comprehension
   ~ вырезания excision axiom
   ~ гомотопии homotopy axiom
   ~ движения axiom of free mobility
   ~ Евдокса Archimedian axiom
   ~ замены axiom of replacement
   ~ замыкания closure axiom
   ~ инвариантности invariance axiom
   ~ индукции axiom of (mathematical) induction
   ~ Колмогорова T_0-separation axiom
   ~ конгруэнтности congruence axiom
   ~ конструктивности axiom of constructivity
   ~ Куратовского closure axiom
   ~ линейного пространства condition for a linear space
   ~ линейной полноты axiom of linear completeness
   ~ мажоранты axiom of domination, axiom D
   ~ математической индукции axiom of (mathematical) induction

аксиом‖**а** *(continued)*
- ~ **меры углов** protractor postulate
- ~ **метрики** metric axiom
- ~ **непрерывности** axiom of continuity; cut axiom
- ~ **нормальности** T_4-separation axiom, normality axiom
- ~ **нормы** property of a norm; norm axiom
- ~ **о делении плоскости на две полуплоскости** plane-separation axiom
- ~ **объёмности** axiom of extensionality
- ~ **определённости** axiom of determination
- ~ **отделимости** separation axiom
- ~ **параллельности Евклида** parallel axiom, axiom of parallelism, axiom of parallels, Playfair('s) axiom
- ~ **пары** axiom of pairing
- ~ **планиметрии** axiom for plane geometry
- ~ **подстановки** axiom of replacement
- ~ **полной математической индукции** axiom of complete induction
- ~ **полноты** axiom of completeness
- ~ **положительности** axiom of positivity
- ~ **порядка** axiom of order(ing)
- ~ **принадлежности** incidence axiom
- ~ **равенства** axiom of equality
- ~ **размерности** dimension axiom
- ~ **разрешимости** axiom of resolutivity
- ~ **расположения точек на прямой** axiom of order(ing)
- ~ **регулярности** T_3-separation axiom, axiom of regularity
- ~ **свёртывания** convolution axiom, axiom of comprehension
- ~ **сводимости** axiom of reducibility
- ~ **симметрии** axiom of symmetry
- ~ **ы скалярного произведения** properties of inner product
- ~ **степени** axiom of power set
- ~ **суммы** axiom of sum set, sum axiom, axiom of union
- ~ **существования** existence axiom
- ~ **сходимости** axiom of convergence
- ~ **счётности** axiom of countability, axiom of denumerability
- ~ **тождества** axiom of identity
- ~ **точности** exactness axiom
- ~ **треугольника** triangle axiom
- ~ **фундирования** axiom of foundation
- ~ **Хаусдорфа** T_2-separation axiom
- **высшая** ~ higher axiom
- **групповая** ~ group axiom
- **логическая** ~ logical axiom
- **математическая** ~ mathematical axiom
- **независимая** ~ independent axiom
- **нелогическая** ~ non(-)logical axiom
- **неявная** ~ implicit axiom
- **проективная** ~ projective axiom
- **пространственная** ~ axiom for space

аксиоматизация axiomatization
аксиоматизированный axiomatized
аксиоматизировать axiomatize
аксиоматизируемость axiomatizability
аксиоматизируемый axiomatizable
- **конечно** ~ finitely axiomatizable

аксиоматика axiomatics
- ~ **теории** axiomatics of a theory

аксиоматически axiomatically
аксиоматический axiomatic
аксоид axoid
аксонометрия axonometry; axonometric projection
- **косоугольная** ~ oblique axonometry
- **нормальная** ~ orthogonal axonometry, normal axonometry

ортогональная ~ orthogonal axonometry, normal axonometry
активный active
актуальный actual
акцептор acceptor
алгебр∥а *см. тж.* **адгебра Ли** algebra ◊ **~ A локально обладает свойством P** algebra A is locally P; **~ A резидуально обладает свойством P** algebra A is residually P
- **~ Брауэра** Brouwerian algebra; Brouwerian lattice
- **~ гомологий** homology algebra
- **~ Грассмана** Grassmann('s) algebra, exterior algebra
- **~ дикого типа** algebra of wild type
- **~ инцидентности** incidence algebra
- **~ квазилокальных наблюдаемых** algebra of quasi(-)local observables
- **~ кватернионов** algebra of quaternions
- **~ когомологий** cohomology algebra
- **~ комплексных умножений** algebra of endomorphisms
- **~ конечного типа** algebra of finite order, finite-type algebra
- **~ логики** logical algebra, two-valued logic
- **~ лупы** loop algebra
- **~ Мальцева** Moufang-Lie algebra
- **~ матриц** matrix algebra
- **~ мер** measure algebra
- **~ многочленов** algebra of polynomials
- **~ множеств** algebra of sets
- **~ над полем** algebra over a field
- **~ октав** algebra of Cayley, algebra of octaves
- **~ отношений** algebra of relations, relation(al) algebra
- **~ по модулю оператора** algebra modulo an operator
- **~ представленческого типа** algebra of representation type
- **~ преобразований** algebra of transformations
- **~ ростков** algebra of germs
- **~ ручного типа** tame algebra
- **~ с ассоциативными степенями** power-associative algebra
- **~ с делением** division algebra
- **~ с единицей** algebra with identity
- **~ с замыканием** closure algebra
- **~ с инволюцией** algebra with involution, involutory algebra
- **~ с операторами** algebra with operators
- **~ с полиномиальным тождеством** algebra with a polynomial identity
- **~ связей** relationship algebra
- **~ со сверткой** convolution algebra
- **~ событий** algebra of events, Borel('s) algebra, sigma-algebra, completely additive class, Borel('s) class, sigma-field
- **~ типа I** algebra of type I; algebra I
- **~ типа III** purely infinite von Neumann algebra
- **~ умножений** multiplication algebra
- **~ функций** algebra of functions
- **~ Хопфа** bi(-)algebra, Hopf('s) algebra, hyper(-)algebra
- **~ чисел Кэли** algebra of Cayley, algebra of octaves
- **~ чисто бесконечного класса** algebra of purely infinite class
- **~ эндоморфизмов** algebra of endomorphisms

A- ~ A-algebra
B-полная ~ B-complete algebra
B*- ~ B*-algebra, C*-algebra
BL- ~ binary Lie algebra
C*- ~ B*-algebra, C*-algebra
CCR- ~ CCR-(type) algebra
p- ~ p-algebra

алгебр‖а *(continued)*
  p-адическая ~ p-adic algebra
  P- ~ P-algebra
  PJ- ~ PJ-algebra
  σ- ~ sigma-algebra
  W*- ~ W*-algebra
  абелева ~ Abelian algebra
  абсолютно свободная ~ absolutely free algebra
  абстрактная ~ abstract algebra
  алгебраическая ~ algebraic(al) algebra
  алгоритмическая ~ algorithmic algebra
  альтернативная ~ alternative algebra
  аннуляторная ~ annihilator algebra
  антикоммутативная ~ anti(-)commutative algebra
  арифметическая ~ arithmetic(al) algebra
  артинова ~ Artinian algebra
  ассоциативная ~ associative algebra
  атомическая ~ atomic algebra
  аффинно полная ~ affine complete algebra
  аффиноидная ~ affinoid algebra
  банахова ~ Banach('s) algebra, B-algebra
  бесконечно удалённая ~ algebra at infinity
  бинарно лиева ~ binary Lie algebra
  бипроективная ~ bi(-)projective algebra
  борелевская ~ Borel('s) algebra, sigma-algebra, completely additive class, Borel('s) class, sigma-field
  булева ~ Boolean algebra; Boolean lattice
  векторная ~ vector algebra
  векторно-матричная ~ vector matrix algebra, split algebra
  вещественная ~ real algebra
  внешняя ~ Grassmann('s) algebra, exterior algebra
  вполне регулярная ~ completely regular algebra
  выпуклая ~ convex algebra
  высшая ~ higher algebra
  вычислительная ~ numerical algebra
  гамильтонова ~ Hamiltonian algebra
  геометрическая ~ geometric(al) algebra
  гильбертова ~ Hilbert('s) algebra
  гиперконечная ~ hyper(-)finite algebra
  гомологическая ~ homological algebra
  градуированная ~ graded algebra
  градуированно-коммутативная ~ commutative graded algebra
  групповая ~ algebra of a group
  двойственная ~ dual algebra
  диск- ~ disk algebra
  дистрибутивная ~ non(-)associative algebra, distributive algebra
  дифференциальная ~ differential algebra
  дополненная ~ augmented algebra
  дуальная ~ dual algebra
  изоморфные ~ы isomorphic algebras
  инволютивная ~ involutive algebra, star algebra
  индуцированная ~ induced algebra
  исключительная ~ exceptional algebra
  йорданова ~ Jordan('s) algebra
  кардинальная ~ cardinal algebra
  квазифробениусова ~ quasi-Frobenius algebra
  классическая ~ classical algebra
  клиффордова ~ Clifford's algebra
  коммутативная ~ commutative algebra
  компактная ~ compact algebra
  комплексная ~ complex algebra

алгебра

композиционная ~ composition algebra
конечная ~ finite algebra
конечно определённая ~ finitely generated algebra
конечно порождённая ~ finitely generated algebra
конечномерная ~ finite-dimensional algebra
контактная ~ contact algebra
контравариантная ~ contravariant algebra
конформная ~ conformal algebra
лиева ~ Lie algebra
линейная ~ linear algebra
локальная ~ local algebra
локально выпуклая ~ locally convex algebra
локально конечная ~ locally finite algebra
максимальная ~ maximal algebra
матричная ~ matrix algebra
медиальная ~ medial algebra
минимальная ~ minimal algebra
модулярная ~ modular algebra
монадическая ~ monadic algebra
моноунарная ~ unar algebra
муфанг-лиева ~ Moufang-Lie algebra
наименьшая ~ smallest algebra
насыщенная ~ saturated algebra
неассоциативная ~ non(-)associative algebra, distributive algebra
некоммутативная ~ non(-)commutative algebra
некомпактная ~ non(-)compact algebra
непрерывная ~ continuous algebra
неприводимая ~ irreducible algebra
неразложимая ~ irreducible algebra, indecomposable algebra
нётерова ~ Noetherian algebra
нильпотентная ~ nilpotent algebra
нормальная ~ normal algebra
нормированная ~ normed algebra
обёртывающая ~ enveloping algebra
обобщённая ~ generalized algebra
общая ~ general algebra
ограниченная ~ restricted algebra
однородная ~ homogeneous algebra
однорядная ~ uniserial algebra
ортогональная ~ orthogonal algebra
относительная ~ relative algebra
перемешанная ~ shuffle algebra
подпрямо неразложимая ~ sub(-)directly irreducible algebra
полиадическая ~ polyadic algebra
полилинейная ~ multi(-)linear algebra
полиномиальная ~ polynomial algebra
полная ~ complete algebra, full algebra, total algebra
полугрупповая ~ semigroup algebra
полуконечная ~ semi(-)finite algebra
полупростая ~ semi(-)simple algebra
порождённая ~ generated algebra
правоальтернативная ~ right(-)alternative algebra
приведённая ~ reduced algebra
примальная ~ primal algebra
присоединённая ~ adjoint algebra
проективная ~ projective algebra
простая ~ simple algebra
псевдобулева ~ pseudo-Boolean algebra
равномерная ~ uniform algebra, function algebra
радикальная ~ radical algebra
разрешимая ~ solvable algebra
расщепляемая ~ vector matrix algebra, split algebra

алгебр‖а *(continued)*
  регулярная ~ regular algebra
  редуцированная ~ reduced algebra
  самосопряжённая ~ self(-)adjoint algebra
  свободная ~ free algebra
  связная ~ connected algebra
  сепарабельная ~ separable algebra
  символическая ~ symbolic algebra
  симметрическая ~ symmetric(al) algebra
  симметричная ~ symmetric(al) algebra
  скрученная ~ twisted algebra
  слабозамкнутая ~ weakly closed algebra
  собственно бесконечная ~ фон Неймана типа II properly infinite type II algebra
  современная ~ modern algebra
  сопряжённая ~ adjoint algebra
  специальная ~ special algebra
  спинорная ~ spinor algebra
  строго полная ~ strictly complete algebra
  строго функционально полная ~ primal algebra
  структурно-упорядоченная ~ lattice-ordered algebra
  тензорная ~ tensor algebra
  тернарная ~ ternary algebra
  топологическая ~ topological algebra
  топологическая простая ~ topologically simple algebra
  унарная ~ unary algebra
  универсальная ~ universal algebra
  унитарная ~ unitary algebra
  упорядоченная ~ ordered algebra
  фильтрованная ~ filtered algebra
  фробениусова ~ Frobenius(') algebra
  функтор- ~ monad
  функциональная ~ functional algebra
  функционально полная ~ functionally complete algebra
  целая ~ integral algebra
  целая над *R* ~ algebra integrally dependent on *R*
  центральная ~ central algebra
  циклическая ~ cyclic algebra
  цилиндрическая ~ cylindric algebra
  частичная ~ partial algebra
  чисто бесконечная ~ Неймана purely infinite von Neumann algebra
  штейнова ~ Stein('s) algebra
  элементарная ~ elementary algebra
  энгелева ~ Engel('s) algebra
  ядерная ~ nuclear algebra
алгебра Ли Lie algebra
  ~ алгебраической группы Lie algebra of an algebraic group
  ~ аналитической группы Lie algebra of a Lie group
  ~ группы Ли Lie algebra of a Lie group
  ~ картановского типа Cartan('s) Lie algebra
  ~ ранга 0 nilpotent Lie algebra, special Lie algebra
  p- ~ restricted Lie algebra
  абелева ~ Abelian Lie algebra
  алгебраическая ~ algebraic Lie algebra
  ассоциированная ~ associated Lie algebra
  бесконечномерная ~ infinite-dimensional Lie algebra
  вещественная ~ real Lie algebra
  градуированная ~ graded Lie algebra
  дифференциальная ~ differential Lie algebra
  исключительная ~ exceptional Lie algebra
  картановская ~ Cartan('s) Lie algebra
  классическая ~ classical Lie algebra

компактная ~ compact Lie algebra
комплексная ~ complex Lie algebra
конечномерная ~ finite-dimensional Lie algebra
матричная ~ matrix Lie algebra
нильпотентная ~ nilpotent Lie algebra, special Lie algebra
ограниченная ~ restricted Lie algebra, Lie p-algebra
особая ~ exceptional Lie algebra
полупростая ~ semi(-)simple Lie algebra
присоединённая ~ adjoint Lie algebra
производная ~ derived Lie algebra
простая ~ simple Lie algebra
разрешимая ~ solvable Lie algebra
расщепляемая ~ splittable Lie algebra
редуктивная ~ reductive Lie algebra
специальная ~ special Lie algebra, nilpotent Lie algebra
фильтрованная ~ filtered Lie algebra

алгебраизация algebraization
алгебраист algebraist
алгебраически algebraically
алгебраический algebraic(al)
   ~ над полем algebraic over a field
   сепарабельно ~ separable algebraic
алгебраичность algebraicity
алгебро-геометрический algebro-geometric(al)
алгеброид algebroid
алгол algol
   ~ -68 algol-68
алгоритм algorithm ◊ **~ окончен** algorithm terminates
   ~ в алфавите algorithm in an alphabet
   ~ возведения в квадрат squaring algorithm
   ~ вычисления computational algorithm, algorithm for calculation, algorithm for computations
   ~ Гаусса Gaussian algorithm
   ~ декодирования decoding algorithm
   ~ деления algorithm of division
   ~ деления с остатком Euclid('s) algorithm, Euclidean algorithm
   ~ Евклида Euclid('s) algorithm, Euclidean algorithm
   ~ извлечения квадратного корня square-root algorithm
   ~ кодирования algorithm for (en)coding
   ~ максимального потока maximal-flow algorithm
   ~ Маркова normal algorithm
   ~ метода Монте-Карло Monte-Carlo algorithm
   ~ моделирования algorithm for modeling
   ~ над алфавитом algorithm over an alphabet
   ~ наискорейшего спуска steepest-descent algorithm
   ~ перевода translation algorithm
   ~ перечисления enumeration algorithm
   ~ порождения algorithm for generation
   ~ приведения algorithm for reduction
   ~ программирования programming algorithm
   ~ прослеживания algorithm for tracing
   ~ разложения (*действительного числа*) цепную дробь continued-fraction algorithm
   ~ распознавания recognition algorithm
   ~ решения algorithm for solution
   ~ синтеза algorithm for synthesis
   ~ слияния merging algorithm
   ~ сложения addition algorithm
   ~ сортировки sorting algorithm
   ~ упорядочивания ordering algorithm

алгоритм *(continued)*
- ~ **упрощения** algorithm for simplification
- ~ **Якоби** Jacobi('s) algorithm
- **QR-** ~ QR-algorithm
- **арифметический** ~ arithmetical algorithm
- **вероятностный** ~ probabilistic algorithm
- **вычислительный** ~ computational algorithm, algorithm for calculation, algorithm for computing
- **итерационный** ~ iteration algorithm
- **канонический** ~ canonical algorithm
- **локальный** ~ local algorithm
- **метрический** ~ metric algorithm
- **моделирующий** ~ modeling algorithm
- **наилучший** ~ best algorithm
- **недетерминированный** ~ non(-)deterministic algorithm
- **неустойчивый** ~ unstable algorithm
- **нормальный** ~ normal algorithm
- **обучающий** ~ teaching algorithm
- **операторный** ~ operator algorithm
- **оптимальный** ~ optimal algorithm
- **простой** ~ simple algorithm
- **распознающий** ~ recognition algorithm
- **рекурсивный** ~ recursive algorithm
- **специфический** ~ specific algorithm
- **стандартный** ~ standard algorithm
- **стохастический** ~ stochastic algorithm
- **транспортный** ~ transportation algorithm
- **тривиальный** ~ trivial algorithm
- **тьюринговский** ~ Turing('s) algorithm
- **универсальный** ~ universal algorithm
- **устойчивый** ~ stable algorithm
- **циклический** ~ looping algorithm
- **численный** ~ numerical algorithm
- **эвристический** ~ heuristic algorithm
- **эффективный** ~ efficient algorithm

алгоритмизация algorithmization
алгоритмик algorist
алгоритмически algorithmically
алгоритмический algorithmic
алгорифм *см. тж.* **алгоритм** algorithm
- **нормальный** ~ normal algorithm
- **применимый к слову** ~ algorithm applicable to a word
- **универсальный** ~ universal algorithm

алеф aleph
- **недостижимый** ~ inaccessible aleph
- **предельный** ~ limit(ing) aleph
- **регулярный** ~ regular aleph
- **сильно недостижимый** ~ strongly inaccessible aleph
- **сингулярный** ~ singular aleph
- **слабо недостижимый** ~ weakly inaccessible aleph

алеф-нуль aleph-nought, aleph-null
аликвотный aliquot
алфавит alphabet; vocabulary
- ~ **из *n* букв** alphabet with *n* letters
- ~ **переменных** alphabet of variables
- **абстрактный** ~ abstract alphabet
- **входной** ~ input alphabet
- **выходной** ~ output alphabet
- **исходный** ~ original alphabet

алфавитно alphabetically
альтернанс alternant
- **чебышевский** ~ Chebyshev('s) alternant

альтернатива alternative
- ◊ ~ **имеет место** alternative holds

альтернативный alternative
альтернация alternation, anti(-)symmetrization, alternizer
альтернирование alternation, anti(-)symmetrization, alternizer

альтернировать alternate
альтернирующий alternating
альфа (*алгоритмический язык*) alpha
альфа-ветвь alpha-branch
амальгама amalgam
~ **групп** amalgam of groups
амальгамирование amalgamation
амальгамированный amalgamated
аменабельность amenability
аменабельный amenable
амплитуда amplitude
~ **вариации** amplitude of a variation
анализ analysis
~ **вопроса** investigation of a question
~ **временных рядов** time-series analysis
~ **главных компонент** principal component analysis
~ **моделей** analysis of models
~ **погрешности** error analysis
~ **положения** position analysis
~ **предположения** analysis of an assumption
~ **размерностей** dimensional analysis
~ **спроса** analysis of demand
~ **уравнения** analysis of an equation
~ **формулы** analysis of a formula
~ **Фурье** Fourier('s) analysis, harmonic analysis
~ **цен** price analysis
~ **чувствительности** sensitivity analysis
~ **языков** language analysis
абстрактный (*гармонический*) ~ abstract analysis
алгебраический ~ algebraic(al) analysis
асимптотический ~ asymptotic analysis
бесконечномерный ~ infinite-dimensional analysis
бинарный ~ binary analysis
векторный ~ vector analysis
выпуклый ~ convex analysis
вычислимый ~ constructive analysis
гармонический ~ Fourier('s) analysis, harmonic analysis
геометрический ~ geometric(al) analysis
гладкий ~ differentiable analysis
глобальный ~ global analysis
диофантов ~ Diophantine analysis
дискретный ~ discrete mathematic, finite mathematics, discrete analysis
дискриминантный ~ discriminant analysis, discriminatory analysis
дисперсионный ~ variance analysis, dispersion analysis, design-of-experiment analysis
дифференциальный ~ differential analysis
интервальный ~ interval analysis
интуиционистский ~ intuitionistic analysis
исчерпывающий ~ exhaustive analysis
качественный ~ qualitative analysis
квадратичный ~ quadratic analysis
кватернионный ~ quaternionic analysis
классический ~ classical analysis
ковариационный ~ covariance analysis
количественный ~ quantitative analysis
комбинаторный ~ combinatorial analysis, combinatorics, combination analysis, combinatory analysis
комплексный ~ complex analysis
кщнструктивный ~ constructive analysis
конфлюэнтный ~ balancing calculation
корреляционный ~ correlation analysis
линейный ~ linear analysis

анализ *(continued)*
  математический ~ (mathematical) analysis
  матричный ~ matrix analysis
  многомерный статистический ~ multi(-)variate analysis of variance
  нелинейный ~ non(-)linear analysis
  нестандартный ~ non(-)standard analysis
  обратный ~ backward analysis
  операторный ~ operator analysis
  параметрический ~ parametric analysis
  последовательный ~ sequential analysis
  причинный ~ causal analysis
  ранговый ~ rank analysis
  регрессионный ~ regression analysis
  рекурсивный ~ constructive analysis
  семантический ~ semantic analysis
  синтаксический ~ syntactic analysis, parsing
  синтетический ~ synthetic analysis
  системный ~ system(s) analysis
  спектральный ~ spectral analysis
  стандартный ~ standard analysis
  статистический ~ statistical analysis
  структурный ~ structure analysis
  тензорный ~ tensor analysis
  топологический ~ topological analysis
  факторный ~ factor analysis
  функциональный ~ functional analysis
  численный ~ numerical analysis
анализатор analyzer; parser
  ~ **кривых** curve analyzer
  гармонический ~ harmonic analyzer
  дифференциальный ~ differential analyzer
анализировать analyze
аналитик (*специалист по математическому анализу*) analyst
аналитика analytics
аналитико-синтетический analytic(al)-synthetic
арналитически analytically
аналитический analytic(al)
  C- ~ C-analytic
  вещественно ~ real analytic
  кусочно ~ piece(-)wise analytic(al)
аналитичность analyticity
аналлагматический anallagmatic
аналог analog(ue)
  ~ **леммы** analog of a lemma
  ~ **понятия** analog of a concept
  ~ **разложения** analog of a decomposition
  ~ **свойства** analog of a property
  ~ **системы** analog of a system
  ~ **суммы** analog of a sum
  ~ **теоремы** analog of a theorem
  ~ **условия** analog of a condition
  ~ **формулы** analog of a formula
  ~ **функции** analog of a function
  алгебраический ~ algebraic(al) analog
  бесконечномерный ~ infinite-dimensional analog
  геометрический ~ geometric(al) analog
  комплексный ~ complex analog
  конечноразностный ~ finite-difference analog
  конечный ~ finite analog
  континуальный ~ continual analog
  матричный ~ matrix analog
  многомерный ~ multi(-)dimensional analog
  одномерный ~ one-dimensional analog
  разностный ~ difference analog

функциональный ~ functional analog
эллиптический ~ elliptic(al) analog
аналогичный analogous
аналогия analogy
   механическая ~ mechanical analogy
   формальная ~ formal analogy
ангармонический anharmonic
ангармоничность anharmonicity
анизотропия anisotropy
анизотропный anisotropic
анкета questionnaire
аннулирование annihilation
аннулировать annihilate
аннулирующий annihilating
аннулятор annihilator; orthogonal complement; annulator
   ~ модуля annihilator of a module
   ~ пространства orthogonal complement in a space
   левый ~ left annihilator
   правый ~ right annihilator
аномалия anomaly
   эксцентрическая ~ eccentric anomaly
аномальный anomalous
ансамбль ensemble; assembly
   ~ кодов ensemble of codes
   ~ нейронов assembly of neurons
   большой ~ grand ensemble
   канонический ~ canonical ensemble
   классический ~ classical ensemble
   микроканонический ~ micro(-)canonical ensemble
   равновесный ~ equilibrium ensemble
   статистический ~ statistical ensemble
антагонистичность antagonism
антецедент antecedent
анти- anti-
антиавтоморфизм anti(-)automorphism, anti(-)endomorphism
   ~ групп anti(-)automorphism of a group
   ~ кольца anti(-)automorphism of a ring
   главный ~ principal anti(-)automorphism
   инволютивный ~ involutorial anti(-)automorphism
антианалитический anti(-)analytic(al); anti(-)holomorphic
антивзаимность anti(-)reciprocity
антиголоморфный anti(-)analytic(al); anti(-)holomorphic
антигомоморфизм anti(-)homomorphism, reciprocal linear representation
   ~ решётки anti(-)homomorphism of a lattice
антигомоморфность anti(-)homomorphy
антидвижение anti(-)motion
антижанр anti(-)genus
антиизоморфизм anti(-)isomorphism
   ~ колец anti(-)isomorphism of rings
   ~ множеств anti(-)isomorphism of sets
антиизоморфный anti(-)isomorphic
антиинверсия anti(-)inversion
антиинстантон anti(-)instanton
антикоммутативность anti(-)commutativity; alternating law
антикоммутативный anti(-)commutative
антикоммутация anti(-)commutation
антикоммутировать anti(-)commute
антикоммутирующий anti(-)commuting
антиконформный anti(-)conformal, indirectly conformal
антилинейный anti(-)linear
антилогарифм anti(-)logarithm, inverse logarithm
антиномия antinomy, paradox
   ~ «деревенский парикмахер» paradox of the Barber (in a village)

антиномия (continued)
  ~ Кантора paradox of the greatest cardinal number, antinomy of the set of all sets
  логическая ~ logical paradox
  семантическая ~ semantic(al) paradox, antinomy of the semantical type
антипараллелограмм anti(-)parallelogram
антипараллельный anti(-)parallel
антипод antipode
антиподера antipedal curve
антипризма anti(-)prism
антипроекция anti(-)projection
антирод anti(-)genus
антисимметрирование alternation, anti(-)symmetrization, alternizer
антисимметрический anti(-)symmetrical
антисимметричность anti(-)symmetry
антисимметрия anti(-)symmetry
антитонность antitony
антитонный antitonic, antitone
антиформа anti(-)form
антицепь anti(-)chain
антиэквивалентность anti(-)equivalence
антиэндоморфизм anti(-)automorphism, anti(-)endomorphism
антиэрмитов anti-Hermitian
антье entier, greatest integer function
апериодический aperiodic(al)
аполярность apolarity
апория aporia
  ~ Зенона Zeno('s) paradox
апостериорный posterior
апофема apothem; slant height
аппарат machinery; apparatus
  математический ~ mathematical machinery, mathematical apparatus
  эффективный ~ efficient machinery
аппликата applicate, z-coordinate

аппроксимативно approximately
аппроксимативный approximative
аппроксимация approximation; approximant
  ~ вложения approximation to an embedding
  ~ изнутри approximation from within
  ~ отображения approximation of a map(ping)
  ~ Паде Padé approximant
  ~ распределения approximation of a distribution
  ~ решений approximation of solutions
  pl- ~ PL approximation
  аналитическая ~ analytic(al) approximation
  гауссовская ~ Gaussian approximation
  глобальная ~ global approximation
  двойная ~ double approximation
  диагональная ~ diagonal approximation
  комбинаторная ~ combinatorial approximation
  конечноразностная ~ finite-difference approximation
  параболическая ~ parabolic approximation
  полигональная ~ polygonal approximation
  прямая ~ direct approximation
  свободная ~ free approximation
  сильная ~ strong approximation
  симплициальная ~ simplicial approximation
  слабая ~ weak approximation
  сплайн- ~ spline approximation
  стохастическая ~ stochastic approximation
аппроксимировать approximate
аппроксимируемость approximability
аппроксируемый approximable

аргумент argument
  ~ **функции** argument of a function
  векторный ~ vectorial argument
  запаздывающий ~ retarded argument
  отклоняющийся ~ deviating argument
  фиктивный ~ inessential argument
  целочисленный ~ integer argument

аргументация argumentation
ареа-функция area function
ареолярный areolar
аристотелев Aristotelian
арифметизация arithmetization
арифметика arithmetic, arithmetics
  ~ **алгебраических многообразий** arithmetic algebraic geometry
  ~ **ассоциативных алгебр** arithmetic of associative algebras
  ~ **рациональных чисел** rational arithmetic
  гейтинговская ~ Heyting('s) arithmetic, intuitionistic arithmetic
  интуиционистская ~ Heyting('s) arithmetic, intuitionistic arithmetic
  модулярная ~ modular arithmetic
  обычная ~ ordinary arithmetic
  примитивно рекурсивная ~ primitive recursive arithmetic
  формальная ~ formal arithmetic, arithmetical calculus
  элементарная ~ elementary arithmetic

арифметико-геометрический arithmetic(al)-geometric(al)
арифметически arithmetically
арифметический arithmetic(al)
арифметичность arithmeticity
арифмометр calculator
арккосеканс inverse cosecant
арккосинус inverse cosine
арккотангенс inverse cotangent
арксеканс inverse secant
арксинус inverse sine
арктангенс inverse tangent
аркфункция inverse trigonometric function
арность arity
  ~ **отношения** weight of a relation

n-**арный** n-ary
артинов Artinian
архимедов Archimedian
архимедово Archimedically
асимметрично asymmetrically
асимметричный asymmetric(al)
асимметрия asymmetry; skewness
  ~ **распределения** skewness of a distribution
  отрицательная ~ negative skewness
  положительная ~ positive skewness

асимптота asymptote
  ~ **гиперболы** asymptote of a hyperbola

асимптотика asymptotic; asymptotics
  ~ **интеграла** asymptotic behavior of an integral
  ~ **матрицы** asymptotic behavior of a matrix
  ~ **распределений** asymptotic behavior of distributions
  ~ **собственных значений** asymptotic behavior of eigen(-) values

асимптотически asymptotically
асимптотический asymptotic(al)
асинхроничный asynchronic
асинхронный asynchronous
аспект aspect
  ~ **теории** aspect of a theory
  алгебраический ~ algebraic(al) aspect
  вычислительный ~ computational aspect
  математический ~ mathematical aspect

n-**ассоциатив** n-semigroup

ассоциативность associativity; associative property
   гомотопическая ~ homotopy associativity
ассоциативный associative
   гомотопически ~ homotopy associative
ассоциатор associator
ассоциация association
ассоциированный associated; associate
ассоциировать associate
астроида astroid
   косая ~ oblique astroid
АСУ automatic control system
асферический aspheric(al)
асферичный aspheric(al)
атлас atlas
   ~ на многообразии atlas for a manifold
   C^r**- ~** atlas of class C^r
   $C^{r,\alpha}$**- ~ гладкий** atlas of class $C^{r,\alpha}$
   максимальный ~ maximal atlas
   ориентирующий ~ orienting atlas
атом atom
атомарный atomic
атомистический atomistic
атомистичность atomicity
атомический atomic
атомность atomicity
атомный atomic
аттрактор attractor
   странный ~ strange attractor
атрибут attribute
АУ arithmetic(al) unit
аффект affect
аффикс affix
аффинно affinely
аффинитет affinity
аффинность affinity
аффинный affine
аффинор affinor
   контравариантный ~ contravariant affinor
   симметричный ~ symmetric(al) affinor
   скалярный ~ scalar affinor

смешанный ~ mixed affinor
ациклический acyclic
ацикличность acyclicity
ацикличный acyclic

бабочка (*катастрофа Тома*) butterfly
база base; basis
   ~ расслоения base space
   ~ окрестностей neighborhood base
   ~ равномерности base for a uniformity
   ~ системы окрестностей base for a neighborhood system
   ~ топологии base for a topology, open base
   ~ топологического пространства base for a topology, open base
   ~ фильтра base of a filter
   k-равномерная ~ k-uniform base
   дизъюнктная ~ disjunctive basis
   дискретная ~ discrete base
   замкнутая ~ closed base
   конечная ~ finite base
   локальная ~ local base
   открытая ~ base for a topology, open base
   равномерная ~ uniform base
   регулярная ~ regular base
   силовская ~ Sylow('s) base
   спиновая ~ spin base
   счётная ~ countable base
   точечно-счётная ~ point-countable base
базис basis; base
   ~ в группе basis in a group
   ~ в подпространстве base for a subspace

- ~ гомологий basis for homology
- ~ дифференциальной сепарабельности differential separability basis
- ~ идеала ideal base
- ~ из собственных векторов basis of eigenvectors
- ~ индукции basis of induction
- ~ класса basis for a class
- ~ когомологий basis for cohomology
- ~ корневой системы basis for a root system
- ~ множества basis of a set
- ~ модуля basis of a module
- ~ окрестностей neighborhood basis
- ~ поля basis of a field
- ~ пространства basis for a space
- ~ суммирования summability basis
- ~ тождеств basis for identities
- ~ топологии base for a topology, open base
- ~ трансцендентности transcendence basis
- ~ фильтра base of a filter
- ~ форм basis of forms
- ~ циклов basis of cycles
- p- ~ p-basis
- H- ~ H-base
- T- ~ summability basis
- **абсолютно суммирующий** ~ absolute basis
- **абсолютный** ~ absolute basis
- **адаптированный** ~ adapted basis
- **алгебраический** ~ algebraic(al) basis
- **асимптотический** ~ asymptotic basis
- **асимптотический** ~ **порядка k** asymptotic basis
- **безусловный** ~ unconditional basis
- **биортогональный** ~ biorthogonal basis
- **вычислительный** ~ computational basis
- **двойственный** ~ dual basis
- **дифференциальный** ~ differential basis
- **двойственный** ~ dual basis
- **дуальный** ~ dual basis
- **естественный** ~ canonical basis, standard basis, natural basis, usual basis
- **канонический** ~ canonical basis, standard basis, natural basis, usual basis
- **квазиэквивалентный** ~ quasi(-)equivalent basis
- **конечный** ~ finite basis
- **метрический** ~ metric base
- **минимальный** ~ minimal base
- **мультипликативный** ~ multiplicative base
- **натягивающий** ~ shrinking basis
- **неприводимый** ~ irreducible basis
- **нормальный** ~ normal basis
- **обобщённый** ~ generalized basis
- **обратный** ~ inverse basis, reciprocal basis
- **ограниченно полный** ~ boundedly complete basis
- **однородный** ~ homogeneous basis
- **ориентированный** ~ oriented basis
- **ортогональный** ~ orthogonal basis, orthonormal basis
- **ортонормированный** ~ orthogonal basis, orthonormal basis
- **полный** ~ complete basis
- **простой** ~ prime base
- **рациональный** ~ rational basis
- **свободный** ~ free basis
- **сепарирующий** ~ separation basis
- **сепарирующий** ~ **трансцедентности** separating transcendence base
- **слабый** ~ weak basis
- **стандартный** ~ canonical basis, standard basis, natural basis, usual basis
- **стохастический** ~ stochastic basis
- **счётный** ~ countable basis

базис *(continued)*
    топологический ~ topological basis
    унитарный ~ unitary basis
    условный ~ conditional basis
    фиксированный ~ fixed basis
    целый ~ integral basis
базисность basicity
базисный basic; basal
баланс balance
    гармонический ~ harmonic balance
    замкнутый динамический межотраслевой ~ Leontief('s) model, Leontief('s) system
бар-индукция bar induction
бар-конструкция bar construction
барицентр barycenter
барицентрический barycentric
барьер barrier; threshold value
    отражающий ~ reflecting barrier
    поглощающий ~ absorbing barrier
башня tower
    ~ **полей** tower of fields
    ~ **полей классов** tower of class fields
    абелева ~ Abelian tower
    бесконечная ~ infinite tower
    нормальная ~ normal tower
безопасность safety
безотказность fail-safety, failure freedom
безразличие indifference
безразличный immaterial
безусловно unconditionally
безусловный unconditional; unconstrained
бейесовский Bayesian
берег bank
    ~ **разреза** bank of a cut
бескванторный quantifier-free
бесконечно infinitely
бесконечно малая infinitesimal
    ~ **более высокого порядка** infinitesimal of higher order
    ~ **более низкого порядка** infinitesimal of lower order

бесконечномерный infinite-dimensional
    сильно ~ strongly infinite
бесконечность infinitude, infinity
    ◊ **обращаться в** ~ tend to infinity, approach infinity
    актуальная ~ actual infinity
    минус ~ negative infinity, minus infinity
    плюс ~ positive infinity, plus infinity
    потенциальная ~ potential infinity
бесконечный infinite
бескоординатный coordinate-free
бесструктурный structureless
бет beth
би- bi-
биалгебра bi(-)algebra, Hopf('s) algebra, hyper(-)algebra
бивектор bi(-)vector; two-vector
бид bid
биективность bijectivity
биективный bijective
биекция bijection; bijective mapping, bijective function; one-to-one correspondence
биинвариантный bi(-)invariant
биканонический bi(-)canonic(al)
бикатегория bi(-)category
биквадратный bi(-)quadratic
бикомпакт bi(-)compactum
    бесконечномерный ~ infinite-dimensional bicompactum
    диадический ~ dyadic bicompactum
    несвязный ~ disconnected bicompactum
    сильно бесконечномерный ~ strongly infinite-dimensional bicompactum
    экстремально несвязный ~ extremally disconnected bicompactum
бикомпактификация compactification, bi(-)compactification
бикомпактность bi(-)compactness
бикомпактный bi(-)compact
бикомплекс bi(-)complex

бикомплексный bi(-)complex
бикубический bi(-)cubic
билинейность bi(-)linearity
билинейный bi(-)linear
бильярд billiard
бимера bi(-)measure
бимодуль bi(-)module
    (A, B)- ~ (A, B)-bimodule
биморфизм bi(-)morphism
бинодальный binodal
бином binomial
    дифференциальный ~ binomial differential
биномиальный binomial
бинормаль binormal
    аффинная ~ affine binormal
бинормальный binormal
биоматематика bio(-)mathematics
биортогонализация bi(-)orthogonalization
биортогонализовать bi(-)orthogonalize
бипирамида bi(-)pyramid
биполяра bi(-)polar
    ~ множества bipolar set, bipolar of a set
биполярность bi(-)polarity
биполярный bi(-)polar
бипроективный bi(-)projective
бирационально bi(-)rationally
бирациональный bi(-)rational
бирегулярный bi(-)regular
бирод bi(-)genus
бисдвиг bi(-)translation
биспинор bi(-)spinor
биссектор bisecting plane
биссекторный bisecting
биссектриса bisector
    ~ угла angle-bisector
бит bit
    случайный ~ random bit
бифунктор bi(-)functor
бифуркация bifurcation
бифурцировать bifurcate
бихарактеристика bi(-)characteristic
бицикл bi(-)cycle
бицилиндр bi(-)cylinder
бицилиндрический bi(-)cylindrical
бициркулярный bicircular
блеф bluff
близкий close; proximal
    бесконечно ~ infinitely close
близнецы twins
близость vicinity; proximity; closeness; proximity structure
    нормальная ~ normal proximity
    Хаусдорфова ~ Hausdorff('s) proximity
блок block
    ~ блок-схемы block of a block-design
    ~ ввода-вывода input-output unit
    ~ информации information block
    ~ с префиксом prefix block
    ~ схемы из функциональных элементов circuit block
    выборочный ~ sample range, sample interval
    диагональный ~ diagonal block
    числовой ~ block of numbers
блок-схема block design; flow chart, d-chart
    ~ с делимостью на группы group-divisible block design
    неполная ~ incomplete block design
    оптимальная ~ optimal block design
    проективная ~ projective design
    рандомизированная ~ randomized block design
    симметричная ~ symmetric(al) block design, symmetric(al) configuration
    уравновешенная неполная ~ balanced incomplete block design
    частично уравновешенная ~ partially balanced block design
    частично уравновешенная ~ с m типами связанности PBIB (m)
блокировка interlock(ing)
    ~ нормализации normalizing interlocking
блокирующий blocking

блуждание random walk
  ~ **Бернулли** simple random walk
  свободное случайное ~ free random walk
  симметричное случайное ~ symmetric random walk
  случайное ~ random walk, random flight process, standard random walk
  случайное ~ **по точкам решётки** random walk on lattice points
  случайное ~ **с двумя отражающими экранами** random walk with two reflecting barriers
  случайное ~ **с одним отражающим экраном** random walk with one reflecting barrier
блуждающий wandering
боковой lateral
бокс box
больш‖ой great; large ◊ **строго** ~**е** strictly greater
  бесконечно ~ arbitrarily great, indefinitely great, infinitely great, arbitrarily large, indefinitely large, infinitely large
  достаточно ~ sufficiently large
бордантный bordant
  ~ **нулю** null(-)bordant
бордантность bordism
бордизм bordism
  вырожденный ~ singular bordism
  ориентированный ~ oriented bordism
  сингулярный ~ singular bordism
борелевский Borelian
борнологический bornological
борнологичность bornology
бочечность barrel(l)edness
бочка barrel
брахистохрона brachistochrone
брусок stack
  ~ **покрытия** stack of a covering
буква letter
  ~ **алфавита** letter of an alphabet
  предикатная ~ predicate symbol
буквенный literal
букет wedge, wedge product
  ~ **пространств** wedge of spaces
  ~ **сфер** union of spheres
булев Boolean
бумага paper
  вероятностная ~ stochastic paper, probability paper
  диаграммная ~ chart paper
  логарифмическая ~ logarithmic chart, logarithmic paper
  логарифмическая ~ **с двойной логарифмической шкалой** log-log paper
  полулогарифмическая ~ semi(-)log(arithmic) paper; ratio paper
бутылка bottle
  ~ **Клейна** Klein('s) bottle
буфер buffer
быстрота rapidity; speed
  ~ **возрастания** rate of increase
  ~ **убывания** rate of decrease
быстрый rapid
быть может possibly

в

валентность valence; valency
  ~ **тензора** rank of a tensor, order of a tensor
  ковариантная ~ covariant valence, covariant order
  контравариантная ~ contravariant valence, contravariant order
вариант version
  ~ **леммы** version of a lemma
  ~ **построения** version of a construction
  ~ **теоремы** version of a theorem

~ уравнения   version of an equation
~ формулы   version of a formula
бесконечномерный ~
   infinite-dimensional version
глобальный ~   global version
классический ~   classical version
локальный ~   local version
микролокальный ~
   micro(-)local version
модифицированный ~
   modified version
ослабленный ~   weak version
симметричный ~   symmetric(al) version
вариационный   variational
вариация   variation
~ в смысле Витали   Vitali('s) variation, V-variation
~ в смысле Фреше   Fréchet('s) variation, F-variation
~ метрики   variation of a metric
~ отображения   variation of a map(ping)
~ произвольных постоянных   variation of constants
~ суммы   variation of a sum
~ управления   control variation
~ функции   variation of a function
~ функционала   variation of a functional
F- ~   Fréchet('s) variation, F-variation
Ф- ~   phi-variation
абсолютная ~   absolute variation, total variation
бесконечно малая ~
   infinitesimal variation
большая ~   large variation
бордизм- ~   bordism(-)variation
верхняя ~   upper variation
глобальная ~   global variation
допустимая ~   admissible variation
изотопическая ~   isotopic variation
конечная ~   finite variation
линейная ~   linear variation
неопределённая ~   indeterminate variation
нижняя ~   lower variation
нулевая ~   zero variation
ограниченная ~   bounded variation
отрицательная ~   negative variation
первая ~   first variation
полная ~   absolute variation, total variation
положительная ~   positive variation
смешанная ~   mixed variation
усечённая ~   truncated variation
условная ~   conditional variation
эквивариантная ~   equivariant variation
элементарная ~   elementary variation
варифолд   varifold
варьировать   vary
~ процесс   vary a process
введение   introduction
~ обратной связи   introduction of a feedback
~ переменной   introduction of a variable
вводить   introduce
~ базис   introduce a basis
~ интеграл   introduce an integral
~ канонически   determine canonically
~ контроль   introduce a control
~ координаты   introduce coordinates
~ множитель под знак радикала   introduce a factor under the radical sign, put a factor under the radical sign
~ обозначения   introduce notation(s), use notation(s)
~ операцию   introduce an operation
~ определение   introduce a definition
~ понятие   introduce a notion
~ топологию   introduce a topology
~ функцию   introduce a function
ведущий   leading

веер fan, finitary spread
вейерштрассов Weierstrassian
вековой secular
вектор vector *см. тж.*
   собственный вектор
   ~ **вероятностей** probability vector
   ~ **вращения** rotation vector
   ~ **-градиент** gradient vector
   ~ **Киллинга** infinitesimal motion
   ~ **кривизны** curvature vector
   ~ **наблюдений** observation vector
   ~ **невязки** residual vector
   ~ **нормали** vector of a normal
   ~ **общих факторов** matrix of factor scores
   ~ **ошибок** error term
   ~ **площади** vector of areas
   ~ **положения** position vector
   ~ **рангов** vector of ranks
   ~ **сдвига** displacement vector
   ~ **скорости** velocity vector
   ~ **состояния** state vector
   ~ **средних значений** mean vector
   ~ **-столбец** column vector
   ~ **-строка** row vector
   ~ **цен** price vector
   n- ~ n-vector
   n-мерный ~ n-dimensional
   p- ~ p-vector, poly(-)vector, multi(-)vector of rank r
   аксиальный ~ axial vector
   аналитический ~ analytic(al) vector
   базисный ~ basis vector, fundamental vector, Cartesian vector
   бра- ~ bra vector
   вакуумный ~ vacuum vector
   взаимный ~ reciprocal vector
   волновой ~ wave vector
   времениподобный ~ time(-)like vector
   выборочный ~ selective vector
   гармонический ~ harmonic vector
   гауссовский ~ Gaussian vector
   геометрический ~ geometric(al) vector
   действительный ~ real vector
   дифференцируемый ~ differentiable vector
   допустимый ~ feasible vector
   единичный ~ unit vector
   зависимые ~ **ы** dependent vectors
   изотропный ~ isotropic vector
   касательный ~ tangent vector
   ковариантный ~ covariant vector
   кокасательный ~ co(-)tangent(ial) vector
   коллинеарные ~ **ы** collinear vectors
   компланарные ~ **ы** co(-)planar vectors
   контравариантный ~ contravariant vector
   координатный ~ coordinate vector
   корневой ~ root vector
   линейно зависимые ~ **ы** linearly dependent vectors
   линейно независимые ~ **ы** linearly independent vectors
   минимальный ~ minimal vector
   направляющий ~ direction vector
   независимые ~ **ы** independent vectors
   ненулевой ~ non(-)vanishing vector, non(-)zero vector
   нормальный ~ normal vector
   нормированный ~ normalized vector
   нулевой ~ vanishing vector, null vector, zero vector
   одинаково направленные ~ **ы** co(-)directional vectors
   ортогональные ~ **ы** orthogonal vectors
   осевой ~ axial vector
   полярный ~ polar vector
   постоянный ~ constant vector
   проективный ~ projective vector
   пространственноподобный ~ spacelike vector
   противоположный ~ opposite vector

  радиус ~ radius(-)vector; position vector
  разделяющий ~ separating vector
  свободный ~ free vector
  связанный ~ bound vector; field vector
  скользящий ~ sliding vector
  случайный ~ random vector; vector variate
  соленоидальный ~ solenoidal vector
  стационарный ~ stationary vector
  усечённый ~ ghost component
  фиксированный ~ fixed vector
  целочисленный ~ integral vector
  циклический ~ cyclic vector

векторный vectorial

величин‖а *см. тж.* **случайная величина** value; magnitude; quantity ◊ **по абсолютной ~е** in absolute value; in modulus
  ~ отклонения (*мероморфной функции*) deficiency
  ~ погрешности value of an error
  абсолютная ~ absolute value; numerical size
  абсолютная ~ числа absolute value of a number, modulus of a number, numerical size of a number
  арифметическая ~ arithmetical quantity
  безразмерная ~ abstract quantity
  векторная ~ vector quantity
  входная ~ input quantity
  выходная ~ output quantity
  геометрическая ~ geometric(al) quantity; structure on a manifold
  измеримая ~ measurable quantity
  лестничная ~ ladder variable
  отвлечённая ~ abstract quantity
  постоянная ~ constant quantity
  разрядная ~ place value
  скалярная ~ scalar quantity
  численная ~ numerical size; numerical quantity

вербальный verbal
верзьера witch of Agnesi, versiera
верзор versor
верификация verification
верны‖й valid; correct ◊ **быть ~м** hold
вероятностный probabilistic
вероятность probability
  ~ a posteriori a posteriori probability, posterior probability
  ~ a priori a priori probability, priori probability
  ~ больших отклонений probability of large deviations
  ~ возвращения return probability
  ~ выживания survival probability
  ~ вырождения extinction probability
  ~ накрытия coverage probability
  ~ отказа rejection probability
  ~ ошибки level of an error; error rate
  ~ ошибочного декодирования probability of decoding error
  ~ перехода transition probability
  ~ перехода с запрещениями transition probability under a taboo
  ~ поглощения absorption probability
  ~ попадания hit(ting) probability
  ~ потери loss probability
  ~ появления ошибки error probability
  ~ при испытании значимости significance probability
  ~ проникновения penetration probability
  ~ прохождения passage probability
  ~ размещения occupation probability
  ~ распределения probability of allocations
  ~ смертности probability of death
  ~ события probability of an event
  ~ стирания erasure probability
  ~ удачи success probability
  ~ успеха success probability
  абсолютная ~ absolute probability

вероятность *(continued)*
  апостериорная ~ a posteriori probability, posterior probability
  априорная ~ a priori probability, prior probability
  геометрическая ~ geometric(al) probability
  доверительная ~ confidence probability
  индивидуальная ~ individual probability
  качественная ~ qualitative probability
  критическая ~ critical probability
  неоднородная ~ non(-)stationary probability
  нулевая ~ zero probability
  однородная ~ stationary probability
  относительная ~ relative probability
  переходная ~ transition probability
  полная ~ composite probability; total probability
  постоянная ~ constant probability
  предельная ~ limit(ing) distribution
  регулярная условная ~ regular conditional probability
  сложная ~ compound probability
  средняя ~ average probability
  субъективная ~ subjective probability, personal probability
  условная ~ conditional probability
  фидуциальная ~ fiducial probability
  частичная ~ partial probability
  эмпирическая ~ empirical probability
версальный versal
версия version
  абсолютная ~ absolute version
  относительная ~ relative version
версор versor
вертикал vertical circle
вертикально vertically
вертикальность verticality
вертикальный vertical

верхний upper; superior
вершина vertex; apex; junction
  ~ графа vertex of a graph; node of a graph
  ~ клеточного комплекса vertex in a cell complex
  ~ конуса vertex of a cone; cone-point
  ~ кривой vertex of a curve, apex of a curve
  ~ куба vertex of a cube
  ~ многогранника vertex of a polyhedron
  ~ многоугольника vertex of a polygon
  ~ пирамиды vertex of a pyramid
  ~ полиэдра vertex of a polyhedron
  ~ сети vertex in a network
  ~ симплекса vertex of a simplex
  ~ степени n vertex of degree n
  ~ треугольника vertex of a triangle
  ~ угла vertex of an angle
  внутренняя ~ internal vertex
  выделенная ~ distinguished node
  гиперболическая ~ hyperbolic corner
  дробная ~ fractional vertex
  занумерованная ~ labeled vertex
  изолированная ~ isolated vertex, isolated point
  концевая ~ terminal vertex
  минимальная ~ minimal vertex
  насыщенная ~ saturated vertex
  начальная ~ initial vertex
  ненасыщенная ~ unsaturated vertex
  отмеченная ~ base vertex, distinguished vertex
  разделяющая ~ separating vertex
  свободная ~ free vertex
  смежная ~ adjacent vertex
  соседняя ~ neighborly vertex
вес weight; weight(ing) function
  ~ дерева weight of a tree
  ~ матрицы weight of a matrix
  ~ многочлена weight of a polynomial

~ **полуинварианта** weight of a semi(-)invariant
~ **представления** weight of a representation
~ **пространства** weight of a space
доминантный ~ dominant weight
интегральный ~ integral weight
старший ~ highest weight
статистический ~ statistical weight
счётный ~ countable weight
ветвление ramification; branching
~ **высшего порядка** higher(-order) ramification
~ **решений** branching of solutions
высшее ~ higher(-order) ramification
дикое ~ wild ramification
ветв‖ь branch; formal germ ◊ ~ **и параболы направлены вверх** parabola opens upward(s); ~ **и параболы направлены вниз** parabola opens downward(s)
~ **аналитической функции** branch of an analytical function
~ **гиперболы** branch of a hyperbola
~ **дерева** branch of a tree
~ **параболы** branch of a parabola
бесконечная ~ infinite branch
возрастающая ~ ascending branch
главная ~ main branch, principal branch
конечная ~ finite branch
однозначная ~ regular branch
регулярная ~ regular branch
устойчивая ~ stable branch
ветк‖а branch ◊ **на** ~ **е** on a branch
вещественный real
взаимнооднозначность one-to-oneness
взаимнооднозначный one-to-one ◊ ~ **м образом** in a one-to-one fashion
взаимность reciprocity
квадратичная ~ quadratic reciprocity
взаимоисключающий mutually
взаимоисключение mutual exclusion
взаимосвязь inter(-)relation
взвешенный weighted
взвешивание weighting
вид form; view; species ◊ **в неявном** ~ **е** implicitly; **общего** ~ **а** general; generic; affected
~ **распределения** type of a distribution
~ **сбоку** side view
~ **спереди** front view
алгебраический ~ algebraic(al) form
более слабый ~ weaker form
детерминантный ~ determinant form
диагональный ~ diagonal form
инвариантный ~ invariant form
канонический ~ canonical form, normal form
клеточный ~ block form; partitioned form
компактный ~ compact form
матричный ~ matrix form
нормальный ~ normal form
общий ~ general form
параметрический ~ parametric form
почти простой ~ almost simple form
приведённый ~ reduced form
простой ~ simple form
символический ~ symbolic form
специальный ~ special form
стандартный ~ standard form
трапецеидальный ~ trapezoidal form
треугольный ~ triangular form
тригонометрический ~ (**комплексного числа**) polar form
явный ~ explicit form
ящично-диагональный ~ (**матрицы**) block triangular form

видимый apparent
винсорированный winsorized
винт screw
винтовой helical, helicoidal
виртуально virtually
виртуальный virtual
виток coil; turn
    ~ **винта** turn of a screw
    ~ **винтовой линии** coil of a helix
вихрь vortex; curl; rotor
вкладывать embed
включать include
включение inclusion; inclusion map(ping); nesting
    дифференциальное ~ multi(-)valued differential equation
    обратное ~ inverse inclusion
    правостороннее ~ inclusion on the right-hand side
    строгое ~ strict inclusion
    теоретико-множественное ~ set inclusion
вложени∥е embedding; insertion function; inclusion function; injective map(ping); injection; insertion function; containment
    ~ **амальгаммы** embedding of an amalgam
    ~ **диска** embedding of a disk
    ~ **кольца** embedding of a ring
    ~ **многообразия** embedding of a manifold
    ~ **плоскости** embedding of a plane
    ~ **подгруппы** embedding of a subgroup
    ~ **полугруппы** embedding of a semigroup
    ~ **пространства** embedding of a space
    ~ **сферы** embedding of a sphere
    аналитическое ~ analytic embedding
    близкие ~ **я** close embeddings
    вполне геодезическое ~ totally geodesic embedding
    геодезическое ~ geodesic embedding
    гладкое ~ smooth embedding
    диагональное ~ diagonal embedding
    дикое ~ wild embedding
    дифференцируемое ~ differentiable embedding
    естественное ~ natural embedding; natural injection
    замкнутое ~ closed embedding
    изометричное ~ isometric embedding
    изотопные ~ **я** isotopic embeddings
    каноническое ~ canonical embedding; canonical injection
    комбинаторное ~ simplicial embedding
    кусочно линейное ~ piecewise linear embedding
    локально плоское ~ locally flat embedding, tame embedding
    локально тривиальное ~ locally trivial embedding
    минимальное ~ minimal embedding
    обратное ~ reverse inclusion
    плоское ~ flat embedding
    полиэдральное ~ polyhedral embedding
    проективное ~ projective embedding
    равномерное ~ uniform embedding
    регулярное ~ regular embedding
    ручное ~ locally flat embedding, tame embedding
    стандартное ~ standard embedding
    существенное ~ essential embedding
    топологическое ~ topological embedding
    тривиальное ~ trivial embedding
    элементарное ~ elementary embedding
вложенность nesting
вложенный embedded; nested
    гладко ~ smoothly embedded
    хорошо ~ nicely embedded

вложимость embeddability
вложимый embeddable
   топологически ~ topologically embeddable
вневписанный escribed
внетабличный extratabular
внешний exterior; external; outer
внешность exterior
   ~ круга exterior of a circle
внутренний internal; interior; inner; intrinsic
внутренность interior; inside; intrinsicness
   ~ многообразия interior of a manifold
   ~ множества interior of a set
   ~ параллелотопа open parallelotope
вогнутость concavity
   ~ вниз concavity downward
вогнутый concave
   ~ вверх concave upward
   ~ вниз concave downward
возводить erect
   ~ в квадрат square
   ~ в степень raise to a power, take a power
   ~ перпендикуляр erect a perpendicular
возвышение elevation
возможный possible
возможность possibility
   функциональная ~ functionally possibility
возмущение perturbation; disturbance
   аналитическое ~ analytic(al) perturbation
   вековое ~ secular perturbation
   гауссовское ~ Gaussian perturbation
   допустимое ~ feasible perturbation
   малое ~ small perturbation
   постоянно действующее ~ persistent perturbation
   случайное ~ random perturbation
   сингулярное ~ singular perturbation
возврат replacement
возвратный recurrent
   бесконечно ~ infinitely recurrent
возвратность recurrence
возвращение replacement
возрастающий increasing
   логарифмически ~ logarithmically increasing
   строго ~ strictly increasing
   экспоненциально ~ exponentially increasing
возрастать increase
   ~ до бесконечности increase indefinitely
   неограниченно ~ increase without limit
   строго ~ increase strictly
вопрос question
   ~ геометрии question of geometry
   ~ о сходимости question of convergence
   ~ полноты question of completeness
   ~ приближения approximation question
   ~ равносильности question of equivalence
   геометрический ~ geometric question
   математический ~ mathematical question
   открытый ~ open question
   топологический ~ topological question
воспринимать (*символ; о машине Тьюринга*) scan
воспроизводимость reproducibility
воспроизведение reproduction
   ~ данных data reproduction
воспроизводимый reproducible
восстановление reconstruction; renewal; recovery; retrieval
   ~ оператора reconstruction of an operator
   ~ структуры recovery of structure
восстанавливать reconstruct
   ~ перпендикуляр erect a perpendicular

восстанавливать *(continued)*
  ~ **полностью** reconstruct fully
  оптимальное ~ optimal reconstruction
восходящий ascending, ascendant
восьмигранный octahedral
восьмиричный octal
восьмиугольник octagon
восьмиугольный octagonal
вписанность refinement
  звёздная ~ star-refinement; delta-refinement
вписанный inscribed
вписывать inscribe; refine
  ~ **в ячейки** (*ленты машины Тьюринга*) print upon a square
вполне completely; totally
вращательно rotationally
вращательный rotational; rotatory
вращать rotate; revolve
вращение revolution; rotation
  ~ **векторного поля** rotation of a vector field; curl of a vector field
  ~ **вокруг оси** rotation about an axis
  ~ **вокруг точки** rotation about a point
  ~ **второго рода** improper rotation
  ~ **первого рода** proper rotation
  ~ **поверхности** rotation of a surface
  ~ **плоскости** rotation of a plane
  ~ **пространства** rotation of a space
  ~ **против часовой стрелки** rotation of a vector field
  ~ **, соответствующее кватерниону** rotation of a quaternion
  ~ **по часовой стрелке** clockwise rotation
  ~ **на угол** rotation through an angle
  инфинитезимальное ~ infinitesimal rotation
  комплексное ~ complex rotation
  малое ~ small rotation
  несобственное ~ improper rotation
  ортогональное ~ orthogonal rotation
  случайное ~ random rotation
  собственное ~ proper rotation
времениподобный time(-)like
время time
  ~ **возврата** recurrence time
  ~ **возвращения** (*в состояние*) return time
  ~ **вырождения** extinction time
  ~ **жизни** life time, length of life
  ~ **ожидания** waiting time
  ~ **пребывания** sojourn time
  ~ **преобразования** duration of a transformation
  ~ **простоя** dead time
  быстрое ~ fast time
  дискретное ~ discrete time
  машинное ~ machine time
  мёртвое ~ dead time
  многомерное ~ time parameter
  непрерывное ~ continuous time
  реальное ~ real time
  случайное ~ random time
  собственное ~ proper time
вронскиан Wronskian, Wronskian determinant
вставка insertion
вставлять insert
вспомогательный auxiliary
всюду everywhere
  почти ~ almost everywhere, nearly everywhere
вторично secondarily
вторичный secondary
вурф Wurf
вход input; entry; port
  ~ **канала** input of a channel
  ~ **схемы** (*напр. из функциональных элементов*) input of a circuit
  ~ **элемента** input of an element
входить occur
  ~ **явно** occur explicitly
вхождение occurrence
  ~ **символа** occurrence of a symbol
  ~ **формулы** occurrence of a formula
  свободное ~ free occurrence
  связанное ~ bound occurrence

выбор choice; selection; option sampling; drawing
- ~ **базиса** choice of a base
- ~ **без возвращения** sampling without replacement
- ~ **с возвращением** sampling with replacement, rotation sampling
- ~ **по группам** quota sampling
- ~ **из бесконечной совокупности** sampling from an infinite population
- ~ **с повторением** rotation sampling
- **беспристрастный** ~ unbiased sampling
- **вероятностный** ~ probability sampling
- **гнездовой** ~ cluster sampling
- **двухшаговый** ~ two-stage sampling
- **дефектный** ~ defective sampling
- **зависимый** ~ dependent choice
- **многошаговый** ~ multi(-)stage sampling
- **независимый** ~ independent sampling
- **однократный** ~ simple sampling
- **оптимальный** ~ optimal choice
- **повторный** ~ repeated sampling
- **последовательный** ~ sequential sampling
- **представительный** ~ representative sampling
- **пристрастный** ~ purposive sampling
- **произвольный** ~ optional sampling
- **пропорциональный** ~ proportional sampling, proportional selection
- **решётчатый** ~ lattice sampling
- **связный** ~ consistent choice
- **систематический** ~ systematic sampling, pattern sampling
- **случайный** ~ random sampling, random selection
- **смешанный** ~ mixed sampling
- **смещённый** ~ biased sampling

выборка sample; sampling
- ~ **по важности** importance sampling
- ~ **по группам** grouped sample
- ~ **с повторением** rotation sampling
- **беспристрастная** ~ unbiased sample
- **большая** ~ large sample
- **взвешенная** ~ weighted sampling
- **винсорированная** ~ winsorized sample
- **гнездовая** ~ cluster sample
- **конечная** ~ finite sample
- **линейная** ~ line sampling
- **малая** ~ small sample
- **независимая** ~ independent sample
- **однородная** ~ homogeneous sample
- **повторная** ~ repeated sampling
- **расслоенная** ~ stratified sampling
- **систематическая** ~ systematic sampling
- **случайная** ~ random sample
- **существенная** ~ importance sampling
- **точная** ~ exact sampling
- **упорядоченная** ~ ordered sample
- **уравновешенная** ~ balanced sample
- **урезанная** ~ trimmed sample
- **усеченная** ~ truncated sample
- **фиксированная** ~ fixed sample
- **частная** ~ partial sampling

выброс outlier

вывод deduction; inference; derivation; consequence
- ~ **интеграла** derivation of an integral
- ~ **правила** derivation of a rule
- ~ **равенства** derivation of an equation
- ~ **уравнения** derivation of an equation
- ~ **условий** derivation of conditions
- ~ **формулы** derivation of a formula
- **левый** ~ leftmost derivation

вывод *(continued)*
   логический ~ logical derivation
   правый ~ rightmost derivation
   статистический ~ statistical inference
   строгий ~ rigorous derivation
   формальный ~ formal derivation
выводимость derivability; deducibility
выводимый derivable; deducible
выводить derive; deduce
   ~ закон derive a law
   ~ неравенство deduce an inequality
   ~ следствие deduce a consequence
   ~ теорему derive a theorem
   ~ уравнение derive an equation
   ~ условие derive a condition
   ~ утверждение derive an assertion
   ~ формулу derive a formula
выделенный distinguished
выделять distinguish
   ~ область distinguish a domain
   ~ подалгебру distinguish a subalgebra
   ~ подмножество distinguish a subset
   ~ полный квадрат complete the square
   ~ точку distinguish a point
выигрыш pay(-)off; gain
выкидывать remove
   ~ особую точку remove a singularity
выкладки calculations, computations
   промежуточные ~ intermediate calculations
выметание balayage; sweep(ing)-out
выметать sweep (up, around)
выносить remove
   ~ за скобки take outside a bracket
   ~ из-под знака радикала remove from (under) the radical sign
вынуждать force
вынуждение forcing
выпадение occurrence
выписывать write out
   ~ матрицу write out a matrix
   ~ условия write down conditions

выполнение satisfaction; fulfillment
   ~ требований fulfillment of requirements
выполнимость satisfiability
   ~ уравнения validity of an equation
выполнять perform; execute
   ~ действия в скобках work out a parenthesis
   ~ команду execute an instruction
   ~ операцию perform an operation, carry out an operation
   ~ построение perform a construction
   ~ преобразование perform a transformation
   ~ сложение make addition
   ~ ся равномерно hold uniformly
   ~ умножение perform multiplication
выпрямление rectification
выпрямлять rectify
выпукло-вогнутый convex-concave
выпуклость convexity
   ~ вверх convexity upward
   ~ вниз convexity downward
   ~ множества convexity of a set
   ~ функции convexity of a function
   ~ шара convexity of a ball
   p- ~ p-convexity
   голоморфная ~ holomorphic convexity
   логарифмическая ~ logarithmic convexity
   локальная ~ local convexity
   полиномиальная ~ polynomial convexity
   рациональная ~ rational convexity
   сильная ~ strong convexity
   строгая ~ strict convexity; strong convexity
   тригонометрическая ~ trigonometric convexity
выпуклый convex
   ~ вверх convex up
   ~ вниз convex down
   логарифмически ~ logarithmically convex

выравнивание fitting, fit
выравнивать fit
выравнивающий fitted
выражаемый expressible
выражать express ◊ ~ x через y express x in terms of y
 ~ локально express locally
 ~ ся явно express explicitly
выражение expression
 ~ с переменной expression with a variable
 алгебраическое ~ algebraic(al) expression
 аналитическое ~ analytic(al) expression
 арифметическое ~ arithmetical expression
 асимптотическое ~ asymptotic expression
 буквенное ~ literal expression
 вещественное ~ real expression
 внутреннее ~ internal expression
 дифференциальное ~ differential expression
 инвариантное ~ invariant expression
 иррациональное ~ radical expression
 квадратичное иррациональное ~ quadratic expression
 квазидифференциальное ~ quasi(-)differential expression
 линейное ~ linear expression
 локальное ~ local expression
 подкоренное ~ radicand
 подынтегральное ~ element of integration, integrand
 рациональное ~ rational expression
 регулярное ~ regular expression
 сопряжённое ~ adjoint expression
 точное ~ exact expression
 целое ~ integral expression
 числовое ~ numerical expression
 явное ~ explicit expression
вырезание excision

вырезать punch
 ~ дырку punch a hole
 гомотопическое ~ homotopy excision
выровненный aligned
вырождение degeneration
вырожденность singularity; degeneracy
 ~ метрики singularity of a metric
вырожденный degenerate
высказывание proposition; statement; assertion; sentence; judgment
 ложное ~ false proposition
 модальное ~ modal proposition
 модальное ~ типа «возможно, что...» modal proposition stating possibility
 модальное ~ типа «необходимо, чтобы...» modal proposition stating necessity
 универсальное ~ universal proposition
 зкзистенциальное ~ existential proposition
высказывательный propositional
высот‖а height; altitude ◊ с одной и той же ~ой (о треугольниках или прямоугольниках) between the same parallels
 ~ вектора height of a vector
 ~ группы height of a group
 ~ идеала height of an ideal; rank of an ideal
 ~ конуса height of a cone
 ~ прямоугольника height of a rectangle
 ~ тетраэдра altitude of a tetrahedron
 ~ треугольника altitude of a triangle; height of a triangle
 ~ цилиндра height of a cylinder
 бесконечная ~ (элемента группы) infinite height
 боковая ~ lateral height
вытекать follow

выход output; yield ◊ **на ~ е** at an output
  ~ сети (*из функциональных элементов*) output of a circuit
  ~ элемента output of an element
выходить emanate
вычёркивание deletion
вычёркивать delete
  ~ столбец delete a column
вычет residue
  ~ аналитического дифференциала residue of an analytic differential
  ~ в полюсе residue of a pole
  ~ по модулю p residue (mod p)
  ~ степени n residue of the nth power, residue of order n
  абсолютно наименьший ~ minimal residue
  биквадратичный ~ bi(-)quadratic residue
  интегральный ~ integral residue
  квадратичный ~ quadratic residue
  кубический ~ cubic residue
  логарифмический ~ logarithmic residue
  норменный ~ norm-residue
  степенной ~ power residue
вычисление calculation; computation
  ~ в явном виде explicit calculation, explicit computation
  ~ границы computation of a boundary
  ~ группы calculation of a group
  ~ инварианта calculation of an invariant
  ~ класса calculation of a class
  ~ матрицы computation of a matrix
  ~ машины Тьюринга Turing machine computation
  ~ множества calculation of a set
  ~ предиката calculation of a predicate
  ~ с высокой точностью high-precision computation
  ~ с плавающей запятой floating-point calculation
  ~ системы computation of a system
  ~ следа trace calculation
  ~ суммы calculation of a sum
  ~ функции computation of a function
  аналитическое ~ analytic(al) calculation
  вспомогательное ~ auxiliary calculation, auxiliary computation
  графическое ~ graphical calculation
  громоздкое ~ tedious computation
  итерационное ~ iterative computation
  логарифмическое ~ logarithmic calculation
  метрическое ~ metric calculation
  непосредственное ~ straightforward calculation, direct computation
  несложное ~ simple calculation
  практическое ~ practical computation
  предварительное ~ pre(-)calculation
  приближённое ~ approximate computation
  приблизительное ~ rough calculation
  простое ~ simple computation
  прямое ~ straightforward calculation, direct computation
  рекурсивное ~ recursive computation
  точное ~ exact calculation
  трудоёмкое ~ difficult computation
  формальное ~ formal computation
  элементарное ~ elementary calculation
вычислимость computability
  ~ функции computability of a function
вычислимый computable
  эффективно ~ effectively computable

вычислитель calculator; computer; evaluator
  ~ **атрибутов** attribute evaluator
вычислительный computational
вычислять compute; calculate
  ~ **в явном виде** compute explicitly
  ~ **гомологии** calculate homology
  ~ **группу** compute a group
  ~ **значение** compute a value
  ~ **отображение** calculate a map(ping)
  ~ **последовательность** compute a sequence
  ~ **связность** compute a connection
  ~ **функцию** compute a function
  ~ **эффективно** calculate efficiently
  ~ **явно** compute explicitly
  ~ **ядро** calculate a kernel
вычитаемое subtrahend
вычитание subtraction
вычитать subtract
выяснение clarification
  ~ **вопроса** clarifying a question
вьеторисиан Vietoris(') complex

газ gas
  решётчатый ~ lattice gas
гальтонов Galtonian
гамак hammock
гамильтониан nabla, atled, Hamiltonian, delta
  ~ **системы** Hamiltonian of a system
гамильтонов Hamiltonian
гарантия protection
гармоника harmonic
  зональная ~ zonal harmonic
  поверхностная ~ surface harmonic
  пространственная ~ spatial harmonic
  сферическая ~ spherical harmonic (function)
  тороидальная ~ toroidal harmonic
  эллипсоидальная ~ ellipsoidal harmonic
гармонический harmonic
  p- ~ p-harmonic
гармоничность harmonicity
гауссов Gaussian
гексаэдр hexahedron
  правильный ~ regular hexahedron
геликоид helicoid
  косой ~ skew helicoid
  прямой ~ right helicoid, ordinary helicoid
геликоидальный helicoidal
генератор generator; autonomous automaton
  ~ **случайных чисел** random number generator
генератриса generatrix
генетика genetics
  популяционная ~ population genetics
генетический genetic
гензелизация Henselization
геодезическая geodesic, geodesic ray, geodesic line
  ~ **в группе** geodesic on a group
  ~ **в пространстве** geodesic in space
  ~ **на группе Ли** geodesic on a Lie group
  ~ **на многообразии** geodesic on a manifold
  замкнутая ~ closed geodesic
  изотропная ~ null geodesic
  инвариантная ~ invariant geodesic
  минимальная ~ minimal geodesic
геодезически geodesically
геодезический geodesic
геометр geometer, geometrician
геометризация geometrization

геометризовать geometrize
геометризуемый geometrizable
геометрически geometrically
геометрический geometric(al)
  аффинно ~ affine-geometric
геометрия geometry
  ~ близости proximity geometry
  ~ в целом geometry in the large
  ~ геодезических geometry of geodesics
  ~ гиперпространства geometry of hyperspace
  ~ групп Ли geometry of Lie groups
  ~ дезаргова пространства Desarguesian geometry
  ~ Евклида Euclidean geometry, parabolic geometry
  ~ Лобачевского Lobachevski('s) geometry, hyperbolic geometry
  ~ Мёбиуса circle geometry, circular geometry, Möbius(') geometry
  ~ многообразий geometry for manifolds
  ~ многообразия geometry of a manifold
  ~ обратных радиусов circle geometry, circular geometry, Möbius(') geometry
  ~ поверхностей geometry of surfaces
  ~ пространств geometry of spaces
  ~ пространства geometry of space
  ~ расслоений fiber bundle geometry
  ~ Римана Riemannian geometry, elliptic geometry
  ~ сетей geometry of nets
  ~ тканей geometry of webs
  ~ чисел geometry of numbers
  абсолютная ~ absolute geometry
  аксиоматическая ~ axiomatic geometry
  алгебраическая ~ algebraic(al) geometry
  аналитическая ~ analytic(al) geometry
  аналлагматическая ~ anallagmatic geometry
  античная ~ early Greek geometry
  арифметическая (алгебраическая) ~ arithmetic geometry
  аффинная ~ affine geometry
  бесконечная ~ infinite geometry
  бирациональная ~ bi(-)rational geometry
  внешняя ~ extrinsic geometry
  внрутренняя ~ intrinsic geometry
  вычислительная ~ computational geometry
  гиперболическая ~ Lobachevski('s) geometry, hyperbolic geometry
  глобальная ~ global geometry
  дезаргова ~ Desarguesian geometry
  диофантова ~ Diophantine geometry, Diophantine analysis
  дифференциальная ~ differential geometry
  евклидова ~ Euclidean geometry, parabolic geometry
  инверсионная ~ circle geometry, circular geometry, Möbius(') geometry
  интегральная ~ integral geometry
  инфинитезимальная ~ infinitesimal geometry
  исчислительная ~ enumerative geometry
  классическая ~ classical geometry
  комбинаторная ~ combinatorial geometry
  комплексная ~ complex geometry
  конечная ~ finite geometry
  конформная ~ conformal geometry
  конформная ~ на плоскости circle geometry, circular geometry, Möbius(') geometry
  конформно-дифференциальная ~ conformal differential geometry
  круговая ~ circle geometry, circular geometry, Möbius(') geometry
  линейная ~ line geometry
  линейчатая ~ line geometry

локальная ~ local geometry
метрическая ~ metric geometry
многомерная ~ multi(-)dimensional geometry
наглядная ~ visual geometry
натуральная ~ natural geometry
начертательная ~ descriptive geometry
неархимедова ~ non-Archimedean geometry
недезаргова ~ non-Desarguesian geometry
неевклидова ~ non-Euclidean geometry
непаскалева ~ non-Pascalian geometry
непрерывная ~ continuous geometry
нериманова ~ non-Riemannian geometry
общая ~ general geometry
паскалева ~ Pascalian geometry
проективная ~ projective geometry
псевдоевклидова ~ pseudo-Euclidean geometry
релятивная ~ relative geometry
риманова ~ Riemannian geometry, elliptic geometry
симплектическая ~ sympletic geometry
синтетическая ~ synthetic geometry, pure geometry
стохастическая ~ stochastic geometry
сферическая ~ spherical geometry, sphere geometry
точечная ~ point geometry
унитарная ~ unitary geometry
финслерова ~ Finslerian geometry
формальная ~ formal geometry
центроаффинная ~ central-affine geometry
частичная ~ partial geometry
эквиаффинная ~ equi(-)affine geometry
элементарная ~ elementary geometry
эллиптическая ~ Riemannian geometry, elliptic geometry
эрмитова ~ Hermitian geometry
гептаэдр heptahedron
гессиан Hessian
гетероклинный heteroclinic
гетероморфизм heteromorphism
гетероскедастичность heteroscedasticity
гетероскедастичный heteroscedastic
гиббсовский Gibbsian
гильбертов Hilbertian
гипер- hyper-
гипералгебра Hopf('s) algebra, hyper(-)algebra, bi(-)algebra
гипералгебраический hyper(-)algebraic
гиперарифметический hyper(-)arithmetic(al)
гиперархимедов hyper-Archimedean
гипербола hyperbola
  гиперболическая ~ hyperbolic hyperbola
  равнобочная ~ equilateral hyperbola, rectangular hyperbola
  равносторонняя ~ equilateral hyperbola, rectangular hyperbola
  сопряжённая ~ conjugate hyperbola
гиперболический hyperbolic
  регулярно ~ regularly hyperbolic
гиперболический ареа-косинус inverse hyperbolic cosine
гиперболический ареа-котангенс inverse hyperbolic cotangent
гиперболический ареа-тангенс inverse hyperbolic tangent
гиперболичность hyperbolicity
гиперболоид hyperboloid
  ~ вращения hyperboloid of revolution
  двуполостный ~ hyperboloid of two sheets
  однополостный ~ hyperboloid of one sheet

гипергармонический
hyper(-)harmonic
гипергеометрический
hyper(-)geometric
гипергиперпростой
hyper(-)simple, hyper(-)hyper(-)simple
гипергомологии hyper(-)homology
гипергрань hyper(-)face
гиперграф hyper(-)graph
  одномерный ~ uniform hypergraph
гипергруппа hyper(-)group
гиперимунный hyper(-)immune
гиперквадрика hyper(-)quadric, quadric hyper(-)surface
гиперкогомология
hyper(-)cohomology
гиперкомплексный
hyper(-)complex
гиперконечный hyper(-)finite
гиперконус hyper(-)cone
гиперкуб hyper(-)cube
  единичный ~ unit hypercube
гипермаксимальный
hyper(-)maximal
гиперматрица hyper(-)matrix
гиперметрический hyper(-)metric
гиперокружность hyper(-)circle
гипероктаэдрический
hyper(-)octahedral
гиперпараллельный
hyper(-)parallel
гиперпеременная hyper(-)variable
гиперплоскость hyper(-)plane
  ~ регрессии regression hyperplane
  бесконечно удалённая ~
    hyperplane at infinity
  замкнутая ~ closed hyperplane
  общая ~ general hyperplane
  опорная ~ supporting hyperplane
  сопряжённая ~ conjugate hyperplane
  строго разделяющая ~ strictly separating hyperplane
гиперповерхност‖ь hyper(-)surface
  ~ второго порядка quadric hypersurface
  ~ уровня level hypersurface

  n-мерная ~ n-dimensional hypersurface
  аналитическая ~ analytic(al) hypersurface
  близкие ~ и close hypersurfaces
  вполне геодезическая ~ totally geodesic hypersurface
  выпуклая ~ convex hypersurface
  геодезическая ~ geodesic hypersurface
  гладкая ~ smooth hypersurface
  замкнутая ~ closed hypersurface
  интегральная ~ integral hypersurface
  кубическая ~ cubic hypersurface
  минимальная ~ minimal hypersurface
  неособая ~ non(-)singular hypersurface, non(-)degenerate hypersurface
  ориентированная ~ orientable hypersurface
  полная ~ complete hypersurface
  сферическая ~ spherical hypersurface
  характеристическая ~ characteristic hypersurface
  эквидистантная ~ equidistant hypersurface
гиперподпространство
hyper(-)subspace
гиперпростой hyper(-)simple, hyper(-)hyper(-)simple
гиперстоунов hyper-Stonian
гиперпространство hyper(-)space
гиперсфера hyper(-)sphere
  мнимая ~ imaginary hypersphere
  предельная ~ limiting hypersphere
гиперсферический
hyper(-)spherical
гиперфункция hyper(-)function
гиперцентр hyper(-)center
гиперцикл hyper(-)cycle
гипершар hyper(-)sphere
гиперэллиптический
hyper(-)elliptic
гипо- hypo-

гипогамильтонов hypo-Hamiltonian
гипонепрерывный hypo(-)continuous
гипонормальный hypo(-)normal
гипотеза hypothesis; conjecture
~ **об энтропии** entropy conjecture
альтернативная ~ alternative hypothesis
более предпочтительная ~ preferable hypothesis
двусторонняя ~ two-sided hypothesis
допустимая ~ admissible hypothesis
каноническая линейная ~ canonical form for multivariate linear hypothesis
конкурирующая ~ competing hypothesis
континуум- ~ continuum hypothesis
линейная ~ general linear hypothesis
непараметрическая ~ non(-)parametric hypothesis
несовместная ~ inconsistent hypothesis
нулевая ~ null hypothesis
обобщённая ~ general(ized) hypothesis, generalized conjecture
односторонняя ~ one-sided hypothesis
основная ~ null hypothesis
основная ~ **комбинаторной топологии** *Hauptvermutung*, fundamental conjecture in topology
параметрическая ~ parametric hypothesis, parameter hypothesis
плотностная ~ density hypothesis
проверяемая ~ estimable hypothesis
простая ~ simple hypothesis
расширенная ~ extended hypothesis
сложная ~ composite hypothesis, compound hypothesis
статистическая ~ statistical hypothesis
эргодическая ~ ergodic hypothesis
гипотенуза hypotenuse
гипотетико-дедуктивный hypothetical-deductive
гипотетический hypothetical
гипотрохоида hypotrochoid
гипоциклоида hypo(-)cycloid
укороченная ~ curtate hypocycloid
удлиненная ~ prolate hypocycloid
гипоэллиптический hypo(-)elliptic(al)
гипоэллиптичность hypo(-)ellipticity
гистограмма histogram; column chart
~ **частот** frequency histogram
главный principal; primitive
гладкий smooth
кусочно ~ sectionally smooth
гладкость smoothness
~ **отображения** differentiability of a map(ping)
~ **потенциала** smoothness of a potential
~ **функции** smoothness of a function
формальная ~ formal smoothness
глобализация globalization
глобализовать globalize
глобально globally
глобальный global
глубина depth; profundity
~ **идеала** depth of an ideal
~ **кольца** depth of a ring
~ **модуля** depth of a module, profundity of a module
гномонический gnomonic
годограф hodograph
~ **скорости** velocity hodograph
головка head ◊ ~ (*машины Тьюринга*) **стоит под ячейкой** head stands over a square
голоморф holomorph
~ **группы** holomorph of a group
голоморфизм holomorphism, bi(-)holomorphic map(ping), pseudo(-)conformal map(ping)
голоморфно holomorphically

голоморфность holomorphy
голоморфный holomorphic
голономия holonomy
голономный holonomic
голоэдрический holohedral
голоэдрия holohedry
гомеоморфизм homeomorphism; topological map(ping)
  ~ **вложения** embedding homeomorphism
  ~ **областей** homeomorphism between domains
  гладкий ~ differentiable homeomorphism
  дифференцируемый ~ differentiable homeomorphism
  координатный ~ coordinate homeomorphism, rectifying homeomorphism
  кусочно линейный ~ piecewise linear homeomorphism
  локальный ~ local homeomorphism
  минимальный ~ minimal homeomorphism
  относительный ~ relative homeomorphism
  фиксированный ~ fixed homeomorphism
гомеоморфный homeomorphic
  pl- ~ pl-homeomorphic
гомогенизованный homogenized
гомографический homographic
гомогруппа homogroup
гомоклинический homoclinic
гомологии homology
  ~ **Горески-Макферсона** intersection homology
  ~ **комплекса** homology of a complex
  ~ **полиэдра** homology groups for a polyhedron
  ~ **с компактными носителями** homology with compact supports
  ~ **с коэффициентами в** G homology with coefficients (in) G
  внутренние ~ intrinsic homology
  непрерывные ~ continuous homology
  нижние ~ lower homology
  сингулярные ~ singular homology
  спектральные ~ spectral homology
  целочисленные ~ integral homology
гомологически homologically
гомологический homological
гомологичность homology
гомологичный homologous
  ~ **нулю** homologous to zero
гомология homology; perspectivity
  ~ **группы Ли** homology of a Lie group
  ~ **компакта** homology of a compactum
  ~ **поверхности** homology of a surface
  ~ **пространства** homology of a space
  гиперболическая ~ hyperbolic perspectivity, hyperbolic homology, non(-)singular perspectivity, non(-)singular homology
  неособенная ~ hyperbolic perspectivity, hyperbolic homology, non(-)singular perspectivity, non(-)singular homology
  особенная ~ parabolic perspectivity, parabolic homology, singular perspectivity, singular homology
  относительная ~ relative homology
  параболическая ~ parabolic perspectivity, parabolic homology, singular perspectivity, singular homology
  целочисленная ~ integral homology
гомоморфный homomorphic
гомоскедастичность homoscedasticity
гомоскедастичный homoscedastic
гомотетичный homothetic

гомоморфизм homomorphism, rational homomorphism
- **~ автоматов** homomorphism of automata
- **~ алгебр** algebra homomorphism
- **~ алгебр Ли** homomorphism of Lie algebras
- **~ включения** inclusion homomorphism
- **~ графов** homomorphism in graphs
- **~ групп** homomorphism of groups
- **~ колец** homomorphism of rings
- **~ модулей** homomorphism of modules
- **~ надстройки** suspension homomorphism
- **~ перехода** transfer homomorphism
- **~ пучков** homomorphism of sheaves
- **~ редукции** reduction homomorphism
- **~ Уайтхеда** J-homomorphism
- **~ цепных комплексов** homomorphism of chain complexes
- **~ элемента** homomorphism of an element
- **A- ~** A-homomorphism
- **J- ~** J-homomorphism
- **ℓ- ~** lattice-homomorphism, ℓ-homomorphism
- **R- ~** R-homomorphism
- **у- ~** order homomorphism, O-homomorphism
- **аналитический ~** analytic homomorphism, C^w-homomorphism
- **гомологический ~** homology homomorphism
- **граничный ~** boundary homomorphism
- **двойственный ~** dual homomorphism
- **допустимый ~** allowed homomorphism
- **естественный ~** natural homomorphism
- **жорданов ~** Jordan('s) homomorphism
- **индуцированный ~** induced homomorphism
- **канонический ~** canonical homomorphism
- **когомологический ~** cohomology homomorphism
- **кограничный ~** coboundary homomorphism
- **краевой ~** edge homomorphism
- **локальный ~** local homomorphism
- **многочленный ~** polynomial homomorphism
- **моноидный ~** monoid homomorphism
- **непрерывный ~** continuous homomorphism
- **нетривиальный ~** non(-)trivial homomorphism
- **норменный ~** norm homomorphism
- **нулевой ~** zero homomorphism
- **обратный ~** inverse homomorphism
- **операторный ~** operator homomorphism
- **порядковый ~** order homomorphism, O-homomorphism
- **разрывный ~** discontinuous homomorphism
- **расщепляющийся ~** splitting homomorphism
- **связывающий ~** connecting homomorphism
- **сильный ~** strong homomorphism
- **скрещённый ~** crossed homomorphism
- **сопряжённый ~** adjoint homomorphism
- **стабильный ~** stable homomorphism
- **структурный ~** lattice-homomorphism, ℓ-homomorphism
- **топологический ~** topological homomorphism
- **тривиальный ~** zero homomorphism
- **унитарный ~** unitary homomorphism

гомоморфизм *(continued)*
   функториальный ~ functorial homomorphism
   цепно гомотопные ~ **ы** chain-homotopic homomorphisms

гомотетия homothety
   ~ **пространства** homothety of a space

гомотопический homotopic

гомотопия homotopy ◊ **в процессе** ~ **и** during a homotopy
   ~ **кривой** homotopy of a curve
   ~ **отображения** homotopy of a map(ping)
   ~ **с отмеченной точкой** based homotopy
   ~ **с фиксированными концами** fixed end-point homotopy
   ~ **, соединяющая два отображения** homotopy connecting two mappings
   ~ **функции** homotopy for a function
   гладкая ~ smooth homotopy
   клеточная ~ cellular homotopy
   комбинаторная ~ combinatorial homotopy
   накрывающая ~ covering homotopy
   непрерывная ~ continuous homotopy
   послойная ~ fibre homotopy
   регулярная ~ regular homotopy
   свободная ~ free homotopy
   симплициальная ~ simplicial homotopy
   собственная ~ proper homotopy

гомотопно homotopically

гомотопность homotopy

гомотопный homotopic
   ~ **нулю** null-homotopic, homotopic to zero

гомотропия homotropy

гомоциклический homo(-)cyclic

гониометрия goniometry

горенштейнов Gorensteinian

горенштейновость Gorensteinness

горизонталь horizontal line

горизонтально horizontally

горизонтальность horizontality

горизонтальный horizontal

горло gorge

градиент gradient
   ~ **функции** gradient of a function
   поверхностный ~ surface gradient
   приведённый ~ reduced gradient

градиентный gradient

градуированный graded

градуировка gradation; graduation

градус degree
   дуговой ~ arc degree
   угловой ~ angle degree

грамматика grammar
   ~ **непосредственно составляющих** context-sensitive grammar
   ~ **с конечным числом состояний** finite-state grammar
   ~ **составляющих** context-sensitive grammar
   ~ **Хомского** generating grammar
   автоматная ~ finite-state grammar
   бесконтекстная ~ context-free grammar
   категориальная ~ categorial grammar
   конечно-автоматная ~ finite-state grammar
   контекстная ~ context-sensitive grammar
   контекстно-свободная ~ context-free grammar
   КС- ~ context-free grammar
   линейная ~ linear grammar
   матричная ~ matrix grammar
   неоднозначная ~ ambiguous grammar
   НС- ~ context-sensitive grammar
   обобщённая ~ generalized grammar
   однозначная ~ unambiguous grammar
   порождающая ~ generating grammar

правоконтекстная ~ right-context grammar
программированная ~ programmed grammar
трансформационная ~ transformational grammar
формальная ~ formal grammar
гранатоэдр rhombic dodecahedron
граница boundary; bound; frontier
- **~ без кручения** twistless border
- **~ в смысле Шилова** Shilov('s) boundary
- **~ выпуклости** boundary of convexity
- **~ -выход** Martin('s) boundary
- **~ диска** boundary of a disk
- **~ дырки** boundary of a hole
- **~ звездообразности** star boundary
- **~ звезды** star boundary
- **~ класса** class boundary
- **~ клетки** cell boundary
- **~ круга** boundary of a circle
- **~ куба** boundary of a cube
- **~ многообразия** boundary of a manifold
- **~ многоугольника** boundary of a polygon
- **~ надёжности** limit on reliability
- **~ неопределённости** limit of indeterminacy
- **~ области** boundary of a domain
- **~ окрестности** boundary of a neighborhood
- **~ поверхности** boundary of a surface
- **~ погрешности** error bound
- **~ полупространства** boundary of a half-space
- **~ симплекса** boundary of a simplex
- **~ с кручением** twist boundary
- **~ с переменным кручением** border with mixt twist
- **~ сходимости** convergence bound
- **~ точности** limit of accuracy
- **~ цепи** boundary of a chain
- **~ цилиндра** boundary of a cylinder
- **~ шара** boundary of a ball
- **~ эллипсоида** boundary of an ellipsoid
- **~ ячейки** cell boundary

аддитивная ~ additive boundary
алгебраическая ~ algebraic(al) boundary
верхняя ~ upper bound
верхняя доверительная ~ upper confidence limit
винеровская ~ Wiener('s) boundary
гармоническая ~ harmonic boundary
гладкая ~ smooth boundary
гомологическая ~ homology boundary
доверительная ~ confidence limit, confidence bound
естественная ~ natural boundary
заданная ~ prescribed boundary
звёздная ~ star boundary
идеальная ~ ideal boundary
инвариантная ~ invariant boundary
контрольная ~ control limit
кусочно гладкая ~ piecewise smooth boundary
мелкозернистая ~ small-grain boundary
непрерывная ~ continuous boundary
нижняя ~ lower limit, inferior limit, lower bound
ориентированная ~ oriented boundary
переменная ~ variable boundary
подвижная ~ moving boundary
полная ~ complete boundary
регулярная ~ regular boundary
свободная ~ free boundary
сингулярная ~ singular boundary
сопряжённая ~ conjugate boundary
стационарная ~ stationary boundary
стоимостная ~ cost frontier

граница *(continued)*
   топологическая ~ topological boundary
   точная нижняя ~ infimum, greatest lower bound
   фиксированная ~ fixed boundary
граничить border
граничное условие boundary condition
   естественное ~ natural boundary condition
   однородное ~ homogeneous boundary condition
   фиксированное ~ fixed boundary condition
грань bound; face
   ~ куба face of a cube
   ~ множества boundary of a set
   априорная ~ a priori bound
   верхняя ~ upper bound; supremum; majorant
   верхняя ~ семейства supremum of a family
   нижняя ~ lower bound
   существенная ~ (mu-)essential bound
   точная верхняя ~ supremum, least upper bound
   точная нижняя ~ infimum, greatest lower bound
   фиксированная ~ fixed face
грассманиан Grassmanian
граф graph
   ~ без петель graph without loops
   ~ без треугольника graph without triangle
   ~ без циклов circuit-free graph, acyclic graph
   ~ интервалов interval graph
   ~ пересечений intersection graph
   ~ перехода transition graph
   ~ смежности interchange graph
   ~ , содержащий петли graph with loops
   ~ сравнимости comparability graph
   ~ степени n graph of degree n
   ~ частичных порядков graph of partial orders
   k-цепной ~ k-arc graph
   n-дольный ~ n-partite graph, n-chromatic graph
   n-раскрашиваемый ~ n-colorable graph
   n-связный ~ n-connected graph
   n-факторизуемый ~ n-factorable graph
   абстрактный ~ abstract graph
   асимметричный ~ asymmetric(al) graph
   ациклический ~ acyclic graph
   бесконечный ~ infinite graph
   бихроматический ~ bi(-)partite graph
   взвешенный ~ weighted graph
   гамильтонов ~ Hamiltonian graph
   гамильтоново-связный ~ Hamilton-connected graph
   гипогамильтонов ~ hypo-Hamiltonian graph
   гладкий ~ smooth graph
   гомеоморфные ~ ы homeomorphic graphs
   двойственный ~ dual graph
   двудольный ~ bi(-)partite graph
   дефектный ~ deficient graph
   дополнительный ~ complementary graph, complement of a graph
   древовидный ~ tree graph
   замкнутый ~ closed graph
   занумерованный ~ labeled graph, signed graph
   изоморфные ~ ы isomorphic graphs
   конечный ~ finite graph
   критический ~ critical graph
   кубический ~ cubic graph
   медианный ~ median graph
   минимально связный ~ minimally connected graph
   минимальный ~ minimal graph
   многодольный ~ multipartite graph

насыщенный ~ saturated graph
незанумерованный ~ unlabeled graph
неизоморфные ~ ы non(-)isomorphic graphs
неориентированный ~ non(-)oriented graph, undirected graph
непланарный ~ non(-)planar graph
несвязный ~ disconnected graph
однородный ~ homogeneous graph
одноциклический ~ unicyclic graph
ориентированный ~ oriented graph, directed graph
планарный ~ plane graph, planar graph
плоский ~ plane graph, planar graph
полный ~ complete graph
простой ~ simple graph
пустой ~ void graph
рёберно-критический ~ line-critical graph
рёберно-связный ~ edge-connected graph
рёберный ~ line graph
регулярный ~ regular graph
самодополнительный ~ self(-)complementary graph
сверхгамильтонов ~ super-Hamiltonian graph
связный ~ connected graph
сепарабельный ~ separable graph
сигнальный ~ signal graph
сильно связный ~ strongly connected graph
сильный ~ strongly connected graph
симметрический ~ symmetric(al) graph
случайный ~ random graph
смежностный ~ interchange graph
смешанный ~ mixed graph
сопряжённый ~ derived graph
стягиваемый ~ contractible graph
топологический ~ topological graph
тотальный ~ total graph
транзитивный ~ transitive graph
тривалентный ~ trivalent graph
цветной ~ color(ed) graph
циклический ~ cyclic graph
частный ~ partial graph
эйлеров ~ Eulerian graph
экстремальный ~ extremal graph
график graph; image curve ◊
найти значение по ~у read off a value from a graph
~ оператора graph of an operator
~ отображения graph of a map(ping)
~ уравнения graph of an equation
~ функции graph of a function
~ функции накопленных частот cumulative frequency curve
замкнутый ~ closed graph
линейный ~ linear graph
расширенный ~ extended graph
симметричный ~ symmetric graph
графический graphic(al)
графоаналитический grapho-analytic(al)
гребёнка comb
гроссенхарактер *Grössencharakter*
грубость coarseness
грубый coarse
груда flock
групп‖а *см. тж.* группа Ли group; lot; batch; assembly
~ автоморфизмов group of automorphisms
~ аделей adele group
~ алгебраического тора group of an algebraic torus
~ Барсотти-Тейта p-divisible group, B.T.-group
~ без кручения torsion-free group
~ без центра group with trivial center
~ бордизмов bordism group
~ Брауэра group of classes of algebras
~ ветвления ramification group

групп‖а *(continued)*
- ~ , вложимая в компактную группу maximally almost periodic group
- ~ вращений group of rotations
- ~ вращений окружности circle group
- ~ высшего порядка higher(-order) group
- ~ голономии holonomy group
- ~ гомеоморфизмов group of homeomorphisms
- ~ гомеотопий homeotopy group
- ~ гомологий homology group; homology module
- ~ гомоморфизмов group of homomorphisms
- ~ границ group of boundaries
- ~ графа group of a graph
- ~ движений group of motions, group of isometries
- ~ , действующая свободно group acting freely, semi(-)regular group
- ~ дивизоров divisor group
- ~ диффеоморфизмов group of diffeomorphisms
- ~ диэдра dihedral group
- ~ дополнения узла group of a knot complement, knot group
- ~ единиц group of units
- ~ зацепления link group
- ~ значений нормирования value group
- ~ идеалов ideal group
- ~ иделей idele group
- ~ изометрий group of motions, group of isometries
- ~ изотропии isotropy group; isotropy subgroup, stability subgroup
- ~ изотропии точки isotropy group of a point
- ~ икосаэдра icosahedral group
- ~ инвариантных преобразований invariance group
- ~ инерции inertia group
- ~ кватернионов group of quaternions
- ~ классов class group
- ~ классов алгебр algebra class group
- ~ классов дивизоров divisor class group
- ~ классов идеалов ideal class group
- ~ классов иделей idele class group, idele class
- ~ Клейна Kleinian group
- ~ кобордизмов cobordism group
- ~ когомологий cohomology group
- ~ кограниц group of co(-)boundaries
- ~ колец group of rings
- ~ коллинеаций group of collineations
- ~ конечного порядка group of finite order
- ~ конечного ранга group of finite rank
- ~ конечного типа group of finite type
- ~ кос braid group
- ~ коцепей co(-)chain group
- ~ коциклов group of co(-)cycles
- ~ коэффициентов group of coefficients
- ~ кривых group of curves
- ~ кручения group of torsion
- ~ матриц matrix group
- ~ многогранника polyhedral group
- ~ монодромии monodromy group
- ~ на пространстве group of a space
- ~ над кольцом group over a ring
- ~ над областью group over a domain
- ~ области group of a domain
- ~ обратимых элементов group of invertible elements
- ~ окружности circle group
- ~ октаэдра octahedral group
- ~ операторов group of operators

- ~ отражений   reflection group
- ~ параметров   group of parameters
- ~ первого рода   group of the first order
- ~ переносов   group of translations
- ~ периодов   group of periods, module of periods
- ~ по сложению   group under (the operation of) addition, group with respect to addition
- ~ по умножению   group under (the operation of) multiplication, group with respect to multiplication
- ~ подстановок   group of permutations; group of substitutions
- ~ , порождённая отражениями   group generated by reflections
- ~ преобразований   group of transformations
- ~ присоединённого типа   group of adjoint type
- ~ Пуанкаре   fundamental group, first homotopy group, Poincaré group
- ~ путей   group of paths
- ~ разложения   decomposition group
- ~ расширения поля   group of a field extension
- ~ сдвигов   group of translations
- ~ с кокручением   cotorsion group
- ~ с условием конечности   group with condition of finiteness
- ~ с условием максимальности для подгрупп   Noetherian group
- ~ с условием минимальности для подгрупп   Artinian group
- ~ симметрии   symmetry group
- ~ симметрии правильного многогранника   regular polyhedral group
- ~ симметрий   group of symmetries
- ~ скольжений   group of covering transformations
- ~ сфер   group of spheres
- ~ тела   group of a skew field
- ~ тетраэдра   tetrahedral group
- ~ типа I   type I group
- ~ типа p   quasi(-)cyclic group
- ~ уравнения   group of an equation
- ~ формальных линейных комбинаций   group of formal linear combinations
- ~ формы   group with respect to a form
- ~ характеров   character group
- ~ цепей   chain group
- ~ циклов   group of cycles
- ~ Шевалле над k   k-split algebraic group
- B-свободная ~   relatively free group
- D- ~   D-group
- k раз транзитивная ~   k-ply transitive group
- k-транзитивная ~   k-fold transitive group
- ℓ- ~   lattice-ordered group, lattice group, ℓ-group
- M- ~   monomial group, M-group
- n- ~ n-group
- n-ая ~ n^{th} group
- n-мерная ~   group of dimension n, n-dimensional group, n^{th} group
- O*- ~   O*-group
- O-простая ~   O-simple group
- Ω- ~   omega-group
- p- ~   p-group, primary group
- p- ~ малого порядка   group of prime-power order
- p-адическая ~   p-adic group
- p'- ~   p'-group
- p-делимая ~   p-divisible group, B.T.-group
- p-разрешимая ~   p-solvable group
- π- ~ π-group
- π-отделимая ~ π-separable group
- π-разрешимая ~ π-solvable group
- S- ~   S-group
- SN- ~   SN-group
- Z- ~   Z-group
- ZA- ~   ZA-group

групп‖а (continued)
  2- ~   two-group
  3- ~   three-group
  ~ ℓ-классов ℓ-class group
  ~ p-классов   p-class group
  абелева ~   Abelian group, commutative group
  абсолютная ~   absolute group
  абстрактная ~   abstract group
  аддитивная ~   additive group
  алгебраическая ~   algebraic group
  алгебраически компактная ~   algebraically compact group
  аменабельная ~   amenable group
  аналитическая ~   analytic group
  аналитическая локальная ~   local Lie group
  анизотропная ~   anisotropic group
  арифметическая ~   arithmetic group
  артинова ~   Artinian group
  архимедова ~   Archimedean group
  ассоциированная ~   associated group
  аффинная ~   affine group
  аффинная унимодулярная ~   equi(-)affine group
  бернсайдовская ~   Burnside('s) group
  бесконечная ~   infinite group
  бесконечномерная ~   infinite-dimensional group
  бикомпактная ~   bicompact group
  бинарная ~   binary group
  более узкая ~   smaller group
  более широкая ~   larger group
  бóльшая ~   big group
  большая ~   larger group
  векторная ~   vector group
  вещественная ~   real group
  виртуальная ~   virtual group
  вложенная ~   embedded group
  вполне несвязная ~   totally disconnected group
  вполне приводимая ~   completely reducible group
  высшая ~   higher group
  гамильтонова ~   Hamilton(ian) group
  геометрически редуктивная ~   geometrically reductive group
  гиперцентральная ~   hyper(-)central group
  главная ~   principal group
  глобальная ~   global group
  гомеоморфные ~ы   homeomorphic groups
  гомологическая ~   homology group
  гомоморфная ~   homomorphic group
  гомотопическая ~   homotopy group
  градуированная ~   graded group
  градуированная дифференциальная ~   DG-group
  дважды транзитивная ~   doubly-transitive group
  двойственная ~   dual group
  двухпараметрическая ~   two-parameter group
  делимая ~   divisible group
  дефектная ~   defect group
  диагонализируемая ~   diagonalizable group
  диагональная ~   diagonal group
  динамическая ~   dynamical group
  дискретная ~   discrete group
  дифференциальная ~   differential group
  диэдральная ~   dihedral group
  дополнительная ~   complementary group
  допустимая ~   admissible group
  доупорядочиваемая ~   O*-group
  дробно-линейная ~   linear fractional group
  дуальная ~   dual group
  евклидова ~   Euclidean group
  единичная ~   unit group
  замкнутая ~   closed group
  знакопеременная ~   alternating group

изогенная ~ isogeneous group
изоморфные ~ы isomorphic groups
изотропная ~ isotropic group
икосаэдрическая ~ icosahedral group
импримитивная ~ imprimitive group
инвариантная ~ invariant group
инверсная ~ generalized group
интегрируемая ~ integrable group
интранзитивная ~ intransitive group
инфинитезимальвная ~ infinitesimal group
исключительная ~ exceptional group
калибровочная ~ gauge group
квадратичная ~ quadratic group
квазидиэдральная ~ quasi(-)dihedral group
квазинормальная ~ quasi(-)normal group
квазиразложимая ~ quasi(-)split group
квазирасщепимая ~ quasi(-)split group
квазициклическая ~ quasi(-)cycle group
классическая ~ classical group
Клейнова ~ Kleinian group
клеточная ~ cellular group
когомотопическая ~ cohomotopy group
коммутативная ~ Abelian group, commutative group
компактная ~ compact group
комплексная ~ complex group
конгруэнц- ~ congruence group
конечная ~ finite group, group of finite order
конечно линейная ~ finite linear group
конечно порождённая ~ finitely generated group
конформная ~ conformal group
коцепная ~ cochain group
кратная транзитивная ~ k-ply transitive group
кратно транзитивная ~ multiply transitive group, k-fold transitive group
кристаллографическая ~ crystallographic group
левая ~ left group
линейная ~ linear group
линейно упорядоченная ~ simply ordered group, linearly ordered group, totally ordered group
локальная ~ local group
локально бикомпактная ~ locally bicompact group
локально евклидова ~ locally Euclidean group
локально изоморфная ~ locally isomorphic group
локально компактная ~ locally compact group
локально конечная ~ locally finite group
локально нётерова ~ locally Noetherian group
локально нильпотентная ~ locally nilpotent group
локально нормальная ~ locally normal group
локально разрешимая ~ locally soluble group
локально свободная ~ locally free group
локально связная компактная ~ connected locally compact group
максимальная ~ maximal group
максимальная почти периодическая ~ maximally almost periodic group
малая ~ small group
матричная ~ matrix group
меньшая ~ smaller group
метабелева ~ metabelian group
метанильпотентная ~ meta(-)nilpotent group

групп а *(continued)*
  метациклическая ~ meta(-)cyclic group
  метризуемая ~ metrizable group
  метрическая ~ metric group
  минимаксная ~ minimax group
  минимальная ~ minimal group
  модулярная ~ modular group
  монолитичная ~ monolithic group
  мономиальная ~ monomial group, M-group
  монотетическая ~ monothetic group
  мультиоператорная ~ omega-group
  мулитипликативная ~ multiplicative group
  накрывающая ~ covering group
  неабелева ~ non-Abelian group, non(-)commutative group
  неизоморфная ~ non(-)isomorphic groups
  некоммутативная ~ non-Abelian group, non(-)commutative group
  некомпактная ~ non(-)compact group
  неоднородная ~ inhomogeneous group
  непрерывная ~ continuous group, topological group
  неприводимая ~ irreducible group
  неразложимая ~ indecomposable group
  неразрешимая ~ non(-)solvable group
  нётерова ~ Noetherian group
  нетривиальная ~ non(-)trivial group
  нехопфова ~ non-Hopfian group
  нециклическая ~ four(s)-group, quadratic group
  нечётно периодическая ~ odd torsion group
  нильпотентная ~ nilpotent group
  нормальная ~ normal group
  нулевая ~ null group
  обобщённая ~ generalized group
  обобщённо нильпотентная ~ generalized nilpotent group
  обобщённо разрешимая ~ generalized solvable group
  объемлющая ~ underlying group
  общая ~ general group
  ограниченная ~ restricted group
  ограниченная симметрическая ~ bounded symmetric(al) group
  одномерная ~ one-dimensional group
  однопараметрическая ~ one-parameter group
  однородная ~ homogeneous group
  односвязная ~ simply connected group, universal group
  октаэдральная ~ octahedral group
  операторная ~ operator(-)group
  ортогональная ~ orthogonal group
  особая ~ singular group
  отделимая ~ separated topological group, separable group
  относительная ~ relative group
  относительно свободная ~ relatively free group
  периодическая ~ periodic group, torsion group
  подпрямо неприводимая ~ subdirectly irreducible group
  полинильпотентная ~ poly(-)nilpotent group, multi(-)nilpotent group
  полициклическая ~ polycyclic group
  полная ~ full group; total group; complete group
  полная абелева ~ divisible group
  полупростая ~ semi(-)simple group
  полурегулярная ~ group acting freely, semi(-)regular group
  полуредуктивная ~ geometrically reductive group
  порождённая ~ generated group
  правая ~ right group

правая частично упорядоченная ~ right-ordered group
правоупорядоченная ~ right-ordered group
предельная ~ limit group
приведенная ~ reduced group
приведённо свободная ~ relatively free group
примарная ~ primary group, p-group, group of prime-power order
примитивная ~ primitive group
присоединенная ~ adjoint group
проективная ~ projective group
проконечная ~ profinite group
простая ~ simple group
просто транзитивная ~ regular group, simply transitive group
пространственная ~ space group
псевдовогнутая ~ pseudo(-)concave group
псевдоунитарная ~ pseudo(-)unitary group
радикальная ~ radical group
разложимая ~ split(ting) group
разрешимая ~ solvable group, soluble group
разрывная ~ discontinuous group
расширенная ~ extended group
расщепимая ~ split(ting) group
расщепляемая ~ symmorphic group
рациональная ~ rational group
регулярная ~ regular group, simply transitive group
редуктивная ~ reductive group
резидуальная ~ residual group
рекурсивно определённая ~ recursively presented group
решёточно упорядоченная ~ lattice-ordered group, lattice group, ℓ-group
сверхразрешимая ~ super(-)solvable group, super(-)soluble group
свободная ~ free group
связная ~ connected group
семиэдральная ~ quasihedral group
сепарабельная ~ separated group, separable group
силовская ~ Sylow('s) group
симметричная ~ symmetric(al) group
симморфная ~ symmorphic group
симплектическая ~ symplectic group
скрученная ~ twisted group, group of twisted type
смешанная ~ mixed group
собственная ~ proper group
совершенная ~ perfect group
специальная ~ special group
спинорная ~ spin(or) group
спорадическая ~ sporadic group
стабильная ~ stable group
стандартная ~ standard group
стационарная ~ stability group
строго k раз транзитивная ~ k-ply transitive group
структурная ~ structure group
структурно упорядоченная ~ lattice-ordered group, lattice group, ℓ-group
субнормальная ~ sub(-)normal group
суженая ~ restricted group
существенно упорядоченная ~ naturally ordered group
сферическая ~ spherical group
тетраэдральная ~ tetrahedral group
топологическая ~ continuous group, topological group
тороидальная ~ toroid(al) group, torus group
тотально проективная ~ totally projective group
точечная ~ point group
транзитивная ~ transitive group
треугольная ~ triangular group
триангулируемая ~ triangular group
тривиальная ~ trivial group

группа (continued)
  трижды транзитивная ~ triply transitive group
  узкая ~ slender group
  универсальная ~ simply connected group, universal group
  унимодулярная ~ unimodular group
  унипотентная ~ unipotent group
  унипримитивная ~ uniprimitive group
  унитарная ~ unitary group
  упорядоченная ~ ordered group, partially ordered group
  упорядочиваемая ~ orderable group, O-group
  факторизуемая ~ factorizable group
  фильтрованная ~ filtered group
  финитная ~ bounded symmetric(al) group
  финитно аппроксимируемая ~ residually finite group
  формальная ~ formal group
  фуксова ~ Fuchsian group
  фуксоидная ~ Fuchsoid group
  фундаментальная ~ fundamental group, first homotopy group
  характеристическая ~ characteristic group
  характеристически простая ~ characteristically simple group
  хопфова ~ Hopfian group
  циклическая ~ cyclic group
  частичная ~ partial group
  частично упорядоченная ~ partially ordered group
  четвертная ~ four(s)-group, quadratic group
  чётная ~ even group
  эквиаффинная ~ equi(-)affine group
  эквивалентная ~ equivalent group
  экспоненциальная ~ exponential group
  элементарная ~ elementary group
  эллиптическая ~ elliptic group
  энгелева ~ Engel('s) group
  эрмитова ~ Hermitian group
  эффективная ~ effective group

группа Ли Lie group
  ~ преобразований Lie group of transformations
  ~ ранга 0 nilpotent Lie group, special Lie group
  абелева ~ Abelian Lie group, commutative Lie group
  аналитическая ~ analytic(al) Lie group
  банахова ~ Banach('s) Lie group
  вещественная ~ real Lie group
  вполне разрешимая ~ triangular group
  изоморфная ~ isomorphic Lie group
  исключительная ~ exceptional Lie group
  классическая ~ classical Lie group
  коммутативная ~ Abelian Lie group, commutative Lie group
  компакная ~ compact Lie group
  комплексная ~ complex Lie group
  линейная ~ linear Lie group
  локальная ~ local Lie group
  матричная ~ matrix Lie group
  накрывающая ~ covering Lie group
  некомпактная ~ non(-)compact Lie group
  непрерывная ~ continuous Lie group
  нильпотентная ~ nilpotent Lie group, special Lie group
  односвязная ~ simply connected Lie group
  параллелизуемая ~ parallelizable Lie group
  полупростая ~ semi(-)simple Lie group
  простая ~ simple Lie group
  разрешимая ~ solvable Lie group
  связная ~ connected Lie group

симметрическая ~ symmetric(al) Lie group
специальная ~ nilpotent Lie group, special Lie group
группировка grouping; clumping; pooling
~ **данных** pooling of data
~ **наблюдений** grouping of observations
группированный grouped
группировать group
групповой collective
группоид groupoid
~ **идемпотентов** groupoid of idempotents
~ **с делением** division groupoid
~ **с сокращением** cancellation groupoid
главный ~ principal groupoid
свободный ~ free groupoid
связный ~ connected groupoid
упорядоченный ~ ordered groupoid
фундаментальный ~ fundamental groupoid
частично упорядоченный ~ partially ordered groupoid
частичный ~ partial groupoid, half-groupoid
гудерманиан Gudermann('s) function

даламберов D'Alembertian
даламбертиан D'Alembertian
далёкий distant
данные data
~ **рассеяния** scattering data
выходные ~ output data
исходные ~ original data; initial data
кодированные ~ coded data
логические ~ logical data
многомерные ~ multivariate data
начальные ~ original data; initial data
ортогональные ~ orthogonal data
сгруппированные ~ grouped data
статистические ~ statistical data
табличные ~ table data
табулированные ~ tabulated data
упорядоченные ~ ranked data
усечённые ~ truncated data
усреднённые ~ averaged data
числовые ~ numerical data, numerics
экстремальные ~ experimental data
датчик generator
~ **случайных чисел** random number generator
двадцатигранник icosahedron
правильный ~ regular icosahedron
двадцатигранный icosahedral
двадцатиричный vigesimal
двенадцатигранник dodecahedron
двенадцатигранный dodecahedral
двенадцатиугольник dodecagon
движение motion; rigid motion; isometry
~ **второго рода** improper motion
~ **первого рода** proper motion
~ **пространства** motion in a space
броуновское ~ Brownian motion
быстрое ~ fast motion
винтовое ~ helical motion; spiralling
гиперболическое ~ hyperbolic motion
евклидово ~ Euclidean motion
инфинитезимальное ~ infinitesimal motion
невозмущённое ~ unperturbed motion
несобственное ~ improper motion
обратное ~ inverse motion
одномерное ~ one-dimensional motion

движение *(continued)*
   периодическое ~ periodic motion
   собственное ~ proper motion
   среднее ~ mean motion; average motion
   сферическое ~ spherical motion
   хаотическое ~ chaotic motion
   эллиптическое ~ elliptic(al) motion
двоеточие colon
   связное ~ connected doublet
двоично-десятичный binary-decimal
двоичный binary
двойственность duality
   ~ групп duality of groups
   ~ Спеньера S-duality
   S- ~ S-duality
   аддитивная ~ additive duality
   локальная ~ local duality
   общая ~ general duality
   стационарная ~ S-duality
   топологическая ~ topological duality
двойственный dual
двугранник dihedron
двугранный dihedral
двудольный bi(-)partite
двузначность two-valuedness
двузначный two-valued
двумерный bi(-)dimensional; bi(-)variate
двупериодический two-periodic
двупредельный two-limited
двусмысленный ambiguous
двусторонний bilateral; two-sided; ambiguous
двуугольник lune; digon; bi(-)angle
   сферический ~ (spherical) lune; (spherical) digon; bi(-)angle
двухпериодический biperiodic, doubly periodic
двучлен binomial
девиатор deviator
девятиугольник nonagon
девятиугольный nonagonal
дедуктивно deductively

дедуктивный deductive
дезаргов Arguesian
действие action; effect; operation
   ~ алгебры action of an algebra
   ~ группы action of a group
   ~ на многообразии action on a manifold
   ~ оператора action of an operator
   ~ по себе operation on itself
   ~ преобразования action of a transformation
   ~ с помощью сдвига action by a translation
   алгебраическое ~ algebraic(al) action
   дифференцируемое ~ differentiable action
   евклидово ~ Euclidean action
   конечное ~ finite action
   конформно инвариантное ~ conformally invariant action
   левое ~ left operation
   линейное ~ linear action
   минимальное ~ minimal action
   наименьшее ~ least action
   обратное ~ inverse action
   ортогональное ~ orthogonal action
   почти эффективное ~ almost effective action
   правое ~ right action
   присоединённое ~ adjoint action
   свободное ~ free action
   стандартное ~ standard action
   транзитивное ~ transitive action; transitive operation
   тривиальное ~ trivial action
   эффективное ~ effective action
   янг-миллсовское ~ Yang-Mills action
действительность reality
   ~ собственных значений reality of eigenvalues
действительный real
действовать act; operate
   ~ без неподвижных точек act without fixed points

- ~ гладко act differentiably
- ~ дискретно act discretely
- ~ естественно operate naturally, operate in a natural way
- ~ линейно operate linearly
- ~ на кольце act on a ring
- ~ на многообразии act on a manifold
- ~ на множестве act on a set; operate on a set
- ~ на пространстве act on a space
- ~ непрерывно act continuously, operate continuously
- ~ по себе act on itself
- ~ с помощью сдвигов act by translations
- ~ свободно act freely
- ~ слева act on the left
- ~ справа act on the right
- ~ транзитивно act transitively
- ~ тривиально act trivially
- ~ эффективно act effectively, operate effectively

декада decade
декартов Cartesian
декодер decoder
декодирование decoding
- однозначное ~ unique decipherability
- пороговое ~ threshold decoding

декодировать decode
декодируемый decodable
декомпозиция decomposition
декремент decrement
- логарифмический ~ logarithmic decrement

деление division ◊ ~ **на ноль не определено** division by zero is not defined; **выполнять ~** perform division, make division, do division, effect division
- ~ в крайнем отношении division in extreme ratio
- ~ в крайнем и среднем отношении harmonic division
- ~ в среднем отношении division in mean ratio
- ~ в столбик long division
- ~ в строчку short division
- ~ круга division of a circle
- ~ многочленов division of polynomials
- ~ окружности division of a circle
- ~ отрезка division of a line segment
- ~ пополам bisection
- ~ с остатком division with a remainder
- ~ слева pre(-)division
- ~ справа post(-)division
- арифметическое ~ arithmetic division
- гармоническое ~ harmonic division
- левое ~ left division
- последовательное ~ repeated division
- пропорциональное ~ proportional division

делёж imputation
делимое dividend
делимость divisibility
- неограниченная ~ infinite divisibility; full normality

делимый divisible
- бесконечно ~ infinitely divisible

делитель divisor
- ~ нуля zero(-)divisor
- ~ числа divisor of a number
- бесквадратный ~ square-free divisor
- левый ~ left divisor
- максимальный ~ maximal divisor
- наибольший ~ largest divisor
- наибольший общий ~ greatest common divisor; greatest common measure
- нормальный ~ normal subgroup, invariant subgroup; normal divisor
- общий ~ common divisor
- первичный ~ primary divisor
- правый ~ right divisor
- пробный ~ trial divisor
- простой ~ prime divisor

делитель (continued)
   топологический ~ topological divisor
   точный ~ exact divisor
   элементарный ~ (матрицы) elementary divisor

делит‖ь divide ◊ $a \sim b$ a divides b; **3 нацело ~ 15** 3 is contained in 15 without a remainder; $a \sim$ **ся** на b a is divisible by b
   ~ без остатка divide exactly, divide without a remainder
   ~ в отношении $a:b$ divide in the ratio $a:b$
   ~ внешним образом divide externally
   ~ внутренним образом divide internally
   ~ нацело divide exactly, divide without a remainder
   ~ пополам bisect
   ~ параллелограмм на два конгруэнтных треугольника bisect a parallelogram

делящий dividing
   ~ пополам bisecting

дельта delta
   ~ амплитуды amplitude delta

дельтоид deltoid; kite
демонстрация demonstration
демонстрировать demonstrate
дендрит dendrite
   локальный ~ local dendrite

дендроид dendroid
денотат denotation
денумерант denumerant
дерев‖о tree
   ~ вывода derivation tree; list
   ~ графа tree of a graph
   ~ игры tree of a game
   ~ разбора программы tree
   ~ разрезов cut-tree
   ~ решений solution tree; decision tree
   ~ с занумерованными рёбрами labeled tree
   B- ~ B-tree
   бесконечное ~ infinite tree
   вездесущее ~ ubiquitous tree
   вырожденное ~ degenerate tree
   двоичное ~ binary tree
   занумерованное ~ labeled tree
   звездоподобное ~ starlike tree
   информационное ~ informational tree
   кодовое ~ code tree
   конечное ~ finite tree
   корневое ~ root(ed) tree; arborescence
   кратчайшее (*связывающее*) ~ shortest tree
   максимальное ~ maximal tree
   непересекающиеся ~ья disjoint trees
   ориентированное ~ directed tree
   полное ~ complete tree
   связывающее ~ spanning tree
   случайное ~ random tree
   топологическое ~ topological tree
   усечённое ~ truncated tree
   эквивалентные ~ья equivalent trees

деривация derivation
десингуляризация desingularization; reduction of singularities
дескриптивный descriptive
десятигранник decahedron
десятиугольник decagon
десятично-двоичный decimal-binary
десятичный decimal
детектор detector
   ~ ошибок error detector
   линейный ~ linear detector

детерминант determinant
   ~ эрмитова пространства determinant of a Hermitian space
   ~ эрмитовой формы determinant of a Hermitian space
   характеристический ~ determinantal polynomial

детерминантный determinantal
детерминированный deterministic
  ограниченно ~ boundedly deterministic
дефект nullity; defect; deficiency; deficit; deficiency index
  ~ **зацепления** nullity of a link
  ~ **матрицы** nullity of a matrix
  ~ **многообразия** nullity of a manifold
  ~ **оператора** nullity of an operator
  ~ **подпространства** co(-)dimension of a subspace
  ~ **преобразования** nullity of a transformation
  ~ **пространства** nullity of a space
  ~ **сплайна** deficiency of a spline
  ~ **треугольника** defect of a triangle
  ~ **функции** defect of a function
  k-мерный ~ k-nullity
  угловой ~ angular defect
дефектный deficient
деформация deformation; unfolding; bending
  ~ **алгебраического многообразия** deformation of an algebraic manifold
  ~ **аналитических структур** deformation of analytic structures
  ~ **множества** deformation of a set
  ~ **отображения** deformation of a map(ping)
  ~ **пространства** deformation of a space
  аналитическая ~ analytic(al) deformation
  версальная ~ versal unfolding
  главная ~ principal deformation
  изометрическая ~ isometric deformation
  инфинитезимальная ~ infinitesimal deformation
  комбинаторная ~ combinatorial deformation
  линейная ~ linear deformation
  локальная ~ local deformation
  малая ~ small deformation
  непрерывная ~ continuous deformation
  сглаживающая ~ smoothing deformation
  универсальная ~ universal unifolding
  формальная ~ formal deformation
деформировать deform
  ~ **отображение** deform a set
дециль decile
джет jet
джойн join
  ~ **симплексов** simplicial join
диагонализация diagonalization
диагонализуемость diagonability
диагонализуемый diagonalizable
диагональ diagonal
  ~ **грани** diagonal of a face
  ~ **матрицы** diagonal of a matrix
  ~ **многогранника** diagonal of a polyhedron
  ~ **многоугольника** diagonal of a polygon
  ~ **определителя** diagonal of a determinant
  произведения diagonal of a product
  главная ~ principal diagonal; main diagonal; leading diagonal; dominant diagonal
  побочная ~ secondary diagonal
диагонально diagonally
диагональный diagonal
диаграмма diagram; chart; graph
  ~ **алгебры** diagram for an algebra
  ~ **в виде ломаной** line graph
  ~ **в виде столбцов** column graph
  ~ **в категории** diagram in a category
  ~ **группы** diagram for a group
  ~ **для изображения автомата** transition diagram
  ~ **модели** diagram of a model
  ~ **поворотов** rotation diagram
  ассоциированная ~ associated diagram

диаграмма *(continued)*
  бифуркационная ~ bifurcation diagram
  векторная ~ vector diagram
  гомотопически коммутативная ~ homotopically commutative diagram
  гомотопно коммутативная ~ homotopically commutative diagram
  графическая ~ arrow diagram
  индикаторная ~ indicator diagram
  квадратная ~ square diagram
  когомологическая ~ cohomology diagram
  коммутативная ~ commutative diagram
  круговая ~ pie chart, circular chart
  логическая ~ logical diagram
  некоммутативная ~ non(-)commutative diagram
  стандартная ~ standard diagram
  столбчатая ~ bar graph, column graph, block diagram
  треугольная ~ triangular diagram
  универсальная ~ universal diagram
  фазовая ~ phase diagram
  элементарная ~ elementary diagram
диада dyad
диадический dyadic
диаметр diameter
  ~ графа diameter of a graph
  ~ круга diameter of a circle
  ~ линии второго порядка diameter of a conic
  ~ множества diameter of a set
  ~ окружности diameter of a circumference; diameter of a circle
  ~ сферы diameter of a sphere
  ~ шара diameter of a ball; diameter of a sphere
  главный ~ transverse diameter
  сопряжённый ~ conjugate diameter
  трансфинитный ~ transfinite diameter
  эллиптический ~ elliptic diameter
диаметрально diametrically
диаметральный diametral
дианалитический dianalytic
диассоциативный di(-)associative
дивергенция divergence
дивизор divisor
  ~ двойной точки double point divisor
  ~ дифференциальной формы divisor of a differential form
  ~ кручения torsion divisor
  ~ первого рода divisor of the first kind
  ~ полюсов pole divisor
  алгебраический ~ algebraic divisor
  главный ~ principal divisor
  детерминантный ~ determinantal divisor
  дробный ~ fractional divisor
  единичный ~ unit divisor
  исключительный ~ exceptional divisor
  канонический ~ canonical divisor, differential divisor
  линейно эквивалентные ~ы linearly equivalent divisors
  обильный ~ (very) ample divisor, non(-)degenerate divisor
  положительный ~ positive divisor, effective divisor
  целый ~ integral divisor
  эквивалентные ~ы equivalent divisors
  эффективный ~ positive divisor, effective divisor
диграф digraph
дизъюнктивный disjunctive
дизъюнктор inclusive or-element
дизъюнкци‖я disjunction, Boolean addition, logical addition ◊
  применять ~ю add
  альтернативная ~ alternative disjunction
  разделительная ~ alternative disjunction

  элементарная ~ elementary disjunction
дикий wild
дилатация dilatation
  минимальная ~ minimal dilatation
  унитарная ~ unitary dilatation
дилемма dilemma
  сложная ~ complex dilemma
дилогарифм dilogarithm
диметрия dimetric axonometry, dimetric projection
динамика dynamics
  аналитическая ~ analytic(al) dynamics
  групповая ~ group dynamics
  символическая ~ symbolic dynamics
  топологическая ~ topological dynamics
динамический dynamic(al)
дирамация diramation
директор director
директриса directrix
диск disk
  n-мерный ~ n-dimensional disk
  вложенный ~ embedded disk
  геодезический ~ geodesic disk
  гладкий ~ smooth disk
  единичный ~ unit disk
  замкнутый ~ closed disk
  открытый ~ open disk
  проколотый ~ punctured disk
  срединный ~ core disk
  стандартный ~ standard disk
  топологический ~ topological disk
дисконтинуум discontinuum
  двоичный ~ dyadic discontinuum
  Канторов ~ ternary set, Cantor('s) discontinuum
  обобщённый канторов ~ Cantor('s) space
дискрепанс discrepancy
дискретизация discretization
дискретность discreteness
  ~ спектра discreteness of a spectrum
дискретный discrete

дискриминант discriminant
  ~ базиса discriminant of a basis
  ~ идеала discriminant of an ideal
  ~ квадратичной формы discriminant of a quadratic form
  ~ квадратичного трёхчлена discriminant of a quadratic
  ~ квадратного уравнения discriminant of a quadratic equation
  ~ кольца discriminant of a ring
  ~ многочлена discriminant of a polynomial
  ~ поля discriminant of a field
  ~ системы discriminant of a system
  ~ Хилла Liapunov('s) function
  относительный ~ relative discriminant
  фундаментальный ~ fundamental discriminant
дискриминация discrimination
дисперсивный dispersive
дисперсия variance, dispersion
  ~ генеральной совокупности population variance
  ~ оценки variance of an estimator
  ~ ошибки variance of error, error mean square
  ~ распределений population variance
  аномальная ~ anomalous dispersion
  асимптотическая ~ asymptotic variance
  внутриклассовая ~ intra-class variance
  выборочная ~ sample dispersion, sample variance
  групповая ~ group dispersion
  конечная ~ finite variance
  нормальная ~ normal dispersion
  обобщённая ~ (sample) generalized variance
  остаточная ~ residual variance
  условная ~ conditional variance
  эмпирическая ~ empirical dispersion, empirical variance
дистальный distal

дистрибутивно distributively
дистрибутивность distributivity, distributive property
   общая ~ general distributivity
дистрибутивный distributive
   ~ справа right distributive
диффеоморфизм diffeomorphism, differentiable homeomorphism
   ~ перехода transition diffeomorphism
   ~ пространства diffeomorphism of a space
   ~ , удовлетворяющий аксиоме A axiom A diffeomorphism
   C^r**- ~** C^r-diffeomorphism
   конформный ~ conformal diffeomorphism
   локальный ~ local diffeomorphism
диффеоморфно diffeomorphically
диффеоморфность diffeomorphism
   изотопный ~ isotopic diffeomorphism
диффеоморфный diffeomorphic
диффеотопия diffeotopy
дифферента different
   ~ поля different of a field
   относительная ~ relative different
дифференциал differential
   ~ более высокого порядка higher differential
   ~ дифференциальной формы differential of a differential form
   ~ на римановой поверхности differential on a Riemann(ian) surface
   ~ отображения differential of a map(ping)
   ~ площади differential of area
   ~ порядка n differential of the nth order, n^{th} differential
   ~ представления differential of a representation
   ~ функции differential of a function
   абелев ~ Abelian differential
   абсолютный ~ absolute differential
   аналитический ~ analytic differential
   аппроксимативный ~ approximate differential
   асимптотический ~ asymptotic differential
   билинейный ~ bilinear differential
   внешний ~ exterior differential
   второй ~ second differential
   гармонический ~ harmonic differential
   голоморфный ~ holomorphic differential
   двойной ~ double differential
   квадратичный ~ quadratic differential
   ковариантный ~ covariant differential
   левый ~ left differential
   линейный ~ linear differential
   мероморфный ~ meromorphic differential
   полный ~ total differential, complete differential
   положительный ~ positive differential
   полуточный ~ semi(-)exact differential
   правый ~ right differential
   проективный ~ projective differential
   регулярный ~ regular differential
   сильный ~ strong differential
   слабый ~ weak differential
   стохастический ~ stochastic differential
   точный ~ exact differential
   частный ~ partial differential
дифференциально-геометрический differential geometric
дифференциальное уравнение *см. тж.* **дифференциальное уравнение в частных производных** differential equation
   ~ в контингенциях contingent differential equation
   ~ в полных дифференциалах total differential equation

дифференциальное уравнение

~ **в точных дифференциалах** exact differential equation

~ **гиперболического типа** hyperbolic differential equation

~ **, интегрируемое в квадратурах** differential equation integrable by quadratures

~ **класса Фукса** Fuchsian differential equation

~ **на торе** differential equation on a torus, flow on a torus

~ **первого порядка** first-order differential equation

~ **порядка** n n^{th} order differential equation

~ **с запаздывающим аргументом** differential equation with retarded argument(s), differential equation with time lags, differential equation with delays

~ **с малым параметром** differential equation with a small parameter

~ **с многозначной правой частью** multi(-)valued differential equation

~ **с отклоняющимся аргументом** differential equation with deviating argument

~ **с периодическими коэффициентами** differential equation with periodic coefficients

~ **с постоянными коэффициентами** differential equation with constant coefficients

~ **с принуждением** forced differential equation

~ **с частными производными** partial differential equation

~ **смешанного типа** differential equation of mixed type, mixed differential equation

~ **типа предельного круга** differential equation of limit circle type

~ **эллиптического типа** elliptic differential equation

абстрактное ~ abstract differential equation

алгебраическое ~ algebraic differential equation

ассоциированное ~ associated differential equation

бесселево ~ Bessel('s) differential equation

биномиальное ~ binomial differential equation

векторно-матричное ~ vector-matrix differential equation

гармоническое ~ harmonic differential equation

гиперболическое ~ hyperbolic differential equation

каноническое ~ canonical differential equation

квазилинейное ~ quasi(-)linear differential equation

конфлюэнтное ~ confluent differential equation

линейное ~ linear differential equation

матричное ~ matrix differential equation

многозначное ~ multi(-)valued differential equation

нелинейное ~ non(-)linear differential equation

неоднородное ~ inhomogeneous differential equation, non(-)homogeneous differential equation

общее ~ general differential equation

обыкновенное ~ ordinary differential equation

однородное ~ homogeneous differential equation

осцилляционное ~ oscillatory differential equation

параболическое ~ parabolic differential equation

периодическое ~ periodic differential equation

дифференциальное уравнение
(continued)
  почти периодическое ~ almost periodic differential equation
  разрешённое ~ explicit differential equation
  самосопряжённое ~ self(-)adjoint differential equation
  сильно нелинейное ~ strongly non(-)linear differential equation
  слабо нелинейное ~ weakly non(-)linear differential equation
  сопряжённое ~ adjoint differential equation, adjoint of a differential equation
  стохастическое ~ stochastic differential equation
  тензорное ~ tensorial differential equation
  ультрагиперболическое ~ ultra(-)hyperbolic differential equation
  функциональное ~ functional differential equation
  характеристическое ~ characteristic differential equation
  эллиптическое ~ elliptic differential equation
дифференциальное уравнение в частных производных partial differential equation
  ~ гиперболического типа hyperbolic partial differential equation, partial differential equation of hyperbolic type
  ~ параболического типа parabolic partial differential equation, differential equation of parabolic type
  ~ смешанного типа partial differential equation of mixed type
  ~ эллиптического типа elliptic(al) partial differential equation, partial differential equation of elliptic(al) type
  вырожденное ~ singular partial differential equation
  квазилинейное ~ quasi(-)linear partial differential equation
  линейное ~ linear partial differential equation
  нелинейное ~ non(-)linear partial differential equation
  общее ~ general partial differential equation
  смешанное ~ mixed partial differential equation
дифференциальный differential
дифференциатор differentiator
дифференцирование differentiation; derivation
  ~ алгебры derivation of an algebra
  ~ в точке differentiation at a point
  ~ кольца differentiation of a ring
  ~ Ли Lie('s) derivation
  ~ отображения differentiation of a mapping
  ~ по x differentiation with respect to x
  ~ по направлению directional differentiation
  ~ поля differentiation of a field
  ~ функции differentiation of a function
  абсолютное ~ absolute differentiation, total differentiation
  внешнее ~ exterior differentiation
  внутреннее ~ inner derivation, adjoint endomorphism
  графическое ~ graphical differentiation
  дробное ~ fractional differentiation
  ковариантное ~ covariant differentiation
  логарифмическое ~ logarithmic differentiation
  нормальное ~ normal derivation
  почленное ~ termwise differentiation
  сильное ~ strong differentiation
  стохастическое ~ stochastic differentiation
  численное ~ numerical differentiation
дифференцировать differentiate
  ~ функцию differentiate a function
дифференцируемость differentiability
  ~ по Гато Gateaux differentiability

~ по Фреше Fréchet differentiability
~ лифта differentiability of a lift
~ решений differentiability of solutions
~ функции differentiability of a function
~ функционала differentiability of a functional
аппроксимативная ~ approximate differentiability
бесконечная ~ infinite differentiability
непрерывная ~ continuous differentiability
односторонняя ~ unilateral differentiability
строгая ~ strong differentiability

дифференцируемый differentiable; smooth
~ по Гато Gateaux differentiable
~ по Фреше Fréchet differentiable
~ слева left differentiable
~ всюду everywhere differentiable
конечно ~ finitely differentiable
непрерывно ~ continuously differentiable
почленно ~ termwise differentiable

диффузия diffusion
непрерывная ~ continuous diffusion

дихотомия dichotomy
экспоненциальная ~ exponential dichotomy

диэдр dihedron

длина length
~ π-разрешимой группы π-length
~ вектора modulus of a vector, absolute value of a vector, magnitude of a vector, length of a vector
~ вывода length of derivation
~ дуги length of an arc
~ итерации length of a run
~ кода length of a code
~ кривой length of a curve
~ массива length of an array
~ матрицы length of a matrix
~ окружности length of a circumference
~ отрезка length of a line
~ очереди length of a queue
~ периода (*дроби*) length of a period
~ последовательности length of a sequence
~ промежутка length of an interval
~ ряда length of a series
~ слова length of a word
~ стороны length of a side
~ схемы (*из функциональных элементов*) length of a circuit
~ цепи length of a chain
~ цепочки length of a string
~ цикла length of a cycle
~ шага метода step size
p- ~ p-length
аффинная ~ affine length
дебаевская ~ Debye('s) radius, Debye('s) length
когомологическая ~ cuplong
конечная ~ finite length
максимальная ~ maximal length
оптическая ~ пути eikonal
средняя ~ average length
фиксированная ~ fixed length
экстремальная ~ extremal length, extremal distance

длительность duration
~ жизни length of life
~ сигнала signal duration

до- pre-

добавление addition
~ ребра addition of a line

довод argument

додекаэдр dodecahedron
большой ~ great dedecahedron
звёздчатый ~ stellated dedecahedron
пентагональный ~ pentagonal dedecahedron
правильный ~ regular dodecahedron

доказательство proof; demonstration
~ в виде дерева tree proof

доказательство (continued)
- ~ **наложением** proof by superposition
- ~ **независимости** independence proof
- ~ **непротиворечивости** proof of consistency
- ~ **от противного** *reductio ad absurdum*, indirect proof
- ~ **по индукции** proof by induction, induction proof, inductive proof
- ~ **полноты** completeness proof
- ~ **равенства** proof of an equality
- ~ **результата** proof of a result
- ~ **существования** proof of existence
- ~ **теоремы** proof of a theorem
- ~ **утверждения** proof of a statement
- **аналитическое** ~ analytic(al) proof
- **арифметическое** ~ arithmetic(al) proof
- **индуктивное** ~ inductive proof
- **конструктивное** ~ constructive proof
- **независимое** ~ independent proof
- **общее** ~ general proof
- **полное** ~ proof in full, complete proof
- **прямое** ~ direct proof
- **строгое** ~ rigorous proof
- **финитное** ~ finitary proof
- **элементарное** ~ elementary proof
- **эффективное** ~ efficient proof

доказуемость provability
доказуемый provable
доказ‖ывать prove; demonstrate ◊
- **что и требовадось** ~ **ать** *quod erat demonstrandum*
- ~ **теорему** prove a theorem

долговечность longevity; long life
долгота longitude
долька lune
доля part; share
- ~ **Глисона** Gleason('s) part
- **дробная** ~ fractional part

дом house
- ~ **Бинга** Bing('s) house

доминанта dominant
доминирование dominance; domination
- **диагональное** ~ diagonal dominance

доминируемость dominance
доминир‖овать dominate ◊
- **структура** ~ **уется мерой** structure is dominated by a measure

доминирующий dominating
доопределение extension
- ~ **функции** extension of a function

доопределять extend
дополнение complement, complementary element; complementary subspace; supplement; adjunct
- ~ **графа** complement of a graph, complementary graph
- ~ **зацепления** link complement
- ~ **к закону взаимности** complementary law of reciprocity
- ~ **к множеству** complement of a set
- ~ **к подпространству** complement of a subspace
- ~ **множества** complement of a set
- ~ **модуля** complement of a module
- ~ **подграфа** complement of a subgraph
- ~ **подмножества** complementary set
- ~ **события** complement of an event
- ~ **элемента** complement of an element
- **p-** ~ p-complement
- **алгебраическое** ~ co(-)factor, algebraic(al) complement
- **инвариантное** ~ invariant complement
- **коаналитическое** ~ co(-)analytic(al) set
- **нормальное** ~ normal complement
- **ортогональное** ~ orthogonal complement, orthogonal submodule
- **относительное** ~ retative complement
- **прямое** ~ direct complement

дополнительный complementary; supplementary

дополняемость completability
дополняемый completable
дополнять complete
- ~ **теорему** extend a theorem

допускать admit; assume
- ~ **группу** admit a group
- ~ **интерпретацию** admit an interpretation
- ~ **оценку** admit an estimate
- ~ **представление** admit a representation
- ~ **преобразование** admit a transformation
- ~ **разбиение** admit a decomposition
- ~ **расширение** admit an extension
- ~ **решение** admit a solution

допустимость admissibility
- ~ **оценки** admissibility of an estimator
- **асимптотическая** ~ asymptotic admissibility

допустимый admissible; feasible; allowable
допущение assumption
достаточно sufficiently
- ~ **много** sufficiently many

достаточность sufficiency
достаточный sufficient
достигаемость accessibility
достигать attain; reach; achieve
- ~ **значение** attain a value, reach a value
- ~ **максимума** attain a maximum, achieve a maximum
- ~ **минимума** attain a minimum
- ~ **оценку** achieve an estimate
- ~ **предела** attain a limit

достижимость accessibility
достижимый attainable
достоверность authenticity
древность arboricity
дробно-рациональный fractional rational
дробный fractional
дроб‖ь fraction
- ~ **вида** $1/n$ fractional unit
- ~ **и с неравными знаменателями** dissimilar fractions
- ~ **и с одинаковыми знаменателями** similar fractions
- ~ **и с разными знаменателями** unlike fractions

p-адическая ~ p-adic fraction
алгебраическая ~ algebraic fraction
бесконечная десятичная ~ non(-)terminating decimal
бесконечная непрерывная ~ infinite continued fraction
двоичная ~ dyadic fraction
десятичная ~ decimal fraction; decimal; decimal number
иррациональная ~ irrational fraction
конечная десятичная ~ terminating decimal
конечная цепная ~ finite continued fraction
непериодическая ~ non(-)periodic fraction
непериодическая десятичная ~ non(-)repeating decimal, non(-)periodic decimal
неправильная ~ improper fraction
непрерывная ~ continued fraction
непрерывная ~ **Якоби** Jacobian continued fraction
обратная ~ inverse fraction
общая цепная ~ generalized continued fraction
обыкновенная ~ common fraction, vulgar fraction
периодическая ~ periodic fraction
периодическая десятичная ~ periodic decimal, recurring decimal, recurrer, repeating decimal, circulating decimal
периодическая цепная ~ recurring continued fraction
подходящая ~ (*непрерывной дроби*) convergent
подходящая ~ **нечётного порядка** (*цепной дроби*) odd part

дроб‖ь *(continued)*
  правильная ~ proper fraction
  правильная цепная ~ simple continued fraction
  предельно периодическая цепная ~ continued fraction periodic in the limit
  приведённая цепная ~ reduced continued fraction
  присоединённая цепная ~ associated continued fraction
  простая ~ common fraction, vulgar fraction
  рациональная ~ rational fraction
  сингулярная непрерывная ~ singular continued fraction
  систематическая ~ systematic fraction
  смешанная ~ mixed fraction
  смешанная (*периодическая*) десятичная ~ mixed decimal
  сокращённая ~ fraction in its lowest terms
  сходящаяся цепная ~ convergent continued fraction
  тернарная цепная ~ ternary continued fraction
  цепная ~ continued fraction
  числовая ~ numerical fraction
  чисто периодическая десятичная ~ pure recurring decimal, purely periodic decimal
  чисто периодическая цепная ~ pure recurring continued fraction
  шестидесятиричная ~ sexagesimal fraction
дружественный amicable
дуализация dualization
дуализирующий dualizing
дуально dually
дуальность duality
дуальный dual
дублет doublet
дубль double
  ~ римановой поверхности double of a Riemann surface
дуга arc; simple arc
  ~ геодезической geodesic arc
  ~ кривой curve arc
  ~ круга arc of a circle
  ~ окружности arc of a circle, circular arc
  аналитическая ~ analytic(al) arc
  аффинная ~ affine arc
  большая ~ major arc
  выпуклая ~ convex arc
  гладкая ~ smooth arc
  граничная ~ boundary arc
  жорданова ~ simple arc, Jordan('s) arc
  замкнутая ~ closed arc
  кратная ~ multiple arc
  малая ~ small circle
  меньшая ~ minor arc
  меньшая ~ в разбиении supplementary interval
  непересекающиеся ~ и disjoint arcs
  непрерывная ~ continuous arc
  переменная ~ variable arc
  проективная ~ projective arc
  простая ~ arc; simple arc; Jordan('s) arc; simple arc
  стягиваемая ~ subtended arc
дугообразно arcwise
дуэль dual
  бесшумная ~ silent duel
  тихая ~ silent duel
  шумная ~ noisy duel
дыра hole

е

евклидов Euclidean
  локально ~ locally Euclidean
евклидовость Euclideanness
единица identity element, unit(y) element, unit(y)

~ в смысле Фрейденталя weak unit
~ длины unit of length
~ кольца unit of a ring
~ объёма unit of volume
~ площади unit of area
~ по модулю идеала identity modulo an ideal
~ поля unit of a field
~ решётки unit of a lattice
~ сопряжения unit of adjunction
~ структуры unit of a lattice
архимедова ~ Archimedian unit
вещественная ~ real unit
вторичная ~ измерения (*в анализе размерностей*) derived unit
круговая ~ circular unit
левая ~ left identify, left unit
матричная ~ matrix unit
мнимая ~ imaginary unit
основная ~ fundamental unit
правая ~ right identity, right unit
сильная ~ strong unit
слабая ~ weak unit

единственно uniquely
единственность uniqueness; unicity
~ решения uniqueness of a solution
~ функции uniqueness of a function

единственный unique
ёмкость capacity
~ границы capacity of a boundary
~ компакта capacity of a compact set
~ конденсатора capacity of a condenser
~ множества capacity of a set
α- ~ alpha-capacity
ε- ~ epsilon-capacity
аналитическая ~ analytic(al) capacity; analytic(al) measure
внешняя ~ exterior capacity; outer capacity
внутренняя ~ interior capacity, inner capacity
гармоническая ~ harmonic capacity, Newtonian capacity
гиперболическая ~ hyperbolic capacity
гринова ~ Green('s) capacity
логарифмическая ~ logarithmic capacity
ньютонова ~ harmonic capacity, Newtonian capacity
эллиптическая ~ elliptic capacity

естественно naturally
естественность naturality
естественный natural

жанр genus; genre
жезл lituus
жёсткий rigid; taut
жёстко tautly
жёсткость stiffness; rigidity
~ поверхности rigidity of a surface
~ пространства rigidity of a space
инфинитезимальная ~ infinitesimal rigidity
сильная ~ strong rigidity

жорданов Jordanian

завис‖еть depend ◊ *и* ~ ит от *t* через уравнение *u* is related to *t* through an equation
~ гладко depend smoothly
~ дифференцируемо depend differentiably

зависеть (continued)
  ~ **непрерывно** depend continuously
  ~ **существенным образом** depend essentially
  ~ **функционально** depend functionally
  ~ **явно** depend explicitly

зависимость dependence; dependency
  ~ **типа** $X = A \cdot B$ joint variation
  алгебраическая ~ algebraic dependence
  аналитическая ~ analytic(al) dependence
  асимптотическая ~ asymptotic dependence
  вероятностная ~ probabilistic dependence, stochastic dependence, statistical dependence
  дифференцируемая ~ differentiable dependence
  качественная ~ qualitative dependence
  квадратичная ~ quadratic dependence
  корреляционная ~ correlation dependence
  линейная ~ linear dependence
  монотонная ~ monotone dependence
  непрерывная ~ continuous dependence
  обратная ~ inverse dependence
  обратно пропорциональная ~ inverse variation
  причинная ~ causal dependence
  слабая ~ weak dependence
  статистическая ~ probabilistic dependence, stochastic dependence, statistical dependence
  стохастическая ~ probabilistic dependence, stochastic dependence, statistical dependence
  функциональная ~ functional dependence; functional dependency
  целая ~ integral dependence

зависимый dependent
  ~ **от пути** path-dependent
  алгебраически ~ algebraically dependent
  линейно ~ linearly dependent
  статистически ~ statistically dependent

зависящий depending, dependent
  ~ **от времени** time-dependent

завихрённость vorticity

задаваемый definable
  ~ **неявно** implicitly definable
  ~ **явно** explicitly definable

задавать specify; define
  ~ **аксиоматически** define axiomatically
  ~ **действие** give an action
  ~ **класс** specify a class
  ~ **метрику** give a metric
  ~ **однозначно** specify uniquely
  ~ **оператор** specify an operator
  ~ **отображение** give a map(ping)
  ~ **связность** give a connection
  ~ **уравнение** specify an equation
  ~ **формулой** define by a formula
  ~ **явно** define explicitly

задание task; job; specification
  координатное ~ coordinate specification
  метрическое ~ metric definition
  табличное ~ tabular representation

заданный prescribed

задача *см. тж.* **краевая задача** problem
  ~ **анализа** problem of analysis
  ~ **аппроксимации** approximation problem
  ~ **быстродействия** problem of minimal time—optimal control
  ~ **в канонической форме** canonical form of a problem
  ~ **в нормальной форме** normal problem
  ~ **векторной оптимизации** multi(-)criterion problem
  ~ **весов** problem of the weights
  ~ **выбора кратчайшего маршрута** shortest-path problem, shortest-route problem

задач||а

- ~ выпуклого программирования convex programming problem
- ~ Евклида Euclidean problem
- ~ идентификации identification problem
- ~ качества game of kind
- ~ классификации problem of classification
- ~ кодирования encoding problem
- ~ конфигурации configuration problem
- ~ координирования problem of coordination
- ~ линейного программирования linear programming problem
- ~ линейной регрессии problem of linear regression
- ~ максимизации maximization problem
- ~ массового обслуживания queueing problem
- ~ математического программирования mathematical programming problem
- ~ минимизации minimization problem
- ~ на квадратные уравнения problem leading to quadratic equations
- ~ на максимум maximum problem
- ~ на минимум minimum problem
- ~ на отыскание наименьших величин least-value problem
- ~ на плоскости plane problem
- ~ на построение construction problem
- ~ на построение, неразрешимая с помощью циркуля и линейки impossible construction problem
- ~ на построение, разрешимая с помощью циркуля и линейки possible construction problem
- ~ на работу work problem
- ~ на скорость speed-and-velocity problem
- ~ на сложение sum
- ~ на собственные значения eigenvalue problem, proper-value problem
- ~ на условный экстремум conditional-extremum problem
- ~ на экстремум extremal-value problem, extreme-value problem
- ~ о бракосочетании marriage problem
- ~ о брахистохроне brachistochrone problem
- ~ о быстродействии problem of minimal time-optimal control
- ~ о временном упорядочении scheduling problem
- ~ о геодезических линиях geodesics problem
- ~ о двух точках two-point problem
- ~ о касании problem of contact
- ~ о Кёнигсбергских мостах Königsberg bridges problem
- ~ о коммивояжере traveling-salesman problem
- ~ о кратчайшем расстоянии shortest-distance problem
- ~ о минимизации minimization problem
- ~ о назначениях problem of allocation
- ~ о неподвижных точках problem of fixed points
- ~ о перевозках transshipment problem, transport(ation) problem
- ~ о перечислении enumeration problem
- ~ о покрытии covering problem, coverage problem
- ~ о потоке flow problem
- ~ о потоке минимальной стоимости minimal cost flow problem
- ~ о размещении occupancy problem

задач∥а *(continued)*
- ~ **о разорении игрока** ruin problem
- ~ **о расстановке ферзей на шахматной доске** problem of reflecting queens
- ~ **о сделке** bargaining problem
- ~ **о семи Кёнигсберских мостах** problem of the seven bridges of Königsberg
- ~ **о совпадениях** coincidence problem
- ~ **о трёх точках** three-point problem
- ~ **о тридцати шести офицерах** 6 × 6 officers problem
- ~ **о хранении на складе** warehouse problem
- ~ **о четырёх красках** four-color problem
- ~ **об игле (***Бюффона***)** problem of the needle
- ~ **об оптимальном по быстродействию управлении** problem of minimal time-optimal control
- ~ **об убегании** escape problem
- ~ **об удвоении куба** Delos(') problem
- ~ **обращения** inversion problem
- ~ **оптимального быстродействия** time-optimal problem
- ~ **оптимизации** optimization problem
- ~ **оценивания** estimation problem
- ~ **повышенной трудности** harder problem, more difficult problem
- ~ **погони** problem of pursuit
- ~ **погружения** immersion problem
- ~ **поиска** search problem
- ~ **приближения** approximation problem
- ~ **проверки независимости** problem of independence
- ~ **проверки согласия** consistency testing problem, goodness-of-fit problem
- ~ **проверки статистической гипотезы** problem of testing
- ~ **программирования** programming problem
- ~ **различения** problem of classification
- ~ **размещения** placement problem
- ~ **раскраски** coloring problem
- ~ **распознавания полноты** problem of discriminating completeness
- ~ **реализации** realization problem
- ~ **с закреплёнными концами** fixed end(-)point problem
- ~ **с косой производной** oblique derivative problem
- ~ **с начальным условием** initial-value problem
- ~ **с неполной информацией (***управления***)** problem in case of incomplete information
- ~ **с ограничениями** problem with constraints
- ~ **с ограничениями типа неравенств** problem with inequality constraints
- ~ **с ограничениями типа равенств** problem with equality constraints
- ~ **с односторонними условиями (***на экстремум***)**, problem with one-sided constraints
- ~ **с подвижными концами** free-endpoint problem
- ~ **сглаживания** smoothing problem
- ~ **синтеза** synthesis problem
- ~ **со свободными концами** problem with two variable end(-)points
- ~ **со старшими производными** problem involving higher derivatives
- ~ **степени** game of degree
- ~ **теории** problem in a theory
- ~ **трисекции (***угла***)** problem of trisection
- ~ **управления** problem of control
- ~ **четырёх красок** four-color problem

задача

~ эквивалентности   equivalence problem
k-выборочная ~   k-sample problem
абстрактная ~   abstract problem
аддитивная ~   additive problem
алгебраическая ~   algebraic(al) problem
арифметическая ~   arithmetic problem
более узкая ~   (smaller) sub(-)problem, smaller problem
вариационная ~   variational problem
векторная ~   vector problem
внешняя ~   exterior problem
внутренняя ~   interior problem
вспомогательная ~   auxiliary problem
вторичная ~   secondary problem
выпуклая ~   convex problem
вырожденная ~   degenerate problem
вычислительная ~   computational problem
геометрическая ~   geometric(al) problem
гладкая ~   differentiable problem
граничная ~   boundary problem
двойственная ~   dual problem
детерминированная ~   deterministic problem
диагностическая ~   diagnostic problem
динамическая ~   dynamical problem
дискретная ~   discrete problem
жёсткая ~   stiff problem
игровая ~   game problem
игровая ~ **управления с неполной информацией**   game with incomplete information
изопериметрическая ~   isoperimetric(al) problem
интерполяционная ~   interpolation problem
каноническая ~   canonical problem
классическая ~   classical problem
комбинаторная ~   combinatorial problem
конечномерная ~   finite-dimensional problem
корректная ~   well-posed problem
корректно поставленная ~   well-posed problem, properly posed problem
линейная ~   linear problem
логическая ~   logical problem
локальная ~   local problem
ляпуновская ~   Liapunov problem
математическая ~   mathematical problem
метрическая ~   metric problem
многокритериальная ~   multi(-)criterion problem
многомерная ~   multi(-)dimensional problem, many-dimensional problem
многоэкстремальная ~   multi(-)extremal problem
начальная ~   initial-value problem
начально-краевая ~   initial boundary-value problem
невозмущённая ~   unperturbed problem
невырожденная ~   non(-)singular problem
независимая ~   independent problem
некорректная ~   non-well-posed problem
некорректно поставленная ~   mal-posed problem, improperly posed problem, ill-posed problem, non-well posed problem
нелинейная ~   non(-)linear problem
неоднородная ~   non(-)homogeneous problem
неопределённая ~   uncertainty problem
непараметрическая ~   non(-)parametric problem
неправильная ~ (*на собственные значения*)   irregular eigenvalue problem

задач‖**а** *(continued)*
  неразрешимая ~ unsolvable problem
  неразрешимая ~ (*на построение*), *решения которой не существует* inconsistent problem
  нерешённая ~ unsolved problem
  несовместная ~ inconsistent problem
  нестационарная ~ mixed problem
  неустойчивая ~ unstable problem
  обобщённая ~ generalized problem
  обратная ~ inverse problem
  общая ~ general problem
  одномерная ~ one-dimensional problem
  однородная ~ homogeneous problem
  односторонняя ~ (*Дирихле*) unilateral problem
  определённая ~ (*на собственные значения*) definite problem
  основная ~ primal problem
  относительная ~ relative problem
  параметрическая ~ parametric problem
  переборная ~ search problem
  переопределённая ~ over(-)determined problem
  перечислительная ~ enumeration problem
  периодическая ~ periodic problem
  плоская ~ planar problem
  положительно определённая ~ (*на собственные значения*) positive(ly) definite problem
  прямая ~ direct problem
  равносильная ~ equivalent problem
  разрешимая ~ solvable problem
  разрывная ~ discontinuous problem
  регулярная ~ regular problem
  самосопряжённая ~ self-adjoint problem
  симметричная ~ symmetric(al) problem
  сингулярная ~ singular problem
  сложная ~ complicated problem
  смешанная ~ mixed problem
  совместные ~ **и** consistent problems
  сопряжённая ~ adjoint problem
  статистическая ~ statistical problem
  теоретико-числовая ~ number-theoretic(al) problem
  топологическая ~ topological problem
  транспортная ~ transport(ation) problem, transshipment problem
  три знаменитые ~ **и** (*древности*) three big problems
  фредгольмова ~ Fredholm('s) problem
  фундаментальная ~ fundamental problem
  характеристическая ~ characteristic problem
  числовая ~ numerical problem
  эквивалентная ~ equivalent problem
  эквивариантная ~ equivariant problem
  экстремальная ~ extreme-value problem, extremal problem
  элементарная ~ elementary problem
задержка delay
задний posterior
заклейка spanning
  минимальная ~ minimal spanning
заключать enclose
  ~ **в скобки** enclose in a bracket, put in brackets, bracket (together)
  ~ **в круглые скобки** enclose in parentheses
заключение conclusion; inference; consequent
  ~ **теоремы** conclusion of a theorem

индуктивное ~   inductive inference
фидуциальное ~   fiducial inference
закон   law; pattern
- ~ арксинуса   arcsine law
- ~ ассоциативности   associative law, law of associativity
- ~ больших чисел   law of large numbers
- ~ взаимности   law of reciprocity
- ~ Гаусса   Gaussian law, Gaussian distribution
- ~ двойного дополнения   law of double complementation
- ~ двойного отрицания   law of double negation
- ~ дистрибутивности   distributivity, distributive property
- ~ дополнения   law of complementation
- ~ идемпотентности   idempotent law
- ~ инерции   law of inertia
- ~ исключённого третьего   law of the excluded middle, *tertium non datur,* principle of the excluded middle
- ~ квадратичной взаимности   law of quadratic reciprocity
- ~ коммутативности   commutative law, law of commutativity
- ~ композиции   law of composition
- ~ контрапозиции   law of contraposition
- ~ малых чисел   law of small members
- ~ «нуль-единица»   zero-one law
- ~ образования   law of formation
- ~ обратной связи   feedback control law
- ~ повторного логарифма   law of iterated logarithm
- ~ поглощения   law of absorption
- ~ потока   spread(-)law
- ~ преобразования   law of transformation
- ~ приведения к абсурду   law of *reductio ad absurdum*
- ~ противоречия   law of contradiction
- ~ разложения   law of decomposition
- ~ распределения   law of distribution
- ~ распределения ошибок   error pattern
- ~ распространения случайных ошибок   propagation theorem
- ~ регулирования   feedback control law
- ~ роста   growth law
- ~ рядов   law of series
- ~ следования из ложной предпосылки как ложного, так и истинного следствия   Don Scotus(') law
- ~ сложения (*антецедентов*)   law of addition
- ~ снятия двойного отрицания   law of double negation
- ~ сокращения   law of cancellation
- ~ транзитивности   transitive law
- ~ умножения   law of multiplication

аддитивный ~   additive law
адиабатический ~   adiabatic law
альтернативный ~   alternative law
антисимметрический ~   anti(-)symmetric(al) law
антисимметричный ~   anti(-)symmetric(al) law
ассоциативный ~   associative law, law of associativity
безгранично делимый ~   infinitely divisible law
биномиальный ~   binomial law
вероятностный ~   law of probability
внешний ~   external law
второй ~ Лапласа   Gaussian law, Gaussian distribution
глобальный ~   global law

закон *(continued)*
  групповой ~ group law
  дисперсионный ~ law of variance
  дистрибутивный ~ distributive law
  дифференциальный ~ differential law
  идемпотентный ~ idempotent law
  интегральный ~ integral law
  квадратичный ~ quadratic law
  коммутативный ~ commutative law, law of commutativity
  линейный ~ linear law
  логический ~ law of logic
  модулярный ~ modular law
  мультипликативный ~ multiplicative law
  нормальный ~ normal law
  обобщённый ~ generalized law
  обратный ~ inverse law
  общий ~ general law
  оптимальный ~ optimal law
  ослабленный ~ weak law
  основной ~ fundamental law
  особенный ~ special law
  первый ~ распределения Лапласа Laplace('s) distribution
  показательный ~ exponential law
  полный ~ complete law
  предельный ~ limit law
  равномерный ~ uniform law
  симметричный ~ symmetric law
  синусоидальный ~ sinusoidal law
  сочетательный ~ associative property, associativity
  степенной ~ exponential law
  стохастический ~ stochastic law
  транзитивный ~ transitive law
  усиленный ~ strong law
  формальный ~ formal law
  экспоненциальный ~ exponential law
  эмпирический ~ empirical law
закрывать close
  ~ скобку close a parenthesis
замена change; exchange; replacement
  ~ времени time change
  ~ координат coordinate change
  ~ переменной change of a variable, substitution of a variable
  взаимная ~ interchange
  каноническая ~ переменных canonical transformation
  линейная ~ (*переменных*) linear change
  непрерывная ~ continuous change
  случайная ~ random change
замер measurement
  линейный ~ linear measurement
заметать sweep (up, around)
замечание remark
  терминологическое ~ remark concerning terminology
замкнутость closedness
  ~ конуса closedness of a cone
  ~ множества closedness of a set
  алгебраическая ~ algebraic closedness
  декартова ~ Cartesian closedness
замкнутый closed
  ~ в топологии Зарисского Zariski-closed
  ~ относительно операции closed with respect to an operation
  ~ относительно операции замыкания closed under an operator of closure
  ~ относительно пересечения closed under intersection
  ~ относительно пределов closed under limits
  ~ относительно сложения closed under addition
  ~ относительно умножения closed under multiplication
  H- ~ H-closed
  экзистенциально ~ existentially closed
замостить tesselate
  ~ пространство tesselate a space
замыкание closure; closing
  ~ кольца closure of a ring
  ~ крайних точек closure of a set of extreme points

~ множества   closure of a set
~ области   closure of a domain
~ оператора   closure of an operator
~ орбит   (positive) orbit closure
~ подмножества   closure of a subset
~ поля   closure of a field
~ пространства   closure of a space
~ элемента   closure of an element
алгебраическое ~   algebraic(al) closure; algebraic(al) completion
вещественное ~   real closure
выпуклое ~   convex closure
комбинаторное ~   combinatorial closure
линейное ~   linear closure
нормальное ~   normal closure
относительное ~   relative closure
пифагорово ~   Pythagorean closure
сепарабельное ~   separable closure
слабое ~   weak closure
транзитивное ~   transitive closure
целое ~   integral closure
эквациональное ~   equational closure
занимать   borrow
~ единицу   borrow a unit
занумеровывать   label; index
~ множеством   index by a set
запаздывание   lag
распределённое ~   distributed delay
запасной   guarding
записывать   write
~ тождество   write an identity
~ уравнение   write an equation
~ форму   write a form
запись   notation; (*машины Тьюринга*) printed symbol
~ в десятичной системе счисления   decimal notation
~ формы   notation of a form
аддитивная ~   additive notation
векторная ~   vector notation
двоичная ~   binary notation
заключительная ~ (*машины Тьюринга*)   right(-)most symbol
матричная ~   matrix notation
обобщённая ~   generalized notation
операторная ~   operator notation
символическая ~   symbolic notation
стандартная ~   standard notation
тензорная ~   tensor notation
заполнять   fill
~ пространство   fill a space
запрещение   interdiction
запятая   comma
двоичная ~   binary point
десятичная ~   decimal point
плавающая ~   floating point
фиксированная ~   fixed decimal point
заряд   charge
затягивать (*контур*)   span
заузленный   knotted
зацепление   interlacement; link
~ окружностей   link of circles
альтернирующее ~   alternating link
брунново ~   Brunnian link
ленточное ~   band link
локальное ~   local link
относительное ~   relative link
распадающееся ~   split(table) link
расщепляющееся ~   split(table) link
торическое ~   torus link
тривиальное ~   trivial link
зацепленный   linked
зацеплять   interlace, intertwine
заштрихованный   shaded
защемление   pinching
защемлять   pinch
звезда   star
~ вершины   star of a vertex
~ графа   star of a graph
~ подмножества   star of a subset
~ точки   star of a point
~ элемента функции   Mittag-Leffler('s) star
замкнутая ~   closed star
открытая ~   open star
звёздный   star(-)like

звёздообразность starlikeness
звёздообразный star(-)like
звено link
  ~ **ломаной** segment of a broken line
зеркальность amphicheirality
зеркальный amphicheiral
знак sign ◊ **с точностью до ~ a** apart from the sign
  ~ ± double sign
  ~ «**больше**» greater-than sign
  ~ «**больше или равно**» greater-than-or-equal-to sign
  ~ **вычитания** sign of subtraction
  ~ **деления** division sign
  ~ **дизъюнкции** sign of disjunction
  ~ **импликации** sign of implication
  ~ **интеграла** integral sign, sign of integration
  ~ **конъюнкции** sign of conjunction
  ~ **корня** root sign
  ~ «**меньше**» less-than sign
  ~ «**меньше или равно**» less-than-or-equal-to sign
  ~ **минус** minus sign, sign of subtraction
  ~ **модуля** absolute-value sign, modulus sign
  ~ **неравенства** inequality sign
  ~ **объединения** sign of union
  ~ **отрицания** negation sign
  ~ **пересечения** sign of intersection
  ~ **плюс** plus sign
  ~ **принадлежности** membership sign
  ~ **произведения** product sign
  ~ **равенства** equal(s) sign, sign of equality
  ~ **радикала** radical sign
  ~ **сложения** sign of addition
  ~ **суммы** summation sign
  ~ **умножения** sign of multiplication
  ~ **эквивалентности** equivalence sign
  алгебраический ~ algebraic(al) sign
  арифметический ~ arithmetic(al) sign
  двоичный ~ binary digit
  запасной ~ guard digit; security digit
  математический ~ mathematical sign
  обратный ~ opposite sign
  противоположный ~ opposite sign
  разные ~ **и** opposite signs, different signs
знакопостоянство constancy of sign
знаменатель denominator; (*геометрической прогрессии*) common ratio
  малый ~ small denominator
  наименьший общий ~ least common denominator, lower common denominator
  общий ~ common denominator
  частный ~ partial denominator
значащий significant
значени‖**е** *см. тж.* **собственное значение** value; score
  ~ **аргумента** value of argument
  ~ **в смысле Бореля** Borel('s) value
  ~ **в смысле Неванлинны** Nevanlinna('s) value
  ~ **в смысле Пикара** Picard('s) value
  ~ **в точке** value at a point
  ~ **выражения** value of an expression
  ~ **деления** division value
  ~ **задачи** value of a problem
  ~ **игры** value of a game, position of a game
  ~ **класса** value of a class
  ~ **многочлена** value of a polynomial
  ~ **отображения** value of a mapping
  ~ **параметра** value of a parameter
  ~ **переменной** value of a variable
  ~ **по Коши** Cauchy('s) value
  ~ **терма** value of a term

~ функции value of a function
~ функционала value of a functional
p-адическое ~ p-adic value
u- ~ *u*-value
абсолютное ~ absolute value; numerical size
арифметическое ~ principal root
архимедово ~ Archimedian value
асимптотическое ~ asymptotic value; asymptotic path
бесконечное ~ infinite value
бифуркационное ~ bifurcation point
верхнее ~ upper value
вещественное ~ real value
выходное ~ output value
главное ~ principal value
граничное ~ boundary value
двойное ~ double value
действительное ~ real value
дефектное ~ deficient value
допустимое ~ admissible value
достижимое ~ accessible value
иррациональное ~ irrational value
исключительное ~ exceptional value
истинное ~ true value
истинностное ~ truth value
комплексное ~ complex value
конечное ~ finite value
критическое ~ critical value
максимальное ~ maximal value, maximum value, maximum
минимальное ~ minimal value, minimum value, minimum
мнимое ~ imaginary value
наблюденное ~ observed value
начальное ~ initial value, starting value
неархимедово ~ non-Archimedian value
недостающее ~ missing value
независимое ~ independent value
некритическое ~ non(-)critical value
ненулевое ~ non(-)zero value
неособое ~ non(-)singular value
нерегулярное ~ non(-)regular value
нетривиальное ~ non(-)trivial value
нижнее ~ (*игры*) lower value
нормальное ~ normal value
нулевое ~ zero value, null value
обратное ~ inverse value, reciprocal value
оптимальное ~ optimal value
отрицательное ~ negative value
положительное ~ positive value
постоянное ~ constant value
предельное ~ limit(ing) value, limit, cluster value
приближённое ~ approximate value
промежуточное ~ intermediate value
простое ~ simple value
радиальное (*граничное*) ~ radial value
разветвлённое ~ ramified value
регулярное ~ regular value
специальное ~ special value
срединное ~ median
среднее ~ mean value; average value, average
среднее ~ процесса process average
среднее ~ случайной величины expectation
среднеквадратичное ~ root-mean-square value
стационарное ~ stationary value
точное ~ exact value
тривиальное ~ trivial value
угловое граничное ~ angular limit
ультраметрическое ~ non-Archimedian value
условное среднее ~ conditional mean
усреднённое ~ averaged value
физическое ~ physical value

значени∥е *(continued)*
  фиксированное ~ fixed value
  характеристическое ~ characteristic value
  целое ~ integral value
  центральное ~ central value
  частное ~ particular value
  численное ~ numerical value
  эквивалентные ~ я equivalent values
  экстремальное ~ extreme value
значимость significance
  статистическая ~ statistical significance
значность valuedness
зона zone
  ~ непринятия (*гипотезы*) rejection zone
  ~ принятия (*гипотезы*) acceptance zone
  доверительная ~ confidence region
  мёртвая ~ dead zone
  рабочая ~ work area, work space
  сферическая ~ spherical zone
зональный zonal
зоноид zonoid
зонотоп zonotope
зоноэдр zonohedron

игра game
  ~ *n* лиц *n*-person game
  ~ без побочных платежей game without lateral payments
  ~ Блотто Colonel Blotto game
  ~ в бросание монет coin-tossing game
  ~ в нормальной форме game in normal form
  ~ в форме функции разбиения game in partition function form
  ~ двух лиц с нулевой суммой two-person zero-sum game
  ~ жизни life game
  ~ на выживание game of survival
  ~ на графе game on a graph
  ~ на квадрате game on a square
  ~ преследования game of pursuit
  ~ преследования-уклонения pursuit-evasion game
  ~ рынка market game
  ~ с выбором момента времени game of timing
  ~ с выжиданием waiting game
  ~ с запаздыванием информации game with information lag
  ~ с иерархической структурой hierarchical game
  ~ с квотой quota game
  ~ с линией жизни lifeline game
  ~ с ненулевой суммой non(-)zero-sum game
  ~ с нулевой суммой zero-sum game
  ~ с побочными платежами constrained game
  ~ с полной информацией game with perfect information, game with complete information
  ~ с постоянной суммой constant-sum game
  ~ с предписанной продолжительностью game of prescribed duration
  ~ с природой game with nature
  ~ с седловой точкой saddle-point game
  азартная ~ game of change; gamble
  антагонистическая ~ two-person zero-sum game
  безобидная ~ impartial game
  бескоалиционная ~ coalitionless game; non(-)cooperative game
  бесконечная ~ infinite game

билинейная ~ bilinear game
биматричная ~ bimatrix game
выпуклая ~ convex game
динамическая ~ dynamic(al) game
дифференциальная ~ differential game
дополнительная ~ complementary game
коалиционная ~ coalitional game, cooperative game
колоколообразная ~ bell-shaped game
комбинаторная ~ combinatorial game
конечная ~ finite game
конечно разностная ~ difference game
кооперативная ~ coalitional game, cooperative game
мажорантная ~ majorant game, upper game
математическая ~ mathematical game
матричная ~ matrix game
минорантная ~ minorant game
многошаговая ~ multi(-)stage game
неатомическая ~ non(-)atomic game
некоалиционная ~ coalitionless game
некооперативная ~ coalitionless game, non(-)cooperative game
непрерывная ~ continuous game
несправедливая ~ unfair game
нестратегическая ~ non(-)strategic game
позиционная ~ positional game
полиномиальная ~ polynomial game
простая ~ simple game
рациональная ~ rational game
рекурсивная ~ recursive game
сепарабельная ~ separable game
смешанная ~ mixed game
справедливая ~ fair game
статистическая ~ statistical game
стохастическая ~ stochastic game
игрок player
идеал ideal
~ **алгебры** ideal of an algebra
~ **аффинного алгебраического k-множества** ideal of an algebraic affine variety in A_n^k
~ **в группе** ideal in a group
~ **в кольце** ideal in a ring
~ **в расширении** ideal over an extension
~ **группы** ideal of a group
~ **класса** ideal of a class
~ **кольца** ideal of a ring
~ **нормирования** valuation ideal
~ **определения** defining ideal
~ **полугруппы** ideal of a semigroup
~ **поля** ideal of a field
~ **решётки** ideal of a lattice
ℓ- ~ ℓ-ideal
M- ~ M-ideal
p-примарный ~ p-primary ideal
σ- ~ sigma-ideal
σ-**полный** ~ sigma-complete ideal
T- ~ T-ideal
абелев ~ Abelian ideal
абсолютно неразветвлённый ~ unramified ideal
аннуляторный ~ annihilator ideal
ассоциированный ~ associated ideal
блочный ~ block ideal
вложенный ~ embedded ideal
вложенный простой ~ embedded primary component
главный ~ principal ideal
градуированный ~ graded ideal
двусторонний ~ two-(sided) ideal; ambiguous ideal
детерминантный ~ determinantal ideal
дивизориальный ~ divisorial ideal
дифференциальный ~ differential ideal

идеал *(continued)*
  дополнительный ~ complementary ideal
  дробный ~ fractional ideal
  дуальный ~ dual ideal, filter
  замкнутый ~ closed ideal
  изолированный простой ~ isolated primary component
  инвариантный ~ invariant ideal
  квадратичный ~ quadratic ideal
  квазипростой ~ quasi(-)prime ideal
  квазирегулярный ~ quasi(-)regular ideal
  конечно порождённый ~ finitely generated ideal
  левопримитивный ~ left primitive ideal
  левый ~ left ideal
  максимальный ~ largest ideal; maximal ideal
  минимальный ~ minimal ideal
  модулярный ~ modular ideal, regular ideal
  наибольший ~ largest ideal
  наименьший ~ least ideal
  ненулевой ~ non(-)zero ideal
  неприводимый ~ irreducible ideal
  неразветвлённый ~ unramified ideal
  несмешанный ~ unmixed ideal, pure ideal, equi(-)dimensional ideal
  нильпотентный ~ nilpotent ideal
  нулевой ~ zero(-)ideal
  обратимый ~ invertible ideal
  однородный ~ homogeneous ideal
  односторонний ~ one-sided ideal
  операторный ~ operator ideal
  первичный ~ primary ideal
  полупростой ~ semi(-)prime ideal
  порождённый ~ generated ideal
  порядковый ~ order ideal
  правопримитивный ~ (right) primitive ideal
  правый ~ right ideal
  примарный ~ primary ideal
  примитивный ~ (right) primitive ideal
  простой ~ simple ideal, prime ideal
  радикальный ~ radical ideal
  разложимый ~ decomposable ideal
  разрешимый ~ solvable ideal
  регулярный ~ modular ideal, regular ideal
  свободный ~ free ideal
  сингулярный ~ singular ideal
  смешанный ~ mixed ideal
  собственный ~ proper ideal
  совершенный ~ perfect ideal
  сокращённый ~ contracted ideal
  сопряжённый ~ conjugate ideal
  стандартный ~ standard ideal
  существенный ~ essential ideal
  терциарный ~ tertiary ideal
  унитарный ~ unitary ideal
  фундаментальный ~ augmentation ideal, fundamental ideal
  характеристический ~ characteristic ideal
  целый ~ integral ideal
  якобиев ~ Jacobian ideal
идеализатор idealizer
идеализация idealization
идеальный ideal
идель idele
  главный ~ principal idele
идемпотент idempotent, idempotent element
  ненулевой ~ non(-)zero idempotent
  ортогональные ~ы orthogonal idempotents
  примитивный ~ primitive idempotent
  центральный ~ central idempotent
идемпотентность idempotence, idempotency
идемпотентный idempotent
идентификатор identifier
  внешний ~ external identifier
идея idea
  геометрическая ~ geometric idea
иерархизованный hierarchized
иерархический hierarchical
иерархия hierarchy
  ~ **множеств** hierarchy of sets

~ **моделей** hierarchy of models
~ **типов** hierarchy of types
аналитическая ~ (*Клини*) analytic(al) hierarchy
арифметическая ~ (*Клини-Мостовского*) arithmetical hierarchy

избавляться free
~ **от иррациональности в знаменателе** rationalize a denominator
~ **от радикалов** free of radicals

избыт‖ок excess ◊ **с ~ ком** to excess
~ **треугольника** spherical excess
сферический ~ spherical excess
угловой ~ angular excess
эмпирический ~ empirical excess

избыточность redundancy; super(-)abundance
~ **кодирования** redundancy of coding
минимальная ~ minimum redundancy

извлекать extract
~ **квадратный корень** take the square root, extract the square root

извлечение extraction; drawing
~ **квадратного корня** taking the square root, square-rooting
~ **корня** extraction of a root; evolution

изгибание bending; deformation
~ **поверхности** deformation of a surface
бесконечно малое ~ infinitesimal deformation
изометрическое ~ isometric deformation
инфинитезимальное ~ infinitesimal deformation
конечное ~ finite deformation
проективное ~ projective deformation
тривиальное ~ trivial deformation

изложение (*теории*) treatment
аналитическое ~ analytic treatment
инвариантное ~ invariant treatment
классическое ~ classical treatment
логическое ~ logical treatment
систематическое ~ systematic treatment
строгое ~ rigorous treatment
тензорное ~ tensor treatment

излом (*кривой*) break
измельчать refine
измельчение refinement
барицентрическое ~ barycentric subdivision

изменение change
~ **состояния** change of state
качественное ~ qualitative change
конформное ~ conformal change

изменчивость variability
изменять change
~ **ся обратно пропорционально** x vary inversely as x
~ **ся прямо пропорционально** x vary directly as x

измерение measurement
~ **углов** measurement of angles
линейное ~ linear measurement
угловое ~ angular measurement

измеримость measurability
слабая ~ weak measurability

измеримый measurable
B- ~ B-measurable, Borel-measurable
~ **по Борелю** B-measurable, Borel-measurable
~ **по Жордану** measurable in the Jordan case
прогрессивно ~ progressively measurable

измеритель measuring instrument
циркуль- ~ dividers

изо- iso-
изобарический isobaric
изобата isobatic curve
изображать represent
~ **графически** represent pictorially
изображение picture
аксонометрическое ~ axonometric image

изображение *(continued)*
  комбинированное ~ combined representation
  перспективное ~ perspective image
  сферическое ~ spherical representation; spherical image
  схематическое ~ schematic diagram
  упрощённое ~ simplified representation

изогения isogeny
изогенный isogeneous
изогон isogonal polyhedron, isogon
изогональный isogonal
изоклина isocline, isoclinic curve
изолированный isolated
изолировать isolate
изоль isol
изоляция isolation
изометрично isometrically
изометричность isometricity
изометричный isometric
  локально ~ locally isometric
изометрия isometry; isometric axonometry; isometric projection
  частичная ~ partial isometry
изоморфизм isomorphism, isomorphic map(ping)
  ~ алгебр isomorphism of algebras
  ~ вырезания excision isomorphism
  ~ графов isomorphism of graphs
  ~ групп isomorphism of groups
  ~ группы isomorphism of a group
  ~ двойственности duality isomorphism
  ~ между комплексами isomorphism between complexes
  ~ множеств isomorphism between sets
  ~ надстройки suspension isomorphism
  ~ пространств isomorphism of spaces
  ~ , сохраняющий порядок order-preserving isomorphism
  ~ формаций isomorphism of formations
  k- ~ k-isomorphism
  аналитический ~ C^w-isomorphism, analytic isomorphism
  бирациональный ~ bi(-)rational isomorphism, bi(-)rational map(ping)
  борелевский ~ Borel('s) isomorphism
  голоморфный ~ holomorphism, bi(-)holomorphic map(ping), pseudo(-)conformal map(ping)
  групповой ~ isomorphism of groups
  допустимый ~ admissible isomorphism
  дуальный ~ dual isomorphism
  индуцированный ~ induced isomorphism
  кольцевой ~ ring isomorphism
  контрагредиентный ~ contragredient isomorphism
  локальный ~ local isomorphism
  метрический ~ metric isomorphism
  надстроечный ~ suspension isomorphism
  обратный ~ inverse isomorphism
  операторный ~ operator isomorphism
  порядковый ~ order-isomorphism
  равномерный ~ uniform isomorphism
  решёточный ~ lattice isomorphism, L-isomorphism
  сильный ~ strong isomorphism
  скрещённый ~ cross isomorphism
  слабый ~ weak isomorphism
  структурный ~ structural isomorphism
  топологический ~ topological isomorphism
  функторный ~ functorial isomorphism

изоморфность isomorphism
  ~ структур isomorphism of structures

изоморфный isomorphic
   бирационально ~ birationally isomorphic
   инверсно ~ inverse(ly) isomorphic
   канонически ~ canonically isomorphic
   порядково- ~ order isomorphic
   топологически ~ topologically isomorphic
   устойчиво ~ stably isomorphic
изопериметрический isoperimetric(al)
изоплета isopleth
изотермический isothermal
изотоп isotope
изотопия isotopy
   ~ зацепления isotopy of a link
   объемлющая ~ ambient isotopy
изотопный isotopic
изотропия isotropy
   ~ пространства isotropy of a space
изотропный isotropic
   максимально ~ maximally isotropic
изохронность isochrony
изоэдр isohedron, isohedral, polyhedron
изоэнтропийный isoentropic
изучать study
   ~ инвариант study an invariant
   ~ поведение study behavior
   ~ пример study an example
изучение study
   ~ алгебры study of an algebra
   ~ группы study of a group
   ~ колец study of rings
   ~ многообразия study of a manifold
   ~ особенностей study of singularities
   ~ отображений study of map(ping)s
   ~ поведения study of behavior
   ~ разбиения study of a decomposition
   ~ серии study of a series
   ~ точек study of points
   ~ экстремумов investigation of extrema
икосаэдр icosahedron
   большой ~ great icosahedron
   правильный ~ regular icosahedron
икосододекаэдр icosidodecahedron
или or
иллюстрация illustration
   ~ понятия illustration of a concept
иллюстрировать illustrate
   ~ идею illustrate an idea
   ~ метод illustrate a method
   ~ понятие illustrate a concept
   ~ примером illustrate by example
иметь have
   ~ место hold
   ~ место равномерно hold uniformly
   ~ общую часть overlap
   ~ решение admit a solution
имитация simulation
   ~ явления simulation of a phenomenon
   математическая ~ mathematical simulation
   численная ~ numerical simulation
иммерсия immersion
иммиграция immigration
иммунный immune
импликанта implicant
   простая ~ prime implicant
импликативный implicational
импликация implication; conditional
   ~ от a до b pseudo(-)complement of a relative to b
   материальная ~ material implication
   релевантная ~ relevant implication
   слабая ~ weak implication
   строчная ~ strict implication
импримитивность imprimitivity
импримитивный imprimitive
имя name
инвариант invariant
   ~ вложения embedding invariant
   ~ групп group invariant
   ~ изоморфизма isomorphism invariant
   ~ касания invariant of contact

инвариант *(continued)*
- ~ **класса** class invariant
- ~ **кобордизма** cobordism invariant
- ~ **кривизны** scalar curvature
- ~ **кривой** invariant of a curve
- ~ **многообразия** invariant of a manifold
- ~ **отображения** invariant of a map(ping)
- ~ **переноса** translation invariant
- ~ **пересечения** invariant of intersection
- ~ **поверхности** invariant of a surface
- ~ **подобия** similarity invariant
- ~ **поля** invariant of a field
- ~ **представления** invariant of a representation
- ~ **преобразования** invariant of a transformation
- ~ **ранга** rank invariant
- ~ **расслоения** invariant of a bundle
- ~ **уравнения** invariant of an equation
- ~ **формы** invariant of a form
- ~ **цикла** inductive assertion

e- ~ e-invariant
k- ~ k-invariant
абсолютный ~ absolute invariant
адиабатический ~ adiabatic invariant
алгебраический ~ algebraic(al) invariant
арифметический ~ arithmetic(al) invariant
базисный ~ basic invariant
бирациональный ~ birational invariant
более сильный ~ stronger invariant
векторный ~ vector invariant
вычислимый ~ computable invariant
гомотопический ~ homotopic invariant
групповой ~ group invariant
двойственный ~ dual invariant
дифференциально-геометрический ~ differential geometric invariant
дифференциальный ~ differential invariant
изотопический ~ isotopy invariant
интегральный ~ integral invariant
итерационный ~ iteration invariant
кардинальный ~ cardinal invariant
квадратичный ~ quadratic invariant
когомологический ~ cohomological invariant
конформный ~ conformal invariant
кососимметрический ~ skew-symmetric invariant
кубический ~ cubic invariant
линейный ~ linear invariant
локальный ~ local invariant
максимальный ~ maximal invariant
метрический ~ metric invariant
некоммутативный ~ non(-)commutative invariant
обобщённый ~ generalized invariant
ортогональный ~ orthogonal invariant
относительный ~ relative invariant
полиномиальный ~ polynomial invariant
проективный ~ projective invariant
равномерный ~ uniform invariant
риманов ~ Riemann('s) invariant
симплектический ~ symplectic invariant
сингулярный ~ singular invariant
скалярный ~ scalar invariant
совместные ~ы simultaneous invariants
спектральный ~ spectral invariant

структурный ~ structural invariant; invariant of structure
тензорный ~ tensor invariant
топологический ~ topological invariant
тополого-дифференциальный ~ topological-differential invariant
фундаментальный ~ fundamental invariant
функциональный ~ functional invariant
целочисленный ~ integral invariant
численный ~ numerical invariant
числовой ~ numerical invariant

инвариантность invariance
  ~ гомологических групп invariance of homology groups
  ~ действия invariance of action
  ~ лагранжиана invariance property of a Lagrangian
  ~ области invariance of a domain
  ~ ориентируемости invariance of orientability
  ~ поля invariance of a field
  ~ уравнения invariance of an equation
  ~ формы invariance of a form
  временная ~ time invariance
  гомотопическая ~ homotopy invariance
  калибровочная ~ gauge invariance
  локальная ~ local invariance
  лоренц- ~ Lorentz invariance
  остаточная ~ residual invariance
  относительно сдвигов ~ translational invariance
  пуанкаре- ~ Poincaré invariance
  топологическая ~ topological invariance
  трансляционная ~ translation(al) invariance

инвариантный invariant
  ~ относительно действия группы invariant under group action
  ~ относительно (*оператора*) A A-invariant
  ~ относительно представления invariant by a representation
  ~ относительно сдвигов translation-invariant
  AdG- ~ invariant by AdG
  G- ~ G-invariant
  H- ~ H-invariant
  T- ~ T-invariant
  гомотопически ~ homotopy invariant
  конформно ~ conformally invariant
  топологически ~ topologically invariant
  трансляционно- ~ translation-invariant

инверси‖я (mathematical) inversion
  ◊ **при ~ и** under inversion
  ~ относительно окружности inversion with respect to a circle
  ~ относительно сферы inversion with respect to a sphere
  эллиптическая ~ anti(-)inversion

инверсны‖й inverse ◊ **~ м образом** in inverse order

инвертор not-element; inverter, negator

инволютивный involutorial, involutory

инволюционный involutorial, involutory

инволюция involution; periodic map(ping)
  ~ плоскостей involution of planes
  ~ противопоставления opposition involution
  ~ точек involution of points
  ~ форм involution of forms
  антиголоморфная ~ anti(-)holomorphic involution
  гиперболическая ~ hyperbolic involution
  перспективная ~ perspective involution
  эллиптическая ~ elliptic involution

индекс subscript; index; number
- ~ **поля** index of a field
- ~ **ветвления** relative ramification index, index of multiplicity
- ~ **геодезической** index of a geodesic
- ~ **дефекта** nullity index
- ~ **зацепления** linking coefficient, linking number
- ~ **инерции** index of inertia
- ~ **класса** index of a class
- ~ **коинцидентности** coincidence number
- ~ **многообразия** signature of a manifold, index of a manifold
- ~ **неподвижной точки** index of a fixed point
- ~ **нильпотентности** index of nilpotency
- ~ **нормального делителя** index of a normal subgroup
- ~ **оператора** index of an operator
- ~ **особой точки** index of a singular point
- ~ **отображения** index of a map(ping)
- ~ **пересечения** intersection number
- ~ **подгруппы** index of a subgroup
- ~ **простоты** index of simplicity
- ~ **рассеяния** dispersion index
- ~ **самопересечения** self-intersection number
- ~ **соответствия** index of a correspondence
- ~ **специальности** index of speciality
- ~ **суммирования** sum(mation) index
- ~ **функции** index of a function
- ~ **числа** index of a number
- ~ **эквивалентности** index of an equivalence
- ~ **элемента** index of an element

абсолютный ~ absolute index
агрегатный ~ aggregate index
аналитический ~ analytic(al) index
базисный ~ basic index
верхний ~ upper index
двойной ~ double subscript
живой ~ free index, living index
изотопический ~ isotopic index
ковариантный ~ covariant index
конечный ~ finite index
контравариантный ~ contravariant index
локальный ~ **пересечения** multiplicity of intersection
максимальный ~ maximal index
матричный ~ matrix index
мёртвый ~ dead index
минимальный ~ minimal index
нижний ~ lower index
переменный ~ variable index
свободный ~ free index; living index
топологический ~ topological index
центральный ~ central index
цепной ~ chain index
цикловой ~ cycle index

индексация indexing; labeling
индексный indexed
индивидуально individually
индивидуальный individual
индикатор indicator
индикатриса indicatrix
- ~ **Банаха** function of multiplicity
- ~ **бинормалей** indicatrix of binormals
- ~ **главных нормалей** indicatrix of principal normals
- ~ **Дюпена** Dupin('s) indicatrix, indicatrix of curvature
- ~ **касательных** indicatrix of tangents
- ~ **кривизны** Dupin('s) indicatrix, indicatrix of curvature
- ~ **роста** type of growth

сферическая ~ spherical indicatrix
индуктивный inductive
индукци‖**я** induction ◊ **по** ~ **и** by induction
- ~ **по** n induction on n

~ **по нескольким переменным** multiple induction
бесконечная ~ infinite induction, omega-rule
конечная ~ finite induction
математическая ~ mathematical induction, complete induction
неполная ~ incomplete induction
нётерова ~ Noetherian induction
трансфинитная ~ transfinite induction
индуцирование inducing
~ **топологии** relativization of a topology
индуцированный induced
естественно ~ naturally induced
индуцировать induce
~ **метрику** induce a metric
~ **изоморфизм** induce an isomorphism
~ **отображение** induce a map(ping)
~ **представление** induce a representation
~ **преобразование** induce a transformation
индуцируемый inducible
инертный inertial
инспекция inspection
инстантон instanton
~ **в модели** instanton in a model
инструкция instruction
интеграл integral; (**Бёркиля**) derivate
~ **в конечных пределах** integral with finite limits
~ **в смысле главного значения** principal value integral
~ **вероятности** probability integral
~ **вероятности ошибок** error integral
~ **второго рода (***эйлеров***)** second integral
~ **движения** integral of motion
~ **действия** action integral
~ **дифференциального уравнения** integral of a differential equation
~ **зацепления** integral of a link
~ **Кирхгофа** Kirchoff('s) formula
~ **Лебега** Lebesgue integral, L-integral
~ **первого рода** integral of the first kind, integral of the first type
~ **Перрона** Perron('s) integral, P-integral
~ **по длине дуги** integral over the length function
~ **по контуру** integral along a contour
~ **по координате** integral over coordinates
~ **по мере** integral with respect to a measure
~ **по области** integral over a domain
~ **по объёму** volume integral; space integral
~ **по петле** loop integral
~ **по поверхности** integral over a surface
~ **по траекториям** continual integral; path integral
~ **Римана** Riemann('s) integral, Riemannian integral, R-integral
~ **свёртки** convolution integral
~ **Стилтьеса** Stieltjes('s) integral, S-integral
~ **суммирования** summability integral
~ **типа Коши** integral of Cauchy type
~ **типа потенциала** integral of potential type, Riesz('s) potential
~ **энергии** energy integral
M- ~ M-integral
***n*-мерный ~** n-dimensional integral
абелев ~ Abelian integral
абсолютно сходящийся ~ absolutely convergent integral
абстрактный ~ abstract integral
алгебраический ~ Abelian integral
верхний ~ upper integral; upper derivate

интеграл *(continued)*
- **винеровский** ~ Wiener('s) integral
- **внешний** ~ exterior integral
- **гауссов** ~ Gaussian integral
- **гипергеометрический** ~ hyper(-)integral, hyper-elliptic integral
- **двойной** ~ double integral
- **дробный** ~ fractional integral
- **инвариантный** ~ invariant integral
- **колеблющийся** ~ oscillating integral
- **конечный** ~ finite integral
- **континуальный** ~ continual integral
- **контурный** ~ contour integral
- **кратный** ~ multiple integral
- **криволинейный** ~ curvilinear integral
- **круговой** ~ circular integral
- **левый** ~ left integral
- **линейный** ~ linear integral
- **максимальный** ~ maximal integral, maximum integral
- **минимальный** ~ minimal integral, minimum integral
- **многомерный** ~ multi(-)dimensional integral
- **мультипликативный** ~ product integral, multiplicative integral
- **неопределённый** ~ indefinite integral, primitive
- **неполный** ~ incomplete integral
- **несобственный ~ первого рода** improper integral, infinite integral
- **нижний** ~ lower integral; lower derivate
- **нормальный** ~ normal integral
- **обобщённый** ~ generalized integral
- **общий** ~ general integral
- **однократный** ~ simple integral, one-dimensional integral
- **одномерный** ~ simple integral, one-dimensional integral
- **определённый** ~ definite integral
- **основной** ~ fundamental integral
- **особый** ~ singular integral
- **осциллирующий** ~ oscillating integral
- **поверхностный** ~ surface integral
- **повторный** ~ iterated integral, repeated integral
- **полный** ~ complete integral
- **правый** ~ right integral
- **приводимый** ~ reducible integral
- **промежуточный** ~ intermediate integral
- **простой** ~ simple integral, one-dimensional integral
- **прямой** ~ direct integral
- **псевдоэллиптический** ~ pseudo(-)elliptic integral
- **равномерно сингулярный** ~ uniformly singular integral
- **расходящийся** ~ divergent integral
- **регулярный** ~ regular integral
- **сильный** ~ strong integral
- **сингулярный** ~ singular integral
- **синус- ~ (Френе)** sine integral
- **слабый** ~ weak integral
- **сопряжённый** ~ conjugate integral
- **спектральный** ~ spectral integral
- **стохастический** ~ stochastic integral
- **сходящийся** ~ convergent integral
- **табличный** ~ standard integral
- **тригонометрический** ~ trigonometric integral
- **тройной** ~ triple integral
- **функциональный** ~ functional integral
- **циркулярный** ~ circulatory integral
- **частный** ~ partial integral
- **эйлеров** ~ Euler('s) integral, Eulerian integral
- **эйлеров ~ первого рода** beta-function
- **элементарный** ~ elementary integral
- **эллиптический** ~ elliptic integral

интегральное уравнение integral equation
- **~ Абеля с постоянными пределами** Abel('s) integral equation
- **~ первого рода** integral equation of the first kind
- **~ с двумя ядрами** integral equation with two kernels
- **~ с симметричным ядром** orthogonal integral equation
- **~ типа свёртки** integral equation of convolution type
- **~ Фредгольма** integral equation of Fredholm type
- **вырожденное ~** degenerate integral equation
- **линейное ~** linear integral equation
- **многомерное ~** multi(-)dimensional integral equation
- **нагруженное ~** mixed integral equation
- **нелинейное ~** non(-)linear integral equation
- **неоднородное ~** inhomogeneous integral equation
- **нефредгольмово ~** non-Fredholm integral equation
- **обобщённое ~** generalized integral equation
- **общее ~** general integral equation
- **однородное ~** homogeneous integral equation
- **особое ~** non-Fredholm integral equation
- **симметричное ~** symmetric integral equation
- **сингулярное ~** singular integral equation
- **слабо сингулярное ~** weakly singular integral equation
- **союзное ~** adjoint integral equation, associated integral equation
- **сопряжённое ~** adjoint integral equation, associated integral equation
- **стохастическое ~** stochastic integral equation
- **транспонированное ~** transposed integral equation
- **характеристическое ~** characteristic integral equation

интегральный integral

интегранд integrand
- **параметрический ~** parametric integrand
- **полуэллиптический ~** semi(-)elliptic integrand

интегрант Lagrangian

интегрирование integration
- **~ в замкнутой форме** closed-form integration
- **~ методом подстановки** integration by substitution
- **~ по группе** group integration
- **~ по контуру** contour integration
- **~ по поверхности** surface integration
- **~ по частям** integration by parts
- **~ подстановкой** integration by substitution
- **~ при помощи степенных рядов** integration by power series
- **~ уравнения** integration of an equation
- **~ формы** integration of a form
- **~ функции** integration of a function
- **графическое ~** graphical integration
- **двойное ~** double integration
- **действительное ~** real integration
- **дробное ~** fractional integration
- **инвариантное ~** invariant integration
- **контурное ~** contour integration
- **кратное ~** multiple integration
- **непосредственное ~** direct integration
- **повторное ~** repeated integration
- **почленное ~** integration term by term, termwise integration
- **приближённое ~** approximation integration, approximate integration
- **стохастическое ~** stochastic integration

интегрирование *(continued)*
   функциональное ~ functional integration
   численное ~ numerical integration, numerical quadrature

интегрировать integrate
   ~ по поверхности integrate over a surface
   ~ по частям integrate by parts
   ~ уравнение integrate an equation

интегрируемость integrability
   ~ в квадратурах integrability by quadratures
   ~ квадрата square integrability
   ~ по Петтису integrability of Pettis
   абсолютная ~ absolute integrability
   полная ~ complete integrability

интегрируемый integrable
   ~ по Данжуа Denjoy-integrable, D-integrable
   ~ по Лебегу Lebesgue-integrable
   ~ с квадратом square integrable
   абсолютно ~ absolutely integrable
   вполне ~ completely integrable
   всюду ~ everywhere integrable
   локально ~ locally integrable
   непосредственно ~ по Риману directly-Riemann integrable

интегрирующий integrating
интегро-дифференциальный integro-differential
интеллект intelligence
   искусственный ~ artificial intelligence

интенсивность intensity
   ~ вихря vorticity
   ~ источника source strength
   ~ отказа failure rate
   возрастающая ~ (*отказа*) increasing rate
   убывающая ~ (*отказа*) decreasing rate

интервал interval
   ~ группировки class interval
   ~ непрерывности interval of continuity
   ~ периодичности interval of periodicity
   ~ существования interval of existence
   ~ сходимости interval of convergence
   асимптотический ~ asymptotic interval
   бейесовский ~ Bayes(') interval
   бесконечный ~ infinite interval
   времениподобный ~ time-like interval
   доверительный ~ confidence estimate; confidence estimator; confidence estimation; interval estimate; confidence interval
   доверительный ~ по Нейману Neyman confidence estimate
   единичный ~ unit interval
   конечный ~ finite interval
   максимальный ~ maximal interval
   наименьший (*доверительный*) ~ shortest interval
   неограниченный ~ unbounded interval
   открытый ~ open interval
   полубесконечный ~ semi(-)infinite interval
   простой ~ simple interval
   случайный ~ random interval
   совместные (*доверительные*) ~ы simultaneous intervals
   стохастический ~ stochastic interval
   толерантный ~ tolerance interval
   фиксированный ~ fixed interval

интерес interest
   математический ~ mathematical interest

интерполирование *см. тж.* **интерполяция** interpolation
   ~ многочленами polynomial interpolation
   ~ назад backward interpolation
   ~ оператора interpolation of an operator

квадратичное ~ quadratic interpolation
линейное ~ linear interpolation
показательное ~ exponential interpolation
тригонометрическое ~ trigonometric interpolation
численное ~ numerical interpolation
интерполировать interpolate
интерполирующий interpolating
интерполятор interpolator
интерполяция interpolation
~ в корнях из единицы interpolation in roots of unity
гармоническая ~ harmonic interpolation
линейная ~ linear interpolation
обратная ~ inverse interpolation
полиномиальная ~ polynomial interpolation
сплайн- ~ spline interpolation
интерпретация interpretation; model
~ графа interpreting a graph
~ группы interpretation of a group
~ пропозиционального исчисления interpretation of propositional calculus
~ теории model of a theory
~ формулы interpretation of a formula
векторная ~ vectorial interpretation
вероятностная ~ probabilistic interpretation
геометрическая ~ geometric(al) interpretation
групповая ~ group-theoretic interpretation
детерминистская ~ deterministic interpretation
математическая ~ mathematical interpretation
наглядная ~ visual interpretation
негативная ~ negative interpretation
неправильная ~ unsound interpretation
правильная ~ sound interpretation
топологическая ~ topological interpretation
частотная ~ frequency theory
интерпретировать interpret
интерпретируемость interpretability
интразитивность intransitivity
интразитивный intransitive
интуитивный intuitive
интуиционизм intuitionism
интуиционистский intuitionistic
интуиция intuition
геометрическая ~ geometric intuition
инфинитезимальный infinitesimal
информант informant
информатика informatics
информация information
~ по Кульбаку information for discrimination, discriminant information, Kullback('s) information
~ по Фишеру Fisher('s) information
~ различения information for discrimination, discriminant information, Kullback('s) information
априорная ~ a priori information
взаимная ~ mutual information
дополнительная ~ supplementary information, concomitant information
закодированная ~ coded information
качественная ~ qualitative information
количественная ~ qualitative information
межблочная ~ interblock information
минимальная ~ minimal information
переданная ~ trans(-)information
полная ~ complete information, total information, perfect information
собственная ~ self(-)information
статистическая ~ statistical information

инфра- infra-
инфрамногочлен infra(-)polynomial
инцидентность incidence
инцидентный incident
инъективность injectivity
инъективный injective
инъекция injection, injective function, injective map(ping), one-to-one map(ping)
   каноническая ~ canonical injection
иррациональность irrationality; surd; irrational
   квадратическая ~ quadratic irrational
   сопряжённая ~ conjugate surd
иррациональный irrational
иррегулярность irregularity
   ~ алгебраической поверхности irregularity of an algebraic surface
иррегулярный irregular
искажать distort
искажение distortion
   ~ кода distortion of a code
   граничное ~ boundary distortion
исключать eliminate; rule out
   ~ деление на нуль rule out division by zero
   ~ параметр eliminate a parameter
исключающий exclusive
исключение elimination; exclusion
   ~ координат elimination of coordinates
   ~ неизвестного elimination of an unknown
   ~ неоднородности elimination of heterogeneity
   двустороннее ~ two-way elimination
исключительный exceptional
искомый required, desired
искусственный artificial
исполнение performance
   асинхронное ~ asynchronous performance
   синхронное ~ synchronous performance

исправление correction
   ~ ошибок error correction
исправлять correct
   ~ ошибку correct an error
испытание trial
   зависимое ~ dependent trial
   марковское ~ Markov('s) trial
   независимое ~ independent trial
   повторное ~ repeated trial
   случайное ~ random trial
исследовани‖е investigation; study; research
   ~ задач study of problems
   ~ операций operations research
   ~ свойства investigation of a property
   ~ спектра study of a spectrum
   ~ топологии investigation of topology
   ~ уравнений study of equations
   ~ функции analysis of a function
   дополнительное ~ additional study
   математическое ~ mathematical treatment, mathematical investigation
   систематическое ~ systematic study
   системные ~ я system research
   статистическое ~ statistical investigation
исследовать test
   ~ коллинеарность test for collinearity
истинность truth
   ~ формулы truth of a formula
   логическая ~ identical truth
   тождественная ~ identical truth
истинный true; valid
истолковывать interpret
источник source
   ~ без памяти memoryless source
   ~ вариации source of variation
   ~ информации information source
   ~ помех interference source
   ~ с дискретным временем discrete-time source
   ~ сообщений message source

гауссов ~ Gaussian source
двоичный ~ binary source
дискретный ~ discrete source
симметричный ~ symmetric source
стационарный ~ stationary source
эргодический ~ ergodic source

исход outcome
~ игры outcome of a game
альтернативный ~ quantal response
случайный ~ random outcome

исход‖ить emanate ◊ ~ я из геометрических соображений on the basis of a geometric argument
~ из вершины emanate from a vertex

исчерпание exhaustion
исчерпываемый exhaustible
исчерпывать exhaust
исчисление calculus
~ бесконечно малых infinitesimal calculus
~ в целом calculus in the large
~ вероятностей calculus of probabilities, probabilistic calculus
~ высказываний calculus of propositions, propositional calculus, sentential calculus, theory of propositions
~ высшего порядка calculus of higher order
~ вычетов calculus of residues
~ классов class calculus
~ конечных разностей calculus of (finite) differences
~ корреляций correlation calculus
~ отношений calculus of relations
~ ошибок calculus of errors
~ предикатов predicate calculus, quantification theory, calculus of the first order
~ предикатов второго порядка second-order predicate logic
~ предикатов на конечных моделях observational predicate calculus
~ предикатов первого порядка predicate calculus, quantification theory, calculus of the first order
~ несколькими сортами переменных several-sorted predicate calculus, many-sorted calculus
~ предикатов третьего порядка third-order predicate logic
~ преобразования calculus of a transform
~ (*предикатов*) с равенством calculus with equality
~ с функциональными знаками calculus with functional symbols
~ секвенций sequent calculus
~ строгой импликации calculus of strict implication
~ эквивалентностей E-calculus
абсолютное ~ absolute calculus
арифметическое ~ arithmetical calculus, formal arithmetic
ассоциативное ~ associative calculus
барицентрическое ~ barycentric calculus
вариационное ~ calculus of variations, variational calculus
векторное ~ vector calculus
винтовое ~ theory of screws
внешнее ~ exterior calculus
дифференциальное ~ differential calculus
дробное ~ fractional calculus
импликативное ~ implicational calculus
интегральное ~ integral calculus
интуиционистское ~ intuitionistic calculus
классическое ~ classical calculus

исчисление *(continued)*
   коммутаторное ~ commutator calculus
   логико-математическое ~ applied calculus
   логическое ~ logic(al) calculus, calculus of logic
   локальное ~ local calculus
   матричное ~ matrix calculation
   минимальное ~ minimal calculus
   модальное ~ modal calculus
   независимое ~ independent calculus
   нормальное ~ system of productions
   одноместное ~ one-place calculus
   операторное ~ operator calculus
   операционное ~ operational calculus
   позитивное ~ positive calculus
   полное ~ full calculus
   прикладное ~ applied calculus
   промежуточное ~ intermediate calculus, super(-)intuitionistic calculus
   пропозициональное ~ calculus of propositions, propositional calculus, sentential calculus
   противоречивое ~ inconsistent calculus
   расширенное ~ extended calculus
   свободное ~ free calculus
   символическое ~ symbolic calculus
   сингулярное ~ singular calculus
   стохастическое ~ stochastic calculus
   субдифференциальное ~ subdifferential calculus
   суперинтуиционистское ~ intermediate calculus, super(-)intuitionistic calculus
   суперконструктивное ~ intermediate calculus, super(-)intuitionistic calculus
   тензорное ~ tensor calculus
   узкое ~ предикатов predicate calculus, quantification theory, calculus of the first order
   формальное ~ formal calculus
   функциональное ~ functional calculus
   функциональное ~ первого порядка predicate calculus, quantification theory, calculus of the first order
   чистое ~ pure calculus
итерационный iterative
итерация iteration
   ~ высшего порядка higher-order iteration
   ~ стратегии policy iteration
   ~ функции iteration of a function
   векторная ~ vector iteration
   обратная ~ inverse iteration
   последовательная ~ stepwise approximation
   простая ~ simple iteration
   расходящаяся ~ divergent iteration
   сходящаяся ~ convergent iteration
итерированный iterated
итерировать iterate

кактоид cactoid
кактус cactus
калибр gauge
   ~ пространства gauge on a space
калибровка calibration
камера chamber ◊ **~ Вейля** Weyl('s) chamber
канал channel
   ~ без памяти memoryless channel
   ~ без помех noiseless channel
   ~ обратной связи feedback channel
   ~ прямой связи forward channel
   ~ с дискретным временем discrete-time channel

~ **с конечной памятью** channel with finite memory
~ **с конечным числом состояний** finite-state channel
~ **с обратной связью** channel with feedback
~ **с шумом** noisy channel
~ **связи** communication(s) channel
входной ~ (*автомата*) receptor
выходной ~ (*автомата*) effector
гауссовский ~ Gaussian channel
двоичный ~ binary channel
дискретный ~ discrete channel
квантовый ~ quantum channel
многосторонний ~ compound channel
несимметричный ~ asymmetric channel
однородный ~ homogeneous channel
прямой ~ forward channel
симметричный ~ symmetric(al) channel
стационарный ~ stationary channel
широковещательный ~ broadcast channel

канонически canonically
канонический canonical
канторовский Cantorian
кардинал cardinal number; cardinal; cardinality; potency
  бесконечный ~ infinite cardinal
  измеримый ~ measurable cardinal number
  компактный ~ compact cardinal
  несчётный ~ uncountable cardinal number
кардинальное число cardinal number; cardinal cardinality; potency
  измеримое ~ measurable cardinal number
  бесконечное ~ transfinite cardinal number
  измеримое ~ measurable cardinal number
  конечное ~ finite cardinal

наименьшее ~ least cardinal number
недостижимое ~ inaccessible cardinal number
неразложимое ~ indecomposable cardinal number
несчётное ~ uncountable cardinal number
регулярное ~ regular cardinal number
сильно недостижимое ~ strongly inaccessible cardinal
сингулярное ~ singular cardinal
слабо недостижимое ~ weakly inaccessible cardinal
трансфинитное ~ transfinite cardinal

кардинальный cardinal
кардиода cardioid
карт∥**а** chart; map; local parametrization
  ~ **атласа** chart of an atlas
  ~ **многообразия** chart of a manifold
  ~ **точки** chart about a point
  локальная ~ local chart
  согласованные ~ы compatible charts
картина portrait
  качественная ~ qualitative picture
  фазовая ~ phase-portrait
касание tangency; contact
  ~ **порядка** n contact of order n
  внешнее ~ external tangency, external contact
  внутреннее ~ internal tangency, internal contact
  кратное ~ multiple contact
касательная tangent
  ~ **к кривой** tangent to a curve
  ~ **к кругу** tangent of a circle
  ~ **к окружности** tangent of a circle
  асимптотическая ~ asymptotic tangent
  внешняя ~ external tangent
  внутренняя ~ internal tangent
касательный tangent; tangential

касаться touch
  ~ **внутренним образом** touch internally

касающийся tangent
  ~ **внешним образом** externally tangent
  ~ **внутренним образом** internally tangent

каскад cascade
  гладкий ~ smooth cascade
  измеримый ~ smooth cascade
  непрерывный ~ continuous cascade

касп cusp

катастрофа catastrophe
  элементарная ~ elementary castastrophe

категорический categorical

категоричность categoricity
  ~ **в мощности** categoricity in power(s)

категоричный categorical
  ~ **в мощности** categorical in power

категория category
  ~ **гомоморфизмов** category of homomorphisms
  ~ **групп** category of groups
  ~ **диаграмм** category of diagrams
  ~ , **замкнутая относительно прямых произведений** product-complete category
  ~ **игр** category of games
  ~ **категорий** category of (all) categories
  ~ **множеств** category of sets
  ~ **модулей** category of modules
  ~ **морфизмов** category of morphisms
  ~ **над спектром** category over a spectrum
  ~ **отображений** category of map(ping)s
  ~ **пар** category of pairs
  ~ **пространств** category of spaces
  ~ **с достаточно многими инъективными объектами** category with sufficiently many injectives
  ~ **с инволюцией** category with involution
  ~ **с конечными копроизведениями** category with finite coproducts
  ~ **с пределами** category with limits
  ~ **с произведениями** category with products
  ~ **с умножением** category with multiplication
  ~ **функторов** category of functors
  ~ **функций** category of functions
  S- ~ S-category
  абелева ~ Abelian category
  абстрактная ~ abstract category
  аддитивная ~ additive category
  алгебраическая ~ algebraic(al) category
  артинова ~ Artinian category
  большая ~ large category
  гомотопическая ~ homotopy category
  градуированная ~ graded category
  двойственная ~ dual category
  двойственная сама себе ~ self(-)dual category
  допустимая ~ admissible category
  замкнутая ~ closed category
  конкретная ~ concrete category
  локально малая ~ locally small category
  локально малая справа ~ co(-)locally small category
  малая ~ small category
  модулярная ~ modular category
  моноидальная ~ monoidal category
  надстроечная ~ suspension category
  нётерова ~ Noetherian category
  нулевая ~ zero category
  относительная ~ relative category

    подчинённая ~ subordinate category
    полная ~ complete category
    полуабелева ~ semi-Abelian category
    предабелева ~ pre-Abelian category
    предаддитивная ~ pre(-)additive category
    производная ~ derived category
    расслоенная ~ fibered category
    связанная ~ connected category
    скелетная ~ skeletal category
    совершенная ~ perfect category
    точная ~ exact category

катеноид catenoid

катет leg
    ~ы прямоугольного треугольника sides about the right angle of a triangle, sides containing the right angle of a triangle

каустика caustic

качество quality
    ~ алгоритма quality of an algorithm
    приближения ~ approximation quality
    среднее ~ average quality

квадрант quadrant

квадрат square; Gr(a)eco-Latin square ◊ возведение в ~ squaring; выделять полный ~ complete the square
    ~ многообразия square of a manifold
    ~ порядка *n* square of order *n*
    ~ стандартного вида reduced square
    ~ функции square of a function
    бидекартов ~ bi-Cartesian square
    греко-латинский ~ Gr(a)eco-Latin square, Eulerian square
    декартов ~ Cartesian square, pull(-)back, universal square, co(-)meet
    коуниверсальный ~ Cartesian square, pull(-)back, universal square, co(-)meet
    латинский ~ Latin square, standard square
    магический ~ magic square
    неполный (*латинский*) ~ partial square
    ортогональные ~ы orthogonal squares
    полный (*латинский*) ~ complete square
    приведённый ~ reduced square
    редуцированный ~ reduced square
    решётчатый ~ lattice square
    сбалансированный ~ balanced square
    симметричный (*магический*) ~ symmetric(al) square
    сопряжённый (*латинский*) ~ conjugate square
    стандартный ~ standard square
    точный ~ perfect square
    универсальный ~ Cartesian square, pull(-)back, universal square, co(-)meet
    частичный ~ partial square
    эйлеров ~ Gr(a)eco-Latin square, Eulerian square

квадратично quadratically

квадратичность quadraticity

квадратичный quadratic

квадратриса quadratrix

квадратура quadrature
    ~ круга quadrature of a circle, squaring a circle
    механическая ~ mechanical quadrature
    оптимальная ~ optimal quadrature
    расширенная ~ extended Gaussian quadrature rule
    численная ~ numerical quadrature

квадрик‖**а** quadric
    ~ Ли Lie('s) quadric
    вырождающаяся ~ degenerate quadric
    линейчатая ~ ruled quadric

квадрик a *(continued)*
  невырождающаяся ~ proper quadric
  особая ~ singular quadric
  проективная ~ projective quadric
  соприкасающаяся ~ osculating quadric
  софокусные ~ и confocal quadrics
квадрирование quadration
квадрируемость squarability
квадрируемый squarable; quadrable
квази- quasi-
квазианалитический quasi(-)analytic(al)
квазианалитичность quasi(-)analyticity
квазиасимптотика quasi(-)asymptotics
квазивогнутость quasi(-)concavity
квазивсюду quasi(-)everywhere
квазивыпуклость quasi(-)convexity
квазигеодезическая quasi(-)geodesic
квазиглобальный quasi(-)global
квазигомеоморфизм quasi(-)homeomorphism
квазигруппа quasi(-)group
  F- ~ F-quasigroup
  ***n*-арная ~** *n*-ary quasigroup
  TS- ~ totally symmetric quasigroup, TS-quasigroup
  абелева ~ Abelian quasigroup
  дистрибутивная ~ distributive quasigroup
  идемпотентная ~ idempotent quasigroup
  конечная ~ finite quasigroup
  левая ~ left quasigroup
  локальная ~ local quasigroup
  медиальная ~ medial quasigroup
  ортогональная ~ orthogonal quasigroup
  правая ~ right quasigroup
  симметрическая ~ symmetric quasigroup
  тотально симметрическая ~ totally symmetric quasigroup, TS-quasigroup
квазиделимость quasi(-)divisibility
квазиидеал quasi(-)ideal
квазиинъективность quasi(-)injectivity
квазикомпактность quasi(-)compactness
квазикомплекс quasi(-)complex
квазикомплексный quasi(-)complex
квазикомпонента quasi(-)component
квазиконформность quasi(-)conformality
квазикратное quasi(-)multiple
квазилинеаризация quasi(-)linearization
квазимногообразие quasi(-)manifold, quasi(-)variety
квазимногочлен quasi(-)polynomial
квазимера quasi(-)measure; cylindrical measure
квазиметрика quasi(-)metric
квазинепрерывность quasi(-)continuity
квазинорма quasi(-)norm
квазиотражение quasi(-)reflection
квазипериод quasi(-)period
квазипериодический quasi(-)periodic
квазипериодичность quasi(-)periodicity
квазиполе quasi(-)field
квазиполином quasi(-)polynomial
квазиполный quasi(-)complete
квазипорядок quasi(-)order, pre(-)order
квазипримарный quasi(-)primary
квазиравномерность quasi(-)uniformity
квазиразмах quasi(-)range; half(-)width
квазирациональный quasi(-)rational
квазирегулярность quasi(-)regularity

квазирегулярный quasi(-)regular
квазирешение quasi(-)solution
квазисимметрия quasi(-)symmetry
квазислучайность quasi(-)randomness
квазислучайный quasi(-)random
квазисферический quasi(-)spherical curve
квазитождество quasi(-)identity
квазиумножение quasi(-)multiplication
квазиупорядоченность pre(-)order, quasi(-)order
квазифункция quasi(-)function
квазихарактер quasi(-)character
квазицентр quasi(-)center
квазиэргодический quasi(-)ergodic
квалификация qualification
квантиль quantile, fractile
~ **порядка p** quantile of order p, fractile of order p
~ **распределения** quantile of a distribution
p-ая ~ quantile of order p
выборочная ~ sample quantile; alpha-quantile
эмпирическая ~ empirical quantile
квантификация quantification
ограниченная ~ bounded quantification
квантифицированный quantified
квантование quantization
вторичное ~ second quantization
квантовать quantize
квантор quantifier, quantifying symbol
~ **всеобщности** universal quantifier
~ **общности** universal quantifier
~ **существования** existential quantifier
ограниченный ~ bound quantifier
квартиль quartile
верхняя ~ upper quartile
нижняя ~ lower quartile
кватернарный quaternary
кватернион quaternion

вещественный ~ real quaternion
ненулевой ~ non(-)zero quaternion
обратный ~ inverse quaternion
сопряжённый ~ conjugate quaternion
чисто мнимый ~ purely imaginary quaternion
кватернионный quaternionic
квинтиль quintile
кернфункция kernel function
кибернетика cybernetics
математическая ~ cybernetic theory
кинк mono(-)field
кирпич brick
гильбертов ~ Hilbert('s) parallelotope; Hilbert('s) cube
клан clan
класс class; period
~ **абстракций** abstraction class
~ **алгебр** class of algebras
~ **алгебраических систем** class of algebraic systems
~ **алгоритмов** class of algorithms
~ **бордизмов** bordism class
~ **Бэра** H_ξ functions of class ξ
~ **вычетов** residual class, residue class
~ **гладкости** class of smoothness
~ **гомологий** homology class
~ **гомотопии** homotopy class
~ **графов** class of graphs
~ **групп** class of groups
~ **деревьев** class of trees
~ **дивизоров** class of divisors
~ **единиц** units' period
~ **игр** class of games
~ **идеалов** ideal class
~ **изоморфизма** isomorphism class
~ **кривых** class of curves
~ **кристаллографических групп** crystal class
~ **кобордизмов** cobordism class
~ **когомологий** cohomology class
~ **кодов** class of codes
~ **компактов** class of compacta

класс *(continued)*
- ~ **корректности** class of correctness
- ~ **кривой** class of a curve
- ~ **кручения** torsion class
- ~ **линейно эквивалентных дивизоров** linear equivalence class of divisors
- ~ **матриц** class of matrices
- ~ **многообразий** class of manifolds
- ~ **морфизмов** class of morphisms
- ~ **на многообразии** class of a manifold
- ~ **нильпотентности** nilpotence class
- ~ **объектов** class of objects
- ~ **операторов** class of operators
- ~ **орбит** class of orbits
- ~ **особенностей** class of singularities
- ~ **отображений** class of map(pings)
- ~ **оценок** class of estimators
- ~ **поверхностей** class of surfaces
- ~ **погружения** class of an immersion
- ~ **подгрупп** class of subgroups
- ~ **подмножеств** class of subsets
- ~ **подобъектов** class of sub(-)objects
- ~ **полей** class of fields
- ~ **представлений** class of representations
- ~ **преобразований** class of transformations
- ~ **проекций** class of projections
- ~ **путей** class of paths
- ~ **расслоений** class of fiber bundles
- ~ **расходимости** divergence class
- ~ **римановых пространств** class of Riemann('s) spaces
- ~ **связностей** class of connections
- ~ **сетей** class of networks
- ~ **систем** class of systems
- ~ **сложностей** class of complexity
- ~ **событий** class of events
- ~ **сопряжённости** conjugate class, conjugacy class
- ~ **сопряжённых элементов** conjugate class, conjugacy class
- ~ **статистик** class of statistics
- ~ **стратегий** class of strategies
- ~ **схем** (*напр. из функциональных элементов*) class of circuits
- ~ **сходимости** convergence class
- ~ **тысяч** thousands' period
- ~ **устройств** class of devices
- ~ **формул** class of formulas
- ~ **функций** class of functions
- ~ **функционалов** class of functionals
- ~ **эквивалентности** equivalence class
- ~ **элементов** class of elements
- ~ **ядер** class of kernels

n-**ый** ~ n^{th} class
p- ~ p-class
R- ~ R-class
абстрактный ~ abstract class
аддитивный ~ additive class
аксиоматизируемый класс ~ axiomatizable class, axiomatic class
арифметический ~ arithmetic class
архимедов ~ Archimedean class
вариационный ~ variational class
весовой ~ weight class
вполне перечислимый ~ completely enumerable class
вырожденный ~ trivial class
гёльдеровский ~ Hölder('s) class
главный ~ principal class
гомологический ~ homology class
гомотопический ~ homotopy class
двойной смежный ~ double coset
двойственный ~ dual class
двусторонний ~ ambig(uous) class
дополнительный ~ complementary class
естественный ~ natural class

замкнутый ~ closed class
изотопический ~ isotopy class
иррегулярный ~ irregular class
канонический ~ canonical class
канонический ~ дивизоров differential divisor class
кардинальный ~ cardinal number class
категоричный ~ categorical class
категоричный в мощности ~ class categorical in power
квазианалитический ~ quasi(-)analytic(al) class
квазиупорядоченный ~ quasi(-)ordered class
конформный ~ conformal class
левосторонний смежный ~ left coset
левый смежный ~ left coset
лучевой ~ ray class
максимальный ~ maximal class
мультипликативный ~ multiplicative class
наследственный ~ hereditary class
насыщенный ~ saturated class
невырожденный ~ non(-)trivial class
независимый ~ independent class
ненулевой ~ non(-)zero class
непересекающиеся ~ы disjoint classes
несобственный ~ improper class
нетривиальный ~ non(-)trivial class
нулевой ~ null class
нулевой ~ Бэра functions of class 0
обобщённый ~ generalized class
общий ~ general class
определимый ~ definable class
ориентационный ~ orientation class
основной ~ fundamental class
относительный ~ relative class
перечислимый ~ enumerable class
полный ~ complete class, total class

полупростой ~ semi(-)simple class
порождающий ~ generating class
правый смежный ~ right coset
предполный ~ pre(-)complete class
приведённый ~ вычетов prime residue class
примитивный ~ equational class, primitive class; lattice variety
проективный ~ projective class
радикальный ~ radical class
реализующий ~ realizing class
регулярный ~ regular class
решёточно-упорядоченный ~ lattice-ordered class
риманов ~ Riemannian class
симметрический ~ symmetry class
симплектический ~ symplectic class
следовый ~ trace class
смежный ~ coset
смежный ~ кода coset of a code
смежный ~ по подгруппе coset relative to a subgroup
собственный ~ proper class
соболевский ~ Sobolev('s) class
сопряжённый ~ conjugate class; conjugation class
специальный ~ special class
стабильный ~ stable class
существенно замкнутый ~ essentially complete class
сферический ~ spherical class
счётно-аддитивный ~ countably additive class
топологический ~ topological class
транзитиный ~ transitive class
тривиальный ~ trivial class
узкий ~ narrow class
универсальный ~ universal class
упорядоченный ~ ordered class
фундаментальный ~ fundamental class
функциональный ~ functional class

класс *(continued)*
   характеристический ~ characteristic class
   хорновский ~ Horn('s) class
   широкий ~ wide class
   эйлеров ~ Euler('s) class
   эквациональный ~ equational class, primitive class; lattice variety
   элементарный ~ elementary class
классификатор classifier
классификаторный classificatory
классификация classification
   ~ конусов classification for cones
   ~ корневых систем classification of root systems
   ~ многообразий classification of manifolds
   ~ наблюдений classification of observations
   ~ покрытий classification of coverings
   ~ особенностей classification of singularities
   ~ особых точек classification of singular points
   ~ поверхностей classification of surfaces
   ~ предельного круга limit-circle classification
   ~ предельной точки limit-point classification
   ~ пространств classification of spaces
   ~ расслоений classification of fiber bundles
   ~ решений classification of solutions
   ~ узлов classification of knots
   ~ функций classification of functions
   аффинная ~ affine classification
   гомотопическая ~ homotopy classification
   иерархическая ~ hierarchical classification
   множественная ~ multiple classification
   общая ~ general classification
   полная ~ complete classification
   топологическая ~ topological classification
классифицировать classify
   ~ алгебры classify algebras
   ~ орбиты classify orbits
   ~ пространства classify spaces
   ~ расслоения classify bundles
кластеринг clustering
клетка cell; block
   ~ матрицы block of a matrix
   ~ многообразия cell of a manifold
   ~ разбиения cell of a decomposition
   n-мерная ~ n-(dimensional) cell
   гомологическая ~ homology cell
   двойственная ~ dual cell
   двумерная ~ two-dimensional cell
   жорданова ~ Jordan('s) block, simple classical submatrix, simple Jordan('s) submatrix
   жорданова ~ порядка k с собственным числом a hyper(-)companion matrix of a polynomial $(\lambda - a)^k$
   замкнутая ~ closed cell
   открытая ~ open cell
   попарно непересекающиеся ~ и mutually disjoint cells
   топологическая ~ topological cell
   чётномерная ~ even-dimensional cell
клеточность cellularity
клеточный cellular
клика clique
клин wedge
клон clone
клотоида clothoid, clothoid curve
клофоида clothoid, clothoid curve
клюв (*катастрофа Уитни*) beak-to-beak catastrophe
ко- co-
ко-H-пространство co-H-space
коаксиальный co(-)axial
коалгебра co(-)algebra
   градуированная ~ graded coalgebra

коалиция coalition
  ~ **действий** coalition of action
  ~ **интересов** coalition of interests
кобазис co(-)base
кобордантность cobordism
  ~ **многообразий** cobordism of manifolds
кобордантный cobordant
  ~ **нулю** null-cobordant
кобордизм cobordism
  ~ **многообразия** cobordism of a manifold
  ~ **узлов** knot cobordism
  h- ~ h-cobordism
  действительный ~ real cobordism
  комплексный ~ complex cobordism
  кусочно линейный ~ piecewise linear cobordism
  неориентируемый ~ unoriented cobordism
  ориентируемый ~ oriented cobordism
  оснащённый ~ framed cobordism
  симплектический ~ symplectic cobordism
  специальный ~ special cobordism
  топологический ~ topological cobordism
  унитарный ~ unitary cobordism
ковариант covariant
  абсолютный ~ absolute covariant
ковариация covariance
  ~ **наблюдений** covariance of observations
  выборочная ~ population covariance, sample covariance
ковёр carpet
  ~ **Серпинского** Sierpiński('s) carpet
ковысота co(-)altitude, co(-)height
когенератор co(-)generator
когерентность coherence
когерентный coherent
когомологический cohomological
когомологи‖**я** co(-)homology
  ~ **и алгебр** cohomology of algebras
  ~ **и групп** group cohomologies
  ~ **когерентных пучков** cohomology of coherent sheaves
  ~ **и комплексов** cohomology of complexes
  ~ **и пространств** cohomology of spaces
  ~ **многообразия** cohomology of a manifold
  ~ **с компактным носителем** cohomology with compact support
  n-**мерные** ~ **и** n-cohomology, n^{th} cohomology
  вещественные ~ **и** real cohomology
  исчезающая ~ vanishing cohomology
  клеточные ~ **и** cellular cohomology
  локальная ~ local cohomology
  неабелева ~ non-Abelian cohomology
  относительная ~ relative cohomology
  периодические ~ **и** periodic cohomology
  приведённые ~ **и** reduced cohomology
  рациональная ~ rational cohomology
  симплициальная ~ simplicial cohomology
  сингулярная ~ singular cohomology
  спектральная ~ spectral cohomology
  эквивариантные ~ **и** equivariant cohomology
  экстраординарные ~ **и** extraordinary cohomology
  этальные ~ **и** étale cohomology
когомотопический cohomotopic
когомотопия cohomotopy
кограница co(-)boundary
  относительная ~ relative coboundary

код code
- **~ , корректирующий ошибки** error-correcting code
- **~ с исправлением арифметических ошибок** arithmetic(al) error-correcting code
- **~ с исправлением ошибок** error-correcting code
- **~ с минимальной избыточностью** minimum-redundancy code
- **~ с наименьшей избыточностью** minimum-redundancy code
- **~ слова** code for a word
- **~ сообщения** message code
- **~ Хафмана** minimum-redundancy code
- **AN- ~** AN code
- **блоковый ~** block code
- **БЧХ- ~** BCH code
- **взаимно однозначный ~** uniquely decipherable code
- **групповой ~** linear code, group code
- **двоично-десятичный ~** binary-decimal code
- **двоичный ~** binary code
- **древовидный ~** tree code
- **исходный ~** original code, source code
- **каскадный ~** concatenated code
- **кратный ~** multiple code
- **линейный ~** linear code, group code
- **максимальный ~** maximum code
- **машинный ~** machine code
- **оптимальный ~** optimum code, optimal code
- **основной ~** basic code
- **плотно-упакованный ~** close-packed code
- **PM- ~** RM code
- **помехоустойчивый ~** noise-stable code
- **префиксный ~** prefix code
- **приведённый ~** reduced code
- **простой ~** simple code
- **равномерный ~** uniform code
- **рефлексный ~** reflected code
- **решётчатый ~** lattice code
- **РС- ~** RS code
- **свёрточный ~** convolutional code
- **совершенный ~** perfect code
- **специальный ~** specific code
- **триортогональный ~** triorthogonal code
- **удвоенный ~** double code
- **циклический ~** cyclic code
- **элементарный ~** elementary code

кодвижение co(-)movement
кодерево co(-)tree
кодирование coding; encoding; codification; enciphering
- **~ в отсутствие шума** noiseless coding
- **~ данных** coding of data
- **~ множества** encoding a set
- **~ сообщений** coding of messages
- **~ функции** encoding a function
- **алфавитное ~** alphabetic(al) coding, alphabetic(al) encoding
- **взаимно однозначное ~** one-to-one encoding
- **равномерное ~** uniform encoding
- **случайное ~** random coding

кодировать code; encode
- **~ объект** encode an object
- **~ сообщение** encode a message
- **~ состояние** encode a state

кодификация codification
кодифференциал co(-)differential
кодлина co(-)length
коединица co(-)unity
- **~ сопровождения** counity of adjunction

кокоммутативный co(-)commutative
кокомпактификация co(-)compactification
коконус co(-)cone
кокручение co(-)torsion
колебание oscillation; fluctuation
- **~ последовательности** oscillation of a sequence

~ **функции** oscillation of a function
асимптотически пренебрежимое ~ asympotically negligible fluctuation
нелинейное ~ non(-)linear oscillation
пренебрежимое ~ negligible fluctuation
равномерно пренебрежимое ~ uniformly negligible fluctuation
разрывное ~ discontinuous oscillation
релаксационное ~ relaxation oscillation
среднее ~ mean oscillation
субгармоническое ~ sub(-)harmonic oscillation

колеб ‖ аться oscillate ◊
функция ~ **лется** function oscillates

колеблющийся oscillatory
количество quantity; amount
~ **информации** set of information, amount of information
~ **информации по Кульбаку-Лейблеру** K-L information number
информационное ~ amount of information

коллапсировать collapse
коллектив collective; *kollektiv*
~ **автоматов** collective of automata
коллизия collision
~ **переменных** collision of variables
коллинеарность collinearity
коллинеарный collinear
коллинеация collineation
~ **плоскости** collineation of a plane
аффинная ~ affine collineation
перспективная ~ perspective collineation
проективная ~ projective collineation
центральная ~ central collineation
коллокация collocation
~ **области** collocation of a domain

колпак cap
скрещённый ~ cross(-)cap
колчан quiver
кольцевой annular
кольцеобразный annular
кольц ‖ о ring; annulus
~ **аделей** adele ring
~ **без делителей нуля** ring without zero divisors
~ **без единицы** ring without identity
~ **без кручения** torsion-free ring
~ **Безу** Bezout('s) domain
~ **Борромео** Borromean ring
~ **вычетов** residue ring
~ **главных идеалов** principal ideal ring
~ **гомологий** homology ring
~ **Гротендика** Grothendieck('s) ring, representation ring
~ **дискретного нормирования** discrete valuation ring
~ **инвариантов** ring of invariants
~ **кобордизмов** cobordism ring
~ **когомологий** cohomology ring, cohomology algebra
~ **Коэна-Маколея** Cohen-Macaulay ring, Macaulay('s) ring
~ **коэффициентов** coefficient ring, ground ring
~ **Ласкера** Laskerian ring
~ **Ли** Lie('s) ring
~ **матриц** ring of matrices
~ **многообразий** ring of manifolds
~ **многочленов** polynomial ring, ring of polynomials
~ **множеств** ring of sets
~ **нормирования** valuation ring
~ **операторов** ring of operators
~ **пересечений** intersection ring
~ **полиномов** ring of polynomials
~ **по радикалу** ring by a radical
~ **представлений** Grothendieck('s) ring, representation ring
~ **разложения** decomposition ring

кольц‖о *(continued)*
- ~ расщепления   splitting ring
- ~ ростков   ring of germs
- ~ с делением   division ring, skew field
- ~ с единицей   ring with identity
- ~ с инволюцией   ring with involution
- ~ с кручением   torsion ring
- ~ с областью операторов Σ   operator ring
- ~ с полиномиальным тождеством   ring with a polynomial identity
- ~ с разложением   unique factorization ring
- ~ свободных идеалов   free ideal ring
- ~ соответствий   correspondence ring
- ~ степенных рядов   ring of power series
- ~ типов квадратичных форм   Witt('s) ring
- ~ умножений   multiplication ring
- ~ функций   ring of functions
- ~ характеров   character ring
- ~ целых чисел   ring of integers
- ~ частных   ring of total quotients
- ~ эндоморфизмов   ring of endomorphisms
- f- ~   function ring, f-ring
- FL- ~   full linear ring
- I- ~   I-ring
- j-полупростое ~   j-semi(-)simple ring
- n-регулярное ~   n-regular ring
- R-адическое ~   r-adic ring
- PF- ~   pseudo-Frobenius ring
- π-регулярное ~   pi-regular ring
- PI- ~   PI-ring
- QF- ~   quasi-Frobenius ring, QF-ring
- QF-1- ~   QF-1 ring
- QF-2- ~   QF-2 ring
- QF-3- ~   QF-3 ring
- S- ~   S-ring
- σ- ~   countably additive ring, sigma-ring
- Σ-операторное ~   operator ring
- V- ~   V-ring
- *- ~   star-ring
- абсолютно плоское ~   absolute flat ring, (von Neumann) regular ring
- альтернативное ~   alternative ring
- аналитическое ~   analytic(al) ring
- антикоммутативное ~   anti(-)commutative ring
- артиново слева ~   left Artinian ring
- артиново (справа) ~   Artinian ring
- архимедово ~   Archimedean ring
- архимедово упорядоченное ~   Archimedically ordered ring, Archimedean ordered ring
- ассоциативно коммутативное ~   associative commutative ring
- ассоциативное ~   associative ring
- ассоциированное ~   associated ring
- ассоциированное градуированное ~   form ring
- атомарное ~   atomic ring
- аффинное ~   affine ring
- бесконечное ~   infinite ring
- бирегулярное ~   bi(-)regular ring
- булево ~   Boolean ring
- бэровское ~   Baer('s) ring
- векторное ~   vector ring
- вихревое ~   vortex ring
- вполне примарное ~   completely primary ring
- вполне регулярное ~   complete regular ring, C*-algebra, B*-algebra
- вполне целозамкнутое ~   completely integrally closed ring
- гауссово ~   factorial ring
- гензелево ~   Henselian ring, Hensel('s) ring
- геометрическое ~   geometric(al) ring
- градуированное ~   graded ring
- групповое ~   group ring
- двумерное ~   two-dimensional ring
- дедекиндово ~   Dedekind('s) ring, Dedekind('s) domain

дискретно нормированное ~ discrete valuation ring
дифференциальное ~ differential ring
дуо- ~ duo-ring
евклидово ~ Euclidean ring, Euclidean domain
замкнутое ~ closed ring
изоморфные ~ a isomorphic rings
инвариантное ~ invariant ring
инерциальное ~ inertial ring
инъективное ~ injective ring
йорданово ~ Jordan('s) ring
катенарное ~ catenarian ring
квазипростое ~ quasi(-)simple ring
квазифробениусово ~ quasi-Frobenius ring, QF-ring
классическое ~ classical ring
когерентное ~ coherent ring
коммутативное ~ commutative ring
компактное ~ compact ring
композиционное ~ composition ring
конечно порождённое ~ finitely generated ring
координатное ~ coordinate ring
круговое ~ circular ring
левартиново ~ ring with left DCC
левое ~ left ring; left domain
лиево ~ Lie('s) ring
линейно упорядоченное ~ linearly ordered ring
линейное ~ linear ring
локально нильпотентное ~ locally nilpotent ring
локальное ~ local ring
локальное маколеево ~ locally Macaulay ring
маколеево ~ Cohen-Macaulay ring, Macaulay('s) ring
максимальное ~ maximal ring
матричное ~ matrix ring
наименьшее ~ smallest ring
наследственное ~ hereditary ring
наследственное слева ~ left hereditary ring
неассоциативное ~ non(-)associative ring
некоммутативное ~ non(-)commutative ring
ненётерово ~ non-Noetherian ring
непрерывное слева ~ left continuous ring
нётерово ~ Noetherian ring
нётерово справа ~ right Noetherian ring
нильпотентное ~ nilpotent ring
нормальное ~ normal ring
нормированное ~ normed ring
обобщённое однорядное ~ generalized universal ring, series ring
одномерное ~ one-dimensional ring
однородное ~ homogeneous ring
однорядное ~ uniserial ring
операторное ~ operator ring
основное ~ basic ring, ring of scalars
отделимое ~ separable ring
первичное ~ prime ring
плоское ~ flat ring
подпрямо неразложимое ~ sub(-)directly irreducible ring
полное ~ complete ring
полное ~ матриц ring of matrices
полугрупповое ~ semigroup ring
полулокальное ~ semi(-)local ring
полунаследственное ~ semi(-)hereditary ring
полунаследственное слева ~ left semi(-)hereditary ring
полунаследственное справа ~ right semi(-)hereditary ring
полупервичное ~ semi(-)prime ring
полупримарное ~ semi(-)primary ring
полупростое ~ (J-)semi(-)simple ring
полурегулярное ~ semi(-)regular ring
полусовершенное ~ semi(-)perfect ring
порождённое ~ generated ring

кольц∥о *(continued)*
  правоальтернативное ~ right alternative ring
  правое ~ right ring; right domain
  правоинъективное ~ right injective ring
  превосходное ~ excellent ring
  приведённое ~ reduced ring
  примарное ~ primary ring
  примитивное ~ primitive ring
  простое ~ simple ring
  прюферово ~ Prüfer('s) ring
  псевдобезутово ~ GCD-domain
  псевдогеометрическое ~ pseudo(-)geometric ring
  псевдофробениусово ~ pseudo-Frobenius ring
  регулярное ~ в смысле Неймана absolutely flat ring, (von Neumann) regular ring
  решёточно упорядоченное ~ lattice-ordered ring
  риккартово ~ Rickart('s) ring
  родственное ~ related ring
  рядное ~ generalized uniserial ring, series ring
  самоинъективное ~ self-injective ring
  самоинъективное справа ~ right semi(-)injective ring
  сбалансированное ~ balanced ring
  свободное ~ free ring
  скрещённое (*групповое*) ~ twisted ring
  совершенное ~ perfect ring
  совершенное слева ~ left perfect ring
  совершенное справа ~ right perfect ring
  специальное ~ special ring
  срезанное ~ (*многочленов*) truncated ring
  строго регулярное ~ strongly regular ring
  структурно упорядоченное ~ lattice-ordered ring
  тернарное ~ ternary ring
  топологическое ~ topological ring
  точное ~ faithful ring
  тривиальное ~ trivial ring
  универсально японское ~ universally Japanese ring
  унитарное ~ unitary ring
  упорядоченное ~ (partially) ordered ring
  факториальное ~ factorial ring; unique factorization ring
  фильтрованное ~ filtered ring
  фробениусово ~ Frobenius(') ring
  функциональное ~ function ring, f-ring
  целое ~ integral ring
  целозамкнутое ~ integrally closed ring
  целостное ~ integral domain, integral ring
  цепное ~ chain ring
  частично упорядоченное ~ (partially) ordered ring
  числовое ~ ring of numbers
  эквивалентные в смысле Мориты ~ a Morita-equivalent rings
  эквихарактеристическое ~ equi(-)characteristic ring
  эрмитово ~ Hermitian ring
  японское ~ Japanese ring
кольцоид ringoid
команда (*машины Тьюринга*) command; instruction; operation; tape symbol
  ~ для состояния command adapted to a state
  ~ остановки halt command
  блокирующая ~ halt command
  пустая ~ dummy instruction
комасса co(-)mass
  ~ r-ковектора comass of an r-covector
  ~ формы comass of a form
комбинатор combinator; combination

комбинаторика combinatorics, theory of combinations, combination analysis, combinatory analysis, combinatorial analysis
комбинаторно combinatorially
комбинаторный combinatorial
комбинация combination
    выпуклая ~ convex combination
    конечная ~ finite combination
    линейная ~ linear combination
комитант comitant, concomitant
коммутант commutator subgroup
    взаимный ~ подгрупп commutator group of subgroups
    первый ~ first commutator subgroup
коммутативность commutativity; permutability
    ~ группы commutativity of a group
    ~ диаграммы commutativity of a diagram
    косая ~ anti(-)commutativity
коммутативный commutative; Abelian
коммутатор bracket product
    ~ группы commutator in a group
    ~ матриц matrix commutator
    ~ полей commutator for fields
    базисный ~ basic commutator
    матричный ~ matrix commutator
    правильный ~ basic commutator
коммутирование commutation
    ~ векторных полей commutation of vector fields
коммутир‖овать commute ◊
    потоки ~ уют flows commute
коммутор commutor
комонада co(-)monad
компакт compactum
    n-**мерный ~** n-dimensional compactum
    клеточный ~ cellular compactum
    метрический ~ metric compactum
    связный ~ connected compactum
компактификация compactification
    ~ пространства compactification of a space
    одноточечная ~ one-point compactification
    разрешимая ~ resolutive compactification
компактифицировать compactify
    ~ область compactify a domain
    ~ пространство compactify a space
компактифицируемый compactifiable
компактность compactness
    ~ группы compactness property of a group
    ~ многообразия compactness of a manifold
    ~ оператора compactness of an operator
    аппроксимативная ~ approximative compactness
    локальная ~ local compactness
    секвенциальная ~ sequential compactness
    слабая ~ weak compactness
    финальная ~ final compactness
    эквациональная ~ equational compactness
компактный compact
    локально ~ locally compact
    относительно ~ relatively compact
компаньон companion
компенсатор dual predictable projection
компилятор compiler
компиляция compilation
    ~ программы compilation of a program
комплекс complex
    ~ наложения covering complex
    ~ прямых complex of lines
    ~ с дополнением augmented complex
    ~ сфер complex of spheres
    ~ цепей chain complex
    ~ элементов variety of elements
    CW- ~ CW-complex
    n-**мерный ~** n-(dimensional)complex
    абстрактный ~ abstract complex

комплекс *(continued)*
- **абстрактный симплициальный ~** simplicial complex
- **ацикличный ~** acyclic complex
- **бесконечномерный ~** infinite complex
- **гармонический ~** harmonic complex
- **геометрический ~** geometric(al) complex, rectilinear complex, Euclidean complex
- **двойной ~** double complex, bi(-)complex
- **дуальный ~** dual complex
- **замкнуто конечный ~** star-finite complex
- **замкнутый ~** closed complex
- **звёздно конечный ~** star-finite complex
- **изоморфный ~** isomorphic complex
- **касательный ~** tangential complex
- **клеточный ~** cell complex
- **конечномерный ~** n-(dimensional) complex
- **конечный ~** finite complex
- **коцепной ~** co(-)chain complex
- **кратный ~** multiple complex
- **линейный ~** linear complex
- **локально конечный ~** locally finite complex
- **неособый ~** non(-)singular complex
- **несингулярный ~** non(-)singular complex
- **нормализованный ~** normalized complex
- **общий ~** generic complex
- **ограниченный ~** bounded complex
- **ориентированный ~** oriented complex
- **отрицательный ~** negative complex
- **полиэдральный ~** polyhedral complex
- **полный полусимплициальный ~** simplicial set
- **положительный ~** positive complex
- **полусимплициальный ~** simplicial set
- **связный ~** connected complex
- **симплициальный ~** simplicial complex, simplicial scheme
- **сингулярный ~** singular complex
- **сопряжённый ~** conjugate complex
- **стандартный ~** standard complex
- **тетраэдральный ~** tetrahedral complex
- **топологический ~** topological complex
- **упорядоченный ~** ordered complex
- **цепной ~** chain complex
- **цепной фактор- ~** relative chain complex
- **циклический ~** cyclic complex
- **эквивалентный ~** equivalent complex
- **эллиптический ~** elliptic complex

комплексификация complexification
- **~ алгебры** complexification of an algebra
- **~ группы** complexification of a group
- **~ пространства** complexification of a space
- **~ расслоения** complexification of a bundle

комплексифицировать complexify

комплекснозначный complex-valued

комплексный complex
- **почти ~** almost-complex

композит compositum
- **~ полей** compositum of fields

композиция composition; composition function; composition

product; composite; composite function; superposition; combination
- ~ **деформаций**   composition of deformations
- ~ **машин (Тьюринга)**   combination of machines
- ~ **многочленов**   composite polynomial
- ~ **отношений**   composite relation
- ~ **отображений**   composition of map(ping)s, composite of map(ping)s; composite map(ping)
- ~ **перестановок**   composition of permutations
- ~ **преобразований**   composition of transformations
- ~ **соответствий**   product of correspondences, composite of correspondences
- ~ **узлов**   composition of knots

адамаровская ~   Hadamard('s) product
бинарная ~   binary composition
коммутативная ~   commutative composition
круговая ~   circle composition
левая ~   left composition
регулярная ~   regular composition

компонент *см. тж.* **компонента**   component
   неподвижный ~   fixed component

компонента   component; composant
- ~ **вектора**   component of a vector
- ~ **выборки**   sample variable
- ~ **границы**   boundary component
- ~ **группы**   component of a group
- ~ **дисперсии**   component of variance
- ~ **единицы**   component of identity
- ~ **ковектора**   component of a covector
- ~ **края**   boundary component
- ~ **линейной связности**   path component
- ~ **многообразия**   component of a manifold
- ~ **оператора**   component of an operator
- ~ **поля**   component of a field
- ~ **пространства**   component of a space
- ~ **разложения**   component in an expansion
- ~ **связности**   connected component, maximal connected subgroup
- ~ **сигнала**   component of a signal
- ~ **случайной выборки**   sample variable
- ~ **тензора**   component of a tensor
- ~ **точки**   composant of a point
- ~ **формы**   component of a form
- ~ **элемента**   component of an element

абсолютная ~   absolute coordinate
абсолютно непрерывная ~   absolutely continuous component
асимптотическая ~   asymptotic component
векторная ~   component of a vector
главная ~   basic component, principal component
действительная ~   real component
дискретная ~   discrete component
изолированная ~   isolated component
компактная ~   compact component
линейная ~   linear component
ненулевая ~   non(-)zero component
неподвижная ~   fixed component
непрерывная ~   continuous component
неприводимая ~   irreducible component
нечётная ~   odd component
нильпотентная ~   nilpotent component
основная ~   basic component, principal component
остаточная ~   residual component
периодическая ~   periodic(al) component
полупростая ~   semi(-)simple component

компонента *(continued)*
  простая ~ simple component
  размерностная ~ proper component
  связная ~ connected component
  связная ~ единицы (*группы*) identity component
  сильная ~ strong component
компрессия compression
  ~ речи speech compression
компьютер computer
  аналоговый ~ analog computer
конволюция convolution
  ~ функций convolution of functions
конечноразрядный finite-order
конгруэнтность congruence, congruency
  ~ кривых congruence of curves
  ~ матриц congruence of matrices
  ~ треугольников congruence of triangles
  ~ фигур congruence of figures
  ~ форм congruence of forms
конгруэнтный congruent
  аффинно ~ affinely congruent
конгруэнц-проблема congruence subgroup problem
конгруэнциальный congruential
конгруэнция congruence, congruency
  ~ в групоиде congruence on a groupoid
  W- ~ W-congruence
  вербальная ~ verbal congruence
  идеальная ~ congruence by ideal; Rees(') congruence
  изотропная ~ isotropic congruence
  криволинейная ~ curvilinear congruence
  левая ~ left congruence
  линейная ~ linear congruence
  нормальная ~ normal congruence
  правая ~ right congruence
  прямолинейная ~ rectilinear congruence
  регулярная ~ regular congruence
  рисовская ~ congruence by ideal, Rees(') congruence
  универсальная ~ universal congruence
  характеристическая ~ characteristic congruence
  ядерная ~ kernel congruence
конденсация condensation
  ~ особых точек condensation of singularities
кондуктор conductor
конец end(-)point; tip
  ~ вектора terminal of a vector; terminal point of a vector
  ~ геодезической end(-)point of a geodesic
  ~ отрезка end(-)point of an interval; end of a segment
  ~ слова final segment of a word
  ~ стрелки head of an arrow
  лакунарный ~ lacunary end
  подвижный ~ (*отрезка*) free end(-)point
  простой ~ boundary element; prime end
  фиксированный ~ (*отрезка*) fixed endpoint
конечно finitely
  ~ много finitely many
конечномерность finite(-)dimensionality
конечномерный finite-dimensional
конечнопараметрический finite parameter
конечность finiteness
  локальная ~ local finiteness
  резидуальная ~ residual finiteness
конечный finite; terminal
  σ-локально ~ σ-locally finite
  резидуально ~ residually finite
коника conic
конический conic(al)
конкатенация concatenation
конкомитант comitant, concomitant
конкордантность concordance
конкретизация concretization
конкуренция competition
конкурирующий competing

коннекс connex
   ~ **Клебша** connex
коноид conoid; conchoidal curve
   прямой ~ right conoid
   характеристический ~ characteristic conoid
конормаль co(-)normal
консервативность conservativity
консервативный conservative
консерватизм preservation
   ~ **углов** preservation of angles
константа constant, constant quantity
   аддитивная ~ additive constant
   индивидная ~ individual constant
   индивидуальная ~ individual constant
   комассовая ~ comass constant
   нормировочная ~ normalization constant
   положительная ~ positive constant
   предикатная ~ predicate constant
   проекционная ~ projection constant
   тета- ~ theta(-)constant
   функциональная ~ function(al) constant
конституента constituent
конструирование construction
   ~ **относительного регулятора** construction of an optimal regulator
   аналитическое ~ analytic(al) construction
конструировать construct
   ~ **систему** construct a system
конструктивность constructibility; constructivism
   конечная ~ finite constructibility
конструктивный constructive
конструкция construction
   алгебраическая ~ algebraic(al) construction
   вспомогательная ~ auxiliary construction
   ГНС- ~ GNS construction
   коническая ~ cone construction; conic(al) construction
   общая ~ general construction
   рекурсивная ~ recursive construction
   стандартная ~ standard construction; monad
контингенция contingency
континуальный continual
континуанта continuant
континуум continuum
   n-**мерный** ~ n-dimensional continuum
   арифметический ~ arithmetical continuum
   ациклический ~ acyclic continuum
   гладкий ~ smooth continuum
   древовидный ~ tree-like continuum
   змеевидный ~ chainable continuum
   локально связный ~ locally connected continuum
   метризуемый ~ metrizable continuum
   наследственно неразложимый ~ hereditarily indecomposable continuum
   невырожденный ~ non(-)degenerate continuum
   неприводимый ~ irreducible continuum
   неразложимый ~ indecomposable continuum
   одномерный ~ one-dimensional continuum
   связный ~ connected continuum
   собственный ~ proper continuum
контра- contra-, counter-
контравариант contravariant
контраградиентный contragradient
контрапозиция contraposition
контраст contrast
контроль control; inspection
   ~ **инвестиций** inventory control
   ~ **качества** quality control
   ~ **по качественному признаку** inspection by variables

контроль *(continued)*
  выборочный ~ sampling inspection
  двухступенчатый ~ double sampling
  одноступенчатый выборочный ~ single sampling inspection
  статистический ~ statistical control
контрстратегия counter(-)strategy
контругроза counter(-)threat
контур contour circuit
  ~ интегрирования integration contour, path of integration
  гладкий ~ smooth contour
  замкнутый ~ closed contour
  простой ~ simple cycle
конус cone
  ~ вращения cone of revolution
  ~ кривизны cone of curvature
  ~ лучей cone of rays
  ~ над комплексом cone over a complex
  ~ над многообразием cone over a variety
  ~ над пространством cone over a space
  ~ отображения mapping cone
  ***n*-мерный ~** n-dimensional cone
  абсолютный ~ absolute cone
  алгебраический ~ algebraic(al) cone
  асимптотический ~ asymptotic cone
  выпуклый ~ convex cone
  выступающий ~ strict cone
  двойной ~ double cone
  двойственный ~ dual cone
  замкнутый ~ closed cone
  заострённый ~ pointed cone
  изотропный ~ isotropic cone
  инвариантный ~ invariant cone
  индуктивный ~ inductive cone
  инициальный ~ initial cone
  касательный ~ tangent cone
  квадратичный ~ quadric cone; quadric conical hyper(-)surface
  конечно порождённый ~ finitely generated cone
  круглый ~ circular cone
  минимальный ~ minimal cone
  многогранный ~ polyhedral cone
  наклонный ~ oblique cone
  направляющий ~ director cone; Monge('s) cone
  нормальный ~ normal cone
  образующий ~ generating cone
  однородный ~ homogeneous cone
  опорный ~ cone of support
  параболический ~ parabolic cone
  положительный ~ positive cone
  полярный ~ polar cone
  правильный ~ regular cone
  предельный ~ terminal cone
  представительный ~ representative cone
  приведённый ~ reduced cone
  проективный ~ projective cone
  прямой right cone; direct cone
  самосопряжённый ~ self(-)adjoint cone
  световой ~ light cone
  сепаратрисный ~ separatrix cone
  симметричный ~ symmetric(al) cone
  сопряжённый ~ conjugate cone
  специально лангражев ~ special Lagrangian cone
  телесный ~ solid cone
  тупой ~ blunted cone
  универсальный ~ universal cone
  усечённый ~ truncated cone; frustum of a cone
  характеристический ~ characteristic cone
конфигурация configuration; layout
  ~ в пространстве configuration in a space
  ~ машины machine configuration
  ~ машины Тьюринга complete configuration in a Turing machine, tape vs. machine situation
  ~ на плоскости configuration in a plane

~ , состоящая из точек и прямых   point-line configuration
(v, k, λ)- ~   symmetric(al) configuration
адамарова ~   Hadamard('s) configuration
геометрическая ~   geometric(al) configuration
двойственная ~   dual configuration
комбинаторная ~   combinatorial configuration
плоская ~   planar configuration
пространственная ~   spatial configuration
самодвойственная ~   self(-)dual configuration
тактическая ~   tactical configuration, t-design

конфинальность   co(-)finality
конфинальный   co(-)final
конфликт   conflict
конфлюэнтность   confluence
конфлюэнтный   confluent
конформно   conformally
конформность   conformity
конформный   conformal, angle-preserving
~ **второго рода**   anti(-)conformal, indirectly conformal
конхоида   conchoid, conchoidal curve
~ **Никомеда**   Nicomedean conchoid
концикулярный   concircular
конъективный   conjective
конъюнктор   and- element
конъюнкция   conjunction
элементарная ~   elementary conjunction
кообраз   co(-)image
координата *см. тж.* **координаты** coordinate ◊ ~ *x* **в базисе** coordinate of *x* in a basis
x- ~   *x*-coordinate
y- ~   *y*-coordinate
z- ~   *z*-coordinate
барицентрическая ~   barycentric coordinate
временная ~   time coordinate
каноническая ~   canonical coordinate
комплексная ~   complex coordinate
пространственная ~   spatial coordinate
текущая ~   running coordinate; variable coordinate
фиксированная ~   fixed coordinate
циклическая ~   cyclic coordinate

координатизация   coordinatization
координатизировать(ся)   coordinatize
координаты   coordinates; coordinate system
~ **в пространстве**   coordinates in space, spatial coordinates
~ **вектора**   components of a vector, coordinates of a vector
~ **на плоскости**   plane coordinates
~ **параболического цилиндра**   coordinates of the parabolic cylinder
~ **параболоида**   coordinates of the paraboloid
~ **прямой**   line coordinates
~ **точки**   coordinates of a point
абсолютные ~   absolute coordinates
аффинные ~   affine coordinates
барицентрические ~   barycentric coordinates
биполярные ~   bipolar coordinates
бисферические ~   bispherical coordinates
векторные ~   vector(ial) coordinates
внутренние ~   internal coordinates
гармонические ~   harmonic coordinates
гексасферические ~   hexaspherical coordinates
геодезические ~   geodesic coordinates
геодезические нормальные ~   semi(-)geodesic coordinates
гиперплоскостные ~   hyper(-)plane coordinates
декартовы ~   Cartesian coordinates; parallel coordinates

координаты (*continued*)
  евклидовы ~ Euclidean coordinates
  естественные ~ natural coordinates
  избыточные ~ redundant coordinates
  изотермические ~ isothermal coordinates
  квазициклические ~ quasi(-)cyclic coordinates
  комплексные ~ complex coordinates
  конформные ~ conformal coordinates
  косоугольные ~ oblique coordinates
  криволинейные ~ curvilinear coordinates
  лагранжевы ~ generalized coordinates, Lagrangian coordinate system
  линейчатые ~ line coordinates
  локальные ~ local coordinates
  неголономные ~ non(-)holonomic coordinates
  неоднородные ~ inhomogeneous coordinates
  нормальные ~ normal coordinates
  обобщённые ~ generalized coordinates, Lagrangian coordinate system
  общие декартовы ~ affine coordinates
  однородные ~ homogeneous coordinates
  осевые ~ axial coordinates
  параболические ~ parabolic coordinates
  параболоидальные ~ paraboloidal coordinates
  пентасферические ~ pentaspherical coordinates
  плоские ~ planar coordinates
  плюккеровы ~ Plücker('s) coordinates
  подвижные ~ moving coordinates
  полугеодезические ~ semi(-)geodesic coordinates
  полярные ~ polar coordinates
  проективные ~ projective coordinates
  пространственные ~ coordinates in space, spatial coordinates
  прямолинейные ~ rectilinear coordinates
  прямоугольные ~ rectangular coordinates
  разделяющиеся ~ separable coordinates
  римановы ~ Riemannian coordinates
  стандартные ~ standard coordinates
  сферические ~ spherical coordinates
  тангенциальные ~ tangential coordinates
  тетрациклические ~ tetracyclic coordinates
  тетраэдральные ~ tetrahedral coordinates
  тороидальные ~ toroidal coordinates
  точечные ~ point coordinates
  трилинейные ~ trilinear coordinates
  фазовые ~ phase coordinates
  центральные ~ central coordinates
  цилиндрические ~ cylindrical coordinates
  эллиптические ~ elliptic(al) coordinates

копланарный co(-)planar coordinates
копредел co(-)limit, inductive limit, direct limit
копредставление co(-)representation
копреобразование co(-)transform
копроизведение co(-)product
корадикал co(-)radical
коразмерность co(-)dimension
  ~ **многообразия** codimension of a manifold
  ~ **поверхности** codimension of a surface

~ **подпространства** codimension of a subspace
гомологическая ~ homological codimension
коранг co(-)rank
корасслоение co(-)fibration, co(-)fibering
кор‖ень root; zero
  ~ **алгебры** root of an algebra
  ~ **группы Ли** root of Lie('s) group
  ~ **дерева** root of a tree, reference node
  ~ **из числа** root of a number
  ~ **кратности** n n root of multiplicity n; zero of multiplicity n
  ~ **многочлена** root of a polynomial, zero of a polynomial
  ~ **производной** root of a derivative
  ~ **степени** n (*из числа*) n^{th} root
  ~ **уравнения** root of an equation; solution of an equation
  ~ **функции** zero of a function
  k-**кратный** ~ k-tuple root
  арифметический ~ principal root
  вещественный ~ real root; real zero
  двукратный ~ double root
  действительный ~ real root; real zero
  изолированный ~ isolated root
  квадратный ~ square root
  квадратный ~ **из матрицы** square root of a matrix
  квадратный ~ **из оператора** square root of an operator
  комплексно сопряжённые ~ **ни** complex conjugate roots
  комплексный ~ complex root, complex zero
  кратный ~ multiple root; multiple zero
  кубический ~ cube root
  мнимый ~ imaginary root
  общий ~ common root
  однократный ~ single root
  первообразный ~ primitive root
  подходящий ~ admissible root
  положительный ~ positive root
  последовательные ~ **ни** consecutive roots
  посторонний ~ extraneous root, inadmissible root
  примитивный ~ primitive root
  простой ~ simple root; simple zero
  различные ~ **ни** distinct roots
  совпавшие ~ **ни** coincident roots
  точный ~ exact root
  устойчивый ~ stable root
  характеристический ~ characteristic root, latent root
корефлектор co(-)reflector
корректировать correct
корректность correctness
  ~ **задачи** correctness of a problem
  ~ **определения** correctness of a definition
  ~ **разностной схемы** correctness of a difference scheme
корректный correct
корректор corrector
коррекция correction
  ~ **кода** correction of a code
  ~ **ошибки** correction of an error
коррелограмма correlogram
коррелятор correlator
корреляция correlation
  ~ **внутри класса** intra-class correlation
  ~ **между классами** interclass correlation
  ~ **порядка** k correlation of order k
  бисериальная ~ biserial correlation
  взаимная ~ cross(-)correlation, inter(-)correlation
  гамма- ~ gamma-correlation
  каноническая ~ canonical correlation
  круговая ~ circular correlation
  линейная ~ linear correlation
  максимальная ~ maximum correlation
  множественная ~ multiple correlation

корреляция *(continued)*
   нелинейная ~ non(-)linear correlation
   необъективная ~ spurious correlation
   нормальная ~ normal correlation
   нулевая ~ zero correlation
   нульполярная ~ zero correlation
   остаточная ~ residual correlation
   отрицательная ~ inverse correlation, negative correlation
   полная ~ total correlation
   положительная ~ positive correlation
   порядковая ~ order correlation
   ранговая ~ grade correlation; rank correlation
   сериальная ~ serial correlation
   сильная ~ strong correlation
   тетрахорическая ~ tetrachoric correlation
   частная ~ partial correlation
кортеж n-tuple, tuple
   двоичный ~ binary n-tuple
   допустимый ~ admissible sequence
коса braid
   замкнутая ~ closed braid
косеканс cosecant
косинус cosine
   амплитуды ~ amplitude cosine
   угла ~ cosine of an angle
   гиперболический ~ hyperbolic cosine
   гиперболический интегральный ~ hyperbolic cosine integral
   интегральный ~ integral cosine, cosine integral function
   направляющий ~ direction cosine
   эллиптический ~ amplitude cosine
косинусоида cosine curve, cosinusoid
кослой co(-)fiber
косой skew
косопряжение co(-)adjunction
кососимметрирование anti(-)symmetrization, alternation; alternizer
кососимметрический skew(-)symmetric(al)
кососимметричность skew-symmetry, anti(-)symmetry
косостояние co(-)state
котангенс cotangent
   гиперболический ~ hyperbolic cotangent
коточный co(-)faithful
коумножение co(-)multiplication
кофункция co(-)function
кохлеоида cochleoid
коцепь co(-)chain
   n- ~ n-co(-)chain
   n-мерная ~ n-co(-)chain
   бемольная ~ flat co(-)chain
   деформационная ~ deformation co(-)chain
   диезная ~ sharp co(-)chain
   различающая ~ difference co(-)chain; separation co(-)chain
   симплициальная ~ simplicial co(-)chain
   сингулярная ~ singular co(-)chain
коцикл co(-)cycle; co(-)circuit
   n-мерный ~ n-co(-)cycle
   непрерывный ~ continuous co(-)cycle
   разностный ~ separation co(-)cycle, difference co(-)cycle
   фундаментальный ~ fundamental co(-)cycle
коэрцитивность coercivity
коэрцитивный coercive
коэффициент *см. тж.* **коэффициент корреляции** coefficient ◊ ~ **при** x coefficient of x
   ~ **автокорреляции** coefficient of auto(-)correlation
   ~ **асимметрии** coefficient of skewness
   ~ **ассоциации** coefficient of association

- ~ **вариации** coefficient of variation
- ~ **взаимосвязи** coefficient of relationship
- ~ **гомотетии** homothetic ratio
- ~ **деформации** coefficient of deformation
- ~ **диффузии** diffusion constant; diffusion coefficient
- ~ **доверия** confidence coefficient
- ~ **зацепления** linking coefficient, linking number
- ~ **зацепления высшего порядка** higher order linking number
- ~ **инверсии** power of inversion
- ~ **квазиконформности** dilatation
- ~ **кручения** coefficient of torsion
- ~ **многочлена** coefficient of a polynomial
- ~ **ослабления** weakening coefficient
- ~ **перекоса** condition number
- ~ **подобия** similarity coefficient
- ~ **покрытия** covering constant
- ~ **пропорциональности** constant of proportionality
- ~ **пути** path coefficient
- ~ **разброса** scatter coefficient
- ~ **разложения (в *ряд*)** coefficient of expansion
- ~ **ранговой корреляции** rank correlation coefficient
- ~ **рассеяния** coefficient of concentration
- ~ **растяжения** coefficient of dilatation
- ~ **расхождения** coefficient of divergence
- ~ **регрессии** coefficient of regression
- ~ **ряда** coefficient of a series
- ~ **сжатия** coefficient of contraction
- ~ **согласованности** coefficient of concordance
- ~ **состоятельности** coefficient of consistency
- ~ **тренда** coefficient of trend
- ~ **формы** coefficient of a form
- ~ **частной корреляции** partial correlation coefficient
- ~ **эксцесса** coefficient of excess, kurtosis
- ***n*-мерный** ~ n-dimensional coefficient
- **аналитический** ~ analytic(al) coefficient
- **биномиальный** ~ binomial coefficient, binomial number
- **буквенный** ~ literal coefficient
- **весовой** ~ weighting coefficient
- **вещественный** ~ real coefficient
- **внешний** ~ external coefficient
- **выборочный** ~ sample coefficient
- **выборочный** ~ **множественной корреляции** sample multiple correlation coefficient
- **выборочный** ~ **частной корреляции** sample partial correlation coefficient
- **высший** ~ **зацепления** higher order linking number
- **действительный** ~ real coefficient
- **диагональный** ~ diagonal coefficient
- **дифференциальный** ~ differential coefficient
- **доверительный** ~ confidence coefficient
- **замороженный** ~ frozen coefficient
- **компактный** ~ compact coefficient
- **комплексный** ~ complex coefficient
- **локальный** ~ local coefficient
- **малый** ~ small coefficient
- **марковский** ~ Markovian coefficient
- **матричный** ~ matrix coefficient
- **неопределённый** ~ indeterminate coefficient
- **непрерывный** ~ continuous coefficient
- **нормированный** ~ standardized coefficient

коэффициент (*continued*)
   операторный ~ operator-valued coefficient
   отличный от нуля ~ non(-)zero coefficient
   периодический ~ periodic coefficient
   полиномиальный ~ polynomial coefficient; multinomial coefficient
   почти периодический ~ almost periodic coefficient
   разрывный ~ discontinuous coefficient
   рациональный ~ rational coefficient
   случайный ~ random coefficient
   старший ~ leading coefficient, highest (-degree) coefficient
   структурный ~ structural coefficient
   угловой ~ slope; angular coefficient
   универсальный ~ universal coefficient
   факторный ~ loading factor
   целочисленный ~ integral coefficient
   целый ~ integral coefficient
   числовой ~ numerical coefficient
   эмпирический ~ empirical coefficient

коэффициент корреляции coefficient of correlation
   ~ внутри группы intra(-)class correlation coefficient
   выборочный ~ population correlation coefficient
   информационный ~ information measure of correlation
   канонический ~ canonical correlation coefficient
   множественный ~ multiple correlation coefficient
   простой ~ simple correlation coefficient
   сериальный ~ serial correlation coefficient
   частный ~ partial correlation coefficient

коядро co(-)kernel; equalizer
   ~ морфизма cokernel of a morphism

краевая задача boundary-value problem
   n-мерная ~ n-dimensional boundary-value problem
   внешняя ~ exterior boundary-value problem
   внутренняя ~ interior boundary-value problem
   двухточечная ~ two-point boundary-value problem
   коэрцитивная ~ coercive boundary-value problem, coercive boundary condition
   линейная ~ linear boundary-value problem
   некорректная ~ ill-posed boundary-value problem
   нелинейная ~ non(-)linear boundary-value problem
   неоднородная ~ inhomogeneous boundary-value problem, non(-)homogeneous boundary-value problem
   нётерова ~ Noetherian boundary-value problem
   одномерная ~ one-dimensional boundary-value problem
   однородная ~ homogeneous boundary-value problem
   первая ~ first boundary-value problem
   полуоднородная ~ semi(-)homogeneous boundary-value problem
   присоединённая ~ accessory boundary-value problem
   разностная ~ difference boundary-value problem
   самосопряжённая ~ self(-)adjoint boundary-value problem
   смешанная ~ mixed initial boundary-value problem

сопряжённая ~ adjoint boundary-value problem
характеристическая ~ characteristic boundary-value problem
эллиптическая ~ elliptic boundary condition
краевые условия boundary condition
  геометрические ~ geometric(al) boundary conditions
  динамические ~ dynamic(al) boundary conditions
  классические ~ classical boundary conditions
  однородные ~ homogeneous boundary conditions
  остаточные ~ residual boundary conditions
  переменные ~ variable boundary conditions
  периодические ~ periodic boundary conditions
  разделённые ~ separated boundary conditions
  сопряжённые ~ adjoint boundary conditions
  существенные ~ essential boundary conditions
край boundary; border; edge
  ~ диска boundary of a disk
  ~ листа Мёбиуса boundary of a Möbius strip
  ~ многообразия boundary of a manifold
  ~ поверхности boundary of a surface
  ~ полосы boundary of a strip
  ~ полупространства boundary of a half(-)space
  ~ полусферы boundary of a hemisphere
  ~ симплекса boundary of a simplex
  ~ цилиндра boundary of a cylinder
краткост‖ь brevity ◊ **для ~ и** for brevity
кратно multiply
кратное multiple
  ~ класса multiple of a class
  наименьшее общее ~ least common multiple, lowest common multiple
  общее ~ common multiple
  целое ~ integral multiple, integer multiple
кратность multiplicity
  ~ веса multiplicity of a weight
  ~ зацепления multiplicity of a link
  ~ идеала multiplicity of an ideal, length of an ideal
  ~ класса multiplicity of a class
  ~ кольца multiplicity of a ring
  ~ корня multiplicity of a root, order of a root
  ~ критической точки Milnor('s) number
  ~ нуля multiplicity of a zero
  ~ пересечения multiplicity of intersection
  ~ покрытия order of a covering
  ~ полюса multiplicity of a pole, order of a pole
  ~ решений multiplicity of solutions
  ~ точки multiplicity of a point
  алгебраическая ~ algebraic(al) multiplicity
  геометрическая ~ geometric(al) multiplicity
  касательная ~ tangential multiplicity
  спектральная ~ spectral multiplicity
кратный multiple
  n- ~ n-ple; n-fold
  бесконечно ~ infinitely multiple
кратчайшая shortest line, shortest
креативность creativity
крендель pretzel
крест cross ◊ **~ ик** (*знак умножения*) oblique cross
крив‖ая curve, curved line; line ◊ **вычерчивание эмпирической ~ ой по точкам** curve fitting
  ~ безразличия indifference curve
  ~ Бертрана Bertrand('s) mate

крив∥ая *(continued)*
- ~ **более высокого порядка** curve of higher degree; higher-order curve
- ~ **быстрейшего спуска** line of swiftest descent
- ~ **в пространстве** curve in a space
- ~ **вероятности** probability curve
- ~ **ветвления** branch curve
- ~ **Вивиани** Viviani('s) window
- ~ **временного типа** time(-)like curve
- ~ **второго порядка** curve of second degree, conic, quadric curve
- ~, **выходящая из точки** curve starting from a point
- ~ **Гвидо Гранди** rhodonea
- ~ **интерполяции** interpolation curve
- ~ **класса C^k** curve of class C^k
- ~ **кратчайшего спуска** curve of steepest descent
- ~ **на многообразии** curve in a manifold
- ~ **нулей** zero curve
- ~ **ограниченной кривизны** curve with restricted curvature
- ~ **ошибок** error curve
- ~ **перегибов** curve of inflection
- ~ **переноса** translation curve
- ~ **пересечения** curve of intersection
- ~ **Персея** curve of Persei; spiric curve
- ~ **Пирсона** distribution curve
- ~ **погони** curve of pursuit
- ~ **постоянного склона** line of constant slope
- ~ **постоянной кривизны** curve of constant curvature
- ~ **постоянной ширины** curve of constant width, curve of constant breadth
- ~ **пятого порядка** quintic (curve)
- ~ **равного наклона** generalized helix, curve of constant inclination
- ~ **равных вероятностей** equiprobability curve
- ~ **регрессии** regression curve
- ~ **роста** growth curve
- ~ **ые с равным периметром** isoperimetric curves
- ~ **спроса** demand curve
- ~ **частот** frequency curve
- ~ **четвёртого порядка** quartic curve
- ~ **шестого порядка** sextic (curve)

k-гональная ~ k-gonal curve
автополярная ~ self(-)polar curve
адиабатическая ~ adiabatic curve
алгебраическая ~ algebraic(al) curve
аналитическая ~ analytic(al) curve, analytic(al) arc
вещественная ~ real curve
вогнутая ~ concave curve
выпуклая ~ convex curve
вырожденная ~ **второго порядка** degenerate conic
гауссова ~ Gaussian curve
гиперэллиптическая ~ hyper(-)elliptic curve
главная ~ principal curve
гладкая ~ smooth curve
гармоническая ~ harmonic curve
голоморфная ~ holomorphic curve
горизонтальная ~ horizontal curve
дискриминантная ~ discriminant curve
дифференцируемая ~ differentiable curve
дуальная ~ dual curve
жёсткая ~ rigid curve
жорданова ~ Jordan('s) curve
замкнутая ~ closed curve, closed line
замкнутая ~ **на поверхности** recurrent line
изооптическая ~ isoptic curve
изотермическая ~ isothermal line
изотропная ~ isotropic curve
изохронная ~ isochronous curve, tautochrone

инвариантная ~ invariant curve; invariant point
инверсная ~ inverse curve
инволюционная ~ involution curve
интегральная ~ integral curve
исключительная ~ exceptional curve
каноническая ~ canonical curve
конфокальные ~ые confocal (central) conics
кубическая ~ cubic curve
кусочно-гладкая ~ curve of class D^∞; piecewise smooth curve
куспидальная ~ cuspidal curve
логарифмическая ~ logarithmic curve
логическая ~ logistic curve
ломаная ~ broken curve
минимальная ~ minimal curve
модулярная ~ modular curve
направляющая ~ directing curve, direction curve
невырожденная ~ non(-)singular curve
невырожденная ~ второго порядка non(-)singular conic
незамкнутая ~ open curve
неограниченная ~ unbounded curve
непересекающиеся ~ые disjoint curves
непрерывная ~ continuous curve
неприводимая ~ irreducible curve
обратная ~ inverse curve
общая ~ general curve
обыкновенная ~ ordinary curve
огибающая ~ envelope curve
оптимальная ~ optimal curve
ориентированная ~ oriented curve
осевая ~ axial curve
оскулирующая ~ osculating curve
особая ~ singular curve
параболическая ~ parabolic curve
параллельная ~ parallel curve
параметризованная ~ parametrized curve
плавная ~ smooth curve
плоская ~ plane curve
плоская ~ третьего порядка plane cubic
подерная ~ pedal curve
показательная ~ exponential curve
полярная ~ polar curve
правильная ~ regular curve
приводимая ~ reducible curve
проективная ~ projective curve
производящая ~ generating curve
простая ~ simple curve
пространственная ~ space curve, spatial curve, skew curve, twisted curve
разделяющая ~ separating curve
распадающаяся ~ decomposed curve
рациональная ~ rational curve, unicursal line
регулярная ~ regular curve
связная ~ connected curve
сигмоидная ~ sigmoid curve
симметричная ~ symmetric curve
сингулярная ~ singular curve
синусоидальная ~ sinusoidal line
соприкасающаяся ~ osculating curve
софокусные ~ые confocal (central) conics
спирическая ~ curve of Persei; spiric curve
спрямляемая ~ locally rectifiable curve, rectifiable arc
стационарная ~ stationary curve
сферическая ~ spherical curve
таутохронная ~ isochronous curve, tautochrone
трансцендентная ~ transcendental curve
треугольная ~ (*Серпинского*) triangular curve
универсальная ~ universal curve
уникурсальная ~ rational curve, unicursal line

крив‖ая *(continued)*
  унинодальная ~ uninodal curve
  флекнодальная ~ flecnodal curve
  фундаментальная ~ fundamental curve
  центральная ~ central curve
  циклическая ~ cyclic curve
  циклоидальная ~ cycloidal curve
  циссоидальная ~ cissoidal curve
  эквивалентная ~ equivalent curve
  элементарная ~ elementary curve
  эллиптическая ~ elliptic curve
  эмпирическая ~ empirical curve
  якобиева ~ Jacobian curve

кривизна curvature
  ~ в двумерных направлениях sectional curvature
  ~ кривой curvature of a curve
  ~ многообразия curvature of a manifold
  ~ плоскости curvature of a plane
  ~ поверхности curvature of a surface
  ~ подмногообразий curvature of submanifolds
  ~ пространства curvature of a space
  ~ связности curvature of a connection
  ~ тензора curvature of a tensor
  абсолютная ~ absolute curvature
  асимптотическая ~ asymptotic curvature
  аффинная ~ affine curvature
  внешняя ~ external curvature, extrinsic curvature, total curvature
  внутренняя ~ intrinsic curvature
  гауссова ~ Gaussian curvature
  геодезическая ~ geodesic curvature
  главная ~ principal curvature
  двумерная ~ sectional curvature
  изотропная ~ isotropic curvature
  интегральная ~ integral curvature
  конформная ~ conformal curvature
  кронекерова ~ total curvature
  максимальная ~ maximal curvature
  нормальная ~ normal curvature
  нулевая ~ zero curvature
  ограниченная ~ bounded curvature
  относительная ~ relative curvature
  переменная ~ sign-variable curvature
  полная ~ total curvature
  постоянная ~ constant curvature
  проективная ~ projective curvature
  рёберная ~ edge curvature
  риманова ~ Riemannian curvature
  секционная ~ sectional curvature
  скалярная ~ scalar curvature
  средняя ~ mean curvature
  сферическая ~ spherical curvature
  удельная ~ specific curvature

криволинейный curvilinear
криптография cryptography
критери‖й criterion; test
  ~ аддитивности test of additivity
  ~ выбраковки outlier test
  ~ гипотезы при альтернативе test of a hypothesis against an alternative
  ~ диагонального доминирования diagonal dominance criterion
  ~ дисперсий test of variances
  ~ для больших выборок large-sample test
  ~ для попарных сравнений (*ранговый*) matched pair test
  ~ допустимости admissibility criterion
  ~ замкнутости closure criterion
  ~ звёздообразности criterion for starlike functions
  ~ знаков sign test
  ~ значимости test of significance
  ~ интегрируемости criterion for integrability

~ Картана о полупростых алгебрах Ли Cartan('s) criterion of semi(-)simplicity on Lie algebras
~ качества quality criterion
~ кубического корня cube root test
~ минимальности criterion for minimality
~ нормальности test of normality
~ нормальных меток normal score(s) test
~ однозначности декодирования test for unique decipherability
~ однородности test of homogeneity
~ оптимальности criterion of optimality
~ , основанной на медиане median test
~ отношения ratio test
~ отношения правдоподобия likelihood ratio test
~ параболичности criterion for parabolicity
~ перестановки permutation test
~ перестановок permutation test
~ полноты completeness criterion
~ полупростоты criterion of simplicity
~ при альтернативе test against an alternative
~ приводимости reducibility criterion
~ проверки (*статистической гипотезы*) test criterion
~ разрешимости criterion of solvability
~ рандомизации randomization test
~ рассеивания test of dispersion
~ рациональности criterion for rationality
~ регулярности criterion for regularity
~ рефлексивности criterion for reflexivity
~ рефлексивности пространства criterion for a reflexive space
~ решения criterion for solution
~ связности criterion of connectedness
~ симметрии test of symmetry, test for symmetry
~ случайности test of randomness
~ смещения slippage test
~ согласия test of (goodness of) fit
~ сравнения comparison test
~ среднеквадратичной ошибки mean-square error
~ Стьюдента Student('s) test
~ суммы (*рангов*) sum test
~ существования existence criterion
~ точности criterion of exactness
~ устойчивости criterion for stability
F- ~ F-test
H- ~ H-test
t- ~ t-test
u- ~ u-test
X- ~ X-test
Z- ~ Z-test
алгебраический ~ algebraic criterion
асимптотический ~ asymptotic test
биномиальный ~ binomial test
вальдовский ~ Wald('s) test
валюативный ~ valuative criterion
векторный ~ vector criterion
вероятностный ~ probability test
геометрический ~ geometric criterion
гладкий ~ smooth test
двухвыборочный ~ two-sample test
дисперсионный ~ dispersion criterion
допустимый ~ admissible test
достаточный ~ sufficient test
инвариантный ~ invariant test

критерий *(continued)*
   консервативный ~ conservative test
   логарифмический ~ logarithmic criterion
   локально несмещённый ~ locally unbiased test
   максиминный ~ maximin test
   многоцелевой ~ omnibus test
   модифицированный ~ modified test
   мощный ~ powerful test
   наиболее мощный ~ most powerful test
   наиболее строгий ~ most stringent test
   наилучший ~ best test
   независимый ~ independent test
   непараметрический ~ non(-)parametric test
   нерандомизованный ~ non(-)randomized test
   несмещённый ~ unbiased test
   общий ~ general criterion
   односторонний ~ one-sided test
   оптимальный ~ optimal test
   ортогональные ~ и orthogonal tests
   основной ~ (*сходимости*) main test
   параметрический ~ parametric test
   подобный ~ similar test
   последовательный ~ sequential test
   приближённый ~ approximate test
   простой ~ simple test
   равномерно наиболее мощный ~ uniformly most powerful test
   ранговый ~ rank test
   рандомизованный ~ randomized test
   решающий ~ decision criterion
   симметричный ~ symmetric(al) test
   смещённый ~ biased test
   состоятельный ~ consistent test
   статистический ~ statistical test
   строгий ~ stringent test
   топологический ~ topological criterion, topological test
   точный ~ exact test
   устойчивый ~ robust test
   «хи-квадрат» ~ chi-square(d) test
   частотный ~ frequency criterion
   эквивалентный ~ equivalent criterion
   эффективный ~ efficient criterion, efficient test
   якобиевый ~ Jacobian criterion

кросскорреляция cross(-)correlation, inter(-)correlation

круг circle; (circular) disk
   ~ кривизны circle of curvature
   ~ сходимости circle of convergence
   ***n*-мерный ~** n-dimensional circle
   большой ~ great circle
   вертикальный ~ vertical circle
   вписанный ~ inscribed circle, in(-)circle
   вспомогательный ~ auxiliary circle
   гиперболический ~ hyperbolic circle
   единичный ~ unit circle
   малый ~ small circle
   описанный ~ circumscribing circle, circumcircle, circumscribed circle
   ортогональные ~ и orthogonal circles
   основной ~ principal circle
   открытый ~ open circle
   отмеченный ~ parametric disk
   параметрический ~ parametric disk
   предельный ~ limit(ing) circle

соприкасающийся ~ osculation circle
топологический ~ topological circle
круговой circular
кручение torsion; second curvature
  ~ кривой torsion of a curve
  ~ отображения torsion of a map
  ~ подмногообразия torsion of a submanifold
  ~ пространства torsion of a space
  p- ~ p-torsion
  абсолютное ~ absolute torsion
  аффинное ~ affine torsion
  геодезическое ~ geodesic torsion
  проективное ~ projective torsion
куб cube ◊ **возводить в ~** cube
  n-мерный ~ n-(dimensional) cube
  гильбертов ~ Hilbert('s) cube
  единичный ~ unit cube
  латинский ~ Latin cube
  полный ~ perfect cube
  стандартный ~ standard cube
  точный ~ perfect cube
кубатура cubature
  механическая ~ mechanical cubature
  численная ~ numerical cubature
кубика (plane) cubic
кубический cubic(al)
кубоид cuboid
кулачок cam
кумулянт cumulant
курант courant
курс course
  математический ~ course in mathematics
  общий ~ general course
кус‖ок piece; part; patch; leaf
  ~ поверхности surface patch
  ~ разбиения part in a partition
  конечный ~ finite part
  связный ~ connected piece
  соседние ~ки adjacent parts
кусочно piecewise

кэлеров Kählerian
  почти ~ almost-Kählerian
кэлиана Cayley('s) curve

лабиринт labyrinth
лагранжев Lagrangian
лагранжиан Lagrangian, Lagrangian function
лакуна lacuna; band gap; gap
  ~ в спектре gap in a spectrum
лакунарность lacunarity
лакунарный lacunar(y)
ландшафт landscape
  аналитический ~ relief of an analytic function
лапласиан Laplacian
  скалярный ~ scalar Laplacian
левоаменабельный left amenable
левоинвариантность left(-)invariance
лежандров Legendrian
лексема token; lexeme
лексикографический lexicographic
лекция lecture
  гиббсовская ~ Gibbs(') lecture
лемма lemma
  ~ о вершинах-антиподах antipodal-point lemma
  ~ о замыкании closing lemma
  короткая ~ short lemma
  основная ~ fundamental lemma
  техническая ~ technical lemma
  фундаментальная ~ fundamental lemma
лемниската lemniscate
лента tape; band
  ~, бесконечная вправо tape infinite to the right

лента *(continued)*
  бесконечная ~ infinite tape
  пустая ~ empty tape
лес forest
лимитируемость limitability
лингвистика linguistics
  математическая ~ mathematical linguistics
  структурная ~ structural linguistics
линеал lineal
  K- ~ Riesz('s) space, K-lineal, vector lattice
  KB- ~ Banach('s) lattice
линеаризатор linearizer
линеаризация linearization
  ~ отображения linearization of a mapping
  гармоническая ~ harmonic linearization
  глобальная ~ global linearization
  кусочная ~ piecewise linearization
линеаризовать (ся) linearize
линейка ruler; rule
линейно linearly
линейност‖ь linearity ◊ **по ~ и** by linearity
линейный linear; lineal
  q- ~ q-linear
линза lens
лини‖я line
  u- ~ u-curve
  v- ~ v-curve
  ~ вектора line of a vector
  ~ касания contact curve
  ~ кривизны line of curvature
  ~ на поверхности line in a surface
  ~ пересечения line of intersection
  ~ погони curve of pursuit
  ~ постоянного склона line of constant slope
  ~ потока line of a flow
  ~ равных расстояний equi(-)direction line
  ~ разрыва line of discontinuity
  ~ регрессии line of regression
  ~ связи connecting path
  ~ сжатия gorge line, gorge; line of striction
  ~ схода vanishing line
  ~ тока line of stream
  ~ уровня level line; level curve
  ~ центров line of centers
  λ- ~ lambda-line
  асимптотическая ~ asymptotic curve; asymptotic line
  ациклическая ~ tree
  векторная ~ line of a vector
  винтовая ~ screw(-)line; helix; helical curve
  вихревая ~ vortex line
  времениподобная ~ time(-)like curve
  вспомогательная ~ auxiliary line
  геодезическая ~ geodesic line, geodesic
  горловая ~ gorge line; gorge; line of striction
  двойная ~ double line
  дискретная ~ discrete line
  дислокационная ~ line of dislocation
  допустимая ~ admissible line
  жирная ~ solid line
  изотермическая ~ isothermal line
  изотропная ~ isotropic line
  касательная ~ tangent line
  квазигеодезическая ~ quasi(-)geodesic line
  коническая винтовая ~ conical helix
  контурная ~ contour line
  координатная ~ coordinate line
  кратчайшая ~ shortest line
  кривая ~ curve, curved line
  левозакрученная винтовая ~ left-twisted helix, left-hand(ed) helix
  мировая ~ world line
  обобщённая винтовая ~ generalized helix, curve of constant inclination
  ориентированная ~ oriented line
  ортогональные ~ и orthogonal lines

    параметрическая ~ parametric curve
    первая основная ~ horizontal line
    правозакрученная винтовая ~ right-twisted helix, right-hand(ed) helix
    предельная ~ horocycle; limit line
    проектирующая ~ projective line
    пространственноподобная ~ spacelike curve
    профильная ~ profile line
    средняя ~ mid(-)line; median
    средняя ~ трапеции straight line joining the mid-points of two sides of a trapezium
    средняя ~ треугольника straight line joining the mid-points of two sides of a triangle
    третья основная ~ profile line
    уникурсальная ~ unicursal line
    характеристическая ~ characteristic curve, characteristic manifold
    цепная ~ catenary
    цилиндрическая винтовая ~ ordinary helix, cylindrical helix
    эквидистантная ~ equidistant curve

линк link
липшицев Lipschitzian
ЛИСП LISP
лист leaf; sheet
    ~ Мёбиуса Moebius strip, Moebius ring, Moebius band
    ~ поверхности sheet of a surface
    декартов ~ folium cartesii
    тройной ~ (Мёбиуса) triple Moebius band

листность valence
    p- ~ p-valence
литерал literal
лифт lift
    ~ поля lift of a field
    горизонтальный ~ horizontal lift
    полный ~ complete lift
лишённый free
    ~ аффекта affectless

ловушка trap
логарифм logarithm
    ~ числа a по основанию x logarithm of a number a to base x
    гауссов ~ Gaussian logarithm
    двоичный ~ binary logarithm
    действительный ~ real logarithm
    десятичный ~ common logarithm, decimal logarithm
    интегральный ~ integral logarithm, logarithmic integral (function)
    натуральный ~ natural logarithm, Naperian logarithm
    непёров ~ natural logarithm, Naperian logarithm
    обращённый ~ anti(-)logarithm, inverse logarithm
    обыкновенный ~ common logarithm, decimal logarithm
    повторный ~ iterated logarithm
логарифмировать take a logarithm
логарифмически logarithmically
логарифмический logarithmic
логика logic
    ~ высказываний logic of propositions, propositional logi, sentential logic
    ~ высшего порядка higher-order logic
    ~ отношений logic of relations
    ~ предикатов logic of predicates, predicate logic, logic of quantifiers
    ~ с равенством logic with equality
    m-значная ~ m-valued logic
    аксиоматизируемая ~ axiomatizable logic
    алгоритмическая ~ algorithmic logic, dynamic logic
    аристотелевская ~ Aristotelian logic
    бинарная ~ binary logic
    двухзначная ~ two-valued logic
    диалектическая ~ dialectic(al) logic
    динамическая ~ algorithmic logic, dynamic logic

логика *(continued)*
   индуктивная ~ inductive logic
   интенсиональная ~ intensional logic
   интуиционистская ~ intuitionist(ic) logic
   классическая ~ classical logic
   комбинаторная ~ combinatory logic
   комплексная ~ complex logic
   конечнозначная ~ finite-valued logic
   конструктивная ~ constructive logic
   мажоритарная ~ majority logic
   математическая ~ mathematical logic, symbolic(al) logic
   многозначная ~ multi(-)valued logic, many-valued logic
   модальная ~ modal logic
   непротиворечвная ~ consistent logic
   отрицательная ~ negative logic
   полная ~ complete logic
   положительная ~ positive logic
   пороговая ~ threshold logic
   предикатная ~ predicate logic, logic of predicates, logic of quantifiers
   промежуточная ~ intermediate logic
   релевантная ~ relevant logic
   символическая ~ mathematical logic, symbolic(al) logic
   современная ~ modern logic
   счётнозначная ~ countable-valued logic
   теоретическая ~ mathematical logic, symbolic(al) logic
   традиционная ~ classical logic
   трёхзначная ~ three-valued logic
   формальная ~ formal logic
   элементарная ~ elementary logic
логистика logistics
логистический logistic
логит logit
логицизм logicism

логически logically
логический logical; sentential
локализация localization
   ~ в категориях localization in categories
   ~ кольца localization of a ring
   ~ корней separation of roots, separation of zeroes
локализовать localize
   ~ функцию localize a function
локализующий localizing
локально locally
локальность locality
локальный local
локон witch
   ~ Аньези witch of Agnesi, versiera
локсодрома loxodromic curve, loxodrome
локсодромический loxodromic
локсодромия loxodrome
ломаная broken line
лотерея lottery game
лунка lune; bi(-)angle
луп‖а loop
   ~ со свойствами ослабленной обратимости WIP-loop
   CI- ~ crossed-inverse loop, CI-loop
   IP- ~ loop with the inverse property, IP-loop
   WIP- ~ WIP-loop
   гамильтонова ~ Hamiltonian loop
   диассоциативная ~ di(-)associative loop
   изотопные ~ы isotopic loops
   коммутативная ~ commutative loop
   линейно упорядоченная ~ simply ordered loop
   локальная ~ local loop
   свободная ~ free loop
   связная ~ connected loop
   симметрическая ~ symmetric loop
   скрещённо-обратимая ~ crossed-inverse loop, CI-loop

частично упорядоченная ~ simply ordered loop
луч   ray; closed half(-)line; bi(-)characteristic
  параксиальные ~ и   paraxial rays
  световой ~   light ray

магма   magma
мажоранта   majorant; right majorizing function, major(ant) function
  гармоническая ~   harmonic majorant
  наименьшая ~   least majorant, smallest majorant
  суммируемая ~   summable majorant
мажорантный   majorant
мажорирование   majorization
мажорировать   majorize
  ~ ряд   majorize a series
мажорируемый   majorizable
мажорирующий   majorant
макроподход   macro(-)approach
максвелловский   Maxwellian
максимальность   maximality
максимальный   maximal
  r- ~   r-maximal
максимизация   maximization
  ~ с ограничениями   maximization with constraints, constrained maximization
  ~ функции   maximization of a function
максимизировать   maximize
максимин   maximin
максимум   maximum, maximal value, maximum value
  ~ функции   maximum of a function
  абсолютный ~   absolute maximum, global maximum
  глобальный ~   absolute maximum, global maximum
  кратный ~   multiple maximum
  локальный ~   local maximum
  относительный ~   relative maximum
  сильный ~   strong maximum
  слабый ~   weak maximum
  строгий ~   strict maximum
макстерм   maxterm
маловероятный   improbable
маломерный   low-dimensional, small-dimensional
малость   smallness
мал‖ый   small   ◊ в ~ ом   in the small
  бесконечно ~   indefinitely small, infinitely small, infinitesimal
  достаточно ~   sufficiently small
  исчезающе ~   vanishingly small
  произвольно ~   arbitrarily small
  сколь угодно ~   arbitrarily small
мантисса   mantissa
  ~ логарифма   mantissa of a logarithm
маргинальный   marginal
марковский   Markovian, Markoffian
мартингал   martingale
  локально интегрируемый ~   locally integrable martingale
  локальный ~   local martingale
маршрут   route; edge train; edge progression; walk
  ~ графа   walk of a graph
  замкнутый ~   closed edge train
масса   mass
  ~ r-вектора   mass of an r-vector
  ~ (*полиэдральной*) цепи   mass of a chain
  ~ потока   mass of a current
массив   array
  ~ единиц   array of ones
  ортогональный ~   orthogonal layout, orthogonal array, orthogonal table

масштаб scale ◊ в ~ах at scales
- ~ **карты** scale of a map
- **графический** ~ graphic scale
- **линейный** ~ linear scale
- **относительный** ~ relative scale
- **численный** ~ numerical scale

масштабирование scaling
- ~ **уравнения** scaling of an equation

математизация mathematization

математик mathematician
- ~ **-прикладник** applied mathematician

математика mathematics
- **высшая** ~ higher mathematics
- **вычислительная** ~ computational mathematics
- **дискретная** ~ discrete mathematics, finite mathematics, discrete analysis
- **интуиционистская** ~ intuitionistic mathematics
- **классическая** ~ classical mathematics
- **комбинаторная** ~ combinatorial analysis, combinatory analysis, combination analysis, combinatorics
- **конечная** ~ discrete mathematics, finite mathematics
- **конструктивная** ~ constructive mathematics
- **непрерывная** ~ classical mathematics
- **общая** ~ general mathematics
- **прикладная** ~ applied mathematics
- **современная** ~ modern mathematics
- **специальная** ~ special mathematics
- **финитная** ~ finitist mathematics
- **численная** ~ numerical mathematics
- **чистая** ~ pure mathematics
- **элементарная** ~ elementary mathematics

математический mathematical

материальный material

матриц∥**а** matrix ◊ ~ы **коммутируют** matrices commute
- ~ **билинейного отображения** matrix of a bilinear map
- ~ **в базисе** matrix relative to a basis, matrix with respect to a basis, matrix in a basis
- ~ **ввода-вывода** input-output matrix
- ~ **вращения** rotation matrix
- ~ **выигрыша** payoff matrix
- ~ **Гесса** Hessian matrix
- ~ **Грама** Gramian matrix
- ~ **жордановой структуры** Jordan form matrix
- ~ **зацепления (***Александера***)** linking matrix
- ~ **из собственных векторов** matrix of eigenvectors
- ~ **инцидентности** incidence matrix
- ~ **квадратичной формы** matrix of a quadratic form
- ~ **контуров** circuit matrix
- ~ **кривизны** curvature matrix
- ~ **ы, которые можно перемножить** matrices comfortable for multiplication
- ~ **коэффициентов** coefficient matrix
- ~ **моментов** moment matrix
- ~ **монодромии** monodromy matrix
- ~ **над кольцом** matrix over a ring
- ~ **над полем** matrix over a field
- ~ **оператора** matrix of an operator
- ~ **отражения** reflexion matrix
- ~ **ошибок** error matrix
- ~ **перестановок** permutation matrix
- ~ **перехода** transition matrix
- ~ **перехода от одного базиса к другому** matrix of transition from one basis to another
- ~ **переходных вероятностей** matrix of transition probabilities
- ~ **переходных вероятностей за один шаг** one-step transition probability matrix

~ периодов   period matrix
~ плана   design matrix
~ плотности   density matrix
~ -подстановка   permutation matrix
~ полного ранга   matrix of full rank
~ потерь   loss matrix
~ преобразования   matrix of a transformation
~ простой структуры   diagonalizable matrix
~ путей   path matrix
~ размера m × n   matrix order of m × n
~ разрезов   cut-set matrix
~ рассеяния   scattering matrix; dispersion matrix
~ расстояний   distance matrix
~ регрессии   regression matrix
~ решений   matrix of solutions
~ связи   composition matrix
~ связности   matrix of a connection
~ системы   matrix of a system
~ смежности   adjacency matrix
~ соотношений   matrix of relations
~ специального вида   matrix of special type
~ стоимости   matrix of cost
~ узла   knot matrix
~ управляемости   controllability matrix
~ форм   matrix of forms
~ Фробениуса   companion matrix of a polynomial
~ элементарного преобразования   elementary matrix
~ Якоби   Jacobi(an) matrix, J-matrix
λ- ~   lambda-matrix
p-ая ассоциированная ~ p^{th} adjugate matrix
S- ~   S-matrix
адекватная ~   characteristic matrix, adequate matrix
антиэрмитова ~   skew-Hermitian matrix, anti-Hermitian matrix
бесконечная ~   infinite matrix
бесследовая ~   traceless matrix
бистохастическая ~   doubly stochastic matrix
близкая ~   close matrix
борелева ~   Borel('s) matrix
булева ~   Boolean matrix
верхняя треугольная ~   upper triangular matrix
вещественная ~   real matrix
вполне неотрицательная ~   totally non(-)negative matrix
вполне положительная ~   totally positive matrix
выборочная ~   sample matrix
вырожденная ~   singular matrix
гиперсопровождающая ~ многочлена   hyper(-)companion matrix of a polynomial
главная ~   principal matrix
голоморфная ~   holomorphic matrix
дважды стохастическая ~   bi(-)stochastic matrix, doubly stochastic matrix
двояко-стохастическая ~   bi(-)stochastic matrix, doubly stochastic matrix
действительная ~   real matrix
диагональная ~   diagonal matrix
диагонально доминирующая ~   diagonally dominant matrix
дисперсионная ~   dispersion matrix
единичная ~   unit matrix, identity matrix
естественная ~   natural matrix
жорданова ~   Jordan form matrix
знакопеременная ~   alternating matrix
идемпотентная ~   idempotent matrix
инволютивная ~   involutory matrix
интегральная ~   integral matrix
интегрированная ~   integrated matrix

матриц‖а *(continued)*
- **информационная ~** information matrix
- **каноническая ~** canonical matrix
- **квадратная ~** square matrix
- **квадратная бесконечного порядка ~** square matrix of infinite order
- **квадратная ~ порядка** *n* *n*-square matrix, square matrix of order *n*, square matrix of order *n*
- **квазидиагональная ~** quasi(-)diagonal matrix, block(ed)-diagonal matrix
- **квазитреугольная ~** quasi(-)traingular matrix
- **клеточная ~** partitioned matrix
- **клеточно-диагональная ~** quasi(-)diagonal matrix, block(ed)-diagonal matrix
- **клеточно-треугольная ~** block(ed) triangular matrix
- **ковариационная ~** variance matrix, dispersion matrix, co(-)variance matrix, variance-co(-)variance matrix
- **комплексная ~** complex matrix
- **коплексно-сопряжённая ~** complex conjugate matrix
- **конгруэнтная ~** congruent matrix
- **конечно столбцевая ~** column-finite matrix
- **конечно строчная ~** row-finite matrix
- **корреляционная ~** correlation matrix
- **кососимметрическая ~** anti(-)symmetric(al) matrix, skew matrix, skew(-)symmetric(al) matrix
- **кососимметричная ~** anti(-)symmetric(al) matrix, skew matrix, skew(-)symmetric(al) matrix
- **косоэрмитова ~** skew-Hermitian matrix, anti-Hermitian matrix
- **кронекерова ~** Kronecker('s) matrix
- **левая треугольная ~** lower triangular matrix
- **ленточная ~** band matrix
- **логическая ~** logical matrix
- **марковская ~** Markov('s) matrix
- **модулярная ~** modular matrix
- **мономиальная ~** monomial matrix
- **невырожденная ~** non(-)singular matrix
- **необратимая ~** non(-)invertible matrix
- **неособая ~** non(-)singular matrix
- **неособенная ~** non(-)singular matrix
- **неотрицательная ~** non(-)negative matrix, positive(ly) semi(-)definite matrix
- **неотрицательно определённая ~** positive semi(-)definite matrix
- **непараметрическая ~** non(-)parametric matrix
- **неположительная ~** negative semi-definite matrix
- **непрерывная ~** continuous matrix
- **неприводимая ~** irreducible matrix
- **неразложимая ~** indecomposable matrix, non(-)decomposable matrix
- **нижняя треугольная ~** lower triangular matrix
- **нильпотентная ~** nilpotent matrix
- **нормализованная ~** normalized matrix
- **нормальная ~** normal matrix
- **нормированная ~** normalized matrix
- **нулевая ~** zero matrix, null matrix
- **обратимая ~** invertible matrix
- **обратная ~** inverse matrix, inverse of a matrix
- **обратная ~ бесконечной матрицы** reciprocal of an infinite matrix
- **ограниченная ~** bounded matrix
- **одностолбцовая ~** column matrix
- **окаймлённая ~** bordered matrix
- **ортогональная ~** orthogonal matrix

матриц∥а

ортогонально подобные ~ ы orthogonally similar matrices
особая ~ singular matrix
остаточная ~ residual matrix
осцилляционная ~ oscillation matrix
отрицательно определённая ~ negative-definite matrix
параболическая ~ parabolic matrix
перманентная ~ permanental matrix
плохо обусловленная ~ ill-conditioned matrix
подобная ~ similar matrix
показательная ~ exponential matrix
полиномиальная ~ polynomial matrix
полная ~ complete matrix
положительная ~ positive matrix
положительно определённая ~ positive(-)definite matrix
положительно полуопределённая ~ positive(ly)(-)semi(-)definite matrix, non(-)negative semi(-)definite matrix
полунепрерывная ~ semi(-)continuous matrix
полупростая ~ semi(-)simple matrix
полустохастическая ~ semi(-)stochastic matrix
постоянная ~ constant matrix
почти треугольная ~ almost trangular matrix
правая треугольная ~ upper trangular matrix
приведённая ~ reduced matrix
приводимая ~ reducible matrix
примитивная ~ primitive matrix
присоединённая ~ adjugate matrix; adjoint matrix, classical adjoint; compound matrix
проекционная ~ projection matrix
прямоугольная ~ rectangular matrix

псевдообратная ~ pseudo(-)inverse of a matrix
разложимая ~ decomposable matrix
разреженная ~ sparse matrix
расширенная ~ augmented matrix
рациональная ~ rational matrix
регулярная ~ regular matrix
риманова ~ Riemann('s) matrix
самосопряжённая ~ Hermitian matrix, self(-)adjoint matrix
связанная ~ (*с краевыми условиями*) associated matrix
симметрическая ~ symmetric(al) matrix
симметричная ~ symmetric(al) matrix
симплектическая ~ symplectic matrix
сингулярная ~ singular matrix
скалярная ~ scalar matrix
собственная ~ eigen(-)matrix
собственно ортогональная ~ proper orthogonal matrix
сопровождающая ~ многочлена companion matrix of a polynomial
сопряжённая ~ adjoint of a matrix
составная ~ composite matrix
спектральная ~ spectral matrix
стохастическая ~ stochastic matrix
строго треугольная ~ strictly triangular matrix
сэндвич- ~ sandwich matrix
теплицева ~ Toeplitz matrix
транспонированная ~ transpose(d) matrix, transpose of a matrix
трансфер- ~ transfer matrix
трансформирующая ~ transforming matrix
треугольная ~ triangular matrix
трёхдиагональная ~ tridiagonal matrix
турнирная ~ tournament matrix
унимодулярная ~ unimodular matrix

матриц‖а *(continued)*
  унипотентная ~ unipotent matrix
  унитарная ~ unitary matrix
  унитарно подобные ~ы unitarily similar matrices
  унитарно эквивалентные ~ы unitarily equivalent matrices
  устойчивая ~ stable matrix
  фиксированная ~ fixed matrix
  фундаментальная ~ fundamental matrix
  функциональная ~ functional matrix
  характеристическая ~ characteristic matrix; adequate matrix
  целочисленная ~ integral matrix
  циркулянтная ~ circulant matrix
  частичная ~ partial matrix
  эволюционная ~ matrizant
  эквивалентная ~ equivalent matrix
  эрмитова ~ Hermitian matrix, self(-)adjoint matrix
  эрмитово-конгруэнтная ~ conjunctive matrix
  эрмитово-симметрическая ~ Hermitian matrix, self(-)adjoint matrix
  эрмитово-сопряжённая ~ (Hermitian) adjoint of a matrix
  якобиева ~ Jacobi(an) matrix, J-matrix
матрицант matrizant
матрично-значный matrix-valued
матричный matric(ial)
матроид matroid, pre(-)geometry
  ~ покрытия paving matroid
  бинарный ~ binary matroid
  векторный ~ vector matroid
  графический ~ graphic matroid
  коциклический ~ co(-)cycle macroid
  регулярный ~ regular matroid
  трансверсальный ~ transversal matroid
  циклический ~ cycle matroid
машина machine ◊ **~ Тьюринга останавливается на пустой ячейке** Turing machine halts on a blank; **~ Тьюринга останавливается** Turing machine stops; **~ Тьюринга работает** Turing machine operates; **~ Тьюринга над алфавитом** Turing machine with an alphabet
  ~ с произвольным доступом к памяти unlimited-register machine
  абстрактная ~ abstract machine
  абстрактная вычислительная ~ abstract computer
  вероятностная ~ probabilistic machine, stochastic machine
  детермированная ~ deterministic machine
  исходная ~ (**Тьюринга**) original machine
  недетермированная ~ non(-)deterministic machine
  последовательная ~ sequential machine
  универсальная ~ universal machine
медиальный medial
медиан‖а median ◊ **~ы треугольника проходят через одну точку** medians of a triangle are concurrent
  ~ распределения median of a distribution
  ~ треугольника median of a triangle
  ~ функции распределения median of a function of a distribution
  выборочная ~ sample median
медианта mediant
межблочный intra(-)block
мелкий fine
  достаточно ~ sufficiently fine
мелкость fineness
  ~ разбиения fineness of a decomposition
  ~ триангуляции fineness of a triangulation

менять(ся) alter; vary; range
◊ ~ **неравенство в обратную сторону** reverse the sense of an inequality
~ **непрерывно** vary continuously

мер‖а measure; measure function; sigma-additive measure; complete additive measure
~ **автоинформативности** measure of self(-)information
~ **алгебраической независимости** measure of algebraic independence
~ **асимметрии** measure of skewness
~ **в произведениях пространств** measure defined in a product space
~ **в смысле Каратеодори** Carathéodory measure
~ **Жордана** Jordan('s) measure, finitely additive measure
~ **зависимости** measure of dependence
~ **, инвариантная относительно группы G** G-invariant measure
~ **иррациональности** irrationality measure
~ **искажения** distortion measure
~ **качества** measure of quality
~ **корреляции** measure of correlation
~ **кривизны** measure of curvature
~ **линейной независимости** measure of linear independence
~ **множества** measure of a set
~ **некоммутативности** measure of non(-)commutativity
~ **нуль** zero measure
~ **погрешности** error measure
~ **точности** modulus of precision
~ **трансцедентности** measure of transcendence
~ **угла** measure of an angle
~ **уклонения** measure of deviation
α- ~ alpha-measure
n-**мерная** ~ n-dimensional measure
σ-**конечная** ~ sigma-finite measure
абсолютно непрерывная ~ absolutely continuous measure
аддитивная ~ additive measure; additive charge
аналитическая ~ analytic(al) measure
атомическая ~ atomic measure
безгранично делимая ~ infinitely divisible measure
бесконечная ~ infinite measure
борелевская ~ Borel('s) measure
бэровская ~ Baire('s) measure
вектор- ~ vector measure
векторная ~ vector measure
вероятностная ~ probability measure
вероятностные ~ы compatible distributions
винеровская ~ Wiener('s) measure
внешняя ~ outer measure; exterior measure; outer volume
внутренняя ~ inner measure; inner volume
вполне σ-**конечная** ~ totally sigma-finite measure
вполне конечная ~ totally finite measure
вырожденная ~ elementary measure
гауссовская ~ Gaussian measure
гармоническая ~ super(-)harmonic measure, harmonic measure
гиперболическая ~ hyperbolic metric
гладкая ~ smooth measure
граничная ~ boundary measure
дискретная ~ discrete measure
ёмкостная ~ equilibrium measure
идемпотентная ~ idempotent measure
инвариантная ~ invariant measure
индуцированная ~ induced measure

мер∥а (continued)
   информационная ~ information measure
   квадратическая ~ quadratic measure
   квазиинвариантная ~ quasi(-)invariant measure
   кинематическая ~ kinematic measure
   конечная ~ finite measure, bounded measure
   конечно аддитивная ~ Jordan('s) measure; finitely additive measure
   левая ~ left measure
   левоинвариантная ~ left invariant measure
   линейная ~ linear measure
   неатомическая ~ non(-)atomic measure, atomless measure, continuous measure
   независимая ~ independent measure
   неотрицательная ~ non(-)negative measure
   непрерывная ~ non(-)atomic measure, atomless measure, continuous measure
   нулевая ~ measure zero, zero measure
   обобщённая ~ charge
   общая ~ common measure
   ограниченная ~ finite measure; bounded measure
   опорная ~ supporting measure
   ортогональная ~ orthogonal measure
   относительно инвариантная ~ relative invariant measure
   полная ~ complete measure
   поперечная ~ cross-sectional measure
   правая ~ right measure
   правоинвариантная ~ right invariant measure
   представляющая ~ representing measure
   пуассоновская ~ Poisson('s) measure
   равновесная ~ equilibrium measure
   радианная ~ circular measure; radian measure
   регулярная ~ regular measure
   сингулярная ~ singular measure
   случайная ~ random measure
   совершенная ~ perfect measure
   согласованная ~ consistent measure
   спектральная ~ spectral measure, self-adjoint spectral measure
   статистическая ~ statistical measure
   сферическая ~ spherical measure
   счётно аддитивная ~ countably additive measure
   точечная ~ point measure
   точная ~ exact measure
   условная ~ conditional measure
   функциональная ~ functional measure
   цилиндрическая ~ cylindrical measure
   элементарная ~ elementary measure
   эквивалентные ~ы equivalent measure
   экстремальная ~ extremal measure
   эксцессивная ~ excessive measure, sub(-)invariant measure
   эргодическая ~ ergodic measure
меридиан meridian
   ~ зацепления meridian of a link
меридианный meridional
меридиональный meridional
n-мерный n-dimensional
мероморфность meromorphy
мероморфный meromorphic
мероопределение mensuration
   проективное ~ projective mensuration
местность (*операции*) arity

место spot
  геометрическое ~ locus
  геометрическое ~ минимумов locus of minimum points
  геометрическое ~ точек locus of point(s)
мета- meta-
метабелев metabelian
метагармонический meta(-)harmonic
метакомпактный meta(-)compact
металингвистический meta(-)linguistic
металогика meta(-)logic
метаматематика meta(-)mathematics
метаобозначения metamathematical designation
метаполнота meta(-)completeness
метасистема meta(-)system
метатеорема meta(-)theorem
метатеория meta(-)theory
метациклический meta(-)cyclic
метаязык meta(-)language
метка score
  нормальная ~ normal score
  стандартная ~ standard score
метод method; technique; fashion
  ◊ **~ сходится** method converges
  ~ D-разбиений method of D-decomposition
  ~ PERT PERT
  ~ аппроксимации approximation method
  ~ баланса method of balance
  ~ бисекции bisection method
  ~ блужданий по сферам spherical process
  ~ большого решета large-sieve method
  ~ вариации параметра method of variation of parameters
  ~ вариации постоянных method of variation of constants
  ~ весов scales method
  ~ ветвей и границ branch-and-bound method
  ~ ВКБ W.K.B. method, method of phase integral
  ~ внутренних вариаций method of interior variation
  ~ возможных направлений method of feasible directions
  ~ Вольтерра Volterra process
  ~ выбора оптимального method of pivot selection
  ~ выметания method of balayage
  ~ вынуждения method of forcing
  ~ вычетов method of residues
  ~ вычислений method of computation
  ~ Гаусса Gaussian elimination
  ~ Гаусса без перестановок Gaussian elimination without interchanges
  ~ Гаусса с выбором по всей матрице complete pivoting
  ~ Гаусса с полным выбором complete pivoting
  ~ главных осей principal-axis method
  ~ градиентного типа gradient-type method
  ~ Греффе root-squaring method
  ~ группировки grouping method
  ~ Данделена root-squaring method
  ~ двойной выборки two-sample method
  ~ двойственности duality method
  ~ дискретного преобразования Фурье method of discrete Fourier transform
  ~ дифференцирования по параметру method of differentiation with respect to a parameter
  ~ доказательства proof method
  ~ доказательства от противного *reductio ad absurdum*
  ~ дробных шагов method of splitting; method of fractional steps

метод *(continued)*
- ~ **единичных шагов**   single-step method
- ~ **зависимости между дозой и эффектом**   dose-response method
- ~ **задания (***множества***) с помощью определяющего свойства**   "defining property" method
- ~ **запаздывающих потенциалов**   Duhamel('s) method, Duhamel('s) principle
- ~ **изображений**   mapping method
- ~ **импульсов**   method of variation of constants
- ~ **инвариантного погружения**   invariant-embedding method
- ~ **инверсии**   method of inversion
- ~ **интегральных соотношений**   method of integral relations
- ~ **интегральных уравнений**   method of integral equations
- ~ **интегрирования**   method of integration
- ~ **интерпретаций**   method of interpretations
- ~ **исключений**   elimination method
- ~ **исключения с выбором ведущего элемента по столбцу**   Gaussian elimination by columns
- ~ **исчерпывания**   method of exhaustion
- ~ **касательных**   tangent method, quadratically convergent method
- ~ **квадратного корня**   square-root method
- ~ **квадратных корней**   square-root method
- ~ **квадратур**   method of quadratures
- ~ **квазилинеаризации**   method of quasi(-)linearization
- ~ **кодирования**   coding method
- ~ **коллокации**   collocation method
- ~ **комплексного переменного**   complex-variable method
- ~ **конечно-разностных аппроксимаций**   method for finite-difference approximations
- ~ **конечных разностей**   finite-difference method
- ~ **конечных элементов**   method of finite elements
- ~ **континуального интегрирования**   path-integral method
- ~ **контурного интегрирования**   method of contour integration
- ~ **координат**   coordinate method
- ~ **косых проекций**   method of oblique projections
- ~ **критического пути**   method of critical path
- ~ **Лапласа**   Laplace('s) method, cascade method
- ~ **линеаризации**   method of linearization
- ~ **Лобачевского**   root-squaring method
- ~ **ложного положения**   secant method, method of false position, *regula falsi*
- ~ **ломаных**   polygonal method
- ~ **максимального правдоподобия**   method of maximum likelihood
- ~ **малого параметра**   method of small parameter
- ~ **масштабирования**   scaling method
- ~ **математической индукции**   method of complete induction
- ~ **минимизации**   method of minimization
- ~ **минимума «хи-квадрат»**   chi-square method
- ~ **многих масштабов**   method of multiple scales, multiple-variable expansion procedure
- ~ **многомасштабного разложения**   multiple-variable expansion procedure, method of multiple scales

~ **множителей** method of multipliers, method of undetermined multipliers
~ **множителей Лагранжа** Lagrangian procedure
~ **моделей** model method
~ **моделирования** modeling method
~ **моментов** moment method
~ **Монте Карло** Monte Carlo method, Monte Carlo technique, method of statistical testing
~ **наименьших квадратов** method of least squares
~ **наискорейшего спуска** method of steepest descent
~ **направляющих функционалов** method of directing functionals
~ **неопределённых коэффициентов** method of undetermined coefficients, method of indeterminates
~ **неподвижной точки** fixed-point method
~ **непрерывности** continuity method
~ **Ньютона** tangent method, quadratically covergent method
~ **оптимизации** method of optimization
~ **орбит** method of orbits
~ **ортогонализации** orthogonalization process
~ **ортонормирования** orthonormalization process
~ **ослабления** relaxation method
~ **основных компонент** method of principal components
~ **отбора** elimination method
~ **отображений** mapping method
~ **оценивания бутстрапа** bootstrap estimation
~ **оценки** method for estimation
~ **парабол** parabolic method
~ **параметрикса** parametrix method
~ **парного сравнения** method of paired comparisons
~ **перебора** enumerative technique
~ **перевала** method of saddle points, saddle-point approximation
~ **перекрёстного экзамена** cross-validation
~ **переменных направлений** method of alternating directions
~ **повторения** method of repetition
~ **повторных подстановок** method of successive approximations, method of successive iteration
~ **пограничного слоя** method of boundary layer
~ **подвижного репера** method of moving frames
~ **подобия** method of similarity
~ **подстановки** method of substitution
~ **подъёма** method of ascent
~ **покоординатного спуска** method of univariate relaxation
~ **половинного деления** bisection method
~ **последовательного анализа** sequential method
~ **последовательной верхней релаксации** over(-)relaxation method
~ **последовательной релаксации** method of successive relaxation, over(-)relaxation method
~ **последовательных приближений** method of successive approximations, method of successive iteration
~ **построения** method of construction
~ **потенциалов** method of potentials
~ **приближения** method of approximation
~ **приближения кривыми** curve fitting
~ **приведения** method of reduction

метод *(continued)*
- ~ **приведённых градиентов** reduced-gradient method
- ~ **приоритета** priority method
- ~ **пристрелки** shooting method
- ~ **прогноза и коррекции** predictor-corrector method, PC method
- ~ **прогонки** double-sweep method
- ~ **продолжения по параметру** continuation method
- ~ **проекции градиента** gradient-projection method
- ~ **производных функций** generating-function method
- ~ **простой итерации** method of successive approximations, method of successive iteration
- ~ **прямоугольников** rectangular method
- ~ **прямых** method of straight lines
- ~ **путевых коэффициентов** method of path coefficients
- ~ **разложения** factorization method; ladder method
- ~ **ранжирования** ranking method
- ~ **расчёта** method of computation
- ~ **расщепления** splitting method, splitting technique
- ~ **регуляризации** method of regularization
- ~ **рекуррентных соотношений** iteration method, iterative method
- ~ **релаксации** relaxation method
- ~ **решения** method of solution
- ~ **решета** method of sieve, sieving procedure
- ~ **Ритца** energetic method
- ~ **с переменной метрикой** variable-metric method
- ~ **сверхрелаксации** method of successive relaxation, over(-)relaxation method
- ~ **секущих** secant method, method of false position, *regula falsi*
- ~ **середин квадрата** middle-square method
- ~ **сетевого планирования** method of critical path
- ~ **сеток** lattice-point method
- ~ **симметризации** method of symmetrization
- ~ **складного ножа** jackknife method
- ~ **слоистой выборки** technique of stratified sampling
- ~ **сопряжённых градиентов** method of conjugate gradients
- ~ **спуска** method of descent
- ~ **сравнения** method of comparison
- ~ **сравнимости** congruence method
- ~ **средних арифметических** method of arithmetic means
- ~ **статистических испытаний** Monte Carlo method, Monte Carlo technique, method of statistical testing
- ~ **стационарной фазы** method of stationary phase
- ~ **степенных рядов** method of power series
- ~ **стрельбы** shooting method
- ~ **суммирования** method of summability, method of summation, method of limitation
- ~ **суммирования Чезаро** (c, α)-summation
- ~ **суперпозиции** method of superposition
- ~ **существенной выборки** importance sampling
- ~ **сферических гармоник** spherical-harmonics method
- ~ **таблиц истинности** zero-one method
- ~ **трапеций** trapezoidal method
- ~ **умножения** multiplication method
- ~ **усреднения** averaging method
- ~ **фазового интеграла** phase-integral method
- ~ **фазовой диаграммы** method of phase diagrams
- ~ **фазовых интегралов** phase-integral method

~ **формализации** logistic method
~ **функции Грина** Green's function method
~ **характеристик** method of characteristic curves
~ **хорд** *regula falsi*
~ **частот** frequency method
~ **численного расчёта** method for numerical computation
~ **шагов** method of stages
~ **штрафа** penalty method
~ **штрафных функций** method of penalty functions
~ **экстремальной метрики** method of the extremal metric
(C, α)- ~ (C, α)-summation
ε- ~ epsilon-method
J- ~ J-method
S- ~ S-method
T- ~ T-method
абсолютно равносильный ~ absolutely equivalent method
абсолютно эквивалентный ~ absolutely equivalent method
адресный ~ (*сортировки информации*) address calculation
аксиоматический ~ axiomatic method
алгебраический ~ algebraic method
альтернирующий ~ alternating method
аналитический ~ analytic(al) method
асимптотический ~ asymptotic method
более сильный ~ stronger method
более слабый ~ weaker method
вариационно-разностный ~ variational difference method
вариационный ~ variational method
венгерский ~ Hungarian method
ВКБ- ~ W.K.B. method, method of phase integral

вполне равносильный ~ completely equivalent method
вполне регулярный ~ totally regular method
выборочный ~ sampling method
вычислительный ~ computational method
гауссов ~ Gaussian method
геометрический ~ geometric method
гиперболический ~ hyperbolic method
гомологический ~ homological method
гомотопический ~ homotopy method
градиентный ~ gradient method; *tâtonnement*
графический ~ graphical method
графоаналитический ~ grapho-analytical method
групповой ~ group-theoretical method
двойственный ~ dual method
двойственный симплексный ~ (*в линейном программировании*) dual simplex algorithm
двусторонний ~ two-sided method
двухступенчатый ~ two-stage method
двухэтапный ~ two-stage method
дедуктивный ~ deductive method
диагональный ~ diagonal method
диалитический ~ dialytic method
дисперсионный ~ dispersion method
дифференциально-алгебраический ~ differential-algebraic method
диффузионный ~ diffusion method
инвариантный ~ invariant method
индуктивный ~ inductive method
интегральный ~ integral method

метод (continued)
  интегро-интерполяционный ~ method of balance
  интерполяционный ~ interpolation method
  инфинитезимальный ~ infinitesimal method
  итерационный ~ iteration method, iterative method
  каскадный ~ Laplace('s) method, cascade method
  качественный ~ qualitative method
  квазиньютоновский ~ quasi-Newton method
  классический ~ classical method
  количественный ~ quantitative method
  комбинаторный ~ combinatorial method
  комплексный ~ complex method
  конечный ~ finite method
  конструктивный ~ constructive method
  круговой ~ circle method
  линейный ~ linear method
  логарифмический ~ logarithmic method
  лучевой ~ ray method
  математический ~ mathematical method
  матричный ~ matrix method
  минимизирующий ~ minimizing method
  многошаговый ~ multi(-)step method
  модифицированный ~ modified method, revised method
  мощный ~ powerful method
  непараметрический ~ non(-)parametric method, distribution method
  непрямой ~ indirect method
  несовместные ~ ы non(-)comparable methods
  неформальный ~ informal method
  неявный ~ interpolation method
  обобщённый ~ generalized method
  общий ~ general method
  операторный ~ operator method
  оптимальный ~ optimal method
  перманентный ~ regular method, permanent method
  последовательный ~ sequential method
  предсказывающе-исправляющий ~ predictor-corrector method, PC method
  приближённый ~ approximate method
  проекционно-разностный ~ variational difference method
  проекционный ~ projection method
  прямой ~ primal method; direct method
  равносильный ~ equivalent method
  разностно-дисперсионный ~ variate difference method
  разностный ~ difference method, discrete-variable method
  рандомизированный ~ randomized technique
  регулярный ~ regular method, permanent method
  рекуррентный ~ recurrent method, recursive method
  сетевой ~ method of network technique
  сетевой ~ **планирования и управления** network analysis
  символический ~ symbolic(al) method
  симплекс- ~ simplex method
  симплексный ~ simplex method
  синтетический ~ synthetic method
  совместные ~ ы consistent methods
  совершенный ~ perfect method
  современный ~ modern method

стандартный ~ standard method
статистический ~ statistical method
степенной ~ power method
стохастический ~ stochastic method
ступенчатый ~ staircase method
сходящийся ~ convergent method
теоретико-вероятностный ~ probability-theory method
теоретико-множественный ~ set-theoretic method
топологический ~ topological method
точный ~ accurate method
треугольный ~ (*суммирования*) triangular method
универсальный ~ universal method
формальный ~ formal method
форсинг- ~ method of forcing
функциональный ~ functional method
циклический ~ cyclic method
циклический ~ вращений serial Jacobi method
чебышевский ~ Chebyshev('s) method
численный ~ numerical method
эвристический ~ heuristic method
эквивалентный ~ equivalent method
экстраполяционный ~ extrapolation method
элементарный ~ elementary method
энергетический ~ energetic method
эффективный ~ efficient method
явный ~ extrapolation method
метризация metrization
метризуемость metrizability
метризуемый metrizable
метрика metric, metric function, distance function, distance within a set
~ C metric C
~ L_2 L_2-metric
~ в пространстве metric of a space
~ , инвариантная относительно переносов translation(-)invariant metric
~ на группе metric on a group
~ на многообразии metric on a manifold
~ на множестве metric on a set
~ на поверхности metric on a surface
~ на пространстве metric of a space
~ , определённая нормой norm metric
~ плоскости metric in a plane
~ площадей areal metric
~ произведения product metric
~ пространства metric of a space
~ расслоения metric on a fiber bundle
аналитическая ~ analytic(al) metric
биинвариантная ~ bi(-)invariant metric
внутренняя ~ interior metric; intrinsic metric
выпуклая ~ convex metric
гиперболическая ~ hyperbolic metric
двумерная ~ two-dimensional metric
двусторонне инвариантная ~ bi(-)invariant metric
дискретная ~ discrete metric
евклидова ~ Euclidean metric
естественная ~ natural metric
инвариантная ~ invariant metric
индефинитная ~ indefinite metric
индуцированная ~ induced metric
интегральная ~ integral metric
каноническая ~ canonical metric
конформная ~ conformal metric
конформно инвариантная ~ conformally invariant metric

метрика *(continued)*
   конформно эквивалентная ~ conformally equivalent metric
   кэлерова ~ Kähler('s) metric
   левоинвариантная ~ left invariant metric
   многогранная ~ polyhedral metric
   общая ~ general metric
   ортогональная ~ orthogonal metric
   плоская ~ flat metric
   положительно определённая ~ positive definite metric
   проективная ~ projective metric
   псевдоевклидова ~ pseudo-Euclidean metric
   псевдориманова ~ pseudo-Riemannian metric
   равномерная ~ uniform metric
   риманова ~ Riemannian metric
   согласованная ~ compatible metric
   специальная ~ special metric
   стандартная ~ standard metric
   сферическая ~ spherical metric, chordal metric
   тривиальная ~ trivial metric
   финслерова ~ Finsler('s) metric
   хаусдорфова ~ Hausdorff('s) metric
   хордальная ~ spherical metric; chordal metric
   эквивалентная ~ equivalent metric
   экстремальная ~ extremal metric
   эрмитова ~ Hermitian metric
метрически metrically
метрический metric
мечта заветная, юности (Кронекера) *Jugendtraum*
микро- micro-
микролокально micro(-)locally
микрорасслоение micro(-)bundle
   кусочно-линейное ~ piecewise linear micro(-)bundle
минимакс minimax
минимаксность minimaxity
   асимптотическая ~ asymptotic minimaxity
минимально minimally
минимальность minimality
   локальная ~ local minimality
минимальный minimal
   относительно ~ relatively minimal
минимизация minimization
   ~ автоматов minimization of automata
   ~ площади minimization of area
   ~ функций minimization of functions
   ~ функционала minimization of a functional
   безусловная ~ unconstrained minimization
   условная ~ constrained minimization
   численная ~ numerical minimization
минимизировать minimize
   ~ сумму minimize a sum
   ~ функционал minimize a functional
минимум minimum
   ~ последовательности minimum of a sequence
   ~ с условием constrained minimum, minimum with a constraint, minimum with a condition
   ~ функции minimum of a function
   ~ функционала minimum of a functional
   абсолютный ~ absolute minimum
   арифметический ~ arithmetic minimum
   безусловный ~ free minimum
   глобальный ~ global minimum
   локальный ~ local minimum
   нестрогий ~ weak minimum
   однородный ~ homogeneous minimum
   относительный ~ relative minimum
   последовательные ~ы successive minimum points

 сильный ~ strong minimum
 слабый ~ weak minimum
 условный ~ constrained minimum, minimum with a constraint, minimum with a condition
минор minor
 ~ **матрицы** minor of a matrix
 ~ **определителя** minor of a determinant
 ~ **порядка** n minor of order n, n^{th} minor
 r-**ый** ~ (**Фредгольма**) r^{th} minor
 ведущий ~ leading minor
 главный ~ principal minor
 дополнительный ~ complementary minor
 ненулевой ~ non(-)vanishing minor
миноранта minorant, minor(ant) function
минус minus, sign of subtraction
минута minute
мир world
мнимый imaginary
 чисто ~ purely imaginary
много- poly-, multi-
много many
 бесконечно ~ infinitely many
многогранник polytope, polyhedron
 абстрактный ~ abstract polyhedron
 вписанный ~ inscribed polyhedron
 выпуклый ~ convex polyhedron, convex polytope
 двойственный ~ dual polyhedron
 звёздчатый ~ star polyhedron, stellated polyhedron, star polytope, non(-)convex polyhedron, Poinsot('s) polyhedron
 невыпуклый ~ star polyhedron, stellated polyhedron, star polytope, non(-)convex polyhedron, Poinsot('s) polyhedron
 полуправильный ~ semi(-)regular polytope, semi(-)regular polyhedron, Archimedean body
 правильный ~ regular polyhedron, regular polytope, Platonic body
 простой ~ simple polyhedron
 равносоставленные ~ **и** equidecomposable polyhedrons
 целочисленный ~ integral polyhedron, integer polyhedron
многогранный polyhedral
многодольный multi(-)partite
многозначность multi(-)valuedness
многозначный many-valued, multi(-)valued, multiple-valued
многокорневой multi(-)rooted
многолистный many-sheeted
многомерный multi(-)dimensional, many-dimensional
многообрази‖**е** manifold, variety
 ~ **алгебр** variety of algebras
 ~ **алгебраических систем** lattice variety
 ~ **без края** manifold without boundary
 ~ **вырождения** manifold of singularity
 ~ **гиперболического типа** manifold of hyperbolic type
 ~ **групп** manifold of groups, variety of groups
 ~ **класса** C^k manifold of class C^k
 ~ **класса** r variety of class r
 ~ **когомологий** homology manifold
 ~ **кэлерова типа** manifold of Kähler type
 ~ **матриц** matrix manifold
 ~ **модулей** variety of moduli
 ~ **ограниченной кривизны** manifold of bounded curvature
 ~ **отрицательной кривизны** manifold with negative curvature
 ~ **полосок** variety of elements
 ~ **полугрупп** variety of semigroups
 ~ **решений** manifold of solutions
 ~ **СМ-типа** variety of CM-type
 ~ **с дистрибутивными конгруэнциями** congruence-distributive equational class

многообрази∥е *(continued)*
  ~ **с заданной кривизной** manifold with pre(-)assigned curvature
  ~ **с краем** manifold with boundary, bounded manifold
  ~ **со связностью** manifold with connection
  ~ **уровня** level manifold
  ~ **Штейна** holomorphically complete manifold
  ~ **, эквивалентное нулю** manifold equivalent to zero
  ~ **языков** variety of languages
  ~ **Якоби** Jacobian variety
  (B, f)- ~ (B, f)-manifold
  h-кобордантные ~ я h-cobordant manifolds
  C^2-**гладкое ~** C^2-manifold
  C^r**- ~** X-manifold of class C^r
  k-мерное линейное ~ k-flat
  n-мерное ~ n-dimensional manifold
  π- ~ π-manifold
  абелево ~ Abelian manifold, Abelian variety
  абсолютное ~ absolute variety
  абстрактное ~ abstract manifold, abstract variety
  алгебраическое ~ algebraic(al) manifold, algebraic(al) variety
  аналитически неприводимое ~ analytically irreducible variety
  аналитическое ~ analytic(al) manifold, analytic(al) variety
  арифметическое Коэна-Маколея arithmetically Cohen-Macaulay variety
  асимметричное ~ asymmetric(al) variety
  аффинное ~ affine manifold, linear manifold
  базируемое ~ based variety
  бесконечномерное ~ infinite-dimensional manifold
  вещественное ~ real manifold
  вещественно-аналитическое ~ real analytic manifold
  вложенное ~ embedded manifold, embedded variety
  вложимое ~ embeddable manifold
  вполне геодезическое ~ totally geodesic manifold
  геодезическое ~ geodesic manifold
  гиперболическое ~ hyperbolic manifold
  гладкое ~ smooth manifold, smooth variety
  голоморфно полное ~ holomorphically complete manifold
  голоморфное ~ holomorphic manifold
  гомеоморфные ~ я homeomorphic manifolds
  гомологическое ~ homology manifold
  гомотопически эквивалентное ~ homotopy equivalent manifold
  грассманово ~ Grassmann('s) manifold
  двойственное ~ dual variety
  двумерное ~ two-(dimensional) manifold
  двумерное ~ класса r surface of class r
  действительное ~ real variety
  детерминантное ~ determinant manifold
  дикое ~ wild manifold
  диффеоморфные ~ я diffeomorphic manifolds
  дифференциальное ~ differential manifold
  дифференцируемое ~ differentiable manifold
  дифференцируемое ~ класса C^k C^k-manifold
  евклидово ~ Euclidean manifold, Euclidean variety
  замкнутое ~ closed manifold
  изометричное ~ isometric manifold
  инвариантное ~ invariant manifold, invariant point

интегральное ~ integral manifold, integral variety
иррегулярное ~ irregular variety
калибровочное ~ gauge variety
канторово ~ Cantorian manifold
касательное ~ tangential variety
квазикомплексное ~ quasi(-)complex manifold
кватернионное ~ quaternion(ic) manifold
кватернионное кэлерово ~ special manifold
кобордантные ~ **я** cobordant manifolds
когомологические ~ cohomology manifold
комбинаторное ~ combinatorial manifold
компактное ~ compact manifold, paracompact manifold
компактное ориентируемое двумерное ~ surface with boundary
комплексное ~ complex (analytic) manifold, complex variety
комплексное аналитическое ~ complex (analytic) manifold, complex variety
комплексное (аналитическое) ~ **над C^n** Riemann('s) domain
конечно базируемое ~ finitely based variety
конечномерное ~ finite-dimensional manifold
контактное ~ contact manifold
конформное ~ conformal manifold
кусочно-линейное ~ piecewise linear manifold, PL-manifold
кэлерово ~ Kähler(ian) manifold
лагранжево ~ Lagrangian manifold
линейное ~ linear manifold, linear variety, flat, affine subspace
локально плоское ~ locally flat manifold
маломерное ~ low-dimensional manifold
минимальное ~ minimal manifold, minimal variety
многомерное ~ multi(-)dimensional manifold
модулярное ~ modular variety
накрывающее ~ covering manifold
некомпактное ~ non(-)compact manifold
неориентируемое ~ non(-)orientable manifold
неособое ~ non(-)singular variety, variety without singularities, variety free from singularities
непересекающиеся ~ **я** disjoint manifolds
неприводимое ~ irreducible manifold, irreducible variety
несвязное ~ disconnected manifold
несглаживаемое ~ non(-)smoothable variety
неустойчивое ~ unstable manifold
нечётномерное ~ odd-dimensional manifold
нормальное ~ normal manifold, normal variety
нулевое ~ zero variety, null variety
нуль- ~ zero variety, null variety
обобщённое ~ generalized manifold, homology manifold
общее ~ general variety, generic variety
объемлющее ~ ambient manifold, underlying manifold, surrounding manifold
одномерное ~ one-(dimensional)manifold, long line
однородное ~ homogeneous manifold, homogeneous variety
односвязное ~ one-connected manifold; simply connected manifold
опорное ~ manifold of support
ориентированное ~ oriented manifold
ориентируемое ~ orientable manifold
оснащённое ~ framed manifold

многообрази∥е *(continued)*
  особое ~ singular manifold
  открытое ~ open manifold
  относительное ~ relative manifold
  параболическое ~ parabolic manifold
  паракомпактное ~ para(-)compact manifold
  параллелизуемое ~ parallelizable manifold, parallelizable variety
  параметрическое ~ parameter variety
  плоское ~ flat manifold
  погружённое ~ immersed manifold
  полиэдральное ~ polyhedral manifold
  полное ~ complete manifold, complete variety
  поляризованное ~ polarized manifold, polarized variety
  полярное ~ polar manifold
  почти комплексное ~ almost complex manifold
  почти контактное ~ almost contact manifold
  почти кроссово ~ almost-Cross variety
  представляющее ~ representing manifold
  приводимое ~ reducible variety
  проективное ~ projective variety, projective manifold
  проколотое ~ punctured manifold
  простое ~ prime manifold; simple variety
  пространственно-подобное ~ space-like manifold
  разрешимое ~ solvmanifold
  расслоенное ~ fibered manifold; foliated manifold
  рациональное ~ rational variety
  регулярное ~ regular variety
  риманово ~ Riemannian manifold, Riemannian variety
  связное ~ connected manifold, connected variety
  сглаживаемое ~ smoothable variety
  симметричное ~ symmetric manifold
  симплектическое ~ symplectic manifold
  сингулярное ~ singular manifold
  спектральное ~ spectral manifold
  специальное ~ special manifold
  спинорное ~ spinor(ial) manifold
  стабильно параллелизуемое ~ stably parallelizable manifold
  стабильное ~ stable manifold
  стандартное ~ standard manifold
  стягиваемое ~ contractible manifold
  топологическое ~ topological manifold, locally Euclidean space
  тороидальное ~ toroidal manifold
  трёхмерное ~ three-manifold
  трёхмерное ~ , не изоморфное трёхмерной сфере non(-)trivial three-manifold
  универсальное ~ universal manifold, universal variety
  унирациональное ~ unirational variety
  устойчивое ~ stable manifold
  фиксированное ~ fixed manifold
  финслерово ~ Finsler('s) manifold
  флаговое ~ flag manifold, flag variety
  характеристическое ~ characteristic manifold
  чётномерное ~ even-dimensional manifold
  четырёхмерное ~ four-(dimensional)manifold
  чистое ~ pure variety
  шубертово ~ Schubert('s) variety
  эквивалентное ~ equivalent manifold, equivalent variety
  эрмитово ~ Hermitian manifold
  якобиево ~ Jacobian variety
многополюсник multi(-)port network, M-port network
многосвязный multiply connected

многосторонний multi(-)lateral
многосторонник multi(-)lateral
многоугольник polygon, n-gon
~ **Ньютона** Newton('s) diagram
вписанный ~ inscribed polygon
взаимный ~ reciprocal polytope
выпуклый ~ convex polygon
звёздчато-правильный ~ star polygon
звёздчатый ~ star polygon
криволинейный ~ curvilinear polygon
круговой ~ circular polygon
метрически правильный ~ regular polygon, regular n-gon
описанный ~ circumscribed polygon
ориентированный ~ oriented polygon
плоский ~ plane polygon
полуправильный ~ semi(-)regular polygon
правильный ~ regular polygon, regular n-gon
простой ~ simple polygon
равнодополняемые ~ **и** supplementation-equal polygons
равносоставленные ~ **и** decomposition-equal polygons
самопересекающийся ~ self(-)intersecting polygon, reflex polygon
сферический ~ spherical polygon
топологический ~ topological polygon
многоугольный polygonal
многочлен polynomial, *polynome*
~ , **аннулирующий (*оператор*) A** A-annihilator
~ **Бернулли** Bernoullian polynomial
~ **деления круга** cyclotomic polynomial
~ **над кольцом** polynomial over a ring
~ **над полем** polynomial over a field
~ **наилучшего приближения** polynomial of best approximation
~ **наименьшего отклонения** polynomial of least deviation
~ **от нескольких переменных** polynomial in several indeterminates, polynomial in several variables, multinomial
~ **от одной переменной** polynomial in one variable
~ **степени** n polynomial of degree n
~ **Чебышева-Эрмита** Hermitian polynomial
~ **Эрмита** Hermitian polynomial
n- ~ -**ый** n^{th} polynomial
абсолютно неприводимый ~ absolutely irreducible polynomial
алгебраический ~ algebraic(al) polynomial
аннулирующий ~ annihilator
биномиальный ~ binomial polynomial
взаимно простые ~ **ы** relatively prime polynomials
взаимные ~ **ы** reciprocal polynomials
выделенный ~ distinguished polynomial
гармонический ~ harmonic polynomial
гипергеометрический ~ hyper(-)geometric(al) polynomial
дифференциальный ~ differential polynomial
знакопеременный ~ alternating polynomial
изобарический ~ isobaric polynomial
интегральный ~ integral polynomial
интерполирующий ~ interpolating polynomial
интерполяционный ~ interpolation polynomial
классический ~ classical polynomial
конгруэнтный ~ congruent polynomial
косой ~ skew polynomial

многочлен (continued)
  кососимметрический ~ alternating polynomial
  круговой ~ cyclotomic polynomial
  кубический ~ cubic polynomial
  линейно зависимые ~ы linearly dependent polynomials
  линейно независимые ~ы linearly independent polynomials
  матричный ~ matrix polynomial
  минимальный ~ minimum polynomial, minimal polynomial
  некоммутативный ~ non(-)commutative polynomial
  ненулевой ~ non(-)zero polynomial
  неполный ~ incomplete polynomial
  неприводимый ~ irreducible polynomial
  несепарабельный ~ inseparable polynomial
  нечётный ~ odd polynomial
  нормальный ~ normal polynomial
  нулевой ~ zero polynomial, null polynomial
  обобщённый ~ generalized polynomial
  общий ~ general polynomial
  однородный ~ homogeneous polynomial
  ортогональные ~ы orthogonal polynomials
  полный ~ complete polynomial
  постоянный ~ constant polynomial
  приведённый ~ reduced polynomial
  приводимый ~ reducible polynomial
  примитивный ~ primitive polynomial
  присоединённый ~ associated polynomial
  равные ~ы identical polynomials
  разложенный ~ expanded polynomial
  размерностный ~ dimension polynomial
  решётчатый ~ lattice polynomial
  сепарабельный ~ separable polynomial
  симметрический ~ symmetric polynomial
  ультрасферический ~ ultra(-)spherical polynomial
  унитарный ~ monic polynomial
  устойчивый ~ Hurwitz('s) polynomial
  фиксированный ~ fixed polynomial
  характеристический ~ characteristic polynomial
  хроматический ~ chromatic polynomial
  целозначный ~ integral-valued polynomial
  целый ~ integral polynomial
  центральный ~ central polynomial
  циклический ~ cyclic polynomial
  чётный ~ even polynomial
  экстремальный ~ extremal polynomial
  элементарный ~ elementary polynomial
многочленный polynomial
множеств∥**о** set; assemblage; spread
  ~ автоморфизмов set of automorphisms
  ~ аналитичности set of analyticity
  ~ антисимметрии set of anti(-)symmetry
  ~ бесконечного типа set of infinite type
  ~ векторов set of vectors
  ~ вершин set of vertices
  ~ возможностей possibility set
  ~ всех подмножеств set of all subsets, power set
  ~ второй категории non(-)meager set, residual set, set of the second category
  ~ выбора selection set
  ~ единственности set of uniqueness

~ значений   set of values, co(-)domain
~ значений функции   range of a function
~ идеалов   set of ideals
~, измеримое по Борелю   Borel('s) set, Borelian set
~, измеримое по ёмкости   capacitable set
~, измеримое по Лебегу   Lebesgue-measureable set
~ истинности   truth set
~ Кантора   Cantor('s) discontinuum
~ катастроф   catastrophe set
~ классов   set of classes
~ конечного типа   set of finite type
~ кратных   set of multiples
~ кривых   set of curves
~ Лузина   projective set
~ малой меры   set of small measure
~ матриц   set of matrices
~ меры нуль   set of measure zero
~ многообразий   set of manifolds
~ мощности континуум   set of continuum power
~ наблюдений   set of observations
~ направлений   set of directions
~ неединственности   M-set
~ неподвижных точек   fixed-point set
~ неразличимых элементов   indiscernible set
~ нулей   zero set, null set, set of zeroes
~ образов   image set
~ объектов   set of objects
~ операторов   set of operators
~ отображений   set of mappings
~ пар   set of pairs
~ первой категории   set of the first category, meager set
~ а, пересекающиеся в не более чем конечном числе точек   almost disjoint sets
~ пика   peak set
~ планов   constraint set
~ полей   set of fields
~ порядка α set of type α

~ последовательностей   set of sequences
~ прямых   set of lines
~ путей   set of paths
~ раздела   cut locus
~ разреза   cut locus
~ решений   set of solutions
~ решений уравнения   truth set
~ рядов   set of series
~ слов   set of words
~ состояний   set of states, space of states; list of states
~ спектрального синтеза   spectral set
~ степеней   set of degrees
~ стратегий   set of strategies; strategy space
~ сходимости   set of convergence
~ типа F_σ F_σ-set
~ типа G_σ G_σ-set
~ точек   set of points
~ уровня   level set
~ условий   set of conditions
~ формул   set of formulas
~ функционалов   set of functionals
~ функций   set of functions
~ характеров   character module
~ целых чисел   set of integers
~ цепей   set of chains
~ циклов   set of cycles
~ чисел   set of numbers
~ элементов   set of elements
A- ~   A-set, analytic(al) set, Souslin('s) set
α-предельное ~   negative limit set
B- ~   Borel('s) set, Borelian set
B-измеримое ~   Borel('s) set, Borelian set
C- ~   C-set
CA- ~   CA-set
d-мерное ~ d-dimensional set
ε- ~   epsilon-set
F_σ- ~ F_σ-set
G_σ- ~ G_σ-set
k- ~ k-set
k-аналитическое ~ k-analytic set

множеств‖о *(continued)*
  M- ~ M-set
  M-определимое ~ set definable in a model M
  μ-измеримое ~ mu-measurable set
  n- ~ n-set
  n-мерное ~ n-dimensional set
  n-элементное ~ n-element set
  (o)-полное ~ order-complete set
  P-выпуклое ~ P-convex set
  P-нулевое ~ P-zero set
  U- ~ set of uniqueness
  абсолютно выпуклое ~ absolutely convex set
  абсолютное ~ absolute set
  абстрактное ~ abstract set
  алгебраическое ~ algebraic set
  аналитическое ~ analytic(al) set, A-set, Souslin('s) set
  антисимметрическое ~ anti(-)symmetric(al) set
  антисимметричное ~ anti(-)symmetric(al) set
  асимптотическое ~ asymptotic set
  ассоциированное ~ associated set
  аффинное ~ affine set
  ациклическое ~ acyclic set
  базисное ~ basic set
  бесконечное ~ infinite set
  бикомпактное ~ bi(-)compact set
  бифуркационное ~ bifurcation set
  близкие ~ **a** close sets
  блуждающее ~ wandering set
  богатое ~ rich set
  борелевское ~ Borel('s) set, Borelian set
  бэровское ~ Baire('s) set
  вложенное ~ embedded set
  внешнее устойчивое ~ externally stable set
  внутреннее устойчивое ~ internally stable set
  возрастающее ~ increasing set
  вполне несвязное ~ totally disconnected set
  вполне ограниченное ~ totally bounded set
  вполне упорядоченное ~ well-ordered set, totally ordered set
  всюду плотное ~ dense set, everywhere dense set
  выпуклое ~ convex set
  вырожденное ~ singular set
  генерическое ~ generic set
  гиперболическое ~ hyperbolic set
  гиперимунное ~ hyper(-)immune set
  гиперпростое ~ hyper(-)simple set
  главное ~ principal set
  гомотопическое ~ homotopy set
  граничное ~ boundary set
  двойственное частично упорядоченное ~ dual of a partly ordered set
  дизъюнктивные ~ **a** disjoint sets
  дико вложенное ~ wildly embedded set
  диофантово ~ Diophantine set
  дискретное ~ discrete set, trivial set
  дисперсионное ~ dispersion set
  доверительное ~ confidence set
  доминирующее ~ dominating set
  дополнительное ~ complementary set
  допустимое ~ admissible set, constraint set
  дуальное частично упорядоченное ~ dual of a partly ordered set, dual poset
  зависимое ~ dependent set
  закругленное ~ balanced set, circled set
  замкнутое ~ closed set
  запрещённое ~ taboo set
  звёздное ~ starlike set
  измеримое ~ measurable set
  изолированное ~ isolated set
  изоморфные ~ **a** isomorphic sets
  иммунное ~ immune set
  инвариантное ~ invariant set, invariant point

множеств ‖ о

индексное ~   index(ing) set, indexed set
индуктивное ~   inductive set
инициальное ~   initial set
интерполирующее ~   interpolation set
информационное ~   information set
исключительное ~   exceptional set
каноническое ~   canonical set
канторово ~   Cantor('s) set
канторово совершенное ~   Cantor('s) discontinuum
касательное ~   tangent set
квадрируемое ~   squarable set
квазиминимальное ~   quasi(-)minimal set
квазиупорядоченное ~   quasi(-)ordered set
кодовое ~   code set
компактное ~   compact set, quasi(-)compact set
конгруэнтные ~ a   congruent sets
конечное ~   finite set
конструктивное ~   constructible set, constructive set
континуальное ~   set of continuum power
конулевое ~   co(-)zero set
креативное ~   creative set
криволинейное ~   curvilinear set
критическое ~   critical set
линейно независимое ~   linearly independent set
линейно упорядоченное ~   linearly ordered set
линейное ~   linear set
локально выпуклое ~   locally convex set
локально замкнутое ~   locally closed set
локально связное ~   locally connected set
мажорируемое ~   majorizable set
максимальное ~   maximum set
малое ~   small set

метризуемое ~   metrizable set
минимальное ~   minimal set; minimal orbit closure; minimal space
монотонное ~   monotone set
мультипликативное ~   multiplicative system
наибольшее ~   largest set
наименьшее ~   smallest set
направленное ~   directed set
направленное вверх ~   right-directed set
направленное вниз ~   left-directed set
насыщенное ~   saturated set
неблуждающее ~   non(-)wandering set
невыпуклое ~   non(-)convex set
негладкое ~   non(-)smooth set
независимое ~   independent set
неизмеримое ~   non(-)measurable set
неограниченное ~   unbounded set
неотделимые ~ a   inseparable sets
непересекающиеся ~ a   disjoint sets
непрерывное ~   continuous set
неприводимое ~   irreducible set
непустое ~   non(-)empty set
несвободное ~   dependent set
несвязное ~   disconnected set
несчётное ~   uncountable set, non(-)denumerable set
нетривиальное ~   non(-)trivial set
неупорядоченное ~   unordered set
нигде не плотное ~   nowhere dense set
номерное ~   indexed set, index(-)ing set
нормальное ~   normal set
нулевое ~   zero set, null set
нуль- ~   zero set, null set
нульмерное ~   zero-dimensional set
нумерованное ~   numbered set
обобщённое ~   generalized set
общерекурсивное ~   recursive set
объемлющее ~   underlying set

множеств‖**о** *(continued)*
  ограниченное ~ bounded set
  ограниченное по упорядочению ~ order-bounded set
  однородное *d*-**мерное** ~ purely *d*-dimensional set
  односвязное ~ simply connected set
  одноточечное ~ one-point set
  одноэлементное ~ one-element set, singleton
  опорное ~ set of support
  определимое ~ definable set
  определимое в модели ~ set definable in a model
  определяющее ~ determining set
  ортогональные ~ **а** orthogonal sets
  ортонормированное ~ orthonormal set; orthonormal system
  особое ~ singular set
  остаточное ~ non(-)meager set, residual set, set of the second category
  отделимое ~ separable set
  отделяющее ~ separating set
  открыто-замкнутое ~ open and closed set, clopen set
  открытое ~ open set
  открытое по Зарискому ~ Zariski-open set
  отмеченное ~ distinguished set
  относительно замкнутое ~ relative(ly) closed set
  относительно компактное ~ relative(ly) compact set
  относительно открытое ~ relative(ly) open set
  относительное ~ relative set
  параллельное ~ parallel set
  параметрическое ~ parameter set
  пассивно рекурсивно перечислимое ~ tame recursively enumerable set
  пересекающиеся ~ **а** intersecting sets
  перечислимое ~ enumerable set
  периодическое ~ periodic set
  плоское ~ planar set, flat set
  плотное ~ dense set, everywhere dense set
  плотное в себе ~ dense-in-itself set
  поглощающее ~ absorbing set
  подобные ~ **а** similar sets
  покрывающее ~ covering set
  полиэдральное ~ polyhedral set
  полуаналитическое ~ semi(-)analytic(al) set
  полусимплициальное ~ semi(-)simplicial set
  полное ~ complete set
  полярное ~ polar set
  попарно непересекающиеся ~ **а** mutually disjoint sets
  пористое ~ porous set
  порождающее ~ generating set
  порядково-гомоморфное ~ order-homomorphic set
  порядково-ограниченное ~ order-bounded set
  порядково-полное ~ order-complete set
  правильное ~ regular set
  предельное ~ limit(ing) set; interior cluster set; cluster set
  предкомпактное ~ pre(-)compact set
  предпочтительное ~ preferred set
  предупорядоченное ~ pre(-)ordered set
  приводимое ~ reducible set
  примитивное ~ primitive set
  продуктивное ~ productive set
  проективное ~ projective set
  проекционное ~ projection set
  производное ~ derived set
  простое ~ simple set
  пространственное ~ space set
  пустое ~ empty set
  равномерно непрерывное ~ uniformly continuous set

равномерно ограниченное ~ uniformly bounded set
равномощные ~ a equi(-)potent sets, equi(-)pollent sets, equivalent sets
равностепенно непрерывное ~ equi(-)continuous set
равные ~ a equal sets
радиальное ~ absorbing set
различимое ~ distinguishable set
разностное ~ difference set
разреженное ~ scattered set
разрешимое ~ solvable set
разумное ~ reasonable set
рациональное ~ rational set
регрессивное ~ regressive set
регулярное ~ regular set
резидуальное ~ non(-)meager set, residual set, set of the second category
резольвентное ~ resolvent set
рекуррентное ~ recurrent set
рекурсивно перечислимое ~ recursively enumerable set
рекурсивное ~ recursive set
решёточно упорядоченное ~ lattice-ordered set
свободное ~ free set
связное ~ connected set
сепарабельное ~ separable set
сильно P-выпуклое ~ strongly P-convex set
симметричное ~ symmetric(al) set
симплициальное ~ simplicial set, semi(-)simplicial complex
сингулярное ~ singular set
сингулярное симплициальное ~ singular n-simplex
слабо блуждающее ~ weakly wandering set
совершенное ~ perfect set
совершенное разностное ~ difference set
совместное ~ compatible set
сопряжённое ~ conjugate set
спектральное ~ spectral set
стационарное ~ stationary set
стратифицированное ~ stratified set
строго P-выпуклое ~ strongly P-convex set
строго отделимые ~ a strictly separated sets
стягивающее ~ spanning set
суслинское ~ A-set; analytic(al) set; Souslin('s) set
счётнокомпактное ~ countably compact set
счётное множество ~ countable set, denumerable set, enumerable set
счётное бесконечное ~ countably infinite set
творческое ~ creative set
терминальное ~ terminal set
тонко открытое ~ finely open set
тонкое ~ thin set
тотальное ~ total set
точечное ~ point set
транзитивное ~ transitive set
трансверсальное ~ transversal set
тривиальное ~ discrete set, trivial set
узловое ~ nodal set
универсальное ~ universal set, universe, universe of discourse
униформное ~ uniform set
упорядоченное ~ ordered set
уравновешенное ~ balanced set, circled set
условно компактное ~ conditionally compact set
устойчивое ~ stable set
устранимое ~ removable set
фиксированное ~ fixed set
фильтрующееся ~ filtrant set, filtering set
финальное ~ final set
функциональное ~ function-theoretic set
циклическое ~ cyclic set
цилиндрическое ~ cylinder set
частично упорядоченное ~ semi(-)ordered set, partially ordered set, poset

множество *(continued)*
  частное ~ partial set
  чебышевское ~ Chebyshev('s) set
  числовое ~ set of numbers
  широкое ~ wide set
  эффективное ~ effective domain
  эквивалентные ~ а equi(-)potent sets, equi(-)pollent sets, equivalent sets

множимое multiplicand

множитель multiplier
  ~ разностного множества multiplier of a difference set
  ~ сходимости convergence factor
  единичный ~ unit multiplier
  ненулевой ~ non(-)zero multiplier
  неопределённый ~ undetermined multiplier
  нормировочный ~ normalizing factor
  постоянный ~ constant multiplier
  предэкспоненциальный ~ pre-exponential factor
  фазовый ~ phase factor

мода mode
  выборочная ~ sample mode, empirical mode
  эмпирическая ~ sample mode, empirical mode

модальность modality
  двойственная ~ dual modality

модальный modal

моделирование simulation; modeling
  ~ методом Монте Карло Monte Carlo simulation
  ~ на решётке modeling on a lattice
  ~ по ценности modeling by value
  ~ процесса modeling a process
  ~ распределения modeling of a distribution
  ~ случайных величин modeling of random variables
  ~ функций modeling of functions
  аналоговое ~ analog simulation
  вероятностное ~ probabilistic modeling
  математическое ~ mathematical modeling
  статистическое ~ statistical modeling
  экономико-математическое ~ economico-mathematical modeling
  эффективное ~ efficient modeling

моделировать model
  ~ деформацию model a deformation
  ~ многообразие model a manifold
  ~ распределение model a distribution
  ~ ситуацию model a situation
  ~ цепь model a chain

модель model
  β- ~ beta-model
  ~ авторегрессии autoregression model
  ~ ближайшего соседа nearest-neighbor model
  ~ геометрии model of geometry
  ~ категории model of a category
  ~ ошибок error model
  ~ поля model of a field
  ~ пространства model of space
  ~ рынка market model
  ~ с постоянными факторами fixed-effect model
  ~ со случайными факторами random-effect model
  ~ теории model of a theory
  ~ хранения storage model
  ~ эксперимента model for an experiment
  ~ эпидемии contagion model, epidemic model
  ~ языка model of a language
  n-мерная ~ n-(dimensional) model
  абсолютная ~ absolute model
  абсолютно минимальная ~ absolute(ly) minimal model
  автоустойчивая ~ auto(-)stable model
  аналитическая ~ analytic(al) model
  ацикличная ~ acyclic model
  бесконечная ~ infinite model

бирациональная ~ bi(-)rational model
булевозначная ~ Boolean-valued model
вероятностная ~ probability model
вычислительная ~ computational model
геометрическая ~ geometric model
двухсекторная ~ two-sector model
двухфакторная ~ two-factor(ial) model
детерминированная ~ deterministic model
естественная ~ natural model
закрытая ~ closed model
замкнутая ~ Леонтьева Leontief('s) model, Leontief('s) system
изоморфные ~ и isomorphic models
интенсиональная ~ intensional model
каноническая ~ canonical model
каркасная ~ skeleton model, wire model
категоричная ~ categorical model
конечная ~ finite model
конкурирующая ~ competing model
конструктивная ~ constructible model, constructive model
кооперативная ~ cooperative model
линейная ~ linear model
марковская ~ Markovian model
математическая ~ mathematical model
метрическая ~ metric model
минимальная ~ minimal model
многомерная ~ multidimensional model, multi(-)variate model
многофакторная ~ multi(-)factor model
насыщенная ~ saturated model
неособая ~ non(-)singular model
нестандартная ~ non(-)absolute model; non(-)standard model
нумерованная ~ enumerable model
обобщённая ~ generalized model
обучающаяся ~ learning model
общая ~ general model
одномерная ~ 1-dimensional model
оптимизационная ~ optimization model
основная ~ ground model
особая ~ singular model
относительно минимальная ~ relatively minimal model
полиномиальная ~ polynomial model
предельная ~ limit model
проективная ~ projective model
регрессионная ~ regression model
рекурсивно устойчивая ~ auto(-)stable model
символическая ~ symbolic model
сложная ~ complicated model
смешанная ~ mixed model
специальная ~ special model
стандартная ~ standard model
статистическая ~ statistical model
статическая ~ static model
стохастическая ~ stochastic model
стратегическая ~ strategic model
счётная ~ countable model
топологическая ~ topological model
трёхмодовая ~ 3-mode model
упрощённая ~ simplified model
устойчивая ~ stable model
фиктивная ~ fictitious model
формальная ~ formal model
модификация modification
~ определения modification of a definition
~ процесса modification of a process
~ теоремы modification of a theorem

модификация (continued)
  естественная ~ natural modification
  стохастическая ~ stochastic modification
модифицированный modified
модифицировать modify
  ~ рассуждения modify reasoning
монада monad
монадический monadic
модул‖ь modulus; module; absolute value; numerical size ◊ **по ~ ю** in modulus
  ~ алгебраической поверхности modulus of an algebraic surface
  ~ алгоритма module of an algorithm
  ~ без кручения module without torsion, torsion-free module
  ~ вектора modulus of a vector
  ~ выпуклости modulus of convexity
  ~ гомологий homology module
  ~ гомоморфизмов modulus of homomorphisms
  ~ границ module of boundaries
  ~ группы group module
  ~ зацепления link module
  ~ когомологий cohomology module
  ~ кольца module over a ring
  ~ комплексного числа modulus of a complex number
  ~ конечного типа module of finite type
  ~ кручения torsion module, periodic module
  ~ многочленов polynomial module
  ~ над алгеброй algebra module
  ~ над кольцом module over a ring
  ~ непрерывности modulus of continuity
  ~ области module of a domain; modulus of a domain
  ~ перехода от натуральных логарифмов к десятичным modulus of common logarithms
  ~ периодичности modulus of periodicity; period
  ~ периодов group of periods, module of periods
  ~ почти периодической функции modulus of an almost periodic function
  ~ представления module of a representation
  ~ расширений module of extensions
  ~ , порождённый одним элементом monomial module
  ~ семейства кривых module of a curve family
  ~ сизигий module of syzygies
  ~ сравнения modulus of a congruence
  ~ точности modulus of precision
  ~ тэта-функции modulus of a theta-function
  ~ числа modulus of a number
  ~ эллиптического интеграла modulus of an elliptic integral
  ~ эллиптической функции modulus of an elliptic function
  ~ частных module of quotients
  A- ~ A-module
  O- ~ O-module
  Ω- ~ omega-module
  π- ~ pi-module
  R- ~ R-module
  S- ~ S-module
  Σ-инъективный ~ sigma-injective module
артинов ~ Artinian module
ассоциированный ~ associated module
банахов ~ Banach('s) module
большой ~ large module
ведущий ~ general modulus
векторный ~ vector module
весовой ~ weight space
вполне приводимый ~ completely reducible module, semi(-)prime module, semi(-)simple module

вторичный ~ secondary module
главный ~ principal module
градуированный ~ graded module
групповой ~ group module
двойной ~ bi(-)module
двойственный ~ dual module, conjugate module
двусторонний ~ two-sided module
делимый ~ divisible module
дифференциальный ~ differential module
доминантный ~ dominant module
дополнительный ~ complementary module
дуализирующий ~ dualizing module
дуальный ~ dual module, conjugate module
инвариантный ~ invariant module
индуцированный ~ induced module
инъективный ~ injective module
квадратичный ~ quadratic module
квазиинъективный ~ quasi(-)injective module
когерентный ~ coherent module
когомологически тривиальный ~ cohomologically trivial module
компактный ~ compact module
конечно порождённый ~ finitely generated module
конечно представимый ~ finitely presentable module
конечный ~ finite module
левый ~ left module
лежандров ~ Legendre('s) modulus
линейно компактный ~ linearly compact module
локально линейно компактный ~ locally linearly compact module
локально свободный ~ locally free module
локальный ~ local module
максимальный ~ maximum modulus
малый ~ small module
минимальный ~ minimum module
неприводимый ~ prime module, simple module, irreducible module, indecomposable module
нётеров ~ Noetherian module
обобщённый ~ generalized module
обратимый ~ invertible module
операторный ~ operator module
основной ~ general module
периодический ~ torsion module, periodic module
плоский ~ flat module
полный ~ complete module
полуинъективный ~ semi(-)injective module
полулокальный ~ semi(-)local module
полупростой ~ completely reducible module, semi(-)prime module, semi(-)simple module
правый ~ right module
приведённый ~ reduced module
примарный ~ primary module
присоединённый ~ associated module
проективный ~ projective module
простой ~ prime module, simple module, irreducible module, indecomposable module
разложимый ~ decomposable module
рефлексивный ~ reflexive module
сбалансированный ~ balanced module
свободный ~ free module
скрещённый ~ crossed module
совершенный ~ perfect module
сопряжённый ~ dual module, conjugate module
структурно-упорядоченный ~ lattice-ordered module

модул‖ь (continued)
   топологический ~ topological module
   точный ~ faithful module
   тривиальный ~ trivial module
   унитарный ~ unitary module
   упорядоченный ~ ordered module
   фильтрованный ~ filtered module
   целочисленный ~ integral module
   циклический ~ cyclic module
   числовой ~ number module
   эквивалентный ~ equivalent module
   эрмитов ~ Hermitian module
модулярный modular
модус поненс *modus ponens*
момент moment; epoch
   ~ обрыва life time
   ~ остановки stop(ping) time
   ~ первого выхода на границу first-passage time to boundary
   ~ порядка k k^{th} moment
   ~ регенерации regeneration epoch, regeneration time
   абсолютный ~ absolute moment
   выборочный ~ population moment, sample moment, sampling moment
   заключительный ~ passive state
   марковский ~ Markov('s) time, stop(ping) time
   начальный ~ starting time
   первый ~ first moment
   смешанный ~ product moment
   статистический ~ statistical moment
   тригонометрический ~ trigonometric moment
   центральный ~ central moment
   центрированный ~ centered moment
   факториальный ~ factorial moment
   эмпирический ~ empirical moment
моно- mono-
моноассоциативный mono(-)associative
моногенность monogeneity
моногенный monogenic
монография monograph
   математическая ~ monograph on mathematics
монодромия monodromy
   ~ накрытия monodromy of a covering
   ~ семейства monodromy of a family
моноид monoid
   вполне упорядоченный ~ linearly ordered monoid
   свободный ~ free monoid
   упорядоченный ~ ordered monoid
моноидальный monoidal
монолит monolith
моном monomial
мономиальность monomiality
мономиальный monomial
мономорфизм monomorphism
   ~ в категории monomorphism in a category
   ~ вложения embedding monomorphism
   ~ групп monomorphism of groups
монополе mono(-)field
монотонно monotonically
монотонность monotonicity
   ~ функции monotonicity of a function
   полная ~ complete monotonicity
   строгая ~ strict monotonicity
монотонный monotonic; monotone
моноциклический mono(-)cyclic
морфема morpheme
морфизм morphism
   ~ поверхности morphism of a surface
   ~ полугрупп morphism of semigroups
   ~ расслоения bundle morphism
   ~ спектра map of a spectrum
   C^k- ~ C^k-map(ping)
   абсолютно плоский ~ absolutely flat morphism
   аналитический ~ analytic(al) mapping

аффинный ~ affine morphism
биективный ~ bi(-)morphism
бирациональный ~ bi(-)rational morphism, bi(-)rational transformation
гладкий ~ smooth morphism
граничный ~ connecting morphism
диагональный ~ diagonal morphism
замкнутый ~ closed morphism
квазипроективный ~ quasi(-)projective morphism
конечный ~ finite morphism
левый ~ left morphism
обратный ~ inverse morphism
плоский ~ flat morphism
проективный ~ projective morphism
связывающий ~ connecting morphism
собственный ~ proper morphism
строгий ~ open continuous homomorphism; strict morphism
строго плоский ~ faithfully flat morphism
структурный ~ structure morphism
универсальный ~ universal morphism
функторный ~ functorial morphism
этальный ~ étale morphism
мост bridge
  броуновский ~ Brownian bridge
мостик (*поверхности*) ribbon
мостить pave
мотив motive
мощность cardinality; potency; power
  ~ класса power of a class
  ~ континуума cardinality of the continuum, power of the continuum
  ~ критерия strength of a test
  ~ множества power of a set, cardinality of a set
  ~ по Кантору cardinal number; cardinality
  ~ подгруппы cardinality of a subgroup
  ~ (*статистического*) критерия power of a test, power function
  бо́льшая ~ greater cardinality
  континуальная ~ power of the continuum, cardinality of the continuum
  меньшая ~ lower cardinality
  счётная ~ countable cardinality
  точная ~ exact cardinality
  трансфинитная ~ trans(-)finite power
мощный powerful
  равномерно наиболее ~ uniformly most powerful
мульти- multi-
мультиалгебра multi(-)algebra
мультиварифолд multi(-)varifold
мультиграф multi(-)graph
мультигруппа multi(-)group
мультизначение multi(-)value
мультииндекс multi(-)index
мультиколлинеарность multi(-)collinearity
мультимножество multi(-)set
мультипликативно multiplicatively
мультипликативность multiplicativity
мультипликативный multiplicative
мультипликатор multiplicator; multiplier
  ~ группы multiplicator of a group
  ~ Шура Schur('s) multiplier
мультистепень multi(-)degree
мультиструя multi(-)jet

***n*-ый** $n(-)^{th}$
наблюдаемое observable
  квазилокальное ~ quasi(-)local observable
наблюдаемый observable

наблюдение observation
  многомерное ~ multi(-)dimensional observation
  недостающее ~ missing observation
  независимое ~ independent observation
  последовательное ~ sequential observation
  случайное ~ random observation
  числовое ~ numerical observation

набор set
  ~ из n чисел n-tuple
  ~ сигналов set of signals
  ~ точек n-tuple of points
  ~ формул в исчислении секвенций sequence of formulas
  ~ чисел collection of numbers
  двоичный ~ binary n-tuple
  соседний ~ adjacent n-tuple
  упорядоченный ~ ordered n-tuple

наверное sure
  почти ~ almost sure

наглядность visuality

над- over-

надграфик (*функции*) super(-)graph; epigraf

надёжность reliability
  ~ предсказания reliability of prediction
  ~ управляющей системы reliability of a control system

наделять endow; equip
  ~ структурой endow with a structure, equip with a structure
  ~ топологией equip with a topology

надкольцо extension ring, over(-)ring

надмножество super(-)set

наднильпотентный super(-)nilpotent

надполе extension field, extension of a field, extended field, over(-)field

надрешётка extension of a lattice

надстройка suspension
  ~ над отображением suspension of a map(ping)
  n-кратная ~ n-fold suspension
  двойная ~ double suspension
  когомологическая ~ cohomology suspension
  приведённая ~ reduced suspension
  стянутая ~ reduced suspension

надыдеал extension ideal

наклон slope; inclination
  ~ поля экстремалей slope function of a field of extremals

наклонная oblique; inclined line
  ~ к плоскости oblique to a plane
  ~ к прямой oblique to a straight line

наклонно обliquely

наклонный oblique

накопитель accumulator

накопление accumulation
  ~ информации accumulation of information
  ~ погрешности error accumulation
  полное ~ complete accumulation

накоплять accumulate

накрывать cover
  ~ гомотопию cover a homotopy

накрывающая covering space
  ~ многообразия covering of a manifold
  универсальная ~ universal covering space

накрывающий covering

накрытие cover(ing); covering map(ping)
  ~ группы covering of a group
  ~ над группой covering of a group
  ~ плоскости covering of a plane
  ~ поверхности covering of a surface
  ~ пространства covering of a space
  бесконечное ~ infinite cyclic covering
  двулистное ~ two-fold cover
  звёздное ~ star covering

линейно связное ~ simply connected covering
неразветвлённое ~ unramifield covering
разветвлённое ~ branched covering; ramified covering
регулярное ~ regular covering
связное ~ connected covering
универсальное ~ universal cover
налагать super(-)impose
наложение superposition
наложимый applicable
наносить (*точку на график*) plot a point
направлени∥е direction
◊ **в отрицательном ~ и** in the negative sense;
в положительном ~ и in the positive sense
~ по прямой линии straight lines direction
~ симметрии direction of symmetry
асимптотическое ~ asymptotic direction
главное ~ principal direction
главное ~ кривизны direction of principal curvature
горизонтальное ~ horizontal direction
нулевое ~ zero direction
одинаковое ~ co(-)direction
ортогональные ~ я orthogonal directions
освещённое извне ~ exposed direction
отрицательное ~ negative direction
переменное ~ alternating direction
положительное ~ positive direction
предельное ~ limit direction
противоположное ~ opposite direction
радиальное ~ radial direction
сопряжённые ~ я conjugate directions
характеристическое ~ characteristic direction
направленность (*Коши*) directed set
направленный directed; sensed
одинаково ~ co(-)directional, co(-)directed, of the same direction
противоположно ~ oppositely directed, opposite in direction
направлять point
~ наружу point outward
направляющая directrix, director
наработка (*на отказ*) (mean) life
суммарная ~ total time on test
нарост remainder
нарушать ruin; violate
~ свойство violate a property
нарушение breakdown; ruin
наследовать inherit
~ метрику inherit a metric
наследственно hereditarily
наследственность heredity
наследственный hereditary
настоящее present
насыщение saturation
насыщенный saturated
нат decit
натягивать span
наук∥а science
математические ~ и mathematical sciences
находить find
~ положение десятичной запятой insert the decimal point
~ численное значение evaluate
нахождение finding
~ первообразной функции anti(-)derivation, anti(-)differentiation
~ частной производной partial differentiation
~ численного значения evaluation
начал∥о origin
~ а анализа elements of analysis
~ вектора origin of a vector

начал‖о *(continued)*
    ~ **а геометрии** elements of geometry
    ~ **координат** origin (of coordinates)
    ~ **а математики** elements of mathematics
    ~ **отсчёта** reference point
    ~ **слова** prefix of a word
    ~ **стрелки** tail of an arrow
    фиксированное ~ fixed origin
начальный initial
не- non-, un-, in-
неабсолютно non(-)absolutely
неаддитивность non(-)additivity
неалгебраический transcendental
неарифметический non(-)arithmetic
неархимедов non-Archimedean
неассоциированный non(-)associated
неатомический non(-)atomic, atomless
небазисный non(-)basic
невещественный non(-)real
невключение non(-)inclusion
невозмущённый undisturbed
невыпуклость non(-)convexity
невыпуклый non(-)convex
невырожденность non(-)degeneracy; non(-)singularity
    ~ **матрицы** non(-)singularity of a matrix
невычет non(-)residue
    ~ **степени** n **по модулю** m $n(-)^{th}$ power nonresidue (mod m)
    квадратичный ~ quadratic nonresidue
    степенной ~ power nonresidue
негладкий non(-)smooth
неголономный anholomonic
негомеоморфный non(-)homeomorphic
негомологичный non(-)homologous
неделимость indivisibility
неделимы‖й indivisible
    ~ **е** *indivisibilis*

недетерминированный non(-)deterministic
    чисто ~ purely nondeterministic
недиагональный non(-)diagonal
недиссипативный non(-)dissipative
недифференцируемость non(-)differentiability
недоказуемость unprovability
недоказуемый unprovable
недоопределённость under(-)determinacy
недоопределённый under(-)determined
недостат‖ок lack ◊ **с** ~ **ком** to deficiency
недостижимость unattainability, inaccesibility
недостижимый unattainable, inaccessible
неевклидов non-Euclidean
неединственность non(-)uniqueness
нежёсткость slackness
    дополняющая ~ complementary slackness
независимость independence
    ~ **в теории вероятностей** statistical independence
    ~ **системы аксиом** independence of axioms
    ~ **точек** independence of points
    линейная ~ linear independence
    статистическая ~ statistical independence, stochastic independence
    стохастическая ~ statistical independence, stochastic independence
независимый independent
    алгебраически ~ algebraically independent
    взаимно ~ mutually independent
незаконный illegitimate
незамкнутость non(-)closure
незамкнутый open, non(-)closed
незаузленный unknotted
незацепленный unlinked
неизвестное unknown; indeterminate
    дифференциальное ~ differential variable

неизмеримость non(-)measurability
  абсолютная ~ absolute nonmeasurability
неизоморфный non(-)isomorphic
неизотропный non(-)isotropic
неинтегрируемость non(-)integrability
неинтегрируемый non(-)integrable
неинформативный non(-)informative
нейтрализатор neutrice
нейтральный neutral
нейтриса neutrice
неквадратичный non(-)quadratic
некогомологичный non(-)homologous
  вполне ~ нулю totally nonhomologous to zero
неколлинеарный non(-)collinear
некоммутативность non(-)commutativity; non-Abelianness
  ~ группы non-Abelianness of a group
некомпактность non(-)compactness
некомпактный non(-)compact
неконгруэнтность non(-)congruence
неконгруэнтный incongruent
некорректный incorrect
некоррелированный uncorrelated
некруговой non(-)circular
нелинейность non(-)linearity
нелинейный non(-)linear
  слабо ~ weakly non(-)linear
нелокальность non(-)locality
нелокальный non(-)local
неминимальность non(-)minimality
неминимальный non(-)minimal
ненаблюдаемый unobservable; hidden
ненаправленный undirected
ненасыщенность unsaturation
ненасыщенный unsaturated
нео- neo-
необратимый irreversible
необходимость necessity
необходимый necessary
неограниченно unboundedly
неограниченность unboundedness
неограниченный unrestricted; unlimited; unbounded
неоднозначный ambiguous
неоднородность heterogeneity
неоднородный inhomogeneous; heterogeneous
неодносвязный non(-)simply connected
неокольцоид neo(-)ring
неопределённость indeterminacy; uncertainty
  ~ когомологической операции indeterminacy of a cohomology operation
неопределённый undetermined; indefinite; undefined; indeterminate
неориентированный non(-)oriented
неортогональный non(-)orthogonal
неособость non(-)degeneracy; non(-)singularity
неособый non(-)singular
неосцилляция non(-)oscillation
  ~ решений non(-)oscillation of solutions
неотделимость inseparability
неотело neo(-)field
неотрицательность non(-)negativity
  ~ оператора non(-)negativity of an operator
неотрицательный positive semi(-)definite
непараллельность non(-)parallelism
непараметрический non(-)parametric
непересекаемость disjointness
непересекающийся disjoint
  попарно ~ pairwise disjoint
непериодический aperiodic(al)
непериодичность aperiodicity
неперов Napierian
неподвижный fixed
неполно incompletely
неполнота incompleteness
неполный incomplete
неположительность non(-)positivity

неположительный non(-)positive; negative semi(-)definite
непомеченный unlabelled
непополнимость incompletability
непополнимый incompletable
неполупростой non(-)semi(-)simple
непостоянный non(-)constant
непредикативность impredicativity
непредикативный impredicative
непредсказуемость unpredictability
непредставимый non(-)representable
непрерывность continuity
  ~ **Бэра** continuity in the Baire sense
  ~ **в смысле Бэра** continuity in the Baire sense
  ~ **в среднем** continuity in the mean, mean continuity
  ~ **интеграла** continuity of an integral
  ~ **меры** continuity of a measure
  ~ **оператора** continuity of an operator
  ~ **относительно меры** continuity with respect to measure
  ~ **отображения** continuity of a map(ping)
  ~ **по Гёльдеру** Hölder('s) continuity
  ~ **по Липшицу** Lipschitz('s) continuity
  ~ **продолжения** continuity of an extension
  ~ **слева** continuity on the left
  ~ **справа** continuity on the right
  ~ **суммы** continuity of a sum
  ~ **функции** continuity of a function
  ~ **функционала** continuity of a functional
  абсолютная ~ absolute continuity; absolute irreducibility
  аппроксимативная ~ approximate continuity
  глобальная ~ global continuity
  кусочная ~ piecewise continuity
  локальная ~ local continuity
  обобщённая ~ generalized continuity
  полная ~ complete continuity
  равномерная ~ uniform continuity
  равностепенная ~ equi(-)continuity
  сильная ~ strong continuity
  слабая ~ weak continuity
  стохастическая ~ stochastic continuity
  сферическая ~ spherical continuity
  частичная ~ partial continuity
непрерывный continuous
  ~ **в нуле** continuous at zero
  ~ **в точке** continuous at a point
  ~ **с одной стороны** continuous on one side
  ~ **слева** continuous on the left, left(-hand) continuous
  ~ **снизу** lower continuous
  ~ **справа** right(-hand) continuous
  аппроксимативно ~ approximately continuous
  вполне ~ completely continuous
  кусочно ~ sectionally continuous
  равномерно ~ uniformly continuous
  равностепенно ~ equi(-)continuous, equi(-)uniformly continuous
  стохастически ~ stochastically continuous
неприводимость irreducibility
  ~ **над полем** irreducibility over a field
  ~ **представления** irreducibility of a representation
  абсолютная ~ absolute irreducibility
неприводимый irreducible
  вполне ~ completely irreducible
  слабо ~ weakly irreducible
неприлежащий non(-)adjacent
непримитивный imprimitive
непринятие rejection

непродолжаемый non(-)extendible
непроективный non(-)projective
непротиворечивость consistency; non(-)contradictoricity
   логическая ~ logical consistency
   относительная ~ relative consistence
   совместная ~ joint consistency
непротиворечивый consistent
непрямой indirect
непустой non(-)vacuous; non(-)empty
непустота non(-)emptiness
неравенств ‖ о inequality; inequation
   ◊ **~ справедливо** inequality is valid, inequality holds
   ~ в широком смысле weak inequality
   ~ дисперсии inequality for a variance
   ~ для энтропии entropy inequality
   ~ информации inequality information, Rao-Cramér inequality
   ~ Коши-Буняковского Cauchy-Schwarz inequality
   ~ коэрцитивности inequality of coercivity
   ~ моментов moment inequality
   ~ одинакового смысла inequality of the same sense, inequality alike in sense
   ~ противоположного смысла inequality different in sense
   ~ Рао-Крамера information inequality, Rao-Cramér inequality
   ~ треугольника triangle inequality
   ~ Фреше information inequality, Rao-Cramér inequality
   ~ четырёхугольника rectangular inequality
   алгебраическое ~ algebraic inequality
   аппроксимационное ~ approximation inequality
   асимптотическое ~ asymptotic inequality
   вариационное ~ variational inequality
   геометрическое ~ geometric inequality
   двойное ~ two-sided inequality
   дистрибутивное ~ distributive inequality
   дифференциальное ~ differential inequality
   изопериметрическое ~ isoperimetric(al) inequality
   изопифанное ~ isepiphanic inequality
   интегральное ~ integral inequality
   информационное ~ information inequality, Rao-Cramér inequality
   квадратичное ~ quadratic inequality
   линейное ~ linear inequality
   матричное ~ matrix inequality
   нелинейное ~ non(-)linear inequality
   нестрогое ~ unstrict inequality
   обобщённое ~ generalized inequality
   обратное ~ reverse inequality; inverse inequality
   одинаково направленное ~ inequality of the same direction
   основное ~ fundamental inequality
   простое ~ one-sided inequality
   равносильные ~ а equivalent inequalities
   совместные ~ а consistent inequalities
   строгое ~ strict inequality, strong inequality
   тождественное ~ absolute inequality
   точное ~ sharp inequality
   условное ~ conditional inequality
   числовое ~ numerical inequality
   экспоненциальное ~ inequality of exponential type
   энергетическое ~ energy inequality

неравноудалённый unequally distant
неравный unequal
неразвёртываемый non(-)developable
неразветвлённый unramified
неразложимость indecomposability
неразложимый indecomposable; insoluble
неразрешимость undecidability; insolubility; unsolvability, non(-)solvability
  ~ **теории** undecidability of a theory
  алгоритмическая ~ algorithmic insolubility
неразрешимый undecidable, unsolvable, insoluble
нерандомизированный non(-)randomized
нерасщепимый non(-)split(ting)
нерв nerve
  ~ **покрытия** nerve of a covering
нереализуемый non(-)realizable
нерегулярность non(-)regularity; irregularity
нерефлексивность non(-)reflexivity
несамодвойственный non(-)self(-)dual
несвязность disconnection
несвязный disconnected
  вполне ~ totally disconnected
несепарабельность inseparability
несепарабельный inseparable
несжимающий non(-)contractive
несимметрический non(-)symmetric(al)
несимметрия non(-)symmetry
несингулярность non(-)singularity
неслучайный non(-)random
несмешанный unmixed
несмещённость unbiasedness
  асимптотическая ~ asymptotic unbiasedness
несмещённый unbiased
  асимптотически ~ asymptotically unbiased
несобственно improperly
несобственный improper
несовершенный imperfect
несовершенство imperfection
несовместимость inconsistency; incompatibility
несовместность inconsistency; incompatibility
несовместный inconsistent; incompatible
несовпадающий non(-)coincident
несоизмеримость incommensurability
несоизмеримый incommensurate; incommensurable
несократимость irredundance
несократимый irredundant
несопряжённый disconjugate
неспрямляющий non(-)rectifying
несравнимый incomparable; incongruent
нестабильный unstable, instable
нестандартный non(-)standard
нестягиваемость non(-)contractibility
несущественный unessential; immaterial
несуществование non(-)existence
  ~ **решения** non(-)existence of a solution
несчётный uncountable; non(-)denumerable
нётеров Noetherian
нётеровость Noetherianness
нетранзитивный non(-)transitive
нетривиальность non(-)triviality
  ~ **группы** non(-)triviality of a group
нетривиальный non(-)trivial
неупорядоченный unordered
неусреднённый unaveraged
неустойчивость instability
  полная ~ total instability
неустойчивый unstable, instable
неустранимый non(-)removable
неформальный informal; non(-)formal
нехватка lack
нецентральность non(-)centrality
нецентральный non(-)central

нечётномерный odd-dimensional
нечётный odd, uneven
неэквивалентность non(-)equivalence, inequivalence
неэквивалентный non(-)equivalent, inequivalent
   топологически ~ topologically inequivalent
неэффективность inefficiency
неэффективный inefficient
неявно implicitly
неявный implicit
нильалгебра nil(-)algebra
нильгруппа nil(-)group
нильколыцо nil(-)ring
нильмногообразие nil(-)manifold
нильполугруппа nil(-)semigroup
нильпотент nilpotent
нильпотентность nilpotency
нильпотентный nilpotent
нильпоток nil(-)flow
нильрадикал nil(-)radical
   верхний ~ upper nilradical
   обобщённый ~ generalized nilradical
нить thread; filament; string
   ~ косы string of a braid
   вихревая ~ vortex filament
   максимальная ~ maximal thread
   стандартная ~ standard thread; I-semigroup
ноль *см. тж.* **нуль** zero; cipher, cypher; nought; null element, zero element
номер number
   гёделев ~ Gödel('s) number
номограмма nomogram; nomograph; abac(us), nomographic chart; map
   ~ из выровненных точек collineation nomogram; nomogram with points in a line; alignment nomogram, alignment chart
   ~ со шкалой ladder graph, ladder diagram
   круговая ~ circular chart
   сетчатая ~ nomogram with radial lines; bunch map, net chart
   составная ~ composite nomogram, compound nomogram
   треугольная ~ triangular map
номография nomography
нонион nonion
норма norm
   ~ в пространстве norm in a space
   ~ вектора norm of a vector
   ~ группы norm of a group
   ~ замены substitution rate
   ~ интеграла norm of an integral
   ~ кватерниона norm of a quaternion
   ~ матрицы norm of a matrix
   ~ оператора norm of an operator
   ~ отображения norm of a map(ping)
   ~ погрешности norm of error
   ~ функционала norm of a functional
   L_2- ~ L_2-norm
   p-адическая ~ p-adic value
   sup- ~ supremum norm, sup-norm
   абсолютная ~ absolute normal
   алгебраическая ~ algebraic norm
   бемольная ~ flat norm
   бесконечная ~ infinite norm
   векторная ~ vector norm
   весовая ~ weighted norm
   выпуклая ~ convex norm
   двойственная ~ dual norm
   диезная ~ sharp norm
   евклидова ~ Euclidean norm
   кольцевая ~ algebraic norm
   конечная ~ finite norm
   логарифмическая ~ logarithmic norm
   матричная ~ matrix norm
   минимальная ~ minimal norm
   непрерывная ~ continuous norm
   операторная ~ operator norm
   подчинённая ~ subordinate norm
   приведённая ~ reduced norm
   равномерная ~ uniform norm
   регулярная ~ regular norm
   следовая ~ trace norm, nuclear norm
   согласованная ~ compatible norm

норма (continued)
  сопряжённая ~ conjugate norm
  спектральная ~ spectral norm
  спинорная ~ spinor norm
  строго выпуклая ~ strictly convex norm
  эквивалентная ~ equivalent norm
  энергетическая ~ energy norm
  ядерная ~ trace norm; nuclear norm

нормализатор normalizer
  ~ **группы** normalizer of a group
  ~ **подгруппы** normalizer of a subgroup
  ~ **тора** normalizer of a torus

нормализация normalization
нормализованный normalized
нормализовать normalize, norm
нормализуемый normalizable
нормалоида normaloid
нормаль normal, normal line
  ~ **к поверхности** normal to a surface
  аффинная ~ affine normal
  внешняя ~ exterior normal, outer normal
  главная ~ principal normal
  единичная ~ unit vector perpendicular to a plane; unit normal
  проективная ~ projective normal

нормально normally
нормальность normality
  асимптотическая ~ asymptotic normality
  звёздная ~ full normality, infinite divisibility
  локальная ~ local normality

нормальный normal
  k- ~ k-normal

нормальный делитель normal subgroup
  дискретный ~ discrete normal subgroup
  наибольший ~ largest normal subgroup

нормировани‖**е** normalization; valuation; evaluation
  ◊ ~ **доминирует локальное кольцо** valuation dominates a local ring
  ~ **ранга r** valuation of rank r
  р-адическое ~ p-adic valuation
  архимедово Archimedean valuation
  вещественное ~ real valuation
  дискретное ~ discrete valuation
  каноническое ~ canonical valuation
  логарифмическое ~ evaluation
  мультипликативное ~ multiplicative valuation
  неархимедово ~ non-Archimedean valuation
  независимые ~ **я** independent valuations
  нетривиальное ~ non(-)trivial
  нормализованное ~ normalized valuation
  обобщённое ~ generalized valuation
  специальное ~ special valuation
  существенное ~ essential valuation
  тривиальное ~ trivial valuation
  эквивалентное ~ equivalent (e)valuation

нормированность normedness
нормированный normed
нормировать normalize; norm
  ~ **алгебру** norm an algebra
  ~ **вектор** norm a vector
  ~ **на единицу** normalize to unity
  ~ **пространство** norm a space

нормировка valuation
  аддитивная ~ additive valuation
  неполная ~ incomplete valuation
  показательная ~ exponential valuation

нормируемый quasi(-)barreled
носитель support; carrier
  ~ **алгебры** support of an algebra

~ гомотопии support of a homotopy
~ дивизора support of a divisor
~ информации information carrier
~ когомологии support of a cohomology
~ комплекса support of a complex
~ меры support of a measure
~ модуля support of a module
~ потока support of a current
~ распределения support of a distribution
~ расслоения support of a bundle
~ формы support of a form
~ функции support of a function
~ цепи support of a chain
компактный ~ compact carrier
малый ~ small support
сингулярный ~ singular support
нулевой null
нуль *см. тж.* ноль zero; cipher, cypher; nought; null element; zero element ◊ ~ и перемежаются zeros interlace
  ~ аналитической функции zero point
  ~ дифференциала zero of a differential
  ~ идеала zero of an ideal
  ~ категории zero of a category
  ~ кольца zero of a ring
  ~ кратности n zero of multiplicity n
  ~ многочлена zero of a polynomial
  ~ поля zero of a field
  ~ порядка k zero of order k
  ~ функции zero of a function
алеф- ~ aleph(-)zero
вещественный ~ real zero
действительный ~ real zero
изолированный ~ isolated zero
комплексный ~ complex zero
кратный ~ multiple zero
левый ~ left zero; initial object
положительный ~ positive zero
последовательные ~ и consecutive zeros
правый ~ right zero
простой ~ simple zero
специальный ~ special zero
нуль-группа zero group
нульмерность zero-dimensionality
нульмерный zero-dimensional
нумерал numeral
нумераци‖я numbering, enumeration, numeration
  ~ состояний state labeling
аттическая ~ Attic signs
вычислимая ~ computable numeration
гёделевская ~ Gödel('s) numbering
геродианова ~ Herodianic signs
естественная ~ natural enumeration
эквивалентные ~ и equivalent numerations
нумеровать(ся) number; index

О

обводить trace
обеспечение providing
  математическое ~ computer software
  математическое ~ ЭВМ computer software
  программное ~ (computer) software
обёртывающий enveloping
обильность ampleness
обильный ample
област‖ь domain; region; range; terrain
  ~ аналитичности analyticity region
  ~ бесконечной связности infinitely connected domain
  ~ влияния domain of influence

област ‖ ь *(continued)*
- ~ **Гартогса** semi(-)circular domain
- ~ **голоморфность** domain of holomorphy, natural domain of existence
- ~ **действия** scope
- ~ **единственности** domain of uniqueness
- ~ **зависимости** domain of dependence
- ~ **значений** range; range of values, co(-)domain of an operator
- ~ **значений оператора** range of an operator
- ~ **значений соответствия** range of a correspondence
- ~ **значений функции** range of a function
- ~ **идеалов** domain of ideals
- ~ **изменения** range (of values)
- ~ **изменения переменной** range of a variable
- ~ **интегрирования** domain of integration
- ~ **координат** coordinate patch
- ~ **коэффициентов** coefficient domain
- ~ **мероморфности** domain of meromorphy, region of meromorphy
- ~ **над C^n** Riemann('s) domain
- ~ **наложения** Riemann('s) domain
- ~ **независимости** domain of independence
- ~ **нормального притяжения** domain of normal attraction
- ~ **однолистности** domain of univalence
- ~ **определения** domain (of definition), domain carrier, range of validity, range of definition
- ~ **определения одноместного предиката** object domain
- ~ **определения оператора** domain of an operator
- ~ **определения функции** domain of a function
- ~ **определения функционала** domain of a functional
- ~ **положительности** positivity domain
- ~ **положительных элементов** (*упорядоченного кольца*) positive part
- ~ **представителей** representative domain
- ~ **область принятия** (*гипотезы*) acceptance region
- ~ **притяжения** domain of attraction, region of attraction
- ~ **пропускной способности** admissible rate region; capacity region
- ~ **пространства** domain in a space
- ~ **рациональности** domain of rationality
- ~ **регулярности** domain of regularity, region of regularity
- ~ **Рейнхарта** Reinhardt('s) domain, circular multiply-connected domain
- ~ **с гладкой границей** domain with smooth boundary
- ~ **с однозначным разложением** unique factorization ring
- ~ **с разрезами** slit domain; slit region
- ~ **существования** existence region
- ~ **сходимости** domain of convergence, region of convergence
- ~ **транзитивности** domain of transitivity, set of transitivity
- ~ **устойчивости** region of stability
- ~ **характеристики p** domain of characteristic p
- ~ **Хартогса** semi(-)circular domain
- ~ **целостности** integral domain
- **n-мерная** ~ n-dimensional domain, n-dimensional region
- **n-связная** ~ n-(ply)connected domain
- **абстрактная Риманова** ~ Riemann('s) domain
- **бесконечная** ~ infinite domain, unbounded domain

бесконечно связная ~ infinitely connected domain
бицилиндрическая ~ bi(-)cylindrical region
вейерштрассова ~ (*существования*) domain of existence
внешняя ~ exterior domain
внутренняя ~ interior domain
выпуклая ~ convex domain, convex domain, convex region
выпуклая цилиндрическая ~ convex tube
геодезически выпуклая ~ geodesically convex domain
голоморфно выпуклая ~ holomorphically convex domain
доверительная ~ confidence region
дополнительная ~ complementary domain
допустимая ~ admissible domain; usable part
евклидова ~ Euclidean domain
естественная ~ существования natural domain of existence, domain of holomorphy
жорданова ~ Jordan('s) domain
замкнутая ~ closed domain, closed region
заходящие друг на друга ~ и overlapping domains
заштрихованная ~ shaded region
звёздная ~ star(-like) domain
звёздообразная ~ star(-like) domain
идеальная ~ ideal domain
каноническая ~ canonical domain
квадратичная ~ quadratic domain
классическая ~ classical domain
кольцевая ~ annular domain; ring domain
компактная ~ compact domain
комплексная ~ complex domain
конечная ~ bounded domain, finite domain, finite region
конечносвязная ~ finitely connected domain
координатная ~ coordinate patch
кратно круговая ~ Reinhardt('s) domain, circular multiply connected domain
критическая ~ critical range
круговая ~ circular domain
левая ~ left domain
локальная ~ local domain
малая ~ small domain
метастабильная ~ meta(-)stable range
многомерная ~ multidimensional domain, *n*-dimensional domain
многосвязная ~ multiply-connected domain
многоугольная ~ polygonal domain
наиболее мощная ~ most powerful region
невыпуклая ~ non(-)convex domain
недопустимая ~ non(-)usable part
неограниченная ~ unbounded domain, infinite region, infinite domain
непересекающиеся ~ и disjoint domains
неприводимая ~ irreducible domain
нетёрова ~ целостности Noetherian domain
нормальная ~ (*притяжения*) normal domain
объёмно-односвязная ~ simply connected spatial domain
ограниченная ~ bounded domain; finite domain; finite region
однолистная ~ *schlicht* domain
однородная ~ homogeneous domain
односвязная ~ simply(-)connected domain
открытая ~ open domain, open region
параметрическая ~ parametric region

област‖ь *(continued)*
   плоская ~ plane region, plane domain, planar domain
   плотная ~ dense domain
   плотностная ~ density domain
   поверхностная ~ surface region
   подобная ~ similar region
   поликруговая ~ poly(-)domain
   полиэдрическая ~ polyhedral domain
   полная ~ complete domain
   полукруговая ~ semi(-)circular domain
   правая ~ right domain
   предметная ~ individual domain; object domain
   простая ~ simple domain
   пространственная ~ spatial domain
   прюферова ~ Prüfer('s) domain
   прямоугольная ~ rectangular domain
   псевдовыпуклая ~ pseudo(-)convex domain
   регулярная ~ regular domain, regular region
   связная ~ connected domain
   симметрическая ~ symmetric(al) domain
   симметричная ~ symmetric(al) domain
   собственная ~ proper domain
   статистическая ~ statistical region
   строго выпуклая ~ strictly convex domain
   строго псевдовыпуклая ~ strongly pseudo(-)convex domain
   строго псевдовыпуклая в смысле Леви ~ locally Levi pseudo(-)convex domain, locally Cartan pseudo(-)convex domain
   сферическая ~ spherical domain
   толерантная ~ tolerance region
   треугольная ~ triangular domain, triangular surface
   трубчатая ~ tube domain
   угловая ~ angular domain
   универсальная ~ universal domain
   фундаментальная ~ fundamental domain, fundamental region
   целозамкнутая ~ целостности integrally closed integral domain
   цилиндрическая ~ cylindrical domain
   численная ~ numerical range
   числовая ~ number domain
   шаровая ~ spherical domain
   элементарная ~ elementary domain

обложение valuation
обмотка winding number
обнаружение detecting
   ~ ошибки detecting an error
обнаруживать detect
обобщать generalize
   ~ доказательство generalize a proof
   ~ понятие generalize a notion
   ~ результат generalize a result
   ~ свойство generalize a property
   ~ теорему generalize a theorem
   ~ тождество generalize an identity
   ~ утверждение generalize a proposition
   ~ функцию generalize a function
обобщение generalization
   ~ алгоритма generalization of an algorithm
   ~ дизъюнкции generalization of a disjunction
   ~ конъюнкции generalization of a conjunction
   ~ модели generalization of a model
   ~ неравенства generalization of an inequality
   ~ понятия extension of a concept
   ~ примера generalization of an example
   ~ пространства generalization of a space
   ~ результата extension of a result

~ **системы** generalization of a system
~ **теоремы** generalization of a theorem
~ **уравнения** generalization of an equation
~ **формулы** generalization of a formula, generalized formula
анизотропное ~ anisotropic generalization
естественное ~ natural generalization, natural extension
многомерное ~ multidimensional generalization
нетривиальное ~ non(-)trivial extension
обобщённый generalized
обогащение enrichment
~ **модели** enrichment of a model
обознач‖ать denote ◊ ~ **им неизвестное через** x let x be the unknown number
~ **через** x denote by x
обозначени‖е notation; designation
~ (∧) **истинностного значения «лжи»** false symbol
алгебраическое ~ algebraic notation
матричное ~ matrix notation
общее ~ general notation
операторное ~ operator notation
стандартное ~ standard notation
тензорные ~ **я** tensor notation
обозревать (*символ, о машине Тьюринга*) scan
оболочка hull; span; envelope; shell
~ **алгебры Ли** hull of a Lie algebra
~ **голоморфности** envelope of holomorphy, *Regularitätschülle*
~ **точек** hull of points
алгебраическая ~ algebraic hull
ассоциативная ~ associative envelope
аффинная ~ affine hull
выпуклая ~ convex hull; convex closure

выпуклая ~ **конечного множества точек в аффинном пространстве** convex cell
выпуклая ~ **множества** convex hull of a set
выпуклая ~ **объединения** convex hull of a union
делимая ~ divisible hull
замкнутая ~ closed hull
измеримая ~ measurable hull
инъективная ~ injective envelope
линейная ~ linear hull, linear span
полиномиально выпуклая ~ polynomial convex hull
сдвиговая ~ translational hull
сферическая ~ spherical shell
уравновешенная ~ balanced hull
оборот rotation; revolution
полный ~ complete revolution
обоснование justification
~ **метода** justification of a method
~ **принципа** justification for a principle
строгое ~ rigorous justification
теоретическое ~ theoretical foundation
обоюдоручный amphicheiral
обработка processing; treatment
~ **данных** data processing
пакетная ~ batch processing, batch job
статистическая ~ statistical treatment
образ image; image function; picture
~ **в отображении** image under a mapping
~ **вектора** image of a vector
~ **гомоморфизма** image of a homomorphism
~ **границы** image of a boundary
~ **категории** image category
~ **коцепи** image of a co(-)chain
~ **линии** image of a line
~ **меры** image measure
~ **множества** image of a set
~ **области** image of a domain

образ *(continued)*
  ~ **оператора** image of an operator
  ~ **отображения** range of a map(ping)
  ~ **пространства** image of a space
  ~ **соответствия** range of a correspondence
  ~ **точки при инверсии** inverse point
  ~ **центра проектирования** visual center
  ~ **элемента** image of an element
  вектор- ~ vector-image
  гомеоморфный ~ homeomorphic image
  гомоморфный ~ homomorphic image, factor transformation
  диффеоморфный ~ diffeomorphic image
  замкнутый ~ closed image
  конормальный ~ co(-)normal image
  непрерывный ~ continuous image
  обратный ~ **расслоения при отображении f** pull-back bundle by a mapping f
  прямой ~ direct image
  сферический ~ spherical image
  эндоморфный ~ endomorphic image
  эпиморфный ~ epimorphic image
образец pattern
образование education
  математическое ~ mathematical education
образовывать form
  ~ **алгебру** form an algebra
  ~ **группу** form a group
  ~ **кольцо** form a ring
  ~ **множество** form a set
  ~ **моном** form a monomial
  ~ **подалгебру** form a subalgebra
  ~ **пространство** form a space
  ~ **систему** form a system
образующая generator, generating ray; moving line
  ~ **группы** generator of a group
  ~ **конуса** generator for a cone, generating line of a cone
  ~ **произведения** generator of a product
  аддитивная ~ additive generator
  инфинитезимальная ~ infinitesimal generator
  каноническая ~ canonical generator
  мультипликативная ~ multiplicative generator
  примитивная ~ primitive generator
  проективная ~ projective generator
  прямолинейная ~ rectilinear generator
  свободная ~ free generator
  целочисленная ~ integral generator
обратимость reversibility
  правая ~ right reversibility
обратимый invertible; reversible
обратно inversely
обратный inverse; converse; reversed
  взаимно ~ reciprocal
  гомотопически ~ homotopy inverse
  непрерывный ~ continuous inverse
  правый ~ right inverse
обращать reverse; invert; ~ *(переходить при инверсии)* invert
  ~ **ся в бесконечность** tend to infinity
  ~ **ся в нуль** vanish
обращающий reversing
  ~ **ориентацию** orientation-reversing
  ~ **ся в нуль** vanishing
обращение reversal; reversion; inversion
  ~ **вероятности** inversion of probability
  ~ **интеграла** inversion of an integral
  ~ **матрицы** inversion of a matrix

обращённый / **объект**

~ **преобразования** inversion of a transformation
~ **ряда** inversion of a series; reversion of a series
~ **функции** inversion of a function
временно́е ~ time reversal
квадратичное ~ quadratic inversion

обращённый reversed
обрыв termination
обрывать(ся) terminate
обследование survey; inspection
 биологическое ~ bio(-)assay
 предварительное ~ pilot survey
обслуживание servicing
 групповое ~ bulk queuing
 массовое ~ queuing
обусловленность conditioning
 ~ **матрицы** conditioning of a matrix
 плохая ~ ill conditioning
обучение training; learning
 ~ **без учителя** non(-)supervised learning
 ~ **с учителем** supervised learning; learning with a teacher
обход traverse; traversal; circumnavigation; girth
 ~ **графа** girth of a graph
 ~ **кривой** traverse of a curve
 положительный ~ (*симплекса*) positive ordering
обходить traverse; circumnavigate
 ~ **точку** run around a point
общезначимость identical truth
общий generic; general
общност‖ь generality ◊ **без ограничения** ~ **и** without loss of generality
объединение union; join; addition
 ~ **клеток** union of cells
 ~ **множеств** union of sets; sum of sets
 ~ **областей** union of domains
 ~ **окружностей** union of circles
 ~ **орбит** union of orbits
 ~ **подгрупп** union of subgroups
 ~ **пространств** union of spaces
 ~ **событий** union of events, sum event
 ~ **схем** (*из функциональных элементов*) union of circuits
 ~ **функций** union of functions
 дизъюнктное ~ disjoint union
 несвязное ~ disjoint union
 конечное ~ finite union
 направленное ~ directed union
 непересекающееся ~ disjoint union
 одноточечное ~ one-point union
 свободное ~ free union
 счётное ~ countable union
объединять assemble; add; collect
 ~ **в пары** match
объект object
 ~ **категории** object in a category
 ~ **связности** object of connection
 n-**мерный** ~ n-dimensional object
 алгебраический ~ algebraic(al) object
 выпуклый ~ convex object
 геометрический ~ geometric(al) object
 главный ~ principal object
 гладкий ~ smooth object
 градуированный ~ graded object
 двойственный ~ dual object
 инициальный ~ initial object
 инъективный ~ injective object
 классический ~ classical object
 кольцевой ~ ring object
 комбинаторный ~ combinatorial object
 косимплициальный ~ co(-)simplicial object
 линейный однородный ~ tensor
 малый ~ small object
 математический ~ mathematical object
 нулевой ~ null object; zero object
 представляющий ~ representing object
 проверяемый ~ tested object
 проективный ~ projective object

объект *(continued)*
  простой ~ simple object
  пунктированный ~ pointed object
  симплициальный ~ simplicial object
  сложный ~ complex object
  терминальный ~ terminal object, final object
  финальный ~ terminal object, final object

объём volume; size
  ~ **диска** volume of a disk
  ~ **допустимой памяти алгоритма** size of memory of an algorithm
  ~ **выборки** size of a sample
  ~ **конуса** volume of a cone
  ~ **куба** volume of a cube
  ~ **многогранника** volume of a polyhedron
  ~ **многообразия** volume of a manifold
  ~ **множества** measure of a set
  ~ **наблюдений** size of a sample
  ~ **области** volume of a domain
  ~ **орбиты** volume of an orbit
  ~ **пирамиды** volume of a pyramid
  ~ **подмногообразия** volume of a submanifold
  ~ **призмы** volume of a prism
  ~ **сферы** volume of a sphere
  ~ **цилиндра** volume of a cylinder
  ~ **шара** volume of a sphere; volume of a ball
  n-**мерный** ~ n-dimensional volume
  евклидов ~ Euclidean volume
  исчезающий ~ vanishing volume
  минимальный ~ minimal volume
  ограниченный ~ finite volume
  ориентированный ~ signed volume
  риманов ~ Riemannian volume
  смешанный ~ mixed volume
  средний ~ **выборки** average sample function, average sample number

  сферический ~ spherical volume
  шаровой ~ spherical volume
  элементарный ~ elementary volume

объемлющий ambient; underlying
объяснение explanation
  качественное ~ qualitative explanation
  математическое ~ mathematical explanation

овал oval
  ~ **кривой** oval of a curve
  ~ **Кассини** Cassinian oval
  декартов ~ Cartesian oval

овалоид ovaloid, ovoid
овальный oval
овеществление realification
овеществлять realify
овоид ovaloid, ovoid
овраг valley
овыпукление convexification
огибающая envelope, enveloping surface
  ~ **семейства** envelope of a family
  верхняя ~ upper envelope
  нижняя ~ lower envelope
  средняя ~ mid(-)envelope

огива ogive
оговор‖ка reservation ◊ ~ **если не будет специальных** ~ **ок** if not stated otherwise

ограничени‖е limitation; restriction; confinement ◊ **без** ~ **я общности** without loss of generality
  ~ **меры** restriction of a measure
  ~ **на топологию** restriction of topology
  ~ **на управление** constraint on control
  ~ **оператора** restriction of an operator
  ~ **отображения** restriction of a map(ping)
  ~ **представления** restriction of a representation
  ~ **типа включений** containment constraint

~ **типа неравенства** inequality constraint
~ **типа равенства** equality constraint
~ **формы** restriction of a form
~ **функции** restriction of a function
допустимое ~ feasible constraint
естественное ~ natural constraint
жёсткое ~ severe restriction
изопериметрическое ~ isoperimetric constraint
линейное ~ linear constraint
слабое ~ weak constraint
техническое ~ technical restriction
топологическое ~ topological constraint

ограниченность boundedness
~ **оператора** boundedness of an operator
~ **по вероятности** stochastic boundedness
~ **по упорядочению** order boundedness
~ **решений** boundedness of solutions
~ **функционала** boundedness of a functional
равномерная ~ uniform boundedness
стохастическая ~ stochastic boundedness

ограниченный bounded; limited; restricted
~ **локально** locally bounded
~ **сверху** bounded (from) above
~ **снизу** bounded (from) below
абсолютно ~ absolutely bounded
вполне ~ totally bounded
звёздно ~ star bounded
равномерно ~ uniformly bounded

ограничивать bound; restrict; limit
~ **алгебру** restrict an algebra
~ **область** bound a domain

ограничивающий bounding

одиннадцатигранник hendecahedron

одиннадцатигранный hendecahedral

одиннадцатиугольник hendecagon

одиннадцатиугольный hendecagonal

однозначно uniquely

однозначность single-valuedness; univalency, univalence
взаимная ~ one-to-oneness

однозначный unambiguous; univalent; many-to-one; single-valued; unique

однолистность univalency, univalence

однолистный univalent

одномерный one-dimensional

одноосный uniaxial

однородность homogeneity
~ **дисперсий** homogeneity of variances
размерностная ~ dimensional homogeneity

однородный homogeneous
~ **во времени** time-homogeneous

однорядный uniserial

односвязность one-connectedness

односвязный one-connected, simply(-)connected

односторонне unilaterally

односторонний unilateral; one-sided

односторонность one-sidedness

одночлен monomial
примитивный ~ primitive monomial

одночленный monomial

ожидаемый expected

ожидание expectation, expectancy
математическое ~ (mathematical) expectation, expected value
математическое ~ **выигрыша** expected gain
условное математическое ~ conditional expectation

окаймление bordering
~ **определителя** bordering of a determinant

окаймлять border
окно window
  ~ **Вивиани** Viviani('s) window
  спектральное ~ spectral window
окраска coloring
  правильная ~ regular coloring
  реберная ~ edge coloring
окрашенный colored
  ~ **двумя цветами** bi(-)colored
окрестност‖ь neighborhood; vicinity
  ~ **графика** neighborhood of a graph
  ~ **единицы** neighborhood of the identity
  ~ **компакта** neighborhood of a compactum
  ~ **множества** neighborhood of a set
  ~ **нуля** neighborhood of zero
  ~ **первого порядка** one-order neighborhood
  ~ **точки** neighborhood of a point; vicinity of a point
  ε- ~ epsilon-neighborhood, epsilon-sphere
  абсолютная ~ absolute neighborhood
  аналитическая ~ analytic(al) neighborhood
  выпуклая ~ convex neighborhood
  дизъюнктная ~ disjoint neighborhood
  замкнутая ~ closed neighborhood
  каноническая ~ canonical neighborhood
  координатная ~ coordinate neighborhood
  локальная ~ local neighborhood
  малая ~ small neighborhood
  непересекающиеся ~ **и** disjoint neighborhoods
  нормальная ~ normal neighborhoods
  открытая ~ open neighborhood
  отмеченная ~ distinguished neighborhood, parameter neighborhood
  относительная ~ relative neighborhood
  параметрическая ~ distinguished neighborhood, parameter neighborhood
  полиэдральная ~ polyhedral neighborhood
  проколотая ~ deleted neighborhood
  прямоугольная ~ rectangular neighborhood
  регулярная ~ regular neighborhood
  трубчатая ~ tubular neighborhood
  связная ~ connected neighborhood
  шаровая ~ spherical neighborhood
  элементарная ~ elementary neighborhood
округление round-off
округлость rotundity
округлять round off; correct
  ~ **до одной сотой** round off to the nearest hundredth; correct to the nearest hundredth
  ~ **с избытком** round off to excess
  ~ **с недостатком** round off to deficiency
окружать enclose; surround
  ~ **полем экстремалей** surround by a field of extremals
  ~ **точку** surround a point
окружающий ambient
окружност‖ь circumference; circle
  ◊ **две** ~ **и касаются друг друга** two circles are tangent; ~ **с центром в точке** 0 circle, center 0
  ~ **девяти точек** nine-point circle
  ~ **инверсии** circle of inversion
  ~ **касания** circle of contact
  ~ **кривизны** circle of curvature
  ~ **Эйлера** nine-point circle
  асимптотическая ~ asymptotic circle
  базисная ~ base circle
  большая ~ great circle
  вневписанная ~ escribed circle
  вписанная ~ inscribed circle, in(-)circle
  вспомогательная ~ auxiliary circle
  геодезическая ~ geodesic circle

граничная ~ boundary circle
единичная ~ unit circle
касательная ~ tangent circle
концентрические ~ и concentric circles
непересекающиеся ~ и disjoint circles
описанная ~ circum(-)circle, circumscribed circle, circumscribing circle
ортогональные ~ и orthogonal circles
предельная ~ limit(ing) circle
секущая ~ secant circle
сингулярная ~ singular circle
соприкасающаяся ~ osculation circle
топологическая ~ topological circle

октант octant
   положительный ~ positive octant

октаэдр octahedron
   правильный ~ regular octahedron

октаэдрический octahedral

омбилика umbilic
   гиперболическая ~ hyperbolic umbilic
   параболическая ~ parabolic umbilic
   эллиптическая ~ elliptic umbilic

омбилический umbilical

онтология ontology

операнд operand

оператив groupoid

оператор operator; operation
   ~ n-го порядка n^{th} order operator
   ~ аннулирования annihilation operator
   ~ взятия внутренности interior operator, interior operation
   ~ вложения embedding operator
   ~ внешнего дифференцирования exterior differential operator
   ~ вращения operator of rotation
   ~ вырождения degeneracy operator
   ~ Гамильтона nabla, atled, Hamiltonian, delta
   ~ главного типа operator of principal type
   ~ гомотопии homotopy operator
   ~ граней face operator
   ~ грани face operator
   ~ Д'Аламбера D'Alembertian
   ~ дифференцирования differentiation operator
   ~ замыкания closure operation, closure operator
   ~ звёздного сопряжения star operator
   ~ интегрирования integration operator
   ~ кограницы coboundary operator
   ~ композиции composition operator
   ~ конечного ранга operator of finite rank
   ~ Лапласа Laplacian, delta operator
   ~ Ли Lie operator
   ~ на многообразии operator on a manifold
   ~ наилучшего приближения metric projection
   ~ обобщённого сдвига generalized displacement operator
   ~ описания description operator
   ~ ортогонального проектирования projector
   ~ отражения reflection operator
   ~ первого порядка first-order operator
   ~ перестановки permutation operator
   ~ перехода transition operator
   ~ перечисления enumeration operator
   ~ поворота operator of rotation
   ~ преобразования transformation operator
   ~ проектирования projection operator
   ~ простой структуры diagonalizable operator

оператор *(continued)*
- ~ **разложения** decomposition operator
- ~ **рассеяния** scattering operator
- ~ **сдвига** shift operator, translation operator, displacement operator
- ~ **сжатия** contraction operator
- ~ **сильного типа** operator of strong type, operation of strong type
- ~ **симметрии** symmetry operator
- ~ **скачка** jump operator
- ~ **слабого типа** operator of weak type, operation of weak type
- ~ **сопряжения** conjugation operator
- ~ **со следом** nuclear operator
- ~ **состояния** state operator
- ~ **столкновений** collision operator
- ~ **суперпозиции** superposition operator
- ~ **типа Дирака** Dirac-type operator
- ~ **умножения** multiplication operator
- ~ **уничтожения** annihilation operator
- ~ **усреднения** averaging operator, average operation
- ∇ ~ nabla, atled, Hamiltonian
- μ ~ M-operator, minimization operator
- n-**нормальный** ~ n-normal operator
- **абсолютно суммирующий** ~ absolutely summing operator
- **аддитивный** ~ additive operator
- **аккретивный** ~ accretive operator
- **алгебраический** ~ algebraic operator
- **алгоритмический** ~ algorithmic operator
- **аналитический** ~ analytic(al) operator
- **антитонный** ~ antitone function; antitonic function
- **арифметический** ~ arithmetic(al) operator
- **бесконечномерный** ~ infinite-dimensional operator
- **бигармонический** ~ bi(-)harmonic operator
- **векторный** ~ vector operator
- **вогнутый** ~ concave operator
- **волновой** ~ D'Alembertian
- **вольтерров** ~ Volterra('s) operator
- **вполне непрерывный** ~ completely continuous operator
- **выпуклый** ~ convex operator
- **вырожденный** ~ degenerate operator; singular operator
- **вычислимый** ~ computable operator
- **гиперболический** ~ hyperbolic operator
- **гипермаксимальный** ~ hyper(-)maximal operator
- **гипоэллиптический** ~ hypo(-)elliptical operator
- **граничный** ~ boundary operator; boundary homomorphism
- **двойственный** ~ dual operator, adjoint operator
- **дельта-** ~ delta operator
- **диссипативный** ~ dissipative operator
- **дифференциальный** ~ differential operator
- **дифференциальный** ~ **с частными производными** partial differential operator
- **единичный** ~ unit operator, identity operator
- **естественный** ~ natural operator
- **замкнутый** ~ closed operator
- **замыкаемый** ~ closable operator
- **изометрический** ~ isometric operator
- **изотонный** ~ isotone operator
- **инвариантный** ~ invariant operator
- **индуцированный** ~ induced operator
- **интегральный** ~ integral operator, integral transformation
- **интегро-дифференциальный** ~ integro-differential operator

оператор

инфинитезимальный ~ infinitesimal operator
канонический ~ canonical operator
квазидифференциальный ~ quasi(-)differential operator
квазилинейный ~ quasi(-)linear operator
квазинильпотентный ~ quasi(-)nilpotent operator
классический ~ classical operator
когграничный ~ co(-)boundary operator
коммутативный ~ commutative operator
коммутирующий ~ commuting operator
компактный ~ compact operator
конический ~ conical operator
корреляционный ~ correlation operator
кососимметрический ~ skew(-)symmetric(al) operator
кососимметричный ~ skew(-)symmetric(al) operator
левый ~ left operator
линеаризованный ~ linearized operator
линейный ~ linear operator, entire linear transformation
логический ~ logical operator
локально униформизующий ~ local uniformizer
лямбда- ~ lambda operator
максимально монотонный ~ maximal monotone operator
максимальный ~ maximal operator
массовый ~ mass operator
матричный ~ matrix operator
минимальный ~ minimal operator
многомерный ~ multidimensional operator
многочленный ~ polynomial operator

модальный ~ «возможно» operator possibility
моделирующий ~ operator for modeling
модулярный ~ modular operator
монотонный ~ monotone operator
набла- ~ nabla, atled, Hamiltonian
невозмущённый ~ unperturbed operator
невырожденный ~ non(-)singular operator
нелинейный ~ non(-)linear operator
неограниченный ~ unbounded operator
неопределённый ~ indefinite operator
неотрицательный ~ non(-)negative operator, positive semi(-)definite operator
неперестановочные ~ы non(-)commuting operators, commutable operators
неположительный ~ non(-)positive operator
непрерывный ~ continuous operator
неприводимый ~ irreducible operator
несамосопряжённый ~ non(-)self(-)adjoint operator
неявный ~ implicit operator
нильпотентный ~ nilpotent operator
нормалоидный ~ normaloid operator
нормально разрешимый ~ normally solvable operator
нормальный ~ normal operator, normal transformation
нулевой ~ zero operator
обобщённо обратный ~ generalized inverse operator
обобщённо фредгольмов ~ generalized Fredholm('s) operator
обобщённый ~ generalized operator

оператор *(continued)*
  обратимый ~ invertible operator
  обратный ~ inverse operator; reciprocal operator; inverse map(ping)
  обратный линейный ~ inverse of a linear operator
  обыкновенный ~ ordinary operator
  ограниченный ~ bounded operator
  одноклеточный ~ unicellular operator
  одномерный ~ one-dimensional operator
  однородный ~ homogeneous operator
  определённый ~ definite operator
  ортогональный ~ orthogonal operator
  отрицательно определённый ~ negative(-)definite operator
  параболический ~ parabolic operator
  паранормальный ~ para(-)normal operator
  переходный ~ transition operator
  плотно определённый ~ densely defined operator
  повышающий ~ raising operator
  подобные ~ ы similar operators
  полигармонический ~ poly(-)harmonic operators
  полилинейный ~ multi(-)linear map(ping), poly(-)linear map(ping)
  полный ~ complete operator
  положительно определённый ~ positive definite operator
  положительный ~ positive operator, positive mapping
  полулинейный ~ semi(-)linear operator
  полуограниченный ~ semi(-)bounded operator, half-bounded operator
  полуопределённый ~ semi(-)definite operator
  полуфредгольмов ~ semi-Fredholm operator
  порождающий ~ closure operation
  порядково ограниченный ~ order-bounded operator
  потенциальный ~ potential operator
  правый ~ right operator
  правый обратный ~ right-inverse of an operator
  проекционный ~ projector
  производящий ~ generating operator
  псевдодифференциальный ~ pseudo(-)differential operator
  псевдообратный ~ pseudo(-)inverse of an operator
  разложимый ~ decomposable operator
  разностный ~ difference operator
  разрешимый ~ solvable operator
  расщепляющийся ~ splitting operator
  регуляризующий ~ regularizing operator
  регулярный ~ regular operator
  резольвентный ~ resolvent operator
  рекурсивный ~ recursive operator
  самосопряжённый ~ self(-)adjoint operator
  сглаживающий ~ smoothing operator
  секториальный ~ sectorial operator
  сжимающий ~ contracting operator
  сильно гиперболический ~ strongly hyperbolic operator
  сильно эллиптический ~ strongly elliptical operator
  симметрический ~ symmetric(al) operator
  симметричный ~ symmetric(al) operator

сингулярный ~ singular operator
скалярный ~ scalar operator
слабо непрерывный ~ weakly continuous operator
случайный ~ random operator
собственно эллиптический ~ properly elliptical operator
собственный ~ eigenoperator
сопряжённый ~ conjugate operator, adjoint operator
союзный ~ union operator
спектральный ~ spectral operator
специальный ~ special operator
сплетающиеся ~ы intertwining operators
стохастический ~ stochastic operator
строго ядерный ~ strictly nuclear operator
сублинейный ~ sub(-)linear operator
суммирующий ~ summing operator
существенно самосопряжённый ~ essential(ly) self(-)adjoint operator
сюръективный ~ surjective operator
тождественный ~ identity operator
трансверсально эллиптический ~ transversally elliptic operator
транспонированный ~ transposed operator
унитальный ~ unitary operator
унитарно эквивалентный ~ unitarily equivalent operator
унитарный ~ unitary operator
униформизирующий ~ uniformizer operator
факторизованный ~ splitting operator
фильтрующий ~ filtering operator
фредгольмов ~ Fredholm('s) operator
функциональный ~ functional operator
характеристический ~ characteristic operator
циклический ~ cyclic operator
частично изометрический ~ partially isometric operator
частично рекурсивный ~ partial recursive operator
числовой ~ number operator; numerical operator
эволюционный ~ evolution operator
эквивалентный ~ equivalent operator
эллиптический ~ elliptic(al) operator
эрмитов ~ Hermitian operator
ядерный ~ nuclear operator, nuclear map(ping)

операционно operationally
операционный operational
операция operation
~ в пространстве operation in a space
~ взятия границы boundary operator
~ замыкания closure operation
~ итерации iteration operation
~ коммутирования commutator operation
~ композиции composition
~ конволюции convolution operation
~ минимизации minimization operator, mu-operator
~ на формах operation on forms
~ над множеством operation on a set, operation with a set, set-theoretic(al) operation
~ над расслоениями operation on fiber bundles
~ над функциями functional operation

операция *(continued)*
- ~ обособления   particularization
- ~ объединения   union operation
- ~ , определённая в кольце   ring operation
- ~ пересечения   intersection operation
- ~ подстановки   substitution operation
- ~ приклеивания   attaching handles
- ~ примитивной рекурсии   primitive recursive operation
- ~ произведения   product operation
- ~ связной суммы   connected sum operation
- ~ симметрии   symmetry operation, symmetry function
- ~ скачка   jump operation
- ~ склеивания (*развёртки*)   convolution operation
- ~ сложения   operation of addition
- ~ сопряжения   conjugation map(ping)
- ~ суперпозиции   superposition operation
- ~ укрупнения   convolution operation
- ~ умножения   operation of multiplication
- ~ усреднения   average operation, averaging operator
- ~ Хаусдорфа δ_s-operation

A- ~   operation A
δ_s- ~ δ_s-operation
аддитивная ~   additive operation
алгебраическая ~   algebraic(al) operation
арифметическая ~   arithmetic(al) operation
ассоциативная ~   associative operation
бесконечноместная ~   infinite operation; infinitary operation
бинарная ~   binary operation
более сильная ~   stronger operation
булева ~   Boolean operation
вторичная ~   secondary operation
гомологическая ~   homology operation
групповая ~   group operation
двойственная ~   dual operation
двуместная ~   binary operation
диадическая ~   binary operation
дистрибутивная ~   distributive operation
дополнительная ~   additional operation
когомологическая ~   cohomology operation
коммутативная ~   commutative operation
конечноместная ~   finitary operation
линейная ~   linear operation
логическая ~   logical operation
матричная ~   matrix operation
многошаговая ~   multi(-)stage operation
многоэтапная ~   multi(-)stage operation
мультипликативная ~   multiplicative operation
нелинейная ~   non(-)linear operation
обратная ~   inverse operation; reverse operation
полиномиальная ~   polynomial operation
последовательная ~   sequential operation
правильная ~   regular operation
производная ~   derived operation
рациональная ~   rational operation
совместная ~   compatible operation
стабильная ~   stable operation
стационарная ~   stable operation
тензорная ~   tensor operation
теоретико-множественная ~   set-theoretic operation
тернарная ~   ternary operation
трудоёмкая ~   tedious procedure
унарная ~   unary operation

функциональная ~ functional operation
элементарная ~ elementary operation
опираться stand upon; subtend; rest
  ~ на дугу stand upon an arc; intercept an arc, subtend an arc
  ~ на ось rest on an axis
описание description; elementary diagram
  ~ алгебры description of an algebra
  ~ алгоритма description of an algorithm
  ~ геометрии description of geometry
  ~ класса description of a class
  ~ кода description of a code
  ~ множества description of a set
  ~ объекта description of an object
  ~ пространства description of a space
  ~ схемы description of a circuit
  геометрическое ~ geometric(al) description
  глобальное ~ global description
  качественное ~ qualitative description
  логическое ~ logical description
  синтетическое ~ synthetic description
  сокращённое ~ abridged description
  статистическое ~ statistical description
  стохастическое ~ stochastic description
  теоретико-множественное ~ set-theoretic(al) characterization
  формальное ~ formal description
  явное ~ explicit description
описанный circumscribed
описывать describe; circumscribe
  ~ преобразование describe a transformation
  ~ треугольник circumscribe a triangle
  ~ функционирование describe functioning
опорный supporting
опорожнение under(-)flow
определени∥е definition; determination ◊ **~ справедливо** definition is valid; **по ~ю** by definition
  ~ в терминах definition in terms
  ~ орбит orbit determination
  ~ по индукции definition by mathematical induction
  ~ через абстракцию definition by abstraction
  абстрактное ~ abstract definition
  аксиоматическое ~ axiomatic definition
  аналитическое ~ analytic definition
  гауссово ~ Gauss(ian) definition
  генетическое ~ genetic definition
  геометрическое ~ geometric(al) definition
  дескриптивное ~ descriptive definition
  инвариантное ~ invariant definition
  индуктивное ~ inductive definition
  классическое ~ classical definition
  конструктивное ~ constructive definition
  корректное ~ correct definition
  математическое ~ mathematical definition
  метрическое ~ metric definition
  непредикативное ~ impredicable definition
  общее ~ general definition
  однозначное ~ unambiguous determination
  параллельное ~ parallel definition
  рекурсивное ~ recursive definition
  синтаксическое ~ syntactic definition
  строгое ~ strict definition
  топологическое ~ topological definition

определени ∥ е *(continued)*
   точное ~ exact definition, precise definition
   условное ~ conditional definition
   формальное ~ formal definition
   эквивалентное ~ equivalent definition
   явное ~ explicit definition

определённост ∥ ь definiteness
   ◊ **для ~ и** for definiteness
   неотрицательная ~ non(-)negative definiteness
   полная ~ complete definiteness
   положительная ~ positive definiteness

определённый determined; definite; defined
   ~ однозначно determined uniquely
   ~ корректно correctly posed, well-posed
   всюду ~ defined everywhere
   полностью ~ fully determined

определимость definability
   ~ в модели definability in a model
   конечная ~ finite definability

определимый definable
   эквационально ~ equationally definable

определитель determinant
   ~ Вронского Wronskian (determinant)
   ~ Грама Gram(ian) determinant
   ~ квадратичной формы determinant of a quadratic form
   ~ коэффициентов determinant of coefficients
   ~ матрицы determinant of a matrix
   ~ преобразования determinant of a transformation
   ~ системы determinant of a system
   ~ Якоби Jacobian determinant
   ~ Якобиана determinant of a Jacobian
   бесконечный ~ infinite determinant
   взаимный ~ adjoint determinant
   корреляционный ~ correlation determinant
   кососимметричный ~ skew(-)symmetric(al) determinant
   критический ~ critical determinant
   ненулевой ~ non(-)zero determinant
   обобщённый ~ generalized determinant
   присоединённый ~ adjoint determinant
   симметричный ~ symmetric(al) determinant
   трёхдиагональный ~ tridiagonal determinant
   функциональный ~ functional determinant
   характеристический ~ characteristic determinant
   циклический ~ cyclic determinant

определять define; determine; specify
   ~ аксиоматически define axiomatically
   ~ аналитически define analytically
   ~ глобально define globally
   ~ единственным образом determine uniquely
   ~ естественно define naturally; determine in a natural way
   ~ инвариантно define invariantly
   ~ индуктивно define inductively
   ~ корректно define correctly
   ~ локально define locally
   ~ однозначно determine uniquely
   ~ полностью determine completely, specify completely
   ~ рекурсивно define recursively

определяющий defining
опровергать refute
опровержение refutation
опровержимый refutable
опрос inquiry; poll
оптимальность optimality
   ~ по Парето Pareto('s) optimality
оптимальный optimal
   ε- ~ epsilon-optimal
   асимптотически ~ asymptotically optimal

оптимизация optimization
  ~ **с ограничениями** constrained optimization
  безусловная ~ unconstrained optimization
  дискретная ~ discrete optimization, integer optimization, integer programming, discrete programming
  комбинаторная ~ combinatorial optimization
  локальная ~ local optimization
  многоступенчатая ~ multi(-)stage optimization
  одномерная ~ one-dimensional optimization
  последовательная ~ sequential optimization
  симплексная ~ simplex optimization
оптимум optimum
опускать omit
  ~ **доказательство** omit a proof
опыт experiment
  ~ **с одним повторением** replication experiment
оракул oracle
орбит‖**а** orbit; trajectory
  ~ **группы** orbit of a group
  ~ **действия** orbit of action, orbit under an action
  ~ **ы одного типа** orbits of the same type
  ~ **оператора** orbit of an operator
  ~ **подгруппы** orbit of a subgroup
  ~ **точки** orbit of a point
  вырожденная ~ singular orbit
  главная ~ principal orbit
  диффеоморфные ~ **ы** diffeomorphic orbits
  замкнутая ~ closed orbit
  изолированная ~ isolated orbit
  минимальная ~ minimal orbit
  незамкнутая ~ open orbit
  непересекающиеся ~ **ы** disjoint orbits
  особая ~ exceptional orbit
  сингулярная ~ singular orbit
  экстремальная ~ extremal orbit
орбитально orbitally
орбитальный orbital
организовывать organize
  ~ **вычисления** organize computations
ординал *см. тж.* **ординальное число** ordinal number, ordinal
  допустимый ~ admissible ordinal
  несчётный ~ uncountable ordinal number
  предикативный ~ predicative ordinal number
  эпсилон- ~ epsilon-ordinal number
ординальное число (trans(-)finite) ordinal number, ordinal
  конфинальное ~ co(-)final ordinal
  начальное ~ initial ordinal number
  недостижимое ~ inaccessible ordinal (number)
  по Нейману ~ von Neumann('s) ordinal
  счётное ~ countable ordinal number
ордината ordinate, y-coordinate
  ~ **точки** ordinate of a point
оригинал original; original function
ориентаци‖**я** orientation
  ◊ **менять** ~ **ю** reverse orientation
  ~ **базиса** orientation of a basis
  ~ **многообразия** orientation of a manifold
  ~ **рёбер** edge orientation
  ~ **сферы** orientation of a sphere
  ~ **треугольника** orientation of a triangle
  E- ~ E-orientation
  взаимная ~ mutual orientation
  дискретная ~ discrete orientation
  локальная ~ local orientation
  отрицательная ~ negative orientation
  положительная ~ positive orientation
  противоположная ~ opposite orientation
  согласованная ~ consistent orientation

ориентированность orientedness	**освобождение** freeing
ориентированный oriented	~ **от иррациональности** rationalization
ориентировать orient	**осевой** axial
ориентируемость orientability	**ослабление** relaxation; weakening; thinning
~ **многообразия** orientability of a manifold	**ослаблять** relax; weaken; thin
ориентируемый orientable	~ **требование** relax a requirement
орисфера orisphere, horosphere; limit(ing) surface	**оснащать** equip
орицикл horocycle	~ **нормой** equip with a norm
орициклический horocyclic	**оснащение** framing
орт unit vector	**оснащённый** framed
ортант orthant	**основани**‖**е** foot; radix
негативный ~ negative orthant	~ **высоты треугольника** foot of the perpendicular drawn from a vertex of a triangle
неотрицательный ~ non(-)negative orthant	~ **я геометрии** foundations of geometry
орто- ortho-	~ **конуса** base of a cone
ортобазис ortho(-)basis	~ **логарифма** base of a logarithm
ортогонализация orthogonalization	~ **метода** foundations of a method
ортогонально orthogonally	~ **перпендикуляра** foot of a perpendicular
ортогональность orthogonality	~ **пирамиды** base of a pyramid
~ **строк** orthogonality of rows	~ **призмы** base of a prism
~ **функции** orthogonality of a function	~ **системы счисления** base of a system of numeration
ортогональный orthogonal	~ **степени** base of a power
попарно ~ pairwise orthogonal	~ **теории** foundations of a theory
ортодоксальный orthodox	~ **тетраэдра** base of a triangular pyramid
ортодополнение ortho(-)complement	~ **трапеции** base of a trapezium
ортоморфизм ortho(-)morphism	~ **треугольника** base of a triangle
ортонормализация ortho(-)normalization	~ **центра проекции** standpoint
ортонормирование ortho(-)normalization	~ **цилиндра** base of a cylinder
ортонормированность ortho(-)normality	**верхнее** ~ upper base
ортонормированный ortho(-)normal	**нижнее** ~ lower base
ортоцентр ortho(-)center	**основной** main; basic; principal; fundamental; primal; primitive; ground
ортоцентрический ortho(-)centric	**основы** elements; foundations
освещение illumination	~ **геометрии** elements of geometry
~ **изнутри** illumination from within, inner illumination	**аксиоматические** ~ axiomatic foundations
освобождаться free	**особая точка** singular point; singularity
~ **от иррациональности в знаменателе радикала** free a radical of fractions	~ **k-го порядка** multiple point
	~ **функции** singularity of a function

алгебраическая ~ algebraic(al) singularity
алгебраически логарифмическая ~ logarithmic-algebraic singularity
изолированная ~ isolated singularity
иррегулярная ~ irregular singularity
неподвижная ~ fixed singularity
нормальная ~ normal singularity
поверхностная ~ surface singularity
подвижная ~ movable singularity
простая ~ Klein('s) singularity, simple singularity
регулярная ~ regular singularity
сглаживаемая ~ smoothable singularity
существенно ~ essential singularity, essential(ly) singular branch(-)point
трансцендентная ~ transcendental singularity
устранимая ~ removable singularity
особенность singularity
   ~ Дю Валя Klein('s) singularity, simple singularity
   ~ Клейна Klein('s) singularity, simple singularity
   ~ на поверхности singularity of a surface
   ~ поля singularity of a field
   горенштейнова ~ Gorenstein('s) singularity
   двойная ~ double point singularity
   двойная рациональная ~ rational double point
   двумерная ~ two-dimensional singularity
   жёсткая ~ rigid singularity
   изолированная ~ isolated singularity
   интегрируемая ~ integrable singularity
   каноническая ~ canonical singularity

логарифмическая ~ logarithmic branch(-)point
невырожденная ~ non(-)degenerate singularity
неустранимая ~ non(-)removable singularity
поверхностная ~ surface singularity
полярная ~ weak singularity
простая ~ Klein('s) singularity, simple singularity
рациональная ~ rational singularity
сильная ~ strong singularity
слабая ~ weak singularity
сложная ~ complicated singularity
топологическая ~ topological singularity
точечная ~ point singularity
устойчивая ~ stable singularity
эллиптическая ~ elliptic(al) singularity
особый specific
осреднение averaging
оставлять leave
   ~ неподвижным leave fixed
остановка stopping
   оптимальная ~ optimal stopping
остаток residual; remainder
   ~ множества remainder of a set
   ~ ряда remainder of a series, residual series
   нулевой ~ zero remainder
   промежуточный ~ partial remainder
остаточный residual
остов skeleton; frame
   ~ графа skeleton of a graph
   ~ симплекса skeleton of a simplex
   ~ симплициальной схемы skeleton of a simplicial complex
   n**-(мерный) ~** n-(dimensional) skeleton
   дискретный ~ discrete skeleton
остриё point
   ~ Лебега Lebesgue('s) point
   параболическое ~ parabolic cusp

остров island
  ~ **на поверхности** island in a surface

островершинность peakedness

остроугольный acute-(angled)

острый acute

осуществимость feasibility

осуществлять carry out; perform
  ~ **преобразование** perform a transformation

осциллирующий oscillating, oscillatory

осциллятор oscillator
  ангармонический ~ anharmonic oscillator
  гармонический ~ harmonic oscillator

ось axis
  ~ x x-axis, axis of abscissas
  ~ y y-axis, axis of ordinates
  ~ z z-axis, axis of applicates
  ~ **абсцисс** x-axis, axis of abscissas
  ~ **аппликат** z-axis, axis of applicates
  ~ **вращения** axis of rotation; axis of revolution
  ~ **гомологии** axis of homology; axis of central collineation
  ~ **конуса** axis of a cone
  ~ **координат** axis of coordinates
  ~ **ординат** y-axis, axis of ordinates
  ~ **перспективы** axis of perspective, axis of perspectivity
  ~ **подобия** axis of similarity
  ~ **проекций** ground line
  ~ **симметрии** axis of symmetry
  ~ **формы** axis of a form
  ~ **цилиндра** axis of a cylinder
  ~ **эллипсоида** axis of an ellipsoid
  аксонометрическая ~ axonometric axis
  большая ~ (*эллипса*) major axis
  вещественная ~ real axis, axis of reals
  главная ~ principal axis
  действительная ~ real axis, axis of reals; (*гиперболы*) transverse axis
  малая ~ (*эллипса*) minor axis
  мнимая ~ imaginary axis, axis of imaginaries; (*гиперболы*) conjugate axis
  радикальная ~ radical axis
  центральная ~ central axis
  числовая ~ number axis; numerical axis; real line

отбор selection
  равновероятный ~ selection with equal probability

отбрасывать reject; omit
  ~ **посторонний корень** reject an extraneous root

отвергать reject
  ~ **гипотезу** reject a hypothesis

отделение separation
  ~ **корней** separation of roots
  ~ **нулей** separation of zeros

отделённость apartness

отделённый separated

отделимость separability; separation
  ~ **множеств** separability of sets
  голоморфная ~ holomorphic separability
  функциональная ~ functional separation

отделять separate
  ~ **строго** separate strictly

отделяющий separating

отказ balking

откладывать lay off, mark off, cut off
  ~ **отрезок на оси** x lay off a line(-)segment on the x-axis
  ~ **угол** mark off an angle

отклонение deviation, deviate; outlier; Hausdorff('s) metric
  ~ **множества** deviation in a set
  ~ **многочлена** deviation of a polynomial
  ~ **от регрессии** deviation from regression
  ~ **оценки** deviation from an estimate

абсолютное ~ absolute deviation
вероятное ~ probable deviation, mean deviation
выборочное ~ sample deviation
геодезическое ~ geodesic deviation
квадратичное ~ standard deviation, root-mean-square of deviation, square deviation
максимальное ~ maximal deviation, maximum deviation
нормальное ~ normal deviate
случайное ~ random deviation
срединное ~ probable deviation, mean deviation
среднеквадратичное ~ mean square deviation
стандартное ~ standard deviation, root-mean-square of deviation, square deviation

открытость openness
открытый open; open-ended
  компактно ~ compact-open
отличный different
  ~ **от нуля** other than zero, different from zero
отлов trapping
  пропорциональный ~ proportional trapping
отмечать mark; distinguish
  ~ **точку** distinguish a point
отмеченный distinguished
отнесение assignment; attribution
относительно relatively
относительный relative
отношени‖е ratio; relation ◊ ~ *a* к *b* ratio of *a* to *b*; **в одном и том же** ~ **и** in the same proportion
  ~ **близости** proximity relation
  ~ «**больше**» relation "greater than"
  ~ «**больше или равно**» relation "greater than or equal to"
  ~ **бордантности** bordism relation
  ~ **вероятностей** probability ratio
  ~ **включения** relation of inclusion
  ~ **вынуждения** forcing
  ~ **гомотопии** homotopy relation
  ~ **двойственности** duality relation
  ~ **делимости** divisibility relation
  ~ **дефектов** defect relation
  ~ **зависимости** dependence relation
  ~ **замыкания** closure relation
  ~ **инцидентности** incidence relation
  ~ **конгруэнтности** congruence relation
  ~ «**между**» betweenness
  ~ «**меньше**» relation "less than"
  ~ «**меньше или равно**» relation "less than or equal to"
  ~ **моментов** moment ratio
  ~ **на множестве** relation on a set
  ~ **подобия** similarity relation
  ~ **полноты** relation of completeness
  ~ **порядка** order(ing) relation
  ~ **правдоподобия** likelihood ratio
  ~ **предпочтения** preference relation
  ~ **предшествования** precedence relation
  ~ **принадлежности** incidence relation
  ~ **равенства** relation of equality
  ~ **Рэлея, соответствующее вектору** Rayleigh quotient corresponding to a vector
  ~ **связанности** connected treatment
  ~ **следования** consequence relation
  ~ **согласования** compatibility relation
  ~ **сходства** tolerance relation
  ~ **тождества** relation of identity
  ~ **толерантности** tolerance relation
  ~ **частичной упорядоченности** partial ordering relation
  ~ **эквивалентности** equivalence relation
n-**арное** ~ *n*-ary relation
аддитивное ~ additive relation
ангармоническое ~ anharmonic ratio, cross(-)ratio, double ratio
антисимметричное ~ anti(-)symmetric(al) relation

отношени‖е *(continued)*
  бесконечноместное ~ infinitary relation
  бинарное ~ binary relation, dyadic relation
  борелевское ~ Borel('s) relation
  выборочное ~ sampling ratio
  выпуклое ~ convex relation
  гармоническое ~ harmonic ratio
  геометрическое ~ geometric(al) order
  гиперарифметическое ~ hyper(-)arithmetic(al) relation
  двойное ~ anharmonic ratio, cross(-)ratio, double ratio
  диадическое ~ binary ratio, dyadic ratio
  дисперсионное ~ variance ratio
  корреляционное ~ correlation ratio
  линейное ~ linear relation
  монотонное ~ monotone ratio
  обратное ~ inverse relation; inverse ratio
  однозначное ~ mapping relation
  однородное ~ homogeneous relation
  порождённое ~ generated relation
  потоковое ~ flow ratio
  примитивно рекурсивное ~ primitive recursive relation
  процентное ~ percentage
  разностное ~ difference quotient
  разрешимое ~ decidable relation
  регулярное ~ regular relation
  рекурсивное ~ recursive relation
  рефлексивное ~ reflexive relation
  связное ~ connected relation, connective relation
  сильное ~ strong relation
  симметричное ~ symmetric(al) relation
  слабое ~ weak relation
  сложное ~ anharmonic ratio, cross(-)ratio, double ratio
  совместные ~ я compatible relations
  тернарное ~ ternary relation
  транзитивное ~ transitive relation
  трёхместное ~ ternary relation
  универсальное ~ universal relation
  центральное ~ central quotient
  экстремальное ~ extremal quotient
отображать map
  ~ взаимно однозначно map in a one-to-one fashion, map in a one-to-one manner
  ~ гомеоморфно map homeomorphically
  ~ диффеоморфно map diffeomorphically
  ~ изоморфно map isomorphically
  ~ линейно map linearly
  ~ непрерывно map continuously
отображени‖е map(ping); transformation
  ~ в множество map(ping) into a set
  ~ в общем положении general position map(ping)
  ~ включения inclusion function
  ~ вложения embedding map(ping)
  ~ вырезания excision map(ping)
  ~ инцидентности incidence map(ping)
  ~ класса C^k C^k-map(ping)
  ~ кривой function of a curve
  ~ , меняющее ориентацию orientation-reversing map(ping)
  ~ множеств map(ping) of sets
  ~ на множество map(ping) onto a set
  ~ надстройки suspension map(ping)
  ~ наиболее далёких точек farthest-point map(ping)
  ~ накрытия cover(ing) map(ping)
  ~ ограничения restriction map(ping)
  ~ отождествления identification map(ping)
  ~ пар map(ping) of pairs
  ~ переноса transfer map(ping)
  ~ перехода transition map(ping)

~ периодов   period map(ping)
~ поднятия   lifting map(ping)
~ подобия   similar correspondence
~ проектирования   projection map(ping)
~ с ограниченными искажениями   quasi(-)conformal map(ping)
~ с постоянным рангом   map(ping) of a constant rank
~ , сохраняющее норму   norm-preserving map(ping)
~ , сохраняющее площади   area-preserving map(ping)
~ , сохраняющее порядок   order(-)preserving map(ping)
~ , сохраняющее эквивалентность   equivalence-preserving map(ping)
~ спектров   spectra map(ping)
~ сферы   map(ping) of a sphere
B-измеримое ~   Borel-measurable map(ping)
C^k- ~ C^k-map(ping)
δ-непрерывное ~   proximally continuous map(ping)
G- ~   G-map(ping)
n-линейное ~   multi(-)linear map(ping), poly(-)linear map(ping)
R-линейное ~   R-linear map(ping)
автоморфное ~   automorphic map(ping)
альтернированное ~   alternating map(ping)
аналитическое ~   analytic(al) map(ping), analytic(al) morphism
антиголоморфное ~   anti(-)holomorphic map(ping)
антиконформное ~   inversely conformal transformation
антилинейное ~   anti(-)linear map(ping)
антиподальное ~   anti(-)podal map(ping)
антисимметричное ~   anti(-)symmetric(al) map(ping)
аффинное ~   affine map(ping)

барицентрическое ~   barycentric map(ping)
бесконечно гладкое ~   infinitely smooth map(ping)
биаддитивное ~   bi(-)additive map(ping)
биголоморфное ~   bi(-)holomorphic map(ping), holomorphism, pseudo(-)conformal map(ping)
биективное ~   one-to-one correspondence, bijection, bijective function
бикомпактное ~   bi(-)compact map(ping)
билинейное ~   bi(-)linear map(ping), bi(-)linear function
бирациональное ~   bi(-)rational map(ping)
близкие ~ я   near map(ping)s
близкое к открытым ~   close-to-open map(ping)
взаимно однозначное ~   one-to-one map(ping), injective map(ping), injection, insertion function
внутреннее ~   interior map(ping)
возмущённое ~   perturbed map(ping)
вполне геодезическое ~   totally geodesic map(ping)
вырожденное ~   degenerate map(ping), singular map(ping)
гармоническое ~   harmonic map(ping)
гауссово ~   Gauss(ian) map(ping)
геодезическое ~   projective map(ping), geodesic map(ping)
гиперболическое ~   hyperbolic map(ping)
главное ~   principal map(ping)
гладко гомотопные ~ я   smoothly homotopic map(ping)s
гладкое ~   smooth map(ping)
глобальное ~   global map(ping)
голоморфное ~   holomorphic map(ping)

отображени‖е *(continued)*
  гомеоморфные ~ я homeomorphic map(ping)s
  гомотопически обратное ~ homotopy inverse map(ping)
  гомотопное ~ homotopic map(ping)
  диагональное ~ diagonal map(ping)
  дианалитическое ~ dyanalytic map(ping)
  дифференцируемое ~ differentiable map(ping)
  допустимое ~ admissible map(ping)
  дробно-линейное ~ bi(-)linear transformation, linear fractional transformation
  дуальное ~ dual map(ping)
  естественное ~ natural map(ping)
  замкнутое ~ closed map(ping), closed function
  звёздное ~ star(-)like map(ping)
  зеркальное ~ mirror image
  знакопеременное ~ alternating map(ping)
  измеримое ~ measurable map(ping)
  изометрическое ~ isometric map(ping)
  изоморфное ~ isomorphic map(ping)
  изотонное ~ isotonic map(ping), isotone map(ping), monotone map(ping), monotonic map(ping)
  инволютивное ~ involutory map(ping)
  индуцированное ~ induced map(ping)
  инъективное ~ one-to-one map(ping), injective map(ping), injection, injective function
  каноническое ~ canonical map(ping)
  касательное ~ tangential map(ping)
  квадратичное ~ quadratic map(ping)
  квазиконформное ~ quasi(-)conformal map(ping)
  классифицирующее ~ classifying map(ping)
  клеточное ~ cellular map(ping)
  когомологическое ~ cohomology map(ping)
  компактное ~ compact map(ping)
  конечнократное ~ finite-to-one map(ping)
  конструктивное ~ constructive map(ping)
  контрагредиентное ~ contragradient map(ping)
  конформное ~ conformal map(ping), conformal representation
  конформное ~ первого рода isogonal conformal transformation
  координатное ~ coordinate transformation
  кососимметрическое ~ skew(-)symmetric(al) map(ping)
  коцепное ~ co(-)chain map(ping)
  кусочно-аффинное ~ piecewise affine map(ping)
  кусочно-гладкое ~ piecewise smooth map(ping)
  кусочно-линейное ~ piecewise linear map(ping)
  линейное ~ linear map(ping)
  липшицево ~ Lipschitz map(ping)
  локально гауссово ~ local Guass(') map(ping)
  локально компактное ~ locally compact map(ping)
  локально липшицево ~ locally Lipschitz map(ping)
  мероморфное ~ meromorphic map(ping)
  минимизирующее ~ minimizing map(ping)
  многозначное ~ multi(-)valued map(ping), set-valued map(ping), many-valued function
  многозначное ~ , обратное которому многозначно many-to-many map(ping)

многозначное ~, обратное которому однозначно one-to-many map(ping)
многомерное ~ multi(-)dimensional map(ping)
монотонное ~ isotonic map(ping), isotone map(ping), monotone map(ping), monotonic map(ping)
надстроечное ~ suspension map(ping)
накрывающее ~ covering map(ping)
невырожденное ~ non(-)singular map(ping), non(-)degenerate map(ping)
негладкое ~ non(-)differentiable map(ping)
неголоморфное ~ non(-)holomorphic map(ping)
негомотопные ~ я non(-)homotopic map(ping)s
непостоянное ~ non(-)constant map(ping)
непрерывно дифференцируемое ~ continuously differentiable map(ping)
непрерывное ~ continuous map(ping)
неприводимое ~ irreducible map(ping)
нерасширяющее ~ non(-)expansive map(ping)
неустойчивое ~ unstable map(ping)
нормальное ~ normal map(ping)
норменное ~ norm map(ping)
нулевое ~ zero map(ping)
нуль- ~ zero map(ping)
нульмерное ~ zero-dimensional map(ping)
обобщённо-конформное ~ generalized conformal map(ping)
обобщённое ~ generalized map(ping)
обратимое ~ invertible map(ping)
обратное ~ inverse map(ping)
общее ~ generic map(ping)
однозначное ~ one-valued map(ping), single-valued map(ping)
однолистное ~ *schlicht* map(ping)
одномерное ~ one-dimensional map(ping)
однородное ~ homogeneous map(ping)
орбитальное ~ orbital map(ping)
ортогональное ~ orthogonal map(ping)
открытое ~ open map(ping)
отрицательное ~ negative map(ping)
перестановочные ~ я commuting map(ping)s
периодическое ~ periodic map(ping); involution
перспективное ~ perspectivity; perspective map(ping)
повторное ~ iterated map(ping)
повышающее размерность ~ map(ping) increasing dimension
подобные ~ я similar map(ping)s
полилинейное ~ multi(-)linear map(ping), poly(-)linear map(ping)
полиномиальное ~ polynomial map(ping)
положительное ~ positive map(ping)
полулинейное ~ semi(-)linear map(ping)
полунепрерывное ~ semi(-)continuous map(ping)
полунепрерывное сверху ~ upper semi(-)continuous map(ping)
полунепрерывное снизу ~ lower semi(-)continuous map(ping)
полярное ~ polar map(ping)
послойное ~ fiberwise map(ping)
постоянное ~ constant map(ping)
правое обратное ~ right inverse of a map(ping)
предкомпактное ~ pre(-)compact map(ping)
представляющее ~ representing map(ping)
приближаемое ~ approximable map(ping)

отображени‖е *(continued)*
  приклеивающее ~ attaching map(ping)
  продолжаемое ~ extendable map(ping)
  проективное ~ projective map(ping)
  псевдоконформное ~ bi(-)holomorphic map(ping), holomorphism, pseudo(-)conformal map(ping)
  псевдооткрытое ~ pseudo(-)open map(ping)
  равномерно непрерывное ~ uniformly continuous map(ping)
  разрывное ~ discontinuous map(ping)
  разумное ~ reasonable map(ping)
  растягивающее ~ expansive map(ping), expanding map(ping)
  рациональное ~ rational map(ping)
  регулярное ~ regular map(ping)
  сепарабельное ~ separable map(ping)
  сжимающее ~ contraction map(ping), contractive map(ping)
  сильно непрерывное ~ strongly continuous map(ping)
  симметрическое ~ symmetric map(ping)
  симметричное ~ symmetric map(ping)
  симплектическое ~ symplectic map(ping)
  симплициальное ~ simplicial map(ping)
  сквозное ~ composition map(ping)
  сложное ~ composite map(ping)
  случайное ~ random map(ping)
  соболевское ~ Sobolev('s) map(ping)
  собственное ~ proper map(ping)
  совершенное ~ perfect map(ping)
  специальное ~ special map(ping)
  спинорное ~ spinor(ial) map(ping)
  стабильно гомотопное ~ stably homotopic map(ping)
  стандартное ~ standard map(ping)
  существенное ~ essential map(ping)
  сферическое ~ spherical map(ping)
  сюръективное ~ surjective map(ping), epimorphic map(ping), surjection, surjective function
  тождественное ~ identity map(ping), identity function
  топологическое ~ topological map(ping)
  точечно-множественное ~ multi(-)valued map(ping), set-valued map(ping), many-valued function
  точечное ~ point map(ping)
  трансверсальное ~ transverse map(ping)
  транспонированное ~ transposed map(ping)
  тривиальное ~ trivial map(ping)
  триметрическое ~ tri(-)metric image
  универсальное ~ universal map(ping)
  устойчивое ~ stable map(ping)
  фиксированное ~ fixed map(ping)
  характеристическое ~ characteristic map(ping)
  цепное ~ chain map(ping)
  частичное ~ partial map(ping)
  эквивалентное ~ equivalent map(ping)
  эквивариантное ~ equivariant map(ping)
  эквилонгальное ~ equilong map(ping)
  экспоненциальное ~ exponential map(ping)
  экстремальное ~ extremal map(ping)
  ядерное ~ nuclear map(ping)
отождествление identification; gluing
  ~ границ gluing boundaries
  ~ переменных identification of variables
  ~ точек identification of points

отождествлённый glued
отождествляемость identifiability
отождествлять identify; paste together
   ~ состояния identify states
отражать reflect
отражение reflection
   ~ от диаметра reflection in a diameter
   ~ от плоскости reflection in a plane
   ~ относительно гиперплоскости reflection on a hyperplane
   зеркальное ~ mirror reflection
   косое ~ oblique reflection
отрез‖ок line(-)segment; straight line; segment; interval
   ~ , отсекаемой на оси x x-intercept
   ~ , отсекаемый на оси y y-intercept
   ~ геодезической geodesic segment
   ~ интегрирования integration interval
   ~ кривой segment of a curve
   ~ прямой straight line(-)segment, line(-)segment
   ~ ряда segment of a series
   вложенные ~ ки nested intervals
   геодезический ~ geodesic segment
   декодированный ~ сообщения sequence decoded into a message
   единичный ~ unit interval
   конгруэнтные ~ ки congruent segments
   конечный ~ finite interval
   минимальный ~ minimal interval; minimal segment
   направленный ~ directed segment; oriented segment
   начальный ~ initial segment
   открытый ~ open segment
   отсекаемый ~ intercept
   параллельные ~ ки parallel straight lines
   пропорциональные ~ ки proportional straight lines
   прямолинейный ~ rectilinear segment
   собственный ~ proper segment
   фиксированный ~ fixed interval
   четвёртый пропорциональный ~ fourth proportional to three given straight lines
отрицани‖е negation; denial
   ◊ **навешивание ~ я** placing a sign for negation; **навешивать ~** negate
   ~ дизъюнкции non(-)disjunction
   ~ равенства denial of an equality
   ~ соотношения negation of a relation
   двойное ~ double negation
   сильное ~ strong negation
отрицательно negatively
отрицательность negativity
отрицательный negative
   сильно ~ strongly negative
   строго ~ strictly negative
отросток branching
отсекать cut off; intercept
отсечка cut-off
отсутствие absence
   ~ информации absence of information
оценивание estimation
   ~ закона estimation of a law
   ~ контрастов estimation of contrasts
   доверительное ~ confidence estimation
   интервальное ~ interval estimation
   непараметрическне ~ non(-)parametric estimation
   ранговое ~ rank order estimation
   рекуррентное ~ recursive estimation
   робастное ~ robust estimation
   состоятельное ~ consistent estimation
   статистическое ~ statistical estimation

оценивать estimate
- ~ грубо   estimate roughly
- ~ интеграл   estimate an integral
- ~ качество   estimate quality
- ~ по наблюдениям   estimate on the basis of observations

оценка   estimator; estimation; estimate
- ~ в виде отношения   ratio estimator
- ~ , вычисленная по методу минимума «хи-квадрат»   chi-square estimator
- ~ дисперсии   estimator of variance
- ~ интеграла   estimation of an integral
- ~ качества   evaluation of quality
- ~ максимального правдоподобия   maximum likelihood estimate, maximum likelihood estimator
- ~ методом наименьших квадратов   least-squares estimator
- ~ моды   estimate of mode
- ~ наибольшего правдоподобия   maximum likelihood estimate, maximum likelihood estimator
- ~ наименьших квадратов   least-squares estimator
- ~ параметра   estimator of a parameter
- ~ плотности   density estimator
- ~ по выборке   estimation from a sample
- ~ по наблюдениям   estimator based on observations
- ~ по столкновениям   collision estimator
- ~ погрешности   estimation of an error
- ~ , построенная по методу ближайшего соседа   nearest-neighbor estimate
- ~ регрессии   regression estimator, regression estimate
- ~ с наименьшей дисперсией   minimum variance estimator
- ~ с минимальной дисперсией   minimum variance estimator
- ~ с равномерно минимальной дисперсией   uniformly minimum variance estimator
- ~ сверху   upper estimate; majorization
- ~ сигнала   estimator for a signal
- ~ снизу   lower estimate
- ~ спектральной плотности   estimator for spectral density
- ~ тренда   estimation of trend
- ~ функции   estimation of a function
- ~ числом   numerical estimator
- ~ ядерного типа   kernel-type estimator
- L- ~   L-estimator
- M- ~   M-estimator
- **авторегрессионная** ~   auto(-)regression estimator
- **адаптивная** ~   adaptive estimator
- **аналитическая** ~   analytic(al) estimate
- **апостериорная** ~   *a posteriori* estimate
- **априорная** ~   *a priori* estimate
- **асимптотическая** ~   asymptotic estimate
- **асимптотически минимаксная** ~   asymptotically minimax estimation
- **асимптотически несмещённая** ~   asymptotically unbiased estimator
- **асимптотически нормальная** ~   asymptotically normal estimate
- **асимптотически оптимальная** ~   asymptotically optimal estimator
- **асимптотически эффективная** ~   asymptotically efficient estimator
- **бейесовская** ~   Bayes(') estimator
- **бутстрап-** ~   bootstrap estimation
- **вероятная** ~   probable estimate
- **вероятностная** ~   probabilistic estimate

оценка

верхняя ~ upper estimate
гипотетическая ~ conjectured estimate
глобальная ~ global estimate
грубая ~ coarse estimator; raw estimate, rough estimate
групповая ~ group estimator
двусторонняя ~ two-sided estimate; two-sided estimation
доверительная ~ confidence estimate; confidence estimator; confidence estimation
допустимая ~ admissible estimator
достаточная ~ sufficient estimate; sufficient estimator; sufficient estimation
инвариантная ~ invariant estimator
интервальная ~ interval estimator, interval estimate; interval estimation; region estimation; confidence set
качественная ~ qualitative estimation
квадратичная ~ quadratic estimation
классическая ~ classical estimation
количественная ~ quantitative estimation
комбинированная ~ combined estimator
линейная ~ linear estimator
мажорантная ~ majorant estimation
медианно несмещённая ~ median unbiased estimator
минимаксная ~ minimax estimation
минимальная ~ minimum estimator, minimal estimator
множественная ~ multiple estimator
модально несмещённая ~ modal unbiased estimation
модифицированная ~ modified estimator

надёжная ~ reliable estimation
наилучшая ~ best estimate; best estimator
недопустимая ~ inadmissible estimate
непараметрическая ~ non(-)parametric estimation
неравномерная ~ non(-)uniform estimate
нерандомизованная ~ non(-)randomized estimate
несмещённая ~ unbiased estimator; unbiased estimation
несмещённая относительно функции риска ~ unbiased risk estimator
несостоятельная ~ inconsistent estimator
нецентральная ~ non(-)central estimate
нижняя ~ lower estimate
нормальная ~ normal estimate
обобщённая ~ generalized estimator
односторонняя ~ unilateral estimation
оптимальная ~ optimal estimation
параметрическая ~ parametric estimator; parameter estimation, parametric estimation
показательная ~ exponential estimate
последовательная ~ sequential estimation
проекционная ~ projection estimate
равномерная ~ uniform estimate
равномерно наилучшая ~ uniformly best estimator
ранговая ~ rank estimate
рандомизированная ~ randomized estimator
робастная ~ robust estimator
сверхэффективная ~ super(-)efficient estimate
свободная ~ free estimator

оценка (continued)
  сильно состоятельная ~ strongly consistent estimator
  слабо состоятельная ~ weakly consistent estimator
  смещённая ~ biased estimator
  совместная ~ joint estimator
  состоятельная ~ consistent estimate, consistent estimator
  состоятельная в сильном смысле ~ strongly consistent estimator
  спектральная ~ spectral estimate, spectral estimator
  спектральная максимальной энтропии auto(-)regressive spectral estimator
  стандартная ~ standard estimator
  статистическая ~ statistical estimate
  суперэффективная ~ super(-)efficient estimate
  точечная ~ point estimation
  точная ~ exact estimate
  универсальная ~ universal estimator
  фидуциальная ~ fiducial estimate
  формальная ~ formal estimator
  хорошая ~ good estimator
  частотная ~ frequency estimator
  эквивариантная ~ equivariant estimator
  эмпирическая ~ empirical estimator
  эффективная ~ efficient estimator
  ядерная ~ kernel estimator
очередь queue; waiting line
ошибка error
  ~ в коде error within a code
  ~ дискретизации discretization error
  ~ интерполяции interpolation error
  ~ компоненты дисперсии error of a variance component
  ~ наблюдения error of an observation, observational error
  ~ округления error of truncation; rounding error, round-off error
  ~ отклонения error of a deviation
  ~ оценивания estimation error
  ~ первого рода error of the first kind, error of type I, alpha-error
  ~ среднего error of mean
  вероятная ~ probable error
  выборочная ~ sampling error
  вычислительная ~ computation error, computing error
  гауссовская ~ Gaussian error
  грубая ~ gross error
  допустимая ~ admissible error
  единичная ~ single error
  накопленная ~ accumulated error
  начальная ~ initial error
  независимая ~ independent error
  нормальная ~ normal error
  относительная ~ relative error
  постоянная ~ error constant, systematic error, regular error
  регулярная ~ error constant, systematic error, regular error
  систематическая ~ systematic error
  случайная ~ random error
  среднеквадратичная ~ standard error
ошибочный incorrect

пакет burst
  ~ ошибок error burst, burst error
память memory; recall; storage
  ассоциативная ~ content-addressable storage, associative storage
  времени ~ time memory
  двоичная ~ binary memory

конечная ~   finite memory
полная ~   perfect recall
расслоенная ~   interleaved memory
пара-   para-
пар‖а   pair; couple
~ групп   group pair
~ кругов (*в конформной геометрии*)   contact pair
~ простых чисел-близнецов   prime pair
~ систем обслуживания, объединённых в тандем   tandem queue
~ точек   point pair
~ чисел   number pair
~ шаров   ball pair
аномальная ~   anomalous pair
банахова ~   interpolation pair
бордантные ~ы   bordant pairs
вещественная ~   real pair
вложенная ~   embedded pair
двойственные ~ы   dual pairs
допустимая ~   admissible pair
дуальные ~ы   dual pairs
индексирующая ~   indexing pair
клеточная ~   cell pair
компактная ~   compact pair
модулярная ~   modular pair
неупорядоченная ~   unordered pair
ортогональная ~   orthogonal pair
паракомпактная ~   para(-)compact pair
параллельная ~   parallel pair
порождающая ~   generating pair
простая ~   simple pair
симметрическая ~   symmetric(al) pair
сопряжённая ~   adjoint pair
стабильная ~   stable pair
сходные ~ы   matched pairs
точная ~   exact couple
упорядоченная ~   ordered pair

парабол‖а   parabola
~ безопасности   parabola of safety
биквадратная ~   quartic parabola
гиперболическая ~   hyperbolic parabola
кубическая ~   cubic(al) parabola
софокусные ~ы   confocal parabolas
параболически   parabolically
параболический   parabolic
параболичность   parabolicity
параболоид   paraboloid
~ вращения   paraboloid of revolution
гиперболический ~   hyperbolic paraboloid
соприкасающийся ~   osculating paraboloid
эллиптический ~   elliptic(al) paraboloid
параболоидальный   paraboloidal
параболоидный   paraboloidal
парадигма   paradigm
парадокс   paradox
~ близнецов   twin paradox
~ Бурали-Форти   paradox of the greatest ordinal, antinomy of the set of all cardinals
~ лжеца   liar paradox, paradox of lying Epimenides
~ Эпименида   liar paradox, paradox of lying Epimenides
парадоксальный   paradoxical
паракомпактность   para(-)compactness
паракомплексный   para(-)complex
параксиальный   paraxial
параллелепипед   parallelepiped
n-мерный ~ n-dimensional parallelepiped
наклонный ~   oblique parallelepiped
основной ~   Hilbert('s) cube
открытый ~   open parallelepiped
прямой ~   right parallelepiped
прямоугольный ~   rectangular parallelepiped, cuboid

параллелепипедность boxicity
параллелизм parallelism
   абсолютный ~ absolute parallelism; tele(-)parallelism
параллелизуемость parallelizability
   ~ **многообразий** parallelizability of manifolds
параллелизуемый parallelizable
параллелограмм parallelogram
   ~ **периодов** parallelogram of periods
   основной ~ fundamental parallelogram
параллелогранник parallelotope
параллелотоп parallelotope
   ~ **периодов** period parallelotope
параллелоэдр parallelohedron
параллель parallel; parallel of latitude
параллельность parallelism
   ~ **прямых** parallelism of lines
параллельный parallel
   разумно ~ sensibly parallel
параллельный перенос (parallel) translation, parallel transport, parallel displacement
   ~ **слоя** translation of a fiber
   инфинитезимальный ~ infinitesimal translation
параметр parameter
   ~ **блок-схемы** parameter of a block-design
   ~ **возмущения** perturbation parameter
   ~ **генеральной совокупности** parameter of a population
   ~ **изгибания** bending parameter
   ~ **корреляции** correlation parameter
   ~ **кривой** parameter of a curve
   ~ **масштаба** scale parameter
   ~ **надёжности** reliability parameter
   ~ **нелинейности** non(-)linearity parameter
   ~ **положения** parameter of position, location parameter
   ~ **разброса** scattering parameter
   ~ **разностного множества** parameter of a difference set
   ~ **распределения** distribution parameter
   ~ **релаксации** acceleration constant
   ~ **сдвига** translation parameter
   ~ **семейства** parameter of a family
   ~ **статистики** selection parameter
   ~ **тэта-функции** modulus of a theta-function
   ~ **формы** shape parameter
   ~ **эллиптического интеграла** parameter of an elliptic(al) integral
   асимптотический ~ asymptotic parameter
   аффинный ~ affine parameter
   безразмерный ~ dimensionless parameter
   бесконечномерный ~ infinite-dimensional parameter
   векторный ~ vector-valued parameter
   вещественный ~ real parameter
   возмущающий ~ perturbation parameter
   вторичный ~ secondary parameter
   второй дифференциальный ~ second differentiator
   входной ~ input parameter
   геодезический ~ geodesic parameter
   главный ~ principal parameter
   групповой ~ group parameter
   действительный ~ real parameter
   дифференциальный ~ differential parameter, differentiator
   дифференциальный ~ **Бельтрами** first differentiator
   дифференциальный ~ **второго порядка** second differentiator
   дифференциальный ~ **Ламе** first differentiator
   дифференциальный ~ **первого порядка** first differentiator
   естественный ~ natural parameter
   изотермический ~ isothermal parameter

канонический ~ canonical parameter
линейный ~ linear parameter
локальный ~ local parameter
малый ~ small parameter
масштабный ~ scale parameter
метрический ~ metric parameter
мешающий ~ nuisance parameter
многомерный ~ multidimensional parameter
многомерный ~ (*случайного процесса*) time parameter
натуральный ~ natural parameter
независимый ~ independent parameter
неизвестный ~ unknown parameter
нелинейный ~ non(-)linear parameter
ненаблюдаемый ~ unobservable parameter
непрерывный ~ continuous parameter
обобщённый ~ generalized parameter
оптимальный ~ optimal parameter
оцениваемый ~ estimated parameter
первый дифференциальный ~ first differentiator
присоединённый ~ accessory parameter
скалярный ~ scalar parameter
случайный ~ random parameter
смешанный ~ mixed parameter
существенный ~ essential parameter
топологический ~ topological parameter
управляющий ~ control parameter
фиксированный ~ fixed parameter
фокальный ~ *latus rectum*, focal parameter, semi(-)focal chord
функциональный ~ functional parameter
характеристический ~ characteristic parameter
числовой ~ numerical parameter
параметризация parametrization
аналитическая ~ analytic(al) parametrization
естественная ~ natural parametrization
каноническая ~ canonical parametrization
локальная ~ local parametrization
регулярная ~ regular parametrization
явная ~ explicit parametrization
параметризованный parametrized
параметризовать parametrize
~ матрицу parametrize a matrix
~ семейство parametrize a family
параметрикс parametrix
параметрически parametrically
заданный ~ given parametrically
параметрический ~ parametric
паранорма para(-)norm
паранормированный para(-)normal
паратингенция paratingent
паросочетание matching
максимальное ~ maximal matching
совершенное ~ perfect matching
партия lot; batch; party; play
патологический pathological
пента- penta-
пентагондодекаэдр pentagonal dodecahedron
пентаграмма pentagram
первичный primary; prime
первообразная anti(-)derivative; primitive; primitive function
пере- re-
перебор scanning
перевод translation; conversion
автоматический ~ automated translation
машинный ~ automated translation
переводить carry; translate ◊ ~ ортонормированные базисы в ортонормированные carry orthonormal bases to orthonormal

перегиб inflection
   двойной ~ double inflection
перегородк‖а (*между множествами*) separator ◊ C является близостной ~ой между A и B C separates A and B
передавать transmit
   ~ сообщение send a message
передача transmission
   ~ информации transmission of information
   ~ кода transmitting a codeword
передний anterior
переидентифицировать over(-)identify
переименование re(-)indexing; re(-)writing; re(-)designing
   ~ букв re(-)lettering
переименовывать re(-)write
перекрывать overlap
перемена change
   ~ знака change of sign
переменн‖ая variable
   ~ интегрирования integration variable
   ~ однородности homogenizing variable
   ~ предсказания prediction variable
   ~ с запаздыванием lagged variable
   ~ состояния state variable
   безразмерная ~ dimensionless variable
   булева ~ Boolean variable
   ведущая ~ leading variable
   вспомогательная ~ auxiliary variable
   высказывательная ~ propositional variable
   гауссова ~ Gaussian variable
   главная ~ principal variable
   действительная ~ real variable
   дискретная ~ discrete variable
   зависимая ~ dependent variable
   индивидная ~ object variable, target variable, term variable
   индукционная ~ induction variable
   каноническая ~ canonical variable
   комплексная ~ complex variable
   лингвистическая ~ linguistic variable
   логическая ~ logical variable
   независимая ~ independent variable; argument (*of a function*)
   некоммутирующие ~е non(-)commutative variables
   непрерывная ~ continuous variable
   несущественная ~ apparent variable, dummy variable
   предикатная ~ predicate variable
   предметная ~ object variable, target variable, term variable
   пропозициональная ~ propositional variable
   пропорциональная ~ proportional variable
   пространственная ~ space variable
   разделяющиеся ~ые separable variables
   регрессионная ~ regressor
   свободная ~ free variable
   связанная ~ bound variable
   слабая ~ slack variable
   сопутствующая ~ concomitant variable
   существенная ~ essential variable
   угловая ~ angular variable
   фиктивная ~ apparent variable, dummy variable
   функциональная ~ function variable, operator variable
   числовая ~ number variable
   экзогенная ~ exogenous variable
   эндогенная ~ endogenous variable
переменное *см. тж.* **переменная** variable
   ~ множеств set variable
   вещественное ~ real variable
   действительное ~ real variable
   измеряемое ~ measurable variable

комплексное ~ complex variable
фазовое ~ phase variable
переменный variable
перемешивание mixing
  слабое ~ weak mixing
перемещать displace; move
  ~ параллельно translate
перемещение displacement; isometry
  виртуальное ~ virtual displacement
  возможное ~ virtual displacement
перемножаемый multipliable
перемножать multiply together
  ~ крест-накрест cross-multiply
перенесение transfer
  евклидово ~ Euclidean transfer
  инфинитезимальное ~ infinitesimal transfer
  локально плоское ~ locally flat transfer
  метрическое ~ metric transfer
  плоское ~ flat transfer
  проективное ~ projective transfer
  риманово ~ Riemannian transfer
перенормализация re(-)normalization
перенормируемость re(-)normalizability
перенос transfer; translation; transport; parallel transport; transference; (*в следующий разряд*) carry-over
  ~ вектора parallel transport of a vector
  ~ распределения translation of a distribution
  ~ функции translation of a function
  евклидов ~ Euclidean displacement; parallel translation
  неевклидов ~ non-Euclidean translation
переносить shift; displace; transfer; transpose; carry; carry over; extend; (*цифру из предыдущего разряда*) carry over; (*член из одной части уравнения в другую*) transfer; transpose
  ~ десятичную запятую shift the decimal point, move the decimal point
  ~ непрерывно translate continuously
  ~ операцию extend an operation
  ~ параллельно translate
  ~ результат extend a result
  ~ теорию carry over a theory
перенумерация re(-)labelling; re(-)numbering
перенумеровывать re(-)number
переопределённый over(-)determined
  максимально ~ maximally overdetermined
переориентация re(-)orientation
перепись census
переплетаться intertwine
переработать review
  ~ запись (*машины Тьюринга*) alter the condition of a scanned square
пересекать meet; cross; intersect; cut
  ◊ **~ся в точке** meet (cross, cut, intersect) at (in) a point
  ~ под прямым углом intersect at right angles
  ~ трансверсально intersect transverally
пересечени‖е intersection; crossing; meet
  ~ квадрик intersection of two quadrics
  ~ классов intersection of classes
  ~ кривых intersection of curves
  ~ линий intersection of lines
  ~ множеств intersection of sets
  ~ областей intersection of domains
  ~ окрестностей intersection of neighborhoods
  ~ поверхностей intersection of surfaces
  ~ подгрупп intersection of subgroups
  ~ подколец intersection of subrings
  ~ подпространств intersection of subspaces
  ~ полупространств intersection of half(-)spaces
  ~ пространств intersection of spaces

пересечени‖е *(continued)*
- ~ сверху вниз   down(-)crossing
- ~ семейства   intersection of a family
- ~ тел   intersection of solids
- ~ топологий   intersection of topologies
- ~ уровня   level crossing
- ~ циклов   intersection of cycles
- выпуклое ~   convex intersection
- замкнутое ~   closed intersection
- конечное ~   finite intersection
- непустое ~   non(-)empty intersection
- полное ~   complete intersection
- последовательные ~ я   successive intersections
- приведённое ~   reduced intersection
- теоретико-множественное ~   set-theoretic(al) intersection
- тривиальное ~   trivial intersection

перескок   flip-flop
переставлять   permute
перестановка   permutation; commutation; re(-)arrangement; interchange
- ~ аргументов   permutation of arguments
- ~ индексов   permutation of indices
- ~ кодов   permutation of codes
- ~ переменных   permutation of variables
- ~ с ограниченными позициями   permutation with restricted positions
- ~ строк (*определителя*)   interchange of rows
- ~ чисел   permutation of numbers
- ~ элементов   permutation of elements
- альтернирующая ~   alternating permutation
- обратная ~   inverse permutation
- тождественная ~   identity permutation
- циклическая ~   cyclic permutation; cyclic change
- чётная ~   even permutation
- элементарная ~   elementary permutation

перестановочность   commutativity; permutability
n-перестановочный n-commuting
перестройка   surgery; modification
- ~ многообразия   surgery of a manifold
- сферическая ~   spherical modification
- элементарная ~   elementary surgery

пересчёт   count; counting
- одновременный ~   simultaneous counting
- прямой ~   direct count

переформулировать   re(-)formulate
- ~ задачу   reformulate a problem
- ~ понятие   reformulate a concept

переход   transition; passage; over(-)pass
- ~ к дополнению   complementation
- ~ к другому базису   transition to another basis
- ~ к координатам   transition to another set of coordinates
- ~ к ортодополнению   ortho(-)complementation
- ~ к пределу   passage to the limit, limiting process
- ~ с запрещениями   transition with taboo states
- индуктивный ~   inductive step, induction step
- индукционный ~   inductive step, induction step
- марковский ~   Markovian transition
- обратный ~   inverse transition
- постепенный ~ к пределу   deferred approach to the limit
- предельный ~   passage to the limit, limit(ing) process
- фазовый ~   phase transition

переходить change; proceed ◊ ~ при инверсии invert
  ~ в другое состояние (*о машине Тьюринга*) change to another state
  ~ к новым обозначениям (*в нарушение старых*) abuse the notation
  ~ к новым переменным change to new variables
  ~ к пределу pass to the limit; proceed to the limit
перечисление enumeration
  ~ подмножеств enumeration of subsets
  ~ траекторий path enumeration
  ~ чисел enumeration of numbers
перечислимость enumerability
перечислимый enumerable
  рекурсивно ~ recursively enumerable
перечислять list
  ~ элементы множества list elements of a set
перешеек separation edge
периметр perimeter
  ~ многоугольника perimeter of a polygon
период period; (*бесконечной десятичной дроби*) repetend
  ~ десятичной дроби period of a decimal
  ~ дифференциала period of a differential
  ~ класса period of a class
  ~ отображения period of a map(ping)
  ~ полугруппы period of a semigroup
  ~ функции period of a function
  ~ элемента period of an element
  логарифмический ~ logarithmic period
  минимальный ~ minimal period
  основной ~ fundamental period
  примитивный ~ primitive period
  простой ~ fundamental period
  циклический ~ cyclic period
периодически periodically
периодический periodic(al)
  двояко- ~ doubly periodic
  почти ~ almost(-)periodic
  слабо почти ~ weakly almost(-)periodic
  условно ~ conditionally periodic
  чисто ~ purely periodic
периодичность periodicity; periodic behavior
  ~ функции periodicity of a function
  гладкая ~ smooth periodicity
  почти ~ almost(-)periodicity
  пространственная ~ spatial periodicity
  слабая почти ~ almost(-)periodicity
периодограмма periodogram
периферия periphery
  ~ круга periphery of a circle
перманент permanent
перманентно permanently
перманентность permanence; persistence
перманентный permanent
пермутатор permuter
перпендикуляр perpendicular, perpendicular line
  ~ к плоскости perpendicular to a plane
  ~ через середину (*отрезка*) perpendicular bisector
  серединный ~ perpendicular bisector
перпендикулярность perpendicularity
перпендикулярный perpendicular
  взаимно ~ mutually perpendicular
перспектива perspective
перспективный perspective
перцентиль percentile
петл‖я loop
  двойная ~ double loop
  замкнутая ~ closed loop

петл ‖ я (continued)
   комбинаторно гомотопные ~ и combinatorially homotopic loops
   стягиваемая ~ contractible loop
печатать print
пинч pinch
   тороидальный ~ toroidal pinch
пирамида pyramid
   правильная ~ regular pyramid
   треугольная ~ triangular pyramid, tetrahedron
   усечённая ~ frustum of a pyramid, truncated pyramid
пирамидальный pyramidal
писать write
   ~ программу (*машины Тьюринга*) write a program
пифагоров Pythagorean
план plan; schedule; design; plot
   ~ вычислений computing plan
   ~ контроля inspection plan
   ~ эксперимента experimental plan, design of an experiment
   выборочный ~ sampling plan, sample design, sampling design
   многоступенчатый ~ (*статистического приёмочного контроля*) multiple inspection
   одноступенчатый ~ single sampling plan
   перекрёстный ~ cross(-)over design
   последовательный ~ sequential plan, sequential design; sequential inspection
   простой ~ simple design
   сбалансированный ~ balanced plan
планарность planarity
планиметр planimeter
планиметрический planimetric
планиметрия plane geometry
планирование planning; scheduling
   ~ работ scheduling of jobs
   ~ эксперимента planning of an experiment
   календарное ~ calendar planning
   оптимальное ~ optimal planning
   производственное ~ production scheduling
   сетевое ~ network analysis
планировать plan
плата pay(-)off
платёж payment; pay(-)off
   побочный ~ side payment
платонов Platonic
плёнка film
   минимальная ~ minimal film
плетизм plethysm
плоский planar; flat
   локально ~ locally flat
   нормально ~ normally flat
плоскост ‖ ь plane; flatness
   q- **~** q-plane
   s- **~** s-plane
   z- **~** z-plane
   2- **~** two-plane
   ~ вертикальной проекции vertical plane
   ~ гомологии plane of perspectivity
   ~ комплексных чисел plane of complex numbers
   ~ Лобачевского Lobachevski('s) plane, hyperbolic plane
   ~ Мёбиуса Möbius(') plane, inversive plane
   ~ переноса translation plane
   ~ перспективы plane of perspectivity
   ~ подобия plane of similarity
   ~ проекций projection plane
   ~ регрессии regression plane
   ~ Римана elliptic(al) plane
   ~ с выколотой точкой punctured plane, plane except one point
   ~ сечения plane of a section
   ~ симметрии plane of symmetry
   n-**мерная ~** n-(dimensional) plane
   аналитическая ~ analytic(al) plane
   асимптотическая ~ asymptotic plane
   аффинная ~ affine plane

бесконечно удалённая ~ ideal plane, plane at infinity
биссекторная ~ bisecting plane
вещественная ~ real plane
вложённая ~ embedded plane
геодезическая ~ geodesic plane
гиперболическая ~ hyperbolic plane, h-plane
главная ~ principal plane
горизонтальная ~ horizontal plane
двойная ~ bi(-)plane, double plane
дезаргова ~ Desarguesian plane
действительная ~ real plane
диагональная ~ diagonal plane
евклидова ~ Euclidean plane
замкнутая ~ closed plane
изотропная ~ isotropic plane
инверсная ~ Möbius(') plane, inversive plane
картинная ~ image plane
касательная ~ tangent plane
комплексная ~ complex plane, z-plane, omega-plane, plane of complex numbers
комплексно-аналитическая ~ analytic(al) plane
конечная ~ finite plane
координатная ~ coordinate plane
круговая ~ Möbius(') plane, inversive plane
лагранжева ~ Lagrangian plane
линейная ~ linear plane
метрическая ~ metric plane
мнимая ~ imaginary plane
недезаргова ~ non-Desarguesian plane
нормальная ~ normal plane
нулевая ~ null plane
опорная ~ supporting plane, plane of support
ориентированная ~ oriented plane
ортогональные ~ и orthogonal planes
особая ~ singular plane
параллельные ~ и parallel planes
полярная ~ polar plane
проективная ~ projective plane
проколотая ~ punctured plane, plane except one point
профильная ~ profile plane
пунктированная ~ punctured plane, plane except one point
радикальная ~ radical plane
расширенная ~ extended plane
секущая ~ intersecting plane, cutting plane
сингулярная ~ singular plane
собственная ~ characteristic plane
соприкасающаяся ~ osculating plane
спрямляющая ~ rectifying plane
стационарная ~ stationary plane
сферическая ~ spherical plane
трансверсальная ~ transversal plane
упорядоченная ~ ordered plane
фазовая ~ phase plane
фиксированная ~ fixed plane
фокальная ~ focal plane
фронтальная ~ front plane
характеристическая ~ characteristic plane
числовая ~ number plane
экваториальная ~ equatorial plane
эллиптическая ~ elliptic(al) plane
плотность density; denseness
~ вероятности density of probability
~ восстановления renewal density
~ графа density of a graph
~ лагранжиана Lagrangian density
~ множества density of a set
~ нулей density of zeroes
~ отображения density of a map(ping)
~ поверхности surface density
~ простого слоя simple density layer
~ распределения density of a distribution
~ распределения вероятностей density of probability

плотность *(continued)*
- ~ сингулярного интеграла density of a singular integral
- ~ точек density of points
- *n*-мерная ~ *n*-dimensional density
- асимптотическая ~ asymptotic density
- аффинорная ~ affinor density
- векторная ~ vector density
- верхняя ~ upper density
- гауссовская ~ Gaussian density
- интегральная ~ integral density
- краевая ~ marginal density
- линейная ~ linear density
- логарифмическая ~ logarithmic density
- максимальная ~ maximum density, maximal density
- метрическая ~ metric density
- минимальная ~ minimal density
- натуральная ~ natural density
- нижняя ~ lower density
- объёмная ~ volume density
- переходная ~ transition density
- рациональная ~ rational density
- скалярная ~ scalar density
- смешанная ~ mixed density
- совместная ~ joint density
- спектральная ~ spectral density, power density
- средняя ~ mean density
- сферическая ~ spherical density
- тензорная ~ tensor(ial) density, pseudo(-)tensor
- угловая ~ angular density
- условная ~ conditional density
- числовая ~ numerical density
- эрмитова ~ Hermitian density

плотный dense
- ~ в топологии Зарисского Zariski-dense
- всюду ~ everywhere dense

площадка areal element
- элементарная ~ areal element, surface element

площадь area
- ~ боковой поверхности lateral area
- ~ по Банаху Banach('s) area
- ~ по Гроссу Gross(') area
- ~ по Лебегу Lebesgue('s) area
- ~ поверхности area of a surface
- ~ полной поверхности total area, surface area
- ~ прямоугольника area of a rectangle
- ~ сферы area of the surface of a sphere
- ~ трапеции area of a trapezium
- ~ треугольника area of a triangle
- ~ фигуры area of a figure
- *n*-мерная ~ *n*-dimensional area
- внешняя ~ exterior content
- внутренняя ~ inner area
- гиперболическая ~ hyperbolic area
- интегрально геометрическая ~ integral-geometric(al) area
- смешанная ~ mixed area

плюмбинг plumbing
плюри- pluri-
плюрижанр pluri(-)genus
плюрисубгармоничность pluri(-)subharmonicity
плюс plus; sign of addition
поведение behavior
- ~ автомата behavior of an automaton
- ~ в среднем average behavior
- ~ векторов behavior of vectors
- ~ во времени temporal behavior
- ~ геодезических behavior of geodesics
- ~ коэффициента behavior of a coefficient
- ~ кривых behavior of curves
- ~ на бесконечности behavior at infinity
- ~ на границе boundary behavior
- ~ оператора behavior of an operator
- ~ поверхностей behavior of surfaces

поверхностный | поверхност‖ь

~ **последовательностей** behavior of sequences
~ **потребителей** consumer('s) behavior
~ **суммы** behavior of a sum
~ **функции** behavior of a function
~ **функционала** behavior of a functional
~ **ядра** behavior of a kernel
асимптотическое ~ **собственных значений** asymptotic behavior of eigenvalues
асимптотическое ~ **функции** asymptotic behavior of a function
глобальное ~ global behavior
детерминированное ~ deterministic behavior
качественное ~ qualitative behavior
оптимальное ~ optimal behavior
предельное ~ limit(ing) behavior
топологическое ~ topological behavior
целесообразное ~ rational behavior

поверхностный superficial; areal

поверхност‖ь *см. тж.* **риманова поверхность** surface
~ **без границы** surface without boundary
~ **без края** surface without boundary
~ **вращения** surface of revolution
~ **второго порядка** quadric (surface)
~ **касания** surface of contact
~ **класса r** surface of class r
~ **конгруэнции** surface of congruence
~ **конуса** surface of a cone
~ **многогранника** surface of a polyhedron
~ **нормалей** normal surface
~ **общего типа** surface of general type
~ **основного типа** surface of general type
~ **отклика** response surface
~ **отрицательной кривизны** surface of negative curvature
~ **переноса** translation surface
~ **пересечения** surface of intersection
~ **пирамиды** surface of a pyramid
~ **положительной кривизны** surface of positive curvature
~ **порядка** n surface of order n
~ **призмы** surface of a prism
~ **равных расстояний** equi(-)distant surface
~ **регрессии** regression surface
~ **рода g** surface of genus g
~ **с r контурами** surface of r contours
~ **с краем** surface with boundary
~ **с особенностями** surface with singularities
~ **степени p** surface of degree p
~ **уровня** niveau surface, level surface
~ **цилиндра** surface of a cylinder
~ **четвёртого порядка** quartic surface
~ **шара** surface of a sphere
G- ~ G-surface
K3- ~ K3-surface
n**-листная** ~ n-sheeted surface
n**-мерная** ~ n-dimensional surface
абелева ~ Abelian surface
абстрактная ~ abstract surface
алгебраическая ~ algebraic(al) surface
аналитическая ~ analytic(al) surface
ассоциированная ~ associated surface
аффинная ~ affine surface
близкие ~ **и** nearby surfaces
боковая ~ lateral surface
винтовая ~ helical surface, helicoidal surface
вихревая ~ vortex sheet
вложенная ~ embedded surface

поверхност‖ь *(continued)*
  внутренняя ~ internal surface
  вогнутая ~ concave surface
  выпуклая ~ convex surface
  вырождающаяся ~ degenerate surface
  гармоническая ~ harmonic surface
  гиперболическая ~ hyperbolic surface
  гиперэллиптическая ~ hyper(-)elliptic(al) surface
  главная ~ principal surface
  гладкая ~ smooth surface
  глобально минимальная ~ globally minimal surface
  гомеоморфные ~ и homeomorphic surfaces
  граничная ~ bounding surface
  двойная ~ double surface
  двусторонняя ~ two-sided surface
  действительная ~ real surface
  диагональная ~ diagonal surface
  дифференцируемая ~ smooth surface
  жёсткая ~ rigid surface
  замкнутая ~ closed surface
  изобарическая ~ isobaric surface
  изометричные ~ и isometric surfaces
  изотермическая ~ isothermal surface
  изотропная ~ isotropic surface
  инвариантная ~ invariant surface; invariant point
  интегральная ~ integral surface
  иррегулярная ~ irregular surface
  каналовая ~ canal surface
  касательная ~ tangent surface
  каустическая ~ caustic surface
  квазиоднородная ~ quasi(-)homogeneous surface
  классическая ~ classical surface
  клейнова ~ Klein('s) surface
  кольцевидная ~ annular surface
  компактная ~ compact surface
  комплексная ~ complex surface
  комплексно-алгебраическая ~ complex algebraic(al) surface
  комплексно-аналитическая ~ complex analytic(al) surface
  коническая ~ conical surface
  косая ~ warped surface
  кривая ~ curved surface
  кубическая ~ cubic surface
  кэлерова ~ Kähler('s) surface
  лагранжева ~ Lagrangian surface
  линейчатая ~ ruled surface
  минимальная ~ minimal surface
  многогранная ~ polyhedral surface
  многомерная ~ multidimensional surface
  модулярная ~ modular surface
  накрывающая ~ covering surface
  направляющая ~ director surface
  натянутая ~ spanned surface
  невырождающаяся нераспадающаяся ~ второго порядка proper quadric surface
  невырожденная ~ non(-)singular surface
  некомпактная ~ non(-)compact surface
  неограниченная ~ unbounded surface
  неориентированная ~ non(-)oriented surface
  неориентируемая ~ non(-)orientable surface
  неособая ~ non(-)singular surface
  непересекающиеся ~ и disjoint surfaces
  неразвёртывающаяся ~ non(-)developable surface
  неразвёртывающаяся линейчатая ~ skew surface
  неразветвлённая ~ unramified surface
  несжимаемая ~ incompressible surface
  неустойчивая ~ unstable surface
  нормальная ~ normal surface

нулевая ~   null surface
обобщённая ~   generalized surface
овальная ~   oval surface
огибающая ~   enveloping surface
однородная ~   homogeneous surface
односвязная ~   simply(-)connected surface
односторонняя ~   one-sided surface
ориентированная ~   oriented surface
ориентируемая ~   orientable surface
ортогональные ~ и   orthogonal surfaces
особая ~ второго порядка   singular quadric
открытая ~   open surface
параболическая ~   parabolic surface
параллельная ~   parallel surface
параметризованная ~   parametrized surface
параметрическая ~   parametric surface
параметрически заданная ~   parametric surface
периодическая ~   periodic(al) surface
плоская ~   plane surface, planar surface
погруженная ~   immersed surface
полиэдральная ~   polyhedral surface
полная ~   complete surface
постоянная ~   constant surface
предельная ~   limit(ing) surface
присоединённая ~   adjoint surface
проективная ~   projective surface
простая ~   simple surface
пространственно-подобная ~   space-like surface
псевдосферическая ~   pseudo(-)spherical surface
развёртывающаяся ~   developable surface

разветвлённая ~   branched surface, ramified surface
рациональная ~   rational surface
регулярная ~   regular surface
резная ~   molding surface
свободная ~   free surface
связная ~   connected surface
седловая ~   saddle surface
секущая ~   surface of a section
сингулярная ~   singular surface
сопряжённая ~   conjugate surface
соседние ~ и   nearby surfaces
спрямляющая ~   rectifying surface
срединная ~   median surface
средняя ~   median surface; mid(-)surface
суперсингулярная ~   super(-)singular surface
тетраэдральная ~   tetrahedral surface
трансверсальная ~   transverse surface
триангулируемая ~   triangulable surface
трубчатая ~   tubular surface
узловая ~   nodal surface
универсальная ~   universal surface
унирациональная ~   unirational surface
устойчивая ~   stable surface
фокальная ~   focal surface
фундаментальная ~   fundamental surface
характеристическая ~   characteristic surface, characteristic manifold
центральная ~   central surface
цилиндрическая ~   cylindric(al) surface
эволютная ~   evolute, evolute surface
эквивалентные ~ и   equivalent surfaces
эквидистантная ~   equi(-)distant surface

поверхност‖ь *(continued)*
   эквипотенциальная ~ equi(-)potential surface
   экстремальная ~ extremal surface
   элементарная ~ elementary surface
   эллиптическая ~ elliptic(al) surface
поворачивать rotate
   ~ по часовой стрелке rotate clockwise
   ~ против часовой стрелки rotate counter(-)clockwise
поворот rotation; turn
   ~ диска rotation of a disk
   ~ многообразия rotation of a manifold
   ~ плоскости rotation of a plane
повторение repetition; replication
   независимое ~ independent repetition
   частичное ~ fractional replication
повторитель repeater
повторный iterated
повторяемость repeatability
повторяться recur
поглощать absorb
   ~ подмножество absorb a subset
поглощение absorption; engulfment
   ~ множества absorption of a set
погоня pursuit
погрешность error
   ~ алгоритма error in an algorithm
   ~ входных данных error of input data, input error
   ~ вычисления error in a calculation
   ~ измерения error of measurement, measuring error
   ~ квадратуры quadrature error
   ~ метода error of a procedure
   ~ округления round-off error, rounding error
   ~ оценки error of an estimate, error of estimation, error of an estimator

   ~ приближения error of approximation
   ~ решения error in a solution
   ~ эксперимента experimental error
   абсолютная ~ absolute error
   вероятная ~ probable error
   истинная ~ true error
   кажущаяся ~ apparent error
   максимальная ~ maximum error; limit of an error
   остаточная ~ residual error
   относительная ~ relative error
   полная ~ total error
   систематическая ~ systematic error, regular error
   случайная ~ random error
   среднеквадратичная ~ mean-square error
   средняя ~ average error; mean error
   числовая ~ numerical error
погружаемость embeddability
погружать immerse
погружение immersion, topological immersion
   ~ в пространство immersion in a space
   ~ многообразия immersion of a manifold
   аналитическое ~ analytic(al) immersion
   изометрическое ~ isometric immersion
   каноническое ~ canonical immersion
   минимальное ~ minimal immersion
   проективное ~ projective immersion
   регулярное ~ regular immersion
погружённость embeddability
погружённый immersed
под- sub-
подавать (*напр. на входы преобразователя*) feed
подавтомат sub(-)automaton

подалгебра sub(-)algebra
 ◊ ~ **Ли** Lie subalgebra
 ~ **матриц** subalgebra of matrices
 σ- ~ sigma-subalgebra
 абелева ~ Abelian subalgebra
 борелевская ~ Borel('s) subalgebra
 вещественная ~ real subalgebra
 вложенная ~ embedded subalgebra
 замкнутая ~ closed subalgebra
 инвариантная ~ invariant subalgebra
 картановская ~ Cartan('s) subalgebra
 классическая ~ classical subalgebra
 компактно вложенная ~ compactly embedded subalgebra
 максимальная ~ maximal subalgebra
 нильпотентная ~ nilpotent subalgebra
 параболическая ~ parabolic subalgebra
 полупростая ~ semi(-)simple subalgebra
 разрешимая ~ solvable subalgebra
 расщепляющая ~ splitting subalgebra
 регулярная ~ regular subalgebra
 собственная ~ proper subalgebra
 частичная ~ partial subalgebra
подвижность mobility
 свободная ~ free mobility
подвижный mobile
подвыборка sub(-)sample
подвыражение sub(-)expression
подгиперграф sub(-)hypergraph
подгонка fitting
подготовка preparation; preparedness
 математическая ~ mathematical preparedness
 предварительная ~ **ленты** (*машины Тьюринга*) preparation of a tape

подграф sub(-)graph
 дополнительный ~ complement of a subgraph
 максимальный ~ maximal subgraph
 остовный ~ spanning subgraph
 полный ~ full subgraph
 порождённый ~ induced subgraph
 связный ~ connected subgraph
подгрупп‖**а** subgroup
 ~ **автоморфизмов** subgroup of automorphisms
 ~ **ветвления** ramification subgroup
 ~ **вращений** rotation subgroup
 ~ **конечного индекса** subgroup of finite index
 ~ **кручения** torsion subgroup
 ~ **Ли** Lie('s) subgroup
 ~ **матриц** subgroup consisting of matrices
 ~ **параллельных переносов** translation(al) subgroup
 ~ **точки** subgroup of a point
 ~ **уровня** n subgroup of level n
 ~ **циклов** subgroup of cycles
 ℓ- ~ ℓ-subgroup
 n-**мерная** ~ n-subgroup
 p- ~ p-subgroup
 π- ~ π-subgroup
 Π- ~ Π-subgroup
 абелева ~ Abelian subgroup
 абнормальная ~ abnormal subgroup
 алгебраическая ~ algebraic(al) subgroup
 арифметическая ~ arithmetic(al) subgroup
 базисная ~ basic subgroup
 борелевская ~ Borel('s) subgroup
 вербальная ~ verbal subgroup
 вложенная ~ embedded subgroup
 вполне инвариантная ~ fully invariant subgroup
 вполне характеристическая ~ fully characteristic subgroup

подгрупп‖а *(continued)*
  выпуклая ~ convex subgroup
  главная ~ principal subgroup
  декартова ~ Cartesian subgroup
  дискретная ~ discrete subgroup
  допустимая ~ admissible subgroup
  достижимая ~ accessible subgroup, sub(-)normal subgroup
  единичная ~ identity subgroup
  замкнутая ~ closed subgroup
  изолированная ~ isolated subgroup
  изоморфная ~ isomorphic subgroup
  инвариантная ~ normal subgroup, normal subgroup
  коммутативная ~ commutative subgroup
  коммутирующие ~ ы commuting subgroups
  компактная ~ compact subgroup
  конгруэнц- ~ congruence subgroup
  конечная ~ finite subgroup
  локальная ~ local subgroup
  локально нильпотентная ~ locally nilpotent subgroup
  локально разрешимая ~ locally soluble subgroup
  максимальная ~ maximal subgroup
  максимально разрешимая ~ maximal solvable subgroup
  минимальная ~ minimal subgroup
  наименьшая ~ smallest subgroup
  непрерывная ~ continuous subgroup
  несобственная ~ improper subgroup
  нетривиальная ~ non(-)trivial subgroup
  нильпотентная ~ nilpotent subgroup
  нормальная ~ normal subgroup, invariant subgroup
  нулевая ~ zero subgroup
  объединённая ~ amalgamated subgroup
  однопараметрическая ~ one-parameter subgroup
  односвязная ~ arcwise connected subgroup
  открытая ~ open subgroup
  параболическая ~ parabolic subgroup
  перестановочные ~ ы permutable subgroups
  периодическая ~ periodic subgroup
  плотная ~ dense subgroup
  полупростая ~ semi(-)simple subgroup
  порождённая ~ generated subgroup
  пронормальная ~ pro(-)normal subgroup
  равномерная ~ uniform subgroup
  разрешимая ~ soluble subgroup, solvable subgroup
  редуктивная ~ reductive subgroup
  самосопряжённая ~ self(-)conjugate subgroup
  свободная ~ free subgroup
  связная ~ connected subgroup
  сервантная ~ pure subgroup
  силовская ~ Sylow('s) subgroup
  собственная ~ proper subgroup
  соизмеримые ~ ы commensurable subgroups
  сопряжённая ~ conjugate subgroup
  стационарная ~ stability subgroup, isotropy group
  стационарная ~ точки stability group at a point
  субнормальная ~ sub(-)normal subgroup, accessible subgroup
  тороидальная ~ toroidal subgroup
  тривиальная ~ trivial subgroup
  унипотентная ~ unipotent subgroup
  фиксированная ~ fixed subgroup
  характеристическая ~ characteristic subgroup
  холлова ~ Hall('s) subgroup

 центральная ~ central subgroup
 циклическая ~ cyclic subgroup
 чистая ~ pure subgroup
подгруппоид sub(-)groupoid
поддерево sub(-)tree
поддиагональный sub(-)diagonal
подера pedal curve
подерный pedal
подзадача sub(-)problem
подзацепление sub(-)link
подкатегория sub(-)category
 ~ групп subcategory of groups
 ~ локализации localizant subcategory
 корефлективная ~ co(-)reflective subcategory
 плотная ~ thick subcategory
 полная ~ full subcategory
 рефлективная ~ reflexive subcategory
 тривиальная ~ trivial subcategory
подкласс sub(-)class
 вполне упорядоченный ~ well-ordered subclass
 полупростой ~ semi(-)simple subclass
 радикальный ~ radical subclass
 собственный ~ proper subclass
 универсально аксиоматизируемый ~ universal subclass
 универсальный ~ universal subclass
подключать (*напр. к входам преобразователя*) switch
 ~ программы (*машин Тьюринга*) **последовательно** execute programs serially
подключение switching; connection
 последовательное ~ (*машин Тьюринга*) serial connection
подкольцо sub(-)ring
 дифференциальное ~ differential subring
подкомпакт sub(-)compactum
подкомплекс sub(-)complex
 замкнутый ~ closed subcomplex
 коцепной ~ co(-)chain subcomplex
 открытый ~ open subcomplex
 полный ~ complete subcomplex
 цепной ~ chain subcomplex
подконгруэнция sub(-)congruence
подконтинуум sub(-)continuum
 собственный ~ proper subcontinuum
подконус sub(-)cone
подкуб sub(-)cube
подлупа sub(-)loop
 нормальная ~ normal subloop
подматрица sub(-)matrix
 ведущая ~ leading submatrix
 главная ~ principal submatrix
 дополнительная ~ complementary submatrix
 неглавная ~ non(-)principal submatrix
подмногообразие sub(-)manifold; sub(-)variety
 ~ первого рода subvariety of the first kind
 G-инвариантное ~ G-invariant submanifold
 ***n*-мерное ~** *n*-dimensional submanifold
 аналитическое ~ analytic(al) submanifold, analytic(al) subvariety
 вещественное ~ real submanifold
 вложенное ~ embedded submanifold
 вполне геодезическое ~ totally geodesic submanifold
 геодезическое ~ geodesic submanifold
 гладкое ~ smooth submanifold
 дифференцируемое ~ differentiable submanifold
 замкнутое ~ closed submanifold, closed subvariety
 инвариантное ~ invariant submanifold
 исключительное ~ exceptional subvariety
 компактное ~ compact submanifold

подмногообразие *(continued)*
  комплексное ~ complex submanifold, complex subvariety
  кусочно линейное ~ piecewise linear submanifold
  лагранжево ~ Lagrangian submanifold
  локально плоское ~ locally flat submanifold
  максимальное ~ maximal submanifold
  минимальное ~ minimal submanifold
  ориентируемое ~ orientable submanifold
  особое ~ singular subvariety
  открытое ~ open submanifold
  плоское ~ flat submanifold
  погруженное ~ immersed submanifold
  регулярное ~ regular submanifold
  риманово ~ Riemannian submanifold
  связное ~ connected submanifold
  стационарное ~ stationary submanifold
  фундаментальное ~ fundamental submanifold

подмножеств‖о sub(-)set; sub(-)aggregate ◊ **являющийся ~ом** comprisable
  ~ структуры subset of a lattice
  ~ точек subset of points
  ***n*-мерное ~** *n*-dimensional subset
  аналитическое ~ analytic(al) subset
  выделенное ~ distinguished subset
  выпуклое ~ convex subset
  гомеоморфные ~а homeomorphic subsets
  дополнительное ~ complementary subset
  замкнутое ~ closed subset
  измеримое ~ measurable subset
  инвариантное ~ invariant subset
  компактное ~ compact subset
  конечное ~ finite subset
  конфинальное ~ co(-)final subset
  линейно связное ~ arcwise connected subset
  максимальное ~ maximal subset
  малое ~ small subset
  мультипликативно замкнутое ~ multiplicatively closed subset
  независимое ~ independent subset
  неограниченное ~ unbounded subset
  непересекающиеся ~а disjoint subsets
  непустое ~ non(-)empty subset
  несобственное ~ improper subset
  нигде неплотное ~ nowhere dense subset
  ограниченное ~ bounded subset
  открыто-замкнутое ~ open-and-closed subset
  открытое ~ open subset
  относительно компактное ~ relatively compact subset
  плотное ~ dense subset
  поглощающее ~ absorbent subset, absorbent
  правильное ~ regular subset
  пустое ~ empty subset
  радиальное ~ absorbent subset, absorbent
  резидуальное ~ residual subset
  связное ~ connected subset
  симплициальное ~ subcomplex of a simplicial set
  случайное ~ random subset
  собственное ~ proper subset
  специальное ~ special subset
  счётное ~ countable subset
  упорядоченное ~ ordered subset
  устойчивое ~ stable subset
  экстремальное ~ extremal subset

подмодуль sub(-)module
  большой ~ essential submodule
  вполне изотропный ~ self(-)orthogonal submodule
  допустимый ~ allowed submodule
  косущественный ~ small submodule, superfluous submodule

малый ~ small submodule, superfluous submodule
ортогональный ~ orthogonal submodule
порождённый ~ generated submodule
примарный ~ primary submodule
собственный ~ proper submodule
существенный ~ essential submodule
чистый ~ pure submodule
подмоноид sub(-)monoid
поднимать lift; raise
~ **индекс** raise an index
~ **точку** lift a point
поднормаль sub(-)normal
поднормальный sub(-)normal
поднятие lift
~ **отображения** lift of a map(ping)
~ **поля** lift of a field
горизонтальное ~ кривой horizontal curve
поднять lift
~ **путь** lift a path
подобие similarity; similitude
~ **матриц** similarity of matrices
~ **множеств** similarity of sets
~ **треугольников** similarity of triangles
прямое ~ direct similarity
унитарное ~ unitary similarity
подобласть sub(-)domain; partial domain; sub(-)region
подобно similarly
подобный similar
гомологически ~ homologically similar
унитарно ~ unitarily similar
подобъект sub(-)object
подопределитель sub(-)determinant
подорбита sub(-)orbit
подплоскость sub(-)plane
подпокрытие sub(-)cover(ing)
конечное ~ finite subcovering
минимальное ~ minimum subcovering

подполе sub(-)field
замкнутое ~ closed subfield
простое ~ prime subfield
собственное ~ proper subfield
подполиэдр sub(-)polyhedron
подполугруппа sub(-)semigroup
~ **с сокращением** cancellation subsemigroup
инвариантная ~ invariant subsemigroup
инверсная ~ inverse subsemigroup
подполурешётка sub(-)semilattice
подполуструктура sub(-)semilattice
подпоследовательность sub(-)sequence; partial sequence
сходящаяся ~ convergent subsequence
подпредставление sub(-)representation
подпрограмма sub(-)routine; sub(-)program
подпроизведение sub(-)product
подпространство sub(-)space
~ **автоморфизма** subspace of an automorphism
~ **решений** subspace of solutions
~ **функций** subspace of functions
n-**мерное ~** n-dimensional subspace
аналитическое ~ analytic(al) subspace
аффинное ~ linear manifold; affine subspace
банахово ~ Bahach('s) subspace
бесконечномерное ~ infinite-dimensional subspace
векторное ~ linear subspace, vector subspace
вертикальное ~ vertical subspace
вполне изотропное ~ totally isotropic subspace
вполне особое ~ totally singular subspace
вырожденное ~ singular subspace
главное ~ principal subspace
горизонтальное ~ horizontal subspace

подпространство *(continued)*
  дополнительное ~ complementary subspace
  допустимое ~ invariant subspace
  замкнутое ~ closed subspace
  изотропное ~ isotropic subspace
  инвариантное ~ invariant subspace
  компактное ~ compact subspace
  конечномерное ~ finite-dimensional subspace
  координатное ~ coordinate subspace
  корневое ~ root subspace
  линейное ~ linear subspace, vector subspace
  максимальное ~ maximal subspace
  метрическое ~ metric subspace
  натянутое ~ generated subspace, spanned subspace
  несобственное ~ improper subspace
  нетривиальное ~ non(-)trivial subspace
  нормальное ~ normal subspace
  нулевое ~ null subspace
  одномерное ~ one-dimensional subspace
  ортогональное ~ orthogonal subspace
  особое ~ singular subspace
  открытое ~ open subspace
  отрицательное ~ negative subspace
  параллельное ~ parallel subspace
  положительное ~ positive subspace
  порождённое ~ generated subspace, spanned subspace
  равномерное ~ uniform subspace
  регулярное ~ regular subspace
  сингулярное ~ singular subspace
  слабое ~ weak subspace
  собственное ~ proper subspace; eigenspace
  сопряжённое ~ adjoint subspace; conjugate subspace
  спектральное ~ spectral subspace
  топологическое ~ topological subspace
  чебышевское ~ Chebyshev('s) subspace
подпроцесс sub(-)process
подпуть sub(-)path
подпучок sub(-)sheaf; sub(-)pencil
подразбиение sub(-)division; sub(-)partition
  двойственное ~ dual subdivision
подразделение sub(-)division; partition
  ~ **графа** subdivision of a graph
  ~ **комплекса** subdivision of a complex
  ~ **разложения** refinement of a decomposition
  ~ **ребра** partition of an edge, sub(-)dividing an edge
  барицентрическое ~ barycentric subdivision
  звёздное ~ stellar subdivision
  производное ~ **геометрического комплекса** first derived of a geometric(al) complex
подразделять sub(-)divide
подрасслоение sub(-)bundle
подрезультант sub(-)resultant
подрешётка sub(-)lattice
  выпуклая ~ convex sublattice
подряд sub(-)series
подсдвиг sub(-)shift
подсемейство sub(-)family
подсеть sub(-)net
подсистема sub(-)system; sub(-)structure
  замкнутая ~ closed substructure
  собственная ~ proper subsystem
  элементарная ~ elementary subsystem; elementary substructure
подслово sub(-)word
подслучай sub(-)case
подсовокупность sub(-)population

подставлять substitute; replace
подстановка substitution; permutation
  ~ **множества** permutation of a set
  ~ **переменных** substitution of variables; replacement of variables
  ~ **степени** n permutation of n things taken all at a time
  ~ **формальных языков** substitution by formal languages
  ~ **формул** substitution of formulas
  двойная ~ double substitution
  круговая ~ circular permutation
  линейная ~ linear substitution
  модулярная ~ modular substitution
  мономиальная ~ monomial permutation
  нечётная ~ odd permutation
  обобщённая ~ generalized permutation
  параболическая ~ parabolic substitution
  повторная ~ re(-)substitution
  подобная ~ similar permutation
  правильная ~ regular permutation
  простая ~ simple substitution
подстановочный permutational, permutable
подструктура sub(-)structure
подсумма sub(-)sum
подсхема sub(-)scheme; sub(-)circuit
  абстрактная ~ abstract subcomplex
  замкнутая ~ closed subscheme
  симплициальная ~ simplicial subcomplex
подфактор sub(-)quotient
подформула sub(-)formula
подфункция sub(-)function
подход approach
  алгебраический ~ algebraic(al) approach
  алгоритмический ~ algorithmic approach
  аналитический ~ analytic(al) approach
  бейесовский ~ Bayes(') approach
  геометрический ~ geometric(al) approach
  гомологический ~ homological approach
  гомотопический ~ homotopy based approach
  двойственный ~ dual approach
  инвариантный ~ invariant approach
  классический ~ classical approach
  минимаксный ~ minimax approach
  общий ~ general approach
  параллельный ~ parallel approach
  теоретико-вероятностный ~ probabilistic approach
  теоретико-игровой ~ game-theoretic approach
  теоретико-множественный ~ set-theoretic approach
  топологический ~ topological approach
  функциональный ~ functional approach
  частотный ~ frequency approach
  эквивалентный ~ equivalent approach
  эмпирический ~ empirical approach
подчинение subordination
подчинённый subordinate
подчиняться obey
  ~ **аксиоме** obey an axiom
  ~ **правилу** satisfy a rule
подъём lift(ing)
  ~ **кривой** lifting a curve
подъязык sub(-)language
подыгра sub(-)game
подынтервал sub(-)interval
позитивный positive
позиционный positional
позиция position
  ограниченная ~ restricted position
поиск search, search procedure
  ~ **информации** information retrieval
  симплексный ~ simplex search
  случайный ~ random search

показатель exponent; index
- **~ группы** exponent of a group
- **~ искажения** distortion ratio; contracting ratio
- **~ корня** index of a root
- **~ роста** rate of growth
- **~ степени** index of a power; exponent of a power
- **~ сходимости** exponent of convergence
- **генеральный ~** indicator
- **дробный ~** fractional exponent
- **комплексный ~** complex exponent
- **натуральный ~** natural index
- **особый ~** indicator
- **характеристический ~** characteristic exponent; characteristic index
- **целый ~** integral exponent

показывать show
- **~ аналитически** derive analytically
- **~ на примере** show by an example

покомпонентно componentwise
покоординатно coordinatewise
покрывать cover
покрытие cover(ing); paving
- **~ конечного типа** covering of finite type
- **~ множества** covering of a set
- **~ топологического пространства** covering of a topological space
- **ε- ~** epsilon-covering
- **n-листное ~** n-sheeted covering
- **брусчатое ~** stacked covering
- **вписанное ~** refinement of a covering
- **замкнутое ~** closed covering
- **звёздно-конечное ~** star-finite covering
- **конечное ~** finite covering
- **локально конечное ~** locally finite covering
- **минимальное ~** minimal covering
- **неизбыточное ~** irredundant covering
- **неприводимое ~** irreducible covering
- **нормальное ~** normal covering
- **открытое ~** open covering
- **проективное ~** projective covering
- **равномерное ~** uniform covering
- **решётчатое ~** lattice covering
- **совершенное ~** perfect packing
- **счётное ~** countable covering
- **точечное ~** point covering
- **тупиковое ~** irredundant covering
- **циклическое ~** cyclic covering

пол‖е field
- **~ алгебраических чисел** algebraic number field
- **~ вдоль отображения** field along a map(ping)
- **~ вероятностей** probability space
- **~ ветвления** ramification field
- **~ вещественных чисел** field of real numbers
- **~ вращений** rotation field
- **~ высшего порядка** field of higher order
- **~ вычетов** residue field
- **~ Галуа** finite field, Galois(') field
- **~ Гаусса** Gaussian field
- **~ геометрических объектов** structure on a manifold
- **~ градиента** gradient field
- **~ действия** action field
- **~ значений** field of values
- **~ инерции** inertia field
- **~ деления круга** circular field, cyclotomic field
- **~ классов** class field
- **~ комплексных чисел** field of complex numbers, complex field
- **~ конечной степени** field of finite degree
- **~ констант** field of constants
- **~ кривизны** curvature field
- **~ кручения** torsion field
- **~ линейных элементов** field of directions
- **~ множеств** field of sets; finitely additive class

~ моментов   field of moments
~ на гиперповерхности   field on a hypersurface
~ на группе Ли   field on a Lie group
~ на многообразии   field on a manifold
~ на плоскости   field on a plane
~ на поверхности   field on a surface
~ на сфере   field on a sphere
~ направлений   field of tangents, field of directions, directional field
~ , не имеющее источников и стоков   field without source, solenoidal field, source-free field
~ нормирования   evaluation field
~ нулей   field of zeros
~ определения   field of definition
~ представителей   field of representatives
~ прямых   field of lines
~ разложений   splitting field
~ разложения   decomposition field
~ рациональных чисел   field of rationals
~ реперов   field of frames
~ скаляров   field of scalars
~ скоростей   velocity field, infinitesimal generator
~ событий   algebra of events
~ степенных рядов   power series field
~ суммируемости   convergence field, summability field
~ сходимости   convergence field, summability field
~ тензора кривизны   curvature tensor field
~ тензора кручения   torsion tensor field
~ функций   field of functions
~ характеристики p   field of characteristic p
~ частных   field of quotients, quotient field, field of fractions
~ экстремалей   field of extremals

~ Янга-Миллса   gauge field, Yang-Mills field
n- ~   n-field
p- ~   p-field
p-адическое ~   p-adic field
σ- ~   sigma-field, completely additive class, Borel('s) class, sigma-algebra
абелево ~   Abelian field
абсолютное ~   absolute field
алгебраически замкнутое ~   algebraically closed field
алгебраическое ~   algebraic(al) field
альтернирующее ~   alternating field
аналитическое ~   analytic(al) field
архимедово ~   Archimedian field, Archimedian ordered field
архимедовски расположенное ~   Archimedian field, Archimedian ordered field
базисное ~   ground field
бинарное ~   binary field
борелевское ~   Borel('s) field
борелевское ~ множеств   algebra of Borel('s) subsets
борелевское ~ событий   sigma-field, completely additive class, Borel('s) class, sigma-algebra
векторное ~   vector field
векторное ~ Киллинга   infinitesimal motion
вероятностное ~   probability field
вещественно-замкнутое ~   real closed field
вещественное ~   real field
вихревое ~   vortex field
вполне вещественное ~   totally real field
вполне мнимое ~   totally imaginary field, totally complex field
гамильтоново ~   Hamiltonian field, Hamiltonian system
гармоническое ~   harmonic field
гауссовское ~   Gaussian field
геодезическое ~   geodesic field
гильбертово ~   Hilbertian field

по́л ‖ е *(continued)*
  гиперэллиптическое ~ hyper(-)elliptic(al) field
  гладкое ~ smooth field
  глобальное ~ global field
  гомотопные ~ я homotopic fields
  градиентное ~ gradient field
  действительное ~ real field
  дифференциальное ~ differential field
  евклидово ~ Euclidean field
  единичное ~ unit field
  замкнутое ~ closed field
  измеримое ~ measurable field
  изоморфное ~ isomorphic field
  изотропное ~ isotropic field
  инвариантное ~ invariant field
  калибровочное ~ gauge field, Yang-Mills field
  касательное ~ tangent field
  квадратичное ~ quadratic field
  квазиалгебраически замкнутое ~ quasi(-)algebraically closed field
  квантованное ~ quantum field
  квантовое ~ quantum field
  ковариантно-постоянное ~ parallel field, covariant constant field
  ковариантное ~ covariant field
  коммутативное ~ commutative field
  комплексное ~ complex field
  конечно порождённое ~ field of finite type
  конечное ~ finite field
  конечномерное ~ finite-dimensional field
  консервативное ~ conservative field
  корневое ~ root field
  круговое ~ circular field, cyclotomic field
  левоинвариантное ~ left-invariant field
  линейно независимые ~ я linearly independent fields
  линейное ~ linear field
  локальное ~ local field
  максимальное ~ maximal field
  марковское ~ Markovian field
  матричное ~ matrix field
  минимальное ~ minimal field
  мнимое ~ imaginary field
  неархимедово ~ non-Archimedian field
  невырожденное ~ non(-)singular field
  незамкнутое ~ non(-)closed field
  некоммутативное ~ non(-)commutative field
  несовершенное ~ imperfect field
  нормальное ~ normal field
  нормированное ~ normed field; valued field
  нулевое ~ zero field, null field, vanishing field
  обобщённое ~ generalized field
  общее ~ generic field
  ограниченное ~ bounded field
  однородное ~ homogeneous field
  ортогональное ~ orthogonal field
  основное ~ base field, basic field, ground field
  относительно абелево ~ relatively Abelian field
  относительное ~ relative field
  параллельное ~ parallel field, covariant constant field
  пифагорово ~ Pythagorean field
  плоское ~ plane field
  полное ~ complete field
  порождённое ~ generated field
  потенциальное ~ potential field
  промежуточное ~ intermediate field
  простое ~ prime field
  радиальное ~ radial field
  расщепляющее ~ splitting field
  рациональное ~ rational field
  риманово ~ Riemannian field
  регулярное ~ regular field
  родовое ~ genus field
  сепарабельно замкнутое ~ separably closed field

  симметрическое ~ symmetric(al) field
  скалярное ~ scalar field
  случайное ~ random field
  собственное ~ generic field
  совершенное ~ perfect field
  соленоидальное ~ field without source, solenoidal field, source-free field
  сопряжённое ~ conjugate field
  спинорное ~ spinor(ial) field
  стандартное ~ standard field
  сферическое ~ spherical field
  тензорное ~ tensor(ial) field, tensor structure
  тернарное ~ ternary field
  топологическое ~ topological field
  трансверсальное ~ transverse field, transversal field
  трубчатое ~ field without source, solenoidal field, source-free field
  универсальное ~ universal field
  упорядоченное ~ ordered field
  упорядочиваемое ~ orderable field
  формально действительное ~ formally real field
  фундаментальное ~ fundamental field
  центральное ~ central field
  циклическое ~ cyclic field
  цилиндрическое ~ cylindrical field
  числовое ~ number field
  эллиптическое ~ elliptic(al) field
  якобиево ~ Jacobi('s) field
полезность utility
поли- poly-
полиадический poly(-)adic
поливектор p-vector, poly(-)vector, multi(-)vector
  простой ~ simple multivector, simple p-vector
  разложимый ~ simple multivector, simple p-vector
полигенный polygenic
полигон polygon
  ~ частот frequency polygon
  фундаментальный ~ fundamental polygon
полидиск poly(-)cylinder
поликоника polyconic
поликруг poly(-)disk, poly(-)cylinder
полилинейный multi(-)linear
полиморфный polymorphic
полином polynomial, *polynome*
  ~ наилучшего приближения polynomial of best approximation
  G-инвариантный ~ invariant polynomial under G
  алгебраический ~ algebraic(al) polynomial
  булев ~ Boolean polynomial
  вещественный ~ real polynomial
  гармонический ~ harmonic polynomial
  инвариантный ~ invariant polynomial
  интерполяционный ~ interpolation polynomial
  квадратичный ~ quadratic polynomial
  матричный ~ matrix polynomial
  обобщённый ~ extended polynomial
  образующий ~ generating polynomial
  однородный ~ homogeneous polynomial
  простой ~ prime polynomial
  симметрический ~ symmetric(al) polynomial
  тригонометрический ~ trigonometric polynomial
  ультрасферический ~ ultra(-)spherical polynomial
  формальный ~ formal polynomial
  характеристический ~ characteristic polynomial
полиномиальный polynomial; multinomial
полиобласть poly(-)domain
полицентральный poly(-)central

полициклический poly(-)cyclic
полицилиндр poly(-)disk, poly(-)cylinder
  обобщённый ~ poly(-)domain
полиэдр polyhedron; polytope; triangulable space; planar body
  аналитический ~ analytic(al) polyhedron
  выпуклый ~ polyhedral convex set
  компактный ~ compact polyhedron
  кривой ~ curved polyhedron, topological polyhedron
  криволинейный ~ curved polyhedron, topological polyhedron
  накрывающий ~ covering polyhedron
  полиномиальный ~ polynomial polyhedron
  топологический ~ curved polyhedron, topological polyhedron
полностью completely; totally
полнот‖а completeness ◊ **для ~ы картины** for the sake of completeness
  ~ многообразия completeness of a manifold
  ~ по Чеху completeness in the sense of Čech
  ~ пространства completeness of a space
  ~ системы аксиом completeness of an axiom system
  ~ собственных функций completeness of eigenfunctions
  NP- ~ NP-completeness
  Ω- ~ omega-completeness
  абсолютная ~ absolute completeness
  геодезическая ~ geodesic completeness
  дедуктивная ~ deductive completeness
  метрическая ~ metric completeness
  равномерная ~ uniform completeness
  семантическая ~ semantic completeness
  слабая ~ weak completeness
  топологическая ~ topological completeness
  функциональная ~ functional completeness
полноторие solid torus
полный complete; full; total; overall
  B- ~ B-complete
  σ- ~ sigma-complete
  голоморфно ~ holomorphically complete
  секвенциально ~ sequentially complete
  функционально ~ functionally complete
  эквационально ~ equationally complete
положение position
  конечное ~ terminal position
  ложное ~ false position
  начальное ~ initial position
  общее ~ general position
  стандартное ~ standard position
положительно positively
положительность positivity
положительный positive
  строго ~ strictly positive
положить put; set
  ~ равным нулю set equal to zero
полоса strip; band; tape
  ~ многообразия strip of a manifold
  ~ периода period strip
  асимптотическая ~ asymptotic strip
  бесконечная ~ infinite strip
  главная ~ principal band
  доверительная ~ confidence band
  закрученная ~ twisted strip
  критическая ~ critical strip
  параллельная ~ parallel strip
  поверхностная ~ surface strip, strip
  полузакрученная ~ half(-)twisted strip
  фокальная ~ focal strip
  характеристическая ~ characteristic strip

полоска *см. тж.* **полоса** strip
   цилиндрическая ~ cylindrical strip

полость nappe

полу- half-; semi-

полуаддитивность semi(-)additivity

полуаддитивный semi(-)additive

полуалгебра semi(-)algebra

полувариация semi(-)variation

полувыпуклый semi(-)convex

полугиперболический semi(-)hyperbolic

полугомоморфизм half(-)homomorphism

полугрупп‖а semigroup, *demigroupe*
   ~ автомата semigroup of an automaton
   ~ без идемпотентов semigroup without idempotents
   ~ без кручения torsion(-)free semigroup
   ~ Брауэра Brouwerian semigroup
   ~ идемпотентов idempotent semigroup
   ~ изометрий semigroup of isometries
   ~ класса C_0 semigroup of class (C_0)
   ~ левых нулей left zero semigroup, left singular semigroup
   ~ матриц semigroup of matrices
   ~ матричного типа matrix semigroup
   ~ операторов semigroup of operators
   ~ правых нулей right zero semigroup, right singular semigroup
   ~ преобразований transformation semigroup, map(ping) semigroup
   ~ , простая относительно конгруэнций congruence-free semigroup
   ~ -распределение distribution semigroup
   ~ с абстрактным параметром abstract-parameter semigroup
   ~ с делением residuated semigroup
   ~ с единицей semigroup with identity element
   ~ с законом сокращения cancellation semigroup, cancellative semigroup, semigroup with cancellation
   ~ с левой обратимостью left reversible semigroup
   ~ с нулём semigroup with zero
   ~ с правой обратимостью right cancellative semigroup
   ~ с правым делением right cancellative semigroup
   ~ с сокращением cancellation semigroup, cancellative semigroup, semigroup with cancellation
   ~ сдвигов semigroup of shifts
   ~ сжатий semigroup of contraction operators
   ~ характеров character semigroup
   ~ эндоморфизмов semigroup of endomorphisms
   n- ~ n-semigroup
   0-бипростая ~ 0-bi(-)simple semigroup
   0-простая ~ 0-simple semigroup
   1- ~ 1-semigroup
   абелева ~ Abelian semigroup
   абсолютно выпуклая ~ absolutely convex semigroup
   аддитивная ~ additive semigroup
   аналитическая ~ analytic(al) semigroup
   архимедова ~ Archimedian semigroup
   бипростая ~ bi(-)simple semigroup
   бициклическая ~ bi(-)cyclic semigroup
   булева ~ Boolean semigroup
   вложимая ~ embeddable semigroup
   вполне 0-простая ~ complete 0-simple semigroup
   вполне простая ~ completely simple semigroup
   вполне регулярная ~ Clifford('s) semigroup

полугруппа *(continued)*
  вполне
    решёточно-упорядоченная ~ complete lattice-ordered semigroup
  выпуклая ~ convex semigroup
  выпукло идеально простая ~ 0-simple semigroup
  дискретная ~ discrete semigroup
  дифференцируемая ~ differentiable semigroup
  естественно упорядоченная ~ naturally ordered semigroup
  замкнутая ~ closed semigroup
  идемпотентная ~ idempotent semigroup
  идемпотентно порождённая ~ idempotent generated semigroup
  инверсная ~ inverse semigroup
  клиффордова ~ Clifford('s) semigroup
  комбинаторная ~ combinatorial semigroup
  коммутативная ~ commutative semigroup
  компактная ~ compact semigroup
  конечная ~ finite semigroup
  конечно порождённая ~ finitely generated semigroup
  левосингулярная ~ left zero semigroup, left singular semigroup
  линейная ~ linear semigroup
  линейно упорядоченная ~ linearly ordered semigroup
  локально компактная ~ locally compact semigroups
  локально конечная ~ locally finite semigroup
  локально эквинепрерывная ~ locally equi(-)continuous semigroup
  моногенная ~ cyclic semigroup
  мультипликативная ~ multiplicative semigroup
  нелинейная ~ non(-)linear semigroup
  непрерывная ~ continuous semigroup
  неприводимая ~ irreducible semigroup
  неунитарная ~ non(-)unitary semigroup
  нильпотентная ~ nilpotent semigroup
  нормальная ~ normal semigroup
  обобщённая ~ generalized semigroup
  обратимая ~ reversible semigroup
  однопараметрическая ~ one-parameter semigroup
  ортодоксальная ~ orthodox semigroup
  периодическая ~ periodic semigroup
  полная ~ complete semigroup
  полутопологическая ~ semi(-)topological semigroup
  правосингулярная ~ right zero semigroup, right singular semigroup
  примитивная ~ primitive semigroup
  простая ~ simple semigroup
  простая слева ~ left simple semigroup
  простая справа ~ right cancellative semigroup
  прямоугольная ~ rectangular semigroup
  псевдоинверсная ~ pseudo(-)inverse semigroup
  регулярная ~ regular semigroup
  редуктивная ~ reductive semigroup
  решёточно-упорядоченная ~ lattice-ordered semigroup
  рисовская ~ Rees(') semigroup
  самосопряжённая ~ self(-)adjoint semigroup
  свободная ~ free semigroup
  связная ~ connected semigroup
  сепаративная ~ separative semigroup
  сжимающая ~ contraction semigroup

сильно непрерывная ~ strongly continuous semigroup
симметрическая ~ symmetric(al) semigroup
сингулярная ~ singular semigroup
слабо редуктивная ~ weakly reductive semigroup
сопряжённая ~ adjoint semigroup
стохастическая ~ stochastic semigroup
суммируемая ~ summable semigroup
топологическая ~ topological semigroup
унипотентная ~ unipotent semigroup
унитарная ~ unitary semigroup
упорядоченная ~ ordered semigroup
устойчивая ~ stable semigroup
феллеровская ~ Feller('s) semigroup
фундаментальная ~ fundamental semigroup
целозамкнутая ~ integrally closed semigroup
циклическая ~ cyclic semigroup
частичная ~ partial semigroup
четырёхспиральная ~ four-spiral semigroup
чистая ~ pure semigroup
эквинепрерывная ~ equi(-)continuous semigroup
экспоненциальная ~ exponential semigroup
полудиагональный semi(-)diagonal
полудиск half(-)disk
полудистрибутивный semi(-)distributive
полуевклидов semi-Euclidean
полузамкнутый semi(-)closed
полуинвариант semi(-)invariant, G-semi(-)invariant
полуитеративный semi(-)iterative
полуканонический semi(-)canonical
полуквадрат semi(-)square
полуквадрика *regulus*
полукольцо semi(-)ring
полукомпактность semi(-)compactness
полуконус semi(-)cone
полукруг semi(-)circle
полукруглый semi(-)circular
полукуб semi(-)cube
полулогарифмический semi(-)logarithmic
полумартингал semi(-)martingale
полуметрика semi(-)metric
полумодуль semi(-)module
полумодулярность semi(-)modularity
полумодулярный semi(-)modular
полунепрерывность semi(-)continuity
~ сверху upper semicontinuity
~ снизу lower semicontinuity
аппроксимативная ~ approximate semicontinuity
полунепрерывный semi(-)continuous
~ сверху upper semicontinuous
~ слева left(-)hand semicontinuous
~ снизу lower semicontinuous
~ справа right(-)hand semicontinuous
полунорма semi(-)norm, pre(-)norm
непрерывная ~ continuous seminorm
полуограниченный semi(-)bounded
~ сверху semibounded (from) above
~ снизу semibounded (from) below
полуокружность semi(-)circle
полуопределённый semi(-)definite
~ отрицательно negative semidefinite
~ положительно positive semidefinite
полуось semi(-)axis
отрицательная ~ negative real axis
полуоткрытый semi(-)open

полупараболический semi(-)parabolic
полупериметр half the perimeter
полупериодический half(-)periodic(al); semi(-)periodic(al)
полуплоскость half(-)plane
  бесконечная ~ semi(-)infinite plane
  верхняя ~ upper half-plane
  замкнутая ~ closed half-plane
  левая ~ left half-plane
  нижняя ~ lower half-plane
  обобщённая ~ generalized half-plane
  правая ~ right half-plane
полуповерхность semi(-)surface
полуподобие semi(-)similarity
  унитарное ~ unitary semisimilarity
полуполе semi(-)field
полупримарный semi(-)primary
полупроизводная semi(-)derivative
полупростота semi(-)simplicity; semi(-)primitivity
  ~ алгебры semisimplicity of an algebra
полупространств‖о half(-)space, semi(-)space
  верхнее ~ upper half-space
  выпуклое ~ convex half-space
  замкнутое ~ closed half-space
  опорное ~ supporting half-space
  открытое ~ open half-space
  противоположные ~ а opposite half-spaces
полупрямая half(-)line
  замкнутая ~ closed half-line
  открытая ~ open half-line
полупрямой semi(-)direct
полурегулярность semi(-)regularity
полурефлексивность semi(-)reflexivity
полурефлексивный semi(-)reflexive
полурешётка semi(-)lattice
  ~ по объединениям join-semilattice, upper semilattice
  ~ по пересечениям meet-semilattice, lower semilattice
  ∨- ~ join-semilattice, upper semilattice
  ∧- ~ meet-semilattice, lower semilattice
  верхняя ~ join-semilattice, upper semilattice
  импликативная ~ implicative semilattice
  нижняя ~ meet-semilattice, lower semilattice
  полная ~ complete semilattice
полусимметрия semi(-)symmetry
полусимплициальный semi(-)simplicial
полусистема Туэ semi-Thue system, system for permutations
полуспинор semi(-)spinor
полустабильный semi(-)stable
полустепень half(-)degree, demi(-)degree
  ~ захода demi-degree inward, in-degree
  ~ исхода demi-degree outward, out-degree
полустохастический semi(-)stochastic
полустрогий semi(-)strong
полуструктура semi(-)lattice
полусумма half the sum
полусфера hemi(-)sphere
  верхняя ~ upper hemisphere
  замкнутая ~ closed hemisphere
  нижняя ~ lower hemisphere
  северная ~ Northern hemisphere
  южная ~ Southern hemisphere
полуторалинейный sesquilinear
полутраектория half-trajectory
  положительная ~ positive half-trajectory
полуупорядочение semi(-)ordering, partial ordering
полуфакториальный semi(-)factorial
полуформальный semi(-)formal
полухарактер semi(-)character
полухарактеристика semi(-)characteristic
полуцелый half(-)integral

полуцилиндр semi(-)cylinder
получать obtain
  ~ оценку obtain an estimate
  ~ тождество obtain an identity
  ~ уравнение obtain an equation
получение obtaining; retrieval
полушар half(-)ball; hemi(-)sphere
полушарие hemi(-)sphere
  северное ~ Northern hemisphere
  южное ~ Southern hemisphere
полуэллиптический semi(-)elliptic(al)
полюс pole; port
  ~ инверсии center of inversion
  ~ матрицы pole of a matrix
  ~ полярной системы (координат) pole of a polar system
  ~ порядка n pole of order n
  ~ проекции pole of projection
  ~ сети port of a network
  ~ функции pole of a function
  ~ шара pole of a sphere
  входной ~ input pole
  выходной ~ output pole
  гармонический ~ harmonic pole
  логарифмический ~ logarithmic pole
  северный ~ North pole
  тройной ~ triple pole
  южный ~ South pole
поляра polar, polar line
  ~ множества polar of a set; polar set
  ~ точки polar of a point
  вторая ~ even polar
  гармоническая ~ harmonic polar
  компактная ~ compact polar set
  прямолинейная ~ even polar
поляризация polarization
  главная ~ principal polarization
  действительная ~ real polarization
  комплексная ~ complex polarization
  полная ~ complete polarization

поляризовать polarize
поляритет polarity; polar reciprocation
  симплектический ~ symplectic polarity
полярный polar
пометка mark; label
помехоустойчивость noise stability
понижать lower
  порядок ~ deflate
понимание understanding
  интуитивное ~ intuitive understanding
понятие concept; notion
  абстрактное ~ abstract concept
  близкое ~ related notion
  геометрическое ~ geometric(al) concept
  дуальное ~ dual of a notion
  классическое ~ classical concept
  логическое ~ logical concept
  математическое ~ mathematical concept
  начальное ~ elementary notion
  неопределимое ~ undefined concept; undefined term
  общее ~ common notion; general notion, generic notion
  основное ~ basic concept, fundamental concept
  первичное ~ primitive concept
  топологическое ~ topological concept
  эквивалентное ~ equivalent concept; equivalent notion
попарно pairwise
поперечник diameter
  ~ множества diameter of a set
поперечный transverse
пополнение completion
  ~ по метрике completion with respect to a metric
  ~ по норме completion with respect to a norm
  ~ поля completion of a field
  ~ пространства completion of a space

пополнение *(continued)*
- ~ сечениями completion by cuts, Dedekind('s) completion
- α-адическое ~ α-adic completion
- проконечное ~ pro(-)finite completion

поправка correction; adjustment; (table) difference
- ~ для момента Шеппарда corrected moment
- ~ на непрерывность correction for continuity
- табличная ~ mean difference, difference

попытка trial

порог threshold

порождать generate
- ~ автоморфизм generate an automorphism
- ~ алгебру generate an algebra
- ~ группу generate a group
- ~ класс generate a class
- ~ множество generate a set
- ~ орбиту generate an orbit
- ~ отображение generate a map(ping)
- ~ плоскость generate a plane
- ~ подгруппу generate a subgroup
- ~ подмножество generate a subset
- ~ подпространство generate a subspace
- ~ поле generate a field
- ~ поток generate a flow
- ~ преобразование generate a transformation
- ~ произведение generate a product
- ~ пространство generate a space
- ~ расщепление generate a splitting
- ~ сеть generate a network
- ~ слово generate a word
- ~ структуру generate a structure
- ~ топологию generate a topology
- ~ уравнение generate an equation
- ~ цепь generate a chain
- ~ цикл generate a cycle
- ~ элемент generate an element

порождающее generator
- идемпотентное ~ idempotent generator

порождение generation
- ~ полугруппы generation of a semigroup
- проективное ~ projective generation

порождённый generated
- конечно ~ finitely generated

порция portion

порядковое число (transfinite) ordinal number, ordinal
- бесконечное ~ infinite ordinal number
- недостижимое ~ inaccessible ordinal number
- недоступное ~ inaccessible ordinal number
- предельное ~ limit(ing) ordinal number
- регулярное ~ regular ordinal number
- сингулярное ~ singular ordinal number
- слабо недостижимое ~ weakly inaccessible ordinal number

порядковый ordinal

поряд‖ок order; ordering ◊ ~ка 10 m of the order of 10 m; более высокого ~ка of higher order; более низкого ~ка of lower order; в обратном ~ке in inverse order; in reverse order; в ~ке возрастания in ascending order; в ~ке убывания in descending order
- ~ алгебраической системы order of an algebraic(al) system
- ~ аппроксимации order of approximation
- ~ бесконечно малой order of an infinitesimal
- ~ ветвления order of branching, index of multiplicity
- ~ выражения order of an expression

- ~ гладкости order of smoothness
- ~ группы order of a group
- ~ интегрирования order of integration
- ~ касания order of contact
- ~ кривой order of a curve
- ~ латинского квадрата order of a Latin square
- ~ матрицы order of a matrix
- ~ множества order of a set
- ~ нелинейности order of non(-)linearity
- ~ нуля order of a zero
- ~ оператора order of an operator
- ~ определителя order of a determinant
- ~ ошибки error order
- ~ плоскости order of a plane
- ~ поверхности order of a surface
- ~ погрешности error order
- ~ подстановки order of a permutation
- ~ полугруппы order of a semigroup
- ~ полюса order of a pole, multiplicity of a pole
- ~ поля order of a field
- ~ приближения order of approximation
- ~ производной order of a derivative
- ~ псевдодифференциального оператора order of a pseudo(-)differential operator
- ~ роста order of growth; order of infinity
- ~ связности order of connectivity
- ~ сети order of a net
- ~ сопряжённого класса order of a conjugacy class
- ~ сплайна order of a spline
- ~ степенного ряда order of a power series
- ~ суммируемости order of summability
- ~ точки order of a point
- ~ точки ветвления order of a branch point
- ~ уравнения order of an equation
- ~ условия Липшица Lipschitz('s) order
- ~ функции order of a function
- ~ числа order of a number
- ~ элемента order of an element

R- ~ R-order
асимптотический ~ asymptotic order
бесконечный ~ infinite order
ближний ~ short-range order
главный ~ principal order
глобальный ~ global order
дальний ~ long-range order
двойственный ~ dual ordering
дробный ~ fractional order
естественный ~ normal order
конечный ~ finite order
левый ~ left order
лексикографический ~ dictionary order, lexicographic order
линейный ~ linear order; linear ordering; simple ordering
минимальный ~ minimum order
несепарабельный ~ order of inseparability
номографический ~ nomographic order
обратный ~ reverse order
односторонний ~ one-sided order
правый ~ right order
простой ~ prime order
случайный ~ random order
структурный ~ lattice ordering
циклический ~ cyclic order
частичный ~ partial order

последействие after(-)effect

последовательность sequence; succession ◊ ~ сходится sequence converges
- ~ без повторений sequence without repetitions
- ~ векторов sequence of vectors
- ~ групп sequence of groups
- ~ знаков sequence of signs
- ~ Коши Cauchy('s) sequence, fundamental sequence

последовательность *(continued)*
- ~ критериев   sequence of tests
- ~ множеств   sequence of sets
- ~ отображений   sequence of map(ping)s
- ~ пары   sequence of a pair
- ~ преобразований   sequence of transformations
- ~ процессов   sequence of processes
- ~ рёбер   sequence of edges
- ~ символов   sequence of symbols, string of symbols
- ~ случайных величин   sequence of random variables
- ~ событий   sequence of events
- ~ состояний   sequence of states
- ~ статистик   sequence of statistics
- ~ сумм   sequence of sums
- ~ , сходящаяся почти всюду   almost everywhere convergent sequence
- ~ точек   sequence of points
- ~ тройки   sequence of a triple
- ~ ульмовских факторов   sequence of Ulm('s) factors
- ~ функторов   sequence of functors
- ~ функций   sequence of functions
- ~ чисел   sequence of numbers
- ~ элементов   sequence of elements
- ~ ядер-коядер   kernel-cokernel sequence
- α- ~   transfinite sequence of type α
- **k-кратная** ~   multiple sequence
- **M-регулярная** ~   M-(regular) sequence
- *n*-**значная** ~   *n*-place sequence
- **(o)-сходящаяся** ~   order-convergent sequence
- **P-** ~   P-sequence
- **R-** ~   R-sequence
- **S-** ~   transfinite sequence of type S
- **ζ-** ~   transfinite sequence of type ζ
- **абсолютно суммируемая** ~   absolutely summable sequence
- **ассоциированная** ~   associated sequence
- **безобидная** ~   fair sequence
- **бесконечная** ~   infinite sequence
- **бесконечно малая** ~   infinitesimal sequence
- **беспристрастная** ~   fair sequence
- **биортогональная** ~   bi(-)orthogonal sequence
- **возвратная** ~   recurrent sequence, recurring sequence, recursive sequence
- **возрастающая** ~   increasing sequence
- **входная** ~   input sequence
- **выпуклая** ~   convex sequence
- **выходная** ~   output sequence
- **гауссовская** ~   Gaussian sequence
- **гомологическая** ~   homology sequence
- **гомотопическая** ~   homotopy sequence
- **двоичная** ~   binary sequence
- **двойная** ~   double sequence, doubly infinite sequence
- **действительная** ~   real sequence
- **диагональная** ~   diagonal sequence
- **длинная** ~   long sequence
- **допустимая** ~   admissible sequence
- **знакопеременная** ~   alternating sequence
- **индуцированная** ~   induced sequence
- **интерполяционная** ~   interpolation sequence
- **иррегулярная** ~   irregular sequence
- **итерационная** ~   iteration sequence
- **каноническая** ~   canonical sequence
- **когомологическая** ~   cohomology sequence
- **комплексная** ~   complex sequence
- **конечная** ~   finite sequence
- **конструктивная** ~   constructive sequence
- **короткая** ~   short sequence
- **кратная** ~   k-multiple sequence
- **лакунарная** ~   lacunary sequence
- **линейная** ~   linear sequence; linear series

логическая ~ logical sequence
локально сходящаяся ~ locally convergent sequence
максимизирующая ~ maximizing sequence
медленно возрастающая ~ slowly increasing sequence
минимальная ~ minimal sequence
минимизирующая ~ minimizing sequence
моментная ~ moment sequence
монотонная ~ monotone sequence, monotonic sequence
монотонно возрастающая ~ monotonic(ally) increasing sequence
монотонно убывающая ~ monotonic(ally) decreasing sequence
мультипликативная ~ multiplicative sequence, m-sequence
невозрастающая ~ non(-)increasing sequence
неограниченная ~ unbounded sequence
неопределённо расходящаяся ~ indefinitely divergent sequence, oscillating sequence
неубывающая ~ non(-)decreasing sequence
нормальная ~ normal sequence
нормированная ~ normalized sequence
нулевая ~ null sequence
обобщённая ~ generalized sequence
обучающая ~ teaching sequence, training set
ограниченная ~ bounded sequence; limited sequence
ограниченная сверху ~ majorized sequence
ограниченная снизу ~ minorized sequence
определяющая ~ defining sequence, determining sequence
ортогональная ~ orthogonal sequence
ортонормированная ~ ortho(-)normal sequence
основная ~ basic sequence
периодическая ~ periodic(al) sequence
позитивная ~ positive sequence
полная ~ complete sequence
положительная ~ positive sequence
положительно определённая ~ positive(ly) definite sequence
послойная ~ fiber sequence
поточечно сходящаяся ~ pointwise convergent sequence
приведённая ~ adjusted sequence; reduced sequence
производящая ~ generating sequence
пропорциональная ~ proportional sequence
простая ~ simple sequence
просто сходящаяся ~ simply convergent sequence
равномерно ограниченная ~ uniformly bounded sequence
равномерно распределённая ~ uniformly distributed sequence
равномерно сходящаяся ~ uniformly convergent sequence
равностепенно непрерывная ~ equi(-)continuous sequence
расходящаяся ~ divergent sequence, diverging sequence
расщепляющаяся ~ split(ting) sequence
реализуемая ~ realizable sequence
регулярная ~ regular sequence
регулярно сходящаяся ~ regularly convergent sequence
рекуррентная ~ recurrent sequence; recurring sequence, recursive sequence
связанная ~ connected sequence
сильная ~ strong sequence
сингулярная ~ singular sequence
слабая ~ weak sequence

последовательность *(continued)*
- **слабо сходящаяся ~** weakly convergent sequence
- **случайная ~** random sequence
- **собственно расходящаяся ~** properly divergent sequence
- **собственно сходящаяся ~** regularly convergent sequence
- **сопряжённая ~** conjugate sequence
- **состоятельная ~** consistent sequence
- **спектральная ~** spectral sequence
- **стационарная ~** stationary sequence
- **стохастическая ~** stochastic sequence
- **строго возрастающая ~** strictly increasing sequence
- **строго позитивная ~** strictly positive sequence
- **строго убывающая ~** strictly decreasing sequence
- **стягивающаяся ~** shrinking sequence
- **суммарная ~** sum sequence
- **суммируемая ~** summable sequence
- **сходящаяся ~** convergent sequence
- **тотальная ~** total sequence
- **точная ~** exact sequence
- **точная слева ~** left exact sequence
- **точная справа ~** right exact sequence
- **трансфинитная ~ типа α** transfinite sequence of type α, alpha-sequence
- **трансфинитная ~ типа ζ** transfinite sequence of type ζ
- **убывающая ~** decreasing sequence, descending sequence
- **универсальная ~** universal sequence
- **унимодальная ~** unimodal sequence
- **устойчивая ~** stable sequence
- **фундаментальная ~** fundamental sequence, Cauchy('s) sequence
- **характеристическая ~** characteristic sequence
- **центральная ~** central sequence
- **частичная ~** partial sequence
- **числовая ~** numerical sequence
- **шпеккерова ~** Specker('s) sequence
- **эквивалентная ~** equivalent sequence

последовательный consecutive; successive; sequential

поставленный posed
- **~ корректно** correctly posed, well-posed
- **~ некорректно** mal-posed

постановка posing; formulation; approach; setting
- **~ задачи** formulation of a problem
- **асимптотическая ~** asymptotic formulation
- **бейесовская ~** Bayesian formulation
- **классическая ~** classical formulation
- **корректная ~** well-posedness
- **нетрадиционная ~** non(-)traditional approach
- **общая ~** general setting

постоптимизация post(-)optimization

постоянная constant
- **~ запаздывания** constant delay
- **~ интегрирования** integration constant, integral constant
- **абсолютная ~** absolute constant
- **аддитивная ~** additive constant
- **гармоническая ~** harmonic constant
- **гиперболическая ~ (Чебышева)** hyperbolic constant
- **действительная ~** real constant
- **конечная ~** finite constant
- **положительная ~** positive constant

предметная ~ individual parameter
произвольная ~ arbitrary constant
структурная ~ structural constant
универсальная ~ universal constant
численная ~ numerical constant
постоянный constant
   локально ~ locally constant
постоянство constancy
   ~ функции constancy of a function
построени‖е construction
   ◊ **по ~ ю** by construction
   ~ алгебры construction of an algebra
   ~ вектора construction of a vector
   ~ выражения construction of an expression
   ~ графа construction of a graph
   ~ группы construction of a group
   ~ класса construction of a class
   ~ кода construction of a code
   ~ коллара collaring
   ~ оператора construction of an operator
   ~ отображения construction of a map(ping)
   ~ оценки construction of an estimator
   ~ поля construction of a field
   ~ разбиения construction of a partition
   ~ расслоения construction of a bundle
   ~ реализации construction of a realization
   ~ решения construction of a solution
   ~ с помощью циркуля и линейки construction by compasses and ruler
   ~ сети construction of a network
   ~ системы construction of a system
   ~ теории construction of a theory
   ~ тождества construction of an identity
   ~ уравнения construction of an equation
   ~ формулы construction of a formula
   ~ формы construction of a form

   аксиоматическое ~ axiomatic construction
   аналитическое ~ analytic(al) construction
   вспомогательное ~ auxiliary construction
   геометрическое ~ geometric(al) construction
   дополнительное ~ additional construction, auxiliary construction
   индуктивное ~ inductive construction
   приближённое ~ approximate construction
   прямое ~ direct construction
   теоретическое ~ theoretical construction
постулат postulate
   пятый ~ parallel axiom, axiom of parallelism, axiom of parallels, Playfair('s) axiom
постулировать postulate
посылка premise
   бо́льшая ~ major premise
   меньшая ~ minor premise
потенциал potential, potential function
   ~ рассеяния scattering potential
   ~ двойного слоя potential of a double layer
   ~ меры potential of a measure
   ~ потока potential of a flux
   ~ простого слоя potential of a single layer; potential of a simple distribution
   ~ распределения potential of a distribution
   ~ Рисса α-potential
   ~ Робена conductor potential, equilibrium potential, capacity potential
   ~ скоростей velocity potential
   α- ~ alpha-potential
   бесселев ~ Bessel('s) potential
   векторный ~ vector potential
   гладкий ~ smooth potential
   ёмкостный ~ conductor potential, equilibrium potential, capacity potential

потенциал *(continued)*
  запаздывающий ~ retarded potential
  конечнозонный ~ finite-zone(d) potential, finite-band potential, finite-zonal potential
  линейный ~ linear potential
  логарифмический ~ logarithmic potential
  нелинейный ~ non(-)linear potential
  ньютонов ~ Newtonian potential
  объёмный ~ volume potential
  периодический ~ periodic(al) potential
  поверхностный ~ surface potential
  почти периодический ~ almost-periodic(al) potential
  равновесный ~ conductor potential, equilibrium potential, capacity potential
  риссов ~ integral of potential type, Riesz('s) potential
  симметричный ~ symmetric(al) potential
  скалярный ~ scalar potential
  сферически симметричный ~ spherically symmetric(al) potential
потенциальный potential
потенцирование exponentiation; taking anti(-)logarithm
  ~ порядковых чисел ordinal exponentiation
потер‖я loss
  ожидаемые ~и expected loss
  средние ~ average loss
поток current; flow; flux, spread
  ~ Аносова C-flow
  ~ в сети flow in a network
  ~ векторного поля vector flux
  ~ вероятности probability current
  ~ данных flow of information
  ~ на торе differential equation on a torus, flow on a torus
  K- ~ measurable flow
  вполне неустойчивый ~ completely unstable flow
  входной ~ input flow
  входящий ~ вызовов service system, queueing system
  выходной ~ output flow
  гармонический ~ harmonic flow
  геодезический ~ geodesic flow
  гладкий ~ smooth flow
  дискретный ~ discrete flow
  замкнутый ~ closed current
  измеримый ~ measurable flow, cascade
  интегральный ~ integral current
  максимальный ~ maximal flow, maximum flow
  минимальный ~ minimal flow, minimum flow
  непрерывный ~ continuous flow
  неустойчивый ~ unstable flow
  орициклический ~ horocycle flow
  параллельный ~ parallel flow, regular flow
  положительный ~ positive current
  простейший ~ simplest flow
  специальный ~ special flow
  стационарный ~ stationary flow
  топологический ~ topological current
  точечный ~ point flow
  устойчивый ~ stable flow
  фазовый ~ phase flow
  финитарный ~ fan, finitary spread
  целочисленный ~ integral current
  эргодический ~ ergodic flow
потомок descendent, descendant
поточно pointwise
поточечный pointwise
почленно termwise
почти- quasi-
почти-кольцо near(-)ring
  ~ частных nearring of quotients
  дистрибутивно порождённое ~ distributively generated nearring
  примитивное ~ типа 0 zero-primitive nearring
почти-поле near(-)field
пошаговый step-by-step

поэтапно stagewise
пояс link
  ~ Мёбиуса Moebius strip, Moebius ring, Moebius band
  шаровой ~ (spherical) zone
правдоподобие likelihood
  максимальное ~ maximum likelihood
правило rule; convention
  ~ ассоциативности associative law
  ~ введения (*напр. переменной*) introduction rule
  ~ введения дизъюнкции rule of (joining a) disjunction
  ~ ветвления branching rule
  ~ вывода rule of inference, rule of derivation
  ~ действия над показателями степеней law of exponents
  ~ дискриминации discrimination rule
  ~ дифференцирования функции rule for differentiating a function
  ~ дополнения complementation rule
  ~ игры rule of a game
  ~ Карнапа omega-rule, infinite induction
  ~ ложного положения rule of false position
  ~ множителей multiplier rule
  ~ модус поненс (rule of) *modus ponens*
  ~ назначения rule of assignment
  ~ нахождения неизвестного члена пропорции rule of three
  ~ обобщения rule of generalization, universal generalization
  ~ остановки stopping rule
  ~ отбора selection procedure
  ~ отделения (rule of) *modus ponens*
  ~ оценивания estimation rule
  ~ параллелограмма rule of parallelogram, law of parallelogram
  ~ поглощения law of absorption
  ~ подстановки rule of substitution
  ~ преобразования transformation rule
  ~ приведения к абсурду rule of *reductio ad absurdum*
  ~ прямоугольника rectangle rule
  ~ решения solution rule
  ~ сечения cut rule
  ~ суммирования summation rule, summation convention
  ~ суммирования Эйнштейна Einstein('s) summation
  ~ треугольника triangle rule
  ~ трёх сигм three-sigma rule
  ~ удаления rule of elimination
  ~ удаления дизъюнкции rule of omitting a disjunction
  ~ умножения rule of multiplication
  ~ умножения «строка на столбец» "row into column" rule
  ~ фаз phase rule
  ~ Эйнштейна (*записи конечной суммы*) Einstein('s) convention
  Ω- ~ omega-rule, infinite induction
  антецедентное ~ antecedent rule
  арбитражное ~ umpire('s) rule
  бейесовское ~ Bayesian rule
  выводимое ~ derive rule
  дедекиндово ~ Dedekind('s) law, modular law
  детерминированное ~ deterministic rule
  допустимое ~ admissible rule
  золотое ~ golden rule
  локальное ~ local rule
  минимаксное ~ minimax procedure, minimax schedule
  обобщённое ~ generalized rule
  оптимальное ~ optimal rule
  последовательное ~ sequential decision rule
  производное ~ derived rule
  рандомизированное ~ randomized rule
  решающее ~ decision rule
  сложное ~ compound rule

правило *(continued)*
   статистическое решающее ~ decision function, decision procedure
   стохастическое ~ stochastic rule
   структурное ~ structural rule
   сукцедентное ~ succedent rule
   цепное ~ chain rule

правильность correctness; soundness
правильный correct; regular; sound
правоаменабельный right amenable
правоартинов right Artinian
правоинвариантность right invariance
пре- pre-
превосходность excellence
превосходный excellent
превращать convert (into), turn (into), reduce (into), transform (into)
   ~ простую дробь в десятичную transform a common fraction into a decimal

превращение conversion
пред- pre-
предбаза sub(-)base
   ~ топологии subbase for a topology

предгармонический pre(-)harmonic
предгеометрия pre(-)geometry
предгильбертов pre-Hilbert
предгруппа pre(-)group
преддвойственный pre(-)dual
предел limit
   ~ в среднем limit in the mean
   ~ в среднем квадратичном mean-square limit
   ~ интеграла limit of an integral
   ~ интегрирования limit of integration
   ~ множества limit of a set
   ~ отображения limit of a map(ping)
   ~ по Абелю Abel('s) limit
   ~ по Борелю Borel('s) limit
   ~ по фильтру limit with respect to a filter
   ~ погрешности error bound
   ~ последовательности limit of a sequence
   ~ разности limit of a difference
   ~ слева limit on the left, limit from the left, left(-hand) limit
   ~ спектра limit of a spectrum, limit on a spectrum
   ~ справа limit on the right, limit from the right, right(-hand) limit
   ~ суммирования summation limit
   ~ фильтра limit of a filter
   ~ функции limit of a function
   (о)- ~ order limit

аппроксимативный ~ approximate limit
верхний ~ upper limit, superior limit
верхний ~ интеграла upper end of an integral
верхний ~ интегральной суммы Римана функции нескольких переменных outer area
верхний ~ последовательности событий superior limit event
верхний ~ функции upper limit function
верхний доверительный ~ upper confidence limit
двойной ~ double limit
доверительный ~ confidence bound
допустимый ~ tolerance limit
индуктивный ~ inductive limit, co(-)limit, direct limit
индуктивный ~ семейства групп inductive limit group
индуктивный ~ семейства пространств inductive limit space
итерированный ~ iterated limit
конечный ~ finite limit
левосторонний ~ limit on the left, limit from the left, left(-hand) limit
левый ~ limit on the left, limit from the left, left(-hand) limit
метрический ~ metric limit
несобственный ~ improper limit

    нижний ~ lower limit, inferior limit
    нижний ~ **интеграла** lower end of an integral
    нижний ~ **интегральной суммы Римана функции нескольких переменных** inner area
    нижний ~ **последовательности событий** inferior limit event
    нижний ~ **функции** lower end function
    обобщённый ~ generalized limit
    обратный ~ inverse limit
    односторонний ~ unilateral limit, limit on one side, one-sided limit
    повторный ~ iterated limit
    поточечный ~ pointwise limit
    правосторонний ~ limit on the right, limit from the right, right(-hand) limit
    правый ~ limit on the right, limit from the right, right(-hand) limit
    проективный ~ projective limit
    прямой ~ inductive limit, co(-)element, direct limit
    сильный ~ strong limit
    слабый ~ weak limit
    толерантный ~ tolerance limit
    тонкий ~ fine limit
    топологический ~ topological limit
    точный ~ exact limit
    фидуциальный ~ fiducial limit
    экстремальный ~ extreme limit
предельный limiting; terminal
предикат predicate
    ~ **исчисления** predicate of a calculus
    ~ **первого порядка** first-order predicate
    n-**местный** ~ *n*-place predicate
    аналитический ~ analytic(al) predicate
    арифметический ~ arithmetic(al) predicate
    двузначный ~ two-valued logic function
    индукционный ~ induction predicate, induction proposition
    однозначный ~ single-valued predicate
    одноместный ~ monadic predicate, one-place predicate
    разрешимый ~ decidable predicate
    рекурсивный ~ recursive predicate
    теоретико-числовой ~ number-theoretic predicate
предикативный predicative
предиктор predictor
предкатегория pre(-)category
предкомпактность pre(-)compactness
предкомпактный pre(-)compact
предложени∥е proposition; statement; assertion; sentence; judgement; closed formula ◊ ~ **верно** proposition holds
    ~ **Паппа** Pappus(') theorem
    взаимно обратные ~ **я** reciprocal propositions
    индукционное ~ induction predicate, induction proposition
    конфигурационное ~ configurational proposition
    равносильные ~ **я** equivalent propositions
    универсальное ~ universal sentence
    хорновское ~ Horn('s) sentence
предмера quasi(-)measure
преднорма pre(-)norm
предполагать assume; hypothesize
предположени∥е assumption; hypothesis ◊ **по** ~ **ю** by assumption
    ~ **индукции** inductive assumption, induction hypothesis, inductive hypothesis, induction(al) assumption
    индуктивное ~ inductive assumption, induction hypothesis, inductive hypothesis, induction(al) assumption

предположительный assumed
предпорядок pre(-)order, quasi(-)order
предпочитать prefer
предпочтение preference
◊ **отдавать ~ критерию** prefer a test
~ между ситуациями preference within situations
нестрогое ~ preference-indifference relation
строгое ~ strict preference
предпучок pre(-)sheaf
~ групп presheaf of groups
~ множеств presheaf of sets
предрадикал pre(-)radical
предсказание prediction; prognosis
линейное ~ linear prediction
представимость representability
представимый representable; expressible
однозначно ~ uniquely representable
рационально ~ rationally expressible
представитель representative
~ класса representative of a class
~ орбиты orbit representative
гармонический ~ harmonic representative
представлени‖е representation; presentation
~ алгебры representation of an algebra
~ в аналитический форме representation in analytic form
~ в виде произведения representation by a product
~ в виде степенного ряда power-series representation
~ в непрерывных дробях continued-fraction representation
~ группоида representation of a groupoid
~ группы representation of a group
~ данных representation of data
~ инварианта representation of an invariant
~ кольца representation of a ring
~ множества representation of a set
~ оператора representation of an operator
~ перестановками permutation representation
~ по основанию системы счисления radix representation
~ рядом representation by a series
~ соотношения representation of a relation
~ состояния representation of a state
~ функции representation of a function
~ функции посредством полиномов representation of a function by means of polynomials
~ числа representation of a number
G-интегрируемое ~ integrable representation
n-мерное ~ n-dimensional representation
абсолютно неприводимое ~ absolute irreducible representation
алгебраически неприводимое ~ algebraically irreducible representation
аналитическое ~ analytic(al) representation, differentiable representation, holomorphic representation
асимптотическое ~ asymptotic representation
базисное ~ basic representation
бесконечномерное ~ infinite-dimensional representation
векторное ~ vector representation
вещественное ~ real representation
вполне приводимое ~ completely reducible representation, fully reducible representation, semi(-)simple representation, ordinary representation
гауссово ~ Gaussian representation
геометрическое ~ geometric(al) representation

голоморфное ~ analytic(al) representation, differentiable representation, holomorphic representation
графическое ~ graphic(al) representation
двоичное ~ binary representation
двойственное ~ dual representation
действительное ~ real representation
дизъюнктное ~ disjoint representation
дизъюнктные ~ я disjoint representations
дифференцируемое ~ analytic(al) representation, differentiable representation, holomorphic representation
единичное ~ unit representation, trivial representation
изоморфное ~ isomorphic representation, equivalent representation
импримитивное ~ imprimitive representation
инвариантное ~ invariant representation
индуцированное ~ induced representation
интегральное ~ integral representation, representation by integrals
интегрируемое ~ integrable representation
инъективное ~ injective representation
каноническое ~ canonical representation
касательное ~ tangential representation
квадратично-интегрируемое ~ square(-)integrable representation
квазипростое ~ quasi(-)simple representation
квазиэквивалентное ~ quasi(-)equivalent representation
комплексное ~ complex representation
конечное ~ finite representation, finite presentation
конечномерное ~ finite-dimensional representation
коническое ~ conical representation
контраградиентное ~ conjugate transformation, transposed transformation, contragradient transformation
координатное ~ coordinate representation
коприсоединённое ~ co(-)adjoint representation
косое ~ skew representation
левое ~ left representation
линейное ~ linear representation
локальное ~ local representation
матричное ~ matrix representation, representation by matrices
минимальное ~ minimal representation
модулярное ~ modular representation
мономиальное ~ monomial representation
независимое ~ independent representation
непрерывное ~ continuous representation
непрерывное ~ группы со значениями в алгебре, наделённой слабой топологией weakly continuous representation
непрерывное ~ группы со значениями в алгебре, наделённой сильной топологией strongly continuous representation
неприводимое ~ irreducible representation
неразложимое ~ indecomposable representation

представлени‖е *(continued)*
  несобственное ~ improper representation
  несократимое ~ primary reduced representation
  нетривиальное ~ non(-)trivial representation
  нормальное ~ normal representation
  обобщённое ~ generalized representation
  однозначное ~ univalent representation
  параметрическое ~ parametric representation, structure formula
  позиционное ~ positional notation
  полиномиальное ~ polynomial representation
  полупростое ~ semi(-)simple representation
  полуспинорное ~ half-spin representation
  правое ~ right representation
  приведённое ~ reduced representation
  приводимое ~ reducible representation
  примарно редуцированное ~ primary reduced representation
  примарное ~ primary representation
  примитивное ~ primitive representation
  присоединённое ~ adjoint representation
  проективное ~ projective representation, ray representation
  простое ~ simple representation
  пространственное ~ space representation
  прямолинейное ~ straight-line representation
  разложимое ~ decomposable representation
  рациональное ~ rational representation
  регулярное ~ regular representation
  свободное ~ free presentation
  симметричное ~ symmetric(al) representation
  собственное ~ proper representation
  сопряжённое ~ conjugate representation, transposed representation, contragradient representation
  спектральное ~ spectral representation
  специальное ~ special representation
  спинорное ~ spin(or) representation
  стандартное ~ standard representation
  тензорное ~ tensor representation
  типическое ~ typical representation
  тождественное ~ identical representation, identity representation
  точное ~ faithful representation
  тривиальное ~ unit representation, trivial representation
  унитарно эквивалентное ~ unitarily equivalent representation
  унитарное ~ unitary representation
  функциональное ~ functional representation
  циклическое ~ cyclic representation, cyclic decomposition
  численное ~ numerical representation
  эквивалентное ~ isomorphic representation, equivalent representation
  эффективное ~ efficient representation
  явное ~ explicit representation
представлять represent
  ~ в виде суммы разрядных слагаемых expand
  ~ класс represent a class
предупорядочение pre(-)ordering
предупорядоченность pre(-)order, quasi(-)order
предупорядочивать quasi(-)order

предфильтр pre(-)filter
предшественник predecessor
предъявлять exhibit
~ **кривую** exhibit a curve
~ **пространство** exhibit a space
предыстория pre(-)history
пренебрегаемость negligibility
асимптотическая ~ asymptotic negligibility
пренебрежимый negligible
преобразовани‖е transformation; transform; map(ping); conversion
~ **Абеля** summation by parts
~ **в себя** transformation into itself
~ **годографа** hodograph transformation
~ **двойственности** duality transformation
~ **к главным осям** transformation to principal axes
~ **кода** code conversion
~ **конгруэнтности** congruent transformation
~ **координат** transformation of coordinates
~ **Лоренца** Lorentzian transformation
~ **масштаба** scale transformation
~ **Мёбиуса** Moebius(') transformation, circular transformation
~ **монодромии** monodromy transformation
~ **на плоскости** transformation in the plane
~ **общего вида** general transformation
~ **огкраниченной вариации** transformation of bounded variation
~ **отображения** map(ping) transformation
~ **параметра** transformation of parameter
~ **переменной** transformation of a variable
~ **подобия** similarity transformation, similitude transformation

~ **прикосновения** contact transformation
~ **пространства** transformation of a space, transformation on a space
~ **свёртки** convolution transform
~ **сдвига** shift transformation
~ **, сохраняющее меру** measure-preserving transformation
~ **уравнения** transformation of an equation
~ **Эрмита** Hermitian transformation
cos- ~ **Фурье** Fourier cosine transform
z- ~ z-transformation
автоморфное ~ automorph
авторегрессивное ~ auto(-)regressive transformation
алгебраическое ~ algebraic(al) transformation
аналитическое ~ analytic(al) transformation
антирегулярное ~ anti(-)regular transformation
аффинное ~ affine transformation, affinity
биголоморфное ~ bi(-)holomorphic transformation
бирациональное ~ bi(-)rational transformation
быстрое ~ fast transformation
внутреннее ~ inner transformation
вырожденное ~ singular transformation
гладкое ~ smooth transformation
глобальное ~ global transformation
голоморфное ~ holomorphic transformation
гомографическое ~ homographic transformation, homography
градиентное ~ gradient transformation
двоичное ~ binary transformation
двойное ~ double transformation, double transform
двумерное ~ two-dimensional transform

преобразовани‖е *(continued)*
- двустороннее ~ two-sided transformation, two-sided transform
- диагонализируемое ~ diagonalizable transformation
- дискретное ~ discrete transform
- диссипативное ~ dissipative transformation
- дифференцируемое ~ differentiable transformation
- допустимое ~ admissible transformation
- дробно-линейное ~ linear fractional transformation, bi(-)linear transformation
- дуальное ~ correlation
- естественное ~ natural transformation
- замкнутое ~ closed transformation
- измеримое ~ measurable transformation
- изометрическое ~ isometric transformation, isometry
- инвариантное ~ invariant transformation
- инволютивное ~ involutory transformation
- интегральное ~ integral transformation, integral transform
- инфинитезимальное ~ infinitesimal transformation
- итерированное ~ iterated transformation
- калибровочное ~ gauge transformation
- каноническое ~ canonical transformation
- касательное ~ contact transformation
- квадратичное ~ quadratic transformation
- компактное ~ compact transformation
- конечное ~ finite transformation, finite transform
- контактное ~ contact transformation
- конформное ~ conformal transformation
- координатное ~ coordinate transformation; transition function
- кратное ~ multiple transformation
- кремоново ~ Cremona('s) transformation
- круговое ~ circular transformation, Moebius(') transformation
- кубическое ~ cubic transformation
- линейное ~ linear transformation, entire linear transformation
- линейное ~, определённое треугольной матрицей triangular linear transformation
- логарифмическое ~ logarithmic transformation
- локальное ~ local transformation
- локсодромическое ~ loxodromic transformation
- мартингальное ~ martingale transformation
- матричное ~ matrix transformation, matrix transform
- многозначное ~ multi(-)valued transformation
- многомерное ~ multiple transformation
- моделирующее ~ transformation for modeling
- моноидальное ~ monoidal transformation, monoidal transform, blowing-up, sigma-process
- монотонное ~ monotonic transformation
- накрывающее ~ covering transformation
- невырожденное ~ regular transformation, non(-)singular transformation
- нелинейное ~ non(-)linear transformation
- неоднородное ~ inhomogeneous transformation
- непрерывное ~ continuous transformation
- несложное ~ simple transformation

несобственное ~ improper transformation
нормализующее ~ normalizing transformation
обобщённое ~ generalized transformation, generalized transform, extended transformation
обратимое ~ invertible transformation
обратное ~ inverse transformation, inverse transform
общее ~ general transformation
ограниченное ~ bounded transformation
однородное ~ homogeneous transformation
одностороннее ~ unilateral transform
оптимизирующее ~ optimizing transformation
ортогональное ~ orthogonal transformation, orthogonal transform
параболическое дробно-линейное ~ parabolic transformation
параллельное ~ parallel transformation
перемешивающее ~ mixing transformation
периодическое ~ periodic transformation
перспективное ~ perspective transformation
подобное ~ similarity transformation
полупростое линейное ~ semi(-)simple linear transformation
полярное ~ polar reciprocation
присоединённое ~ adjoint of a transformation
проективное ~ projective transformation
простое ~ simple transformation
пространственное ~ space transformation
прямое ~ direct transformation
рациональное ~ rational transformation
регулярное ~ regular transformation, non(-)singular transformation
регулярное аффинное ~ proper affine transformation
симметрическое ~ symmetry transformation
симплектическое ~ symplectic transformation
синус- ~ (Фурье) sine transformation, sine transform
собственное ~ proper transformation, proper transform
сопряжённое ~ conjugate transform
специальное ~ special transformation
столбцевое ~ column operation
строчное ~ row operation
структурное ~ structural transformation
сферическое ~ spherical transformation
тождественное ~ identity transformation, identity function
топологическое ~ topological transformation
точечное ~ point transformation
транзитивное ~ transitive transformation
треугольное ~ triangular transformation
тригонометрическое ~ angular transformation, trigonometric transform
унимодулярное ~ unimodular transformation
унипотентное ~ unipotent transformation
унитарно подобное ~ unitary similar transformation
унитарное ~ unitary transformation
функциональное ~ functional transformation
центроаффинное ~ centered affine transformation

преобразовани∥е *(continued)*
  цепное ~ chain transformation, chain homomorphism
  циклическое ~ cyclic transformation
  частичное ~ partial transformation
  численное ~ numerical transform
  эквиаффинное ~ equi(-)affine map(ping)
  эквивалентное ~ equivalent transformation
  эквивалентное аффинное ~ equivalent affinity
  экспоненциальное ~ exponential transformation
  элементарное ~ elementary transformation
  элементарное столбцевое ~ elementary column operation
  элементарное строчное ~ elementary row operation
  эллиптическое ~ elliptic(al) transformation
  эргодическое ~ ergodic transformation
  эрмитово ~ Hermitian transformation
преобразователь transformer
  дискретный ~ discrete transformer
  дискретный ~ без входов autonomous automaton
преобразовывать transform
преобразуемость transformability
преобразуемый transformable
препятствие obstruction
  ~ к построению obstruction to constructing
  второе ~ secondary obstruction
  когомологическое ~ cohomology obstruction
  первое ~ primary obstruction
  топологическое ~ topological obstruction
преследователь pursuer
префикс prefix
  ~ кода prefix of a code
  ~ слова prefix of a word

прибавлять add
приближаемый approximable
приближаться approach
  ~ неограниченно approach without limit
приближени∥е approximation
  ◊ **в первом ~ и** to a first approximation
  ~ в среднем approximation in the mean
  ~ многочленами approximation by polynomials
  ~ наименьшими квадратами least-squares approximation
  ~ процесса approximation of a process
  ~ с весом approximation with weight
  ~ с избытком approximation to excess
  ~ с недостатком approximation to deficiency
  ~ функции approximation of a function
  ~ функциями approximation of functions
  асимптотическое ~ asymptotic approximation
  взвешенное ~ weighted approximation
  геометрическое ~ geometric(al) approximation
  геометро-оптическое ~ geometric(al) approximation
  диофантово ~ Diophantine approximation
  диффузионное ~ diffusion approximation
  квадратичное ~ quadratic approximation
  конечномерное ~ finite-dimensional approximation
  линейное ~ linear approximation
  локальное ~ local approximation
  многогрупповое ~ multigroup approximation
  наилучшее ~ best approximation
  начальное ~ initial approximation

нулевое ~ zero approximation
одностороннее ~ one-sided approximation
последовательное ~ successive approximation, stepwise approximation
равномерное ~ uniform approximation, Chebyshev('s) approximation
совместное ~ simultaneous approximation
среднеквадратическое ~ mean-square approximation
точечное ~ point approximation
точное ~ exact approximation
хорошее ~ good approximation
частное ~ partial approximation
чебышевское ~ uniform approximation, Chebyshev('s) approximation

приближённый approximate
приблизительно approximately
приблизительный approximate
приведение reduction
~ **данных** reduction of data
~ **к жордановой форме** reduction to Jordan normal form
~ **к каноническому виду** reduction to canonical form
~ **к общему знаменателю** reduction to a common denominator
~ **квадратичных форм** reduction of quadratic forms
~ (*матрицы*) **к треугольному виду** triangularization
~ **оператора** reduction of an operator
~ **подобных слагаемых** collection of like terms
~ **системы линейных уравнений к треугольному виду методом исключения Гаусса** forward steps
~ **формы к главным осям** diagonalization of a form, transformation to principal axes
локальное ~ local reduction

одновременное ~ simultaneous reduction
одновременное ~ к главным осям simultaneous diagonalization
приводимость reducibility
полная ~ complete reducibility
приводимый reducible
вполне ~ completely reducible
геометрически ~ geometrically reductive
приводить reduce; collect
~ **дробь к несократимому виду** reduce a fraction to lowest terms
~ **к главным осям** transform to principal axes
~ **к каноническому виду** reduce to canonical form
~ **к рациональному виду** rationalize
~ **к треугольному виду** reduce to triangular form
~ **подобные** (*члены*) collect like terms
~ (*тригонометрическую*) **функцию** reduce a function
призма prism
двойная ~ bi(-)prism
наклонная ~ oblique prism
правильная ~ regular prism
прямая ~ right prism
треугольная ~ triangular prism
усечённая ~ truncated prism
четырёхугольная ~ quadrangular prism
шестиугольная ~ hexagonal prism
призматический prismatic
призматоид prismatoid
призмоид prismoid
призмоидальный prismoidal
признак test; criterion; attribute
~ (*Вейерштрасса*) **равномерной сходимости** (*ряда*) quotient test
~ **делимости** test of divisibility, divisibility criterion

признак *(continued)*
  ~ **конгруэнтности**   test of congruency
  ~ **Коши** (*сходимости числового ряда*) n^{th} root test, radical test
  ~ **параллелограмма**   test of parallelogram
  ~ **параллельности**   test of parallelism, test of parallels
  ~ **подобия**   test of similarity
  ~ **постоянства**   test of constancy
  ~ **расходимости**   test of divergence
  ~ **сходимости**   test of convergence, criterion of convergence
  ~ (*сходимости*) **Абеля**   Abel('s) test
  ~ **сходимости Вейерштрасса**   M-test
  достаточный ~   sufficient test
  интегральный (*сходимости*) **рядов** ~   integral test
  классификационный ~   criterion of classification
  количественный ~   quantitative test
  логарифмический ~   logarithmic test
  номинальный ~   criterion of classification
  простой ~   simple test
  сравнительный ~   comparison test
приклеивание   pasting
  ~ **ручки**   fitting with a handle
приклеивать   attach
прилагательное   adjective
прилежащий   adjacent
приложение   application
  ~ **в топологии**   application in topology
  ~ **теории**   application of a theory
  ~ **формулы**   application of a formula
  вычислительное ~   computational application
  геометрическое ~   geometric(al) application
  статистическое ~   statistical application
  тонкое ~   refined application
  топологическое ~   topological application
  элементарное ~   elementary application
прим   prime
примальный   primal
примарность   primarity
примарный   primary
применение   application
  ~ **инварианта**   application of an invariant
  ~ **критерия**   application of a criterion
  ~ **оценки**   application of an estimator
  ~ **теоремы**   application of a theorem
  ~ **топологии**   application of topology
  ~ **элемента**   application of an element
  топологическое ~   topological application
применимость   applicability
  ~ **метода**   applicability of a method
применять   apply
  ~ **дизъюнкцию**   add
  ~ **метод**   apply a method
  ~ **оператор**   apply an operator
  ~ **операцию**   apply an operation
  ~ **отображение**   apply a map(ping)
  ~ **равенство**   apply an equality
  ~ **следствие**   apply a corollary
  ~ **теорему**   apply a theorem
  ~ **формулу**   apply a formula
пример   example
  вычислительный ~   computational example
  классический ~   classical example
  нетривиальный ~   non(-)trivial example
  простой ~   simple example
  тривиальный ~   trivial example
  численный ~   numerical example, number example
  элементарный ~   elementary example

примитивно primitively
примитивность primitivity
примитивный primitive
примыкание adjacency; adhesion
   ~ **клеток** adhesion of cells
принадлежащий belonging; incident
принадлежность membership; incidence
принимать accept; assume
   ~ **вид** assume a form
   ~ **гипотезу** accept a hypothesis
   ~ **значение** assume a value, take a value
принятие acceptance
   ~ **гипотезы** acceptance of a hypothesis
   ~ **решения** decision making
принцип principle
   ~ **абстракции** principle of abstraction
   ~ **аргумента** principle of argument
   ~ **виртуальной работы** principle of virtual work
   ~ **включения и исключения** principle of inclusion and exclusion
   ~ **вложенных отрезков** principle of nested intervals
   ~ **выбора** choice principle
   ~ **гармонической меры** principle of harmonic measure
   ~ **двойственности** duality principle
   ~ **длины и площади** length-(and-)area principle
   ~ **доминирования** domination principle
   ~ **Дюамеля** Duhamel('s) method, Duhamel('s) principle
   ~ **инвариантности** invariance principle
   ~ **исключения** principle of exclusion
   ~ **Карлемана** principle of domain extension
   ~ **компактности** compactness principle
   ~ **конденсации** principle of condensation
   ~ **конструктивного подбора** Markov('s) principle
   ~ **Лагранжа** principle of stationary action
   ~ **локализации** principle of localization
   ~ **максимальности** principle of (the) maximum
   ~ **максимума** principle of (the) maximum
   ~ **максимума модуля** maximum-modulus principle, maximum-modulus theorem
   ~ **Маркова** Markov('s) principle, Church('s) thesis
   ~ **(математической) индукции** principle of (mathematical) induction
   ~ **минимакса** principle of minimax
   ~ **минимальности** principle of (the) minimum
   ~ **минимума** principle of (the) minimum
   ~ **наименьшего действия** principle of least action, law of least action
   ~ **наименьшего действия в форме Лагранжа** principle of stationary action
   ~ **непрерывности** principle of continuity
   ~ **нормализации** normalization principle
   ~ **общей ковариантности** generalized covariance principle
   ~ **ограниченности** boundedness principle
   ~ **оптимальности** optimality principle
   ~ **отделимости** separation principle
   ~ **отношения правдоподобия** likelihood-ratio principle
   ~ **отражения** principle of reflection
   ~ **пересчёта констант** principle of counting constants
   ~ **перечислимости** enumeration principle

принцип (continued)
- ~ **перманентности** principle of permanence
- ~ **площадей** area principle
- ~ **подобия** principle of similarity
- ~ **полной (математической) индукции** principle of complete induction
- ~ **предельного поглощения** principle of limiting absorption
- ~ **предельной амплитуды** principle of limiting amplitude
- ~ **противоречия** principle of contradiction
- ~ **равновесия** equilibrium principle
- ~ **разложения** decomposition principle
- ~ **расширения** principle of extension
- ~ **расширения области** principle of domain extension
- ~ **сведения** contraction principle
- ~ **сжатых отображений** contraction-map(ping) principle
- ~ **сжимающих отображений** contraction-map(ping) principle
- ~ **симметрии** symmetry principle
- ~ **соответствия** correspondence principle
- ~ **стационарного действия** principle of stationary action
- ~ **суперпозиции** principle of superposition
- ~ **существования** existence principle
- ~ **сходимости** principle of convergence
- ~ **униформизации** uniformization principle
- ~ **эквивалентности** equivalence principle
- ~ **экстремума** extremum principle
- ~ **энергии** energy principle
- ~ **ящиков (*Дирихле*)** drawer principle, principle of boxes, pigeon-hole principle

вариационный ~ variational principle
дискретный ~ (*максимума*) discrete principle
локальный ~ local principle
общий ~ general principle
расширенный ~ (*максимума*) dilated principle
стохастический ~ (*максимума*) stochastic principle
фундаментальный ~ fundamental principle
экстремальный ~ extremal principle

приписывание assignment
приписывать (*цифры*) annex; prefix
- ~ **нули** (*при делении*) introduce ciphers

приравнивать equate; equalize; put equal

приращени‖**е** increment; gain; change
- ~ **аргумента** change in argument
- ~ **переменной** change in a variable
- ~ **функции** change in a function

конечное ~ finite increment
некоррелированные ~ **я** uncorrelated increments
полное ~ total increment

природа nature
- ~ **корней** nature of roots, character of roots

алгебраическая ~ algebraic(al) nature
геометрическая ~ geometric(al) nature
математическая ~ mathematical nature
топологическая ~ topological nature
функциональная ~ functional nature

прирост gain
- ~ **информации** information gain

присоединение accession
присоединённый associated; associate; accessory; adjugate

присоединять join; adjoin; attach
пристрастный purposive
причина reason; cause
  топологическая ~ topological reason
причинность causality
причисление attribuation
про- pro-
про-p-группа pro-p-group
пробегать run; range(over)
  ~ значения run through values, range over values
  ~ индексы run through indices
пробел (*машины Тьюринга*) blank; gap
пробит probit
проблем∥а problem
  ~ башни полей class field tower problem
  ~ бифуркации bifurcation problem
  ~ близнецов problem of prime twins
  ~ выбраковки outlier problem
  ~ выпуклости convexity problem
  ~ вхождения occurrence problem
  ~ выметания balayage problem
  ~ выполнимости problem of satisfiability
  ~ деления division problem
  ~ делителей problem of divisors
  ~ замыкания closure problem
  ~ защемления pinching problem
  ~ изоморфизма isomorphism problem
  ~ классификации problem of classification
  ~ контнуума continuum problem
  ~ Короны Corona problem
  ~ коэффициентов coefficient problem
  ~ круга circle problem
  ~ лабиринта labyrinth problem
  ~ минимальности problem of minimality
  ~ модулей problem of moduli
  ~ моментов problem of moments
  ~ надёжности reliability problem
  ~ непрерывности problem of continuity
  ~ непротиворечивости consistency problem
  ~ полноты completeness problem
  ~ полноты в широком смысле problem of semantical completeness
  ~ простых чисел prime-number problem
  ~ разбиения partition problem
  ~ различения discrimination problem
  ~ разрешения decision(-making) problem
  ~ разрешимости solvability problem, decidability problem
  ~ расположения packing problem
  ~ реализуемости realizability problem
  ~ с многими решениями multiple decision problem
  ~ сильной аппроксимации problem of strong approximation
  ~ следов trace problem
  ~ы слов word problems
  ~ сопряжённости conjugacy problem, conjugation problem
  ~ среднего значения mean-value problem
  ~ существования existence problem
  ~ типа type problem
  ~ тождества identity problem
  ~ узлов knot problem
  ~ узлов решёток lattice-point problem
  ~ управления control problem
  ~ шара problem of the sphere
аддитивная ~ additive problem
алгоритмическая ~ algorithmic problem
алгоритмически неразрешимая ~ algorithmically unsolvable problem
бинарная ~ binary problem
вариационная ~ variational problem

проблема *(continued)*
   диофантова ~ Diophantine problem
   классическая ~ classical problem
   критическая ~ critical problem
   локальная ~ local problem
   массовая ~ mass problem
   мультипликативная ~ multiplicative problem
   ненасыщенная ~ (*перевозок*) unsaturated problem
   неоднородная ~ inhomogeneous problem
   неопределённая ~ (*моментов*) indeterminate problem
   неразрешимая ~ unsolvable problem
   нерешённая ~ unsolved problem
   облегчённая ~ (*Варинга*) easier problem
   обобщённая ~ generalized problem
   общая ~ general problem
   однородная ~ homogeneous problem
   определённая ~ (*моментов*) determined problem
   ослабленная ~ (*Бернсайда*) restricted problem
   открытая ~ open problem
   рекурсивно неразрешимая ~ recursively unsolvable problem
   тривиальная ~ trivial problem
   тригонометрическая ~ trigonometric problem
   эквивалентная ~ equivalent problem
проверка check; verification; testing; test
   ~ вычислений computing test
   ~ гипотез hypothesis testing
   ~ итераций run test
   ~ на чётность parity check
   ~ независимости test of independence
   ~ предпочтения preference testing
   ~ симметрии test of symmetry; test for symmetry
   ~ справедливости validity check
   ~ статистических гипотез методами приближения large-sample theory
   ~ тренда test of trend
   ~ утверждения verification of a statement
   аналитическая ~ analytic(al) verification
   выборочная ~ sampling inspection
   непосредственная ~ direct verification
проверяемый verifiable
проверять verify; check
   ~ непрерывность check continuity
   ~ равенство verify an equation
   ~ свойство verify a property
   ~ условие verify a condition
проводить draw; perform
   ~ доказательство по индукции reason by induction
   ~ прямую draw a straight line
прогноз prediction; prognosis
   наилучший ~ best predictor, optimum predictor
   нелинейный ~ non(-)linear prediction
   оптимальный ~ best predictor, optimum predictor
прогнозирование prediction, prognosis
   ~ случайных процессов prediction of random processes, extrapolation of Gaussian processes
программа program
   ~ по математике syllabus in mathematics
   ~ действий action program
   ~ машины Тьюринга programme for a Turing machine; two-way potentially infinite tape
   ~ управления control program
   базисная ~ basic program
   двойственная ~ dual program
   диагностическая ~ diagnostic program

игровая ~ game program
оптимальная ~ optimal program, optimum program
отдельная ~ individual program
текущая ~ current program
Эрлангенская ~ Erlanger program
программирование programming; optimization
   ~ нуля или единицы zero-one programming
   автоматическое ~ automatic programming, automated programming
   булево ~ Boolean programming
   выпуклое ~ convex programming, convex optimization
   гиперболическое ~ hyperbolic programming
   двухшаговое ~ two-stage programming
   детерминированное ~ deterministic optimization
   динамическое ~ dynamic programming, dynamic optimization
   дискретное ~ integer programming, integer optimization, discrete programming, discrete optimization
   квадратичное ~ quadratic programming
   комбинаторное ~ combinatorial programming
   линейное ~ linear programming, linear optimization
   марковское ~ Markov('s) programming
   математическое ~ mathematical programming, mathematical optimization
   многоступенчатое ~ multi(-)stage programming
   нелинейное ~ non(-)linear programming, non(-)linear optimization
   оптимальное ~ optimum programming, optimal programming
   параллельное ~ parallel programming
   параметрическое ~ parametric programming
   прикладное ~ applied programming
   системное ~ system(s) programming
   сложное ~ complex programming, complex optimization
   стохастическое ~ stochastic programming, stochastic optimization
   целочисленное ~ integer programming, integer optimization, discrete programming, discrete optimization
   эвристическое ~ heuristic programming
программировать program
прогрессивный progressive
прогрессия progression
   арифметическая ~ arithmetic(al) progression, arithmetic(al) series, arithmetic(al) sequence
   возрастающая ~ increasing progression, increasing sequence
   геометрическая ~ geometric(al) progression, geometric(al) series, geometric(al) sequence
   конечная ~ finite progression
   убывающая ~ decreasing progression, decreasing series
про-p-группа pro-p-group
продолжаемость extendability, extendibility, continuability
   ~ решений extendability of solutions
продолжаемый continuable; extendable; extendible
   аналитически ~ analytically continuable
продолжать continue; produce; extend; prolong
   ~ аналитически continue analytically
   ~ группу extend a group
   ~ непрерывно continue by continuity
   ~ отображение extend a map(ping)

продолжать (continued)
   ~ по непрерывности continue by continuity
   ~ решение prolong a solution
   ~ сторону треугольника produce a side of a triangle, extend a side of a triangle
   ~ функционал extend a functional

продолжение continuation; extension; prolongation
   ~ G-структуры prolongation of a G-structure
   ~ вероятности extension of probability
   ~ гомотопии homotopy extension
   ~ изотопии isotopy extension
   ~ меры extension of a measure
   ~ нормирования extension of valuation
   ~ отображения extension of a map(ping)
   ~ пространства extension of a space
   ~ процесса continuation of a process
   ~ решения extension of a solution
   ~ функции extension of a function
   аналитическое ~ analytic(al) continuation, analytic(al) prolongation
   выпуклое ~ convex extension
   замкнутое ~ closed extension
   изоморфное ~ isomorphic refinement
   косвенное аналитическое ~ indirect analytic(al) continuation
   линейное ~ linear extension
   мероморфное ~ meromorphic continuation
   непосредственное аналитическое ~ direct analytic(al) continuation
   регулярное ~ regular continuation

продолженный extended
продуктивный productive
проективность projectivity
проективный projective
проектирование projection; lattice isomorphism, L-isomorphism
   параллельное ~ parallel projection

проектировать project
   ~ множество project a set
проектор projector
   конечный ~ finite projector
проекция projection; view
   ~ кривой projection of a curve
   ~ меры projection of a measure
   ~ на ось projection on an axis
   ~ произведения projection of a product
   ~ пространства projection of a space
   ~ расслоения projection map(ping) of a fiber bundle, fiber projection
   ~ с числовыми отметками projection with heights, projection with elevations
   ~ точки projection of a point
   ~ фигуры projection of a figure
   азимутальная ~ azimuthal projection
   боковая ~ side projection
   вертикальная ~ elevation
   геодезическая ~ orthodromic projection, gnomonic projection
   горизонтальная ~ horizontal projection
   дуальная ~ dual projection
   естественная ~ natural projection, canonical projection
   кабинетная ~ cabinet projection
   каноническая ~ natural projection, canonical projection
   картографическая ~ cartographic projection, map(ping) projection
   коническая ~ conic projection, central projection
   конформная ~ conformal projection, angle-preserving projection, equi(-)angular projection
   косая ~ skew projection
   метрическая ~ metric projection
   наилучшая ~ best possible projection
   наклонная ~ oblique projection

ортогональная ~ orthogonal projection
ортографическая ~ orthographic projection, orthographic view
ортодромическая ~ orthodromic projection, gnomonic projection
параллельная ~ parallel projection, cylindrical projection
поликоническая ~ polyconic projection, polyhedral projection
предсказуемая ~ predictable projection
профильная ~ cross projection
прямоугольная ~ orthogonal projection
псевдоцилиндрическая ~ pseudo(-)cylindrical projection
равновеликая ~ equal-area projection
равнопромежуточная ~ equal-space projection, equidistant projection
равноугольная ~ conformal projection, angle-preserving projection, equi(-)angular projection
радиальная ~ radial projection
синусоидальная ~ sinusoidal projection
стандартная ~ standard projection
стереографическая ~ stereographic projection
фронтальная ~ frontal projection
центральная ~ conic projection, central projection
цилиндрическая ~ parallel projection, cylindrical projection
эквивалентная ~ equal-area projection
эквидистантная ~ equal-space projection, equidistant projection
проецирование projection
произведение product
~ алгебр product algebra, product of algebras
~ вектора на скаляр scalar multiple
~ векторов product of vectors
~ групп product of groups
~ идеалов product ideal
~ категорий product of categories, product category
~ колец product of rings
~ Колмогорова-Александера cup product, cup product operation
~ коммутаторов product of commutators
~ комплексов product complex
~ матриц product of matrices, product matrix
~ мер product measure
~ многообразий product of manifolds; product variety
~ многочленов product of polynomials
~ множеств product of sets, product set
~ модулей product of modules
~ операторов product of operators
~ отношений relational product
~ отображений product of map(ping)s
~ торезков product of intervals
~ петель loop product
~ представлений product of representations
~ преобразований product of transformations, composition of transformations
~ пространств product of spaces, product space
~ путей product of paths, product path
~ равномерных структур product uniformity
~ распределений product of distributions
~ расслоений product of fiber bundles
~ расширений product of extensions
~ решёток product of lattices
~ сомножителей product of factors
~ соответствий product of correspondences, composite of correspondences

произведение *(continued)*
- ~ **спектров** smash product of spectra
- ~ **сфер** product of spheres
- ~ **тензоров** product of tensors
- ~ **точек** product of points
- ~ **циклов** product of cycles
- ~ **чисел** product of numbers
- ~ **узлов** product of knots
- ~ **форм** product of forms
- ~ **элементов** product of elements
- **U-** ~ cup product, cup product operation
- **N-** ~ N-product
- **адамаровское** ~ Hadamard('s) product
- **альтернированное** ~ alternating product
- **амальгамированное** ~ amalgamated product
- **бесконечное** ~ infinite product
- **булево** ~ Boolean product
- **векторное** ~ vector product, cross product
- **веночное** ~ wreath product
- **вербальное** ~ verbal product
- **внешнее** ~ outer product, external product, exterior product, alternating product
- **внутреннее** ~ inner product, scalar product, dot product, internal product, interior product
- **гомологическое** ~ homology product
- **двойное** ~ double product
- **декартово** ~ Cartesian product; direct product, cardinal product
- **естественное** ~ natural product
- **естественное скалярное** ~ standard inner product
- **индуктивное** ~ inductive product
- **каноническое** ~ (*Вейерштрасса*) canonical product
- **косое** ~ twisted product; skew product
- **кососимметрическое** ~ skew(-)symmetric(al) product
- **кронекерово** ~ Kronecker('s) product
- **кронекерово** ~ **матриц** tensor product of matrices
- **левое** ~ left product
- **лексикографическое** ~ lexicographic product
- **логическое** ~ logic(al) product
- **матричное** ~ product of matrices
- **минимизирующее** ~ minimizing product
- **мультипликативное** ~ multiplicative product
- **натуральное** ~ natural product
- **нильпотентное** ~ nilpotent product
- **ограниченное** ~ restricted product
- **ординальное** ~ ordinal product
- **подпрямое** ~ sub(-)direct product
- **положительно определённое** ~ positive definite product
- **полувнутреннее** ~ semi(-)inner product
- **полупрямое** ~ semi(-)direct product
- **полускалярное** ~ semi(-)scalar product
- **понтрягинское** ~ Pontryagin('s) product
- **правое** ~ right product
- **проективное** ~ projective product
- **прямое** ~ Cartesian product, direct product, cardinal product
- **псевдоскалярное** ~ twisted product; skew product
- **равномерно сходящееся** ~ uniformly convergent product
- **расслоенное** ~ fiber(ed) product
- **расходящееся (бесконечное)** ~ divergent product
- **регулярное** ~ regular product
- **риманово** ~ Riemannian product
- **свободное** ~ free product
- **скалярное** ~ inner product, scalar product, dot product, internal product, interior product
- **скобочное** ~ Lie('s) product
- **скрещенное** ~ crossed product

 слабое ~ weak product
 смешанное ~ scalar triple product
 сходящееся ~ convergent product
 тензорное ~ tensor product
 тихоновское ~ topological product
 топологическое ~ topological product
 тривиальное ~ trivial product
 тройное ~ triple product
 узловое ~ wreath product
 упорядоченное ~ ordered product
 фильтрованное ~ filtered product
 формальное ~ formal product
 центральное ~ central product
 частичное ~ partial product
 эйлерово ~ Euler('s) product
 эрмитово ~ Hermitian product
 ядро- ~ product kernel
 ящичное ~ box product

производить perform
 ~ вычисления perform calculations
 ~ подстановку make a substitution

производная derivative, derivative function, derived function; differential quotient
 ~ n-го порядка derivative of order n, n^{th} derivative
 ~ в направлении h derivative in the direction h
 ~ группы commutator group
 ~ отображения derivative of a map(ping)
 ~ по времени time derivative
 ~ по касательной tangential derivative
 ~ по направлению derivative in a direction, directional derivative
 ~ более высокого порядка higher(-order) derivative
 ~ наивысшего порядка highest derivative
 ~ поля derivative of a field
 ~ Римана Schwarzian derivative
 ~ слева derivative on the left, left(-hand) derivative
 ~ справа derivative on the right, right(-hand) derivative
 ~ функции derivative of a function
 ~ Шварца Schwarzian derivative
 n-ая ~ derivative of order n, n^{th} derivative
 алгебраическая ~ algebraic(al) derivative
 аппроксимативная ~ approximate derivative
 бесконечная ~ infinite derivative
 вариационная ~ variation(al) derivative
 векторная ~ vector derivative
 верхняя ~ upper derivative
 внешняя ~ exterior derivative
 внутренняя ~ interior derivative
 вторая симметрическая ~ Schwarzian derivative
 дробная ~ fractional derivative
 инвариантная ~ invariant derivative
 ковариантная ~ covariant derivative
 конечная ~ finite derivative
 косая ~ oblique derivative
 левая ~ derivative on the left, left(-hand) derivative
 логарифмическая ~ logarithmic derivation
 наклонная ~ oblique derivative
 непрерывная ~ continuous derivative
 нижняя ~ lower derivative
 нормальная ~ normal derivative
 обобщённая ~ general(ized) derivative, distribution derivative
 ограниченная ~ bounded derivative
 односторонняя ~ one-sided derivative, unilateral derivative
 поверхностная ~ areal derivative, areolar derivative
 полная ~ total derivative
 последовательные ~ые successive derivatives
 равная нулю ~ zero derivative
 разрывная ~ discontinuous derivative

производная *(continued)*
   сильная ~ strong derivative
   симметрическая ~ symmetric(al) derivative
   слабая ~ weak derivative
   смешанная ~ mixed derivative
   средняя ~ mean derivative
   старшая ~ highest derivative
   суммируемая ~ summable derivative
   сферическая ~ spherical derivative
   тангенциальная ~ tangential derivative
   тензорная ~ tensor derivative
   угловая ~ angular derivative
   формальная ~ formal derivative
   функциональная ~ functional derivative
   центральная ~ central derivative
   частная ~ partial derivative
производство production
   эффективное ~ efficient production
производящий generating
произвол arbitrariness
произвольно arbitrarily
произвольность arbitrariness
произвольный arbitrary
происходить occur
прокалывать puncture
прокол puncture
промежуток interval; run; gap
   ~ интегрирования interval of integration
   бесконечный ~ infinite interval
   выборочный ~ sample interval, sample range
   замкнутый ~ closed interval
   многомерный ~ multidimensional interval
   полуоткрытый ~ half-open interval, half-closed interval
   числовой ~ number interval
промежуточный intermediate
прообраз pre(-)image, counter(-)image, inverse image, prototype
   ~ множества inverse-image set
   ~ точки pre(-)image of a point
   полный ~ full inverse image

пропозициональный propositional, sentential
пропорциональность proportionality
   обратная ~ inverse proportionality
   прямая ~ direct proportionality
пропорциональн‖ый proportional
   обратно ~ inversely proportional
   прямо ~ directly proportional
   среднее ~ое mean proportional
   четвёртый ~ fourth proportional; fourth term of a proportion
пропорция proportion
   арифметическая ~ arithmetic(al) proportion
   производная ~ derived proportion
   разностная ~ arithmetic(al) proportion
   составная ~ compound derivative
пропуск gap
пропускать omit
просеивание sifting, sift-out
просеивать sift
просмотр scan, scanning
   ~ функций scanning functions
просто simply
простое число prime number
   ~ -близнец twin prime
   гауссово ~ Gaussian prime number
   инертное ~ inertial prime number
   иррегулярное ~ irregular prime number
   почти ~ almost prime number
   регулярное ~ regular prime number
простой simple; prime
   0- ~ zero-simple
   взаимно ~ relatively prime, co(-)prime
простот‖а simplicity; primeness
   ◊ для ~ы for simplicity
   взаимная ~ co(-)primeness
пространственный spatial; solid
пространств‖о space, abstract space
   ~ ℓ_p space ℓ_p
   ~ L-гармонических функций L-harmonic space

- ~ аффинной связности   space with affine connection, affine(ly) connected space
- ~ близости   proximity space
- ~ а в двойственности   spaces in duality
- ~ вложения   embedding space
- ~ -время   space-time
- ~ геодезических   space of geodesics
- ~ Грассмана   Grassmannian space
- ~ додекаэдра   dodecahedral space
- ~ , допускающее задание равномерности   uniformizable topological space
- ~ , замкнутое по Урысону   Urysohn-closed space
- ~ игр   space of games
- ~ идеалов   space of ideals
- ~ испытаний   test space
- ~ Канторовича   K-space, KB-space
- ~ Канторовича-Банаха   K-space, KB-space
- ~ кватернионов   space of quaternions
- ~ когомологии   cohomology space
- ~ Колмогорова   Kolmogorov('s) space, T₀-space
- ~ ко-Мура   co-Moore space
- ~ компактного типа   space of compact type
- ~ коэффициентов   space of coefficients
- ~ кривых   space of curves
- ~ левых смежных классов   space of left cosets, left quotient space
- ~ Лобачевского   hyperbolic space, Lobachevski(') space
- ~ , локально совпадающее с конформно-евклидовым пространством   conformally flat space
- ~ матриц   space of matrices
- ~ Минковского   Minkowski('s) world
- ~ многочленов   space of polynomials
- ~ модулей   moduli space
- ~ модулей структур Ходжа   modular space
- ~ некомпактного типа   space of non(-)compact type
- ~ обобщённых функций   distribution space
- ~ образов   space of images
- ~ ограниченной кривизны   space with bounded curvature
- ~ операторов   space of operators
- ~ орбит   orbit space
- ~ отображений   space of map(ping)s
- ~ отрицательной кривизны   space of negative curvature
- ~ пар   space of pairs
- ~ петель   space of loops
- ~ полей   space of fields
- ~ , полное по Чеху   space complete in the sense of Čech
- ~ последовательностей   space of sequences
- ~ постоянной кривизны   space of constant curvature, manifold of constant curvature
- ~ правых смежных классов   space of right cosets, right quotient space
- ~ представления   space of a representation
- ~ преобразований   space of transformations
- ~ -произведение   product space
- ~ путей   path space
- ~ распределений   distribution space
- ~ расслоения   total space
- ~ решений   solution space, decision space
- ~ с весом   weight space
- ~ с измельчающейся последовательностью покрытий   developable space
- ~ с индефинитной метрикой   space with indefinite metric, G-space
- ~ с мерой   measure space

пространств∥о *(continued)*
- ~ **с отмеченной точкой** space with a base point, base-point space
- ~ **с сетью** space with a network
- ~ **, связное в размерности** *n* space connected in dimension *n*
- ~ **со второй аксиомой счётности** second-countable space, perfectly separable space
- ~ **со скалярным произведением** inner product space
- ~ **со сходимостью** convergence space
- ~ **со счётной базой** space with a countable base
- ~ **состояний** space of states
- ~ **состояний цепи Маркова** time-parameter space
- ~ **Стоуна** Stonean space
- ~ **, стягиваемое в точку** space smashing to a point
- ~ **типа (DF)** (DF)-space
- ~ **типа I** space of type I
- ~ **типа DF** DF-space
- ~ **типа DFS** DFS space
- ~ **типа FS** FS space
- ~ **топологической группы** space of a topological group
- ~ **траекторий** trajectory space
- ~ **, удовлетворяющее первой аксиоме счётности** first countable space
- ~ **ультрафильтров** space of ultra(-)filters
- ~ **управлений** action space
- ~ **Урысона** T_{2a}-space
- ~ **форм** space of forms
- ~ **функций** space of functions
- ~ **функционалов** space of functionals
- ~ **характеров** character space
- ~ **Шварца** (S)-space
- ~ **Штейна** Stein('s) space, holomorphically complete space
- ~ **элементарных событий** space of elementary events, sample space

B-полное ~ B-complete space
E-пространство ~ E-space
F- ~ F-space
G- ~ space with indefinite metric, G-space
H- ~ H-space
H-замкнутое ~ H-closed space, absolutely closed space
J- ~ J-space
K- ~ K-space
KB- ~ KB-space
L$_p$- ~ L_p-space
ℓ_2- ~ ℓ_2-space
L^2- ~ space L^2
n-**классифицирующее** ~ *n*-classifying space
n-**мерное** ~ *n*-dimensional space
n-**простое** ~ *n*-simple space
n- ~ *n*-space
n-**связное** ~ *n*-connected space, (locally) omega-connected space
π-**нормальное** ~ quasi(-)normal space
q-полное ~ q-complete space
q-псевдовогнутое ~ q-pseudo(-)concave space
q-псевдовыпуклое ~ q-pseudo(-)convex space
Q- ~ Q-space
R-замкнутое ~ R-closed space
S- ~ S-space
σ- ~ sigma-space
T- ~ T-space
T$_0$- ~ T_0-space, Kolmogorov('s) space
T$_1$- ~ T_1-space
T$_2$- ~ T_2-space, Hausdorff('s) space
T$_3$- ~ T_3-space, regular space
T$_{3½}$- ~ $T_{3½}$-space
T$_4$- ~ T_4-space
абсолютно замкнутое ~ absolutely closed space, H-closed space
аддитивное ~ additive space
алгебраическое ~ algebraic(al) space
аналитическое ~ analytic(al) space

антидискретное ~ accrete space
арифметическое ~ Cartesian space, coordinate space, arithmetic(al) space
архимедово ~ Archimedian space
ассоциированное ~ associated space
асферичное ~ aspherical space
атомическое ~ atomic space
аффинное ~ affine space
аффиноидное ~ affinoid space
B- ~ Banach('s) space, B-space
банахово ~ Banach('s) space, B-space
бесконечное ~ infinite space
бесконечномерное ~ infinite-dimensional space, space of infinite dimension
биаксиальное ~ bi(-)axial space
бивекторное ~ bi(-)vector space
бикомпактное ~ bi(-)compact space
бипланарное ~ bi(-)planar space
бисвязное ~ bi(-)connected space
бозонное ~ symmetric(al) space
борелевское ~ Borel('s) space
борнологическое ~ bornological space
бочечное ~ barrelled space
булево ~ Boolean space
векторное ~ vector space, linear space
вероятностное ~ probability space
весовое ~ weight space
вещественно полное ~ real complete space
вещественное ~ real space
вложенное ~ embedded space
вмещающее ~ underlying space, ambient space
вогнутое ~ concave space
вполне несвязное ~ totally disconnected space
вполне несовершенное ~ totally non(-)perfect space
вполне нормальное ~ completely normal space, fully normal space
вполне ограниченное ~ totally bounded space
вполне регулярное ~ completely regular space
второе сопряжённое ~ second adjoint space, second dual space
выборочное ~ sample space, space of elementary events
выпуклое ~ convex space
гармоническое ~ harmonic space
гауссово ~ Gaussian space
геодезическое ~ geodesic space
гёльдерово ~ Hölder('s) space
гильбертово ~ Hilbert('s) space, Hilbertian space
гиперболическое ~ hyperbolic space
гиперполное ~ hyper(-)complete space
главное ~ principal space
гладкое ~ smooth space
глобально симметрическое ~ globally symmetric(al) space
гнездовое ~ nested space
голоморфно полное ~ holomorphically complete space
гомеоморфные ~ a homeomorphic spaces, topologically equivalent spaces
гомотопически простое ~ homotopy-simple space
гомотопически эквивалентное ~ homotopy-equivalent space, homotopically equivalent space
горизонтальное ~ horizontal space
групповое ~ group space
дверное ~ door space
двойственное ~ (first) adjoint of a space, dual space
двумерное проективное ~ projective plane
дезаргово ~ Desarguesian space
действительное ~ real space
дефектное ~ defect space
деформируемое ~ deformable space

пространство *(continued)*
- дискретное ~ discrete space
- диффеоморфные ~ a diffeomorphic spaces
- дополнительное ~ complementary space
- достижимое ~ T_1-space
- дуально метрическое ~ (DF)-space
- дуально ядерное ~ dual of a nuclear space
- дуальное ~ dual space
- евклидово ~ Euclidean space
- естественно редуктивное ~ naturally reductive space
- жёсткое ~ rigid space
- жорданово-связное ~ arcwise connected space
- замкнутое ~ closed space
- идеальное ~ ideal space
- измеримое ~ measurable space
- (изометрически) изоморфные ~ isomorphic spaces
- изометрическое ~ isometric space
- изометричные ~ a isometric spaces
- изотропное ~ isotropic space
- интерполяционное ~ interpolation space
- инфрабочечное ~ infra(-)barrelled space
- исходное ~ original space
- канонически изоморфные ~ a canonically isomorphic spaces
- касательное ~ tangent(ial) space
- квазидуальное ~ quasi(-)dual space
- квазикомпактное ~ quasi(-)compact space
- квазиметрическое ~ quasi(-)metric space
- квазинормальное ~ quasi(-)normal space
- квазинормированное ~ quasi(-)normed space
- квазиполное ~ quasi(-)complete space
- квазирефлективное ~ quasi(-)reflexive space
- квазиэллиптическое ~ quasi(-)elliptic(al) space
- кватернионное ~ quaternion(ic) space
- классифицирующее ~ classifying space
- классическое ~ classical space
- клеточное ~ cellular space
- когерентное ~ coherent space
- кокасательное ~ co(-)tangent space
- коллективно нормальное ~ collectionwise normal space
- колмогоровское ~ T_0-space
- компактифицированное ~ compactified space
- компактно евклидово ~ unitary space
- компактно порождённое ~ compactly generated space
- компактное ~ compact space
- комплексно эвклидово ~ complex Euclidean space, unitary space
- комплексное (аналитическое) ~ complex space
- конечно триангулярное ~ finitely triangulable space
- конечное ~ finite space
- конечномерное ~ finite-dimensional space
- конфигурационное ~ configuration space
- конформно-евклидово ~ comformally Euclidean space
- конформное ~ conformal space
- координатное ~ coordinate space, arithmetic(al) space, Cartesian space
- кэлерово ~ Kählerian space
- лакунарное ~ lacunary space
- лебегово ~ Lebesgue('s) space
- левое ~ left linear space
- линейно связное ~ linearly connected space, path-connected space, simply connected space

локально *n*-связное ~ locally *n*-connected space
локально связное ~ locally connected space
линейное ~ linear space, vector space
линзовое ~ lens space
логарифмическое ~ logarithmic space
локально выпуклое ~ locally convex space
локально евклидово ~ locally Euclidean space; topological manifold
локально компактное ~ locally compact space
локально линейно связное ~ locally path-connected space
локально однородное ~ locally homogeneous space
локально окольцованное ~ local-ringed space
локально сепарабельное ~ locally separable space
локально симметрическое ~ locally symmetric(al) space
локально стягиваемое ~ locally contractible space
локально топологическое ~ locally topological space
максимальное ~ maximal space
метакомпактное ~ meta(-)compact space
метризуемое ~ metrizable space
метрическое ~ metric space
многомерное ~ multidimensional space
модулярное ~ modular space
монтелевское ~ Montel('s) space, (M)-space
моровское ~ Moore('s) space
накрывающее ~ covering space
наследственно нормальное ~ hereditarily normal space
неатомическое ~ non(-)atomic space, continuous space
недискретное ~ non(-)discrete space
неевклидово ~ non-Euclidean space
некоммутативное ~ non(-)commutative space
некомпактное ~ non(-)compact space
неметризуемое ~ non(-)metrizable space
ненормальное ~ non(-)normal space
неособое ~ non(-)singular space
непаракомпактное ~ non(-)paracompact space
неполное ~ non(-)complete space
непрерывное ~ continuous space, non(-)atomic space
неприводимое ~ irreducible space
нерефлексивное ~ non(-)reflexive space
несвязное ~ disconnected space
несепарабельное ~ non(-)separable space
несовершенное ~ non(-)perfect space
несущее ~ carrier space
несчётное ~ uncountable space
нётерово ~ Noetherian space
нечётномерное ~ odd-dimensional space
нигде не связное ~ totally disconnected space
нормальное ~ normal space
нормированное ~ normed space, normalized space
нормируемое ~ normable space
нулевое ~ null space
нульмерное ~ zero-dimensional space
обобщённое ~ generalized space
общее ~ general space
объемлющее ~ underlying space, ambient space
ограниченно компактное ~ boundedly compact space
ограниченное ~ bounded space
одномерное ~ one(-dimensional) space

пространство *(continued)*
  однорядное ~ homogeneous space
  односвязное ~ one-connected space
  одноточечное ~ one-point space
  окольцованное ~ ringed space
  ориентированное ~ oriented space
  ориентируемое ~ orientable space
  ортогональное ~ orthogonal space
  основное (*вероятностное*) ~ basic space
  особое ~ singular space
  отделимое ~ separated space
  открытое ~ open space
  паракомпактное ~ para(-)compact space
  параметрическое ~ parameter space
  пеановское ~ Peano('s) space
  перистое ~ feathered space
  периферически бикомпактное ~ peripherally bi(-)compact space
  плоское ~ flat space
  полное ~ complete space
  положительно определённое ~ positive-definite space
  полуметрическое ~ semi(-)metric space
  полунормированное ~ semi(-)normed space
  полуравномерное ~ semi(-)uniform space
  полурефлексивное ~ semi(-)reflexive space
  полуупорядоченное ~ semi(-)ordered space
  польское ~ Polish space
  полярное ~ polar space
  порождающее ~ generating space
  порождённое ~ generated space
  правое ~ right space
  предгильбертово ~ pre-Hilbert space
  предельное ~ limit space
  предкомпактное ~ pre(-)compact space
  предоднородное (*векторное*) ~ pre(-)homogeneous space
  приведённое ~ reduced space
  приводимое ~ reducible space
  проективно плоское ~ projectively flat space
  проективное ~ projective space, elliptic(al) space
  проективное слева ~ left projective space
  проективное справа ~ right projective space
  промежуточное ~ mean space, intermediate space
  прямое ~ straight space
  псевдоевклидово ~ pseudo-Euclidean space
  псевдокомпактное ~ pseudo(-)compact space
  псевдометрическое ~ pseudo(-)metric space
  псевдориманово ~ pseudo-Riemannian space
  пунктированное ~ pointed space
  равномерно выпуклое ~ uniformly convex space
  равномерно гладкое ~ uniformly smooth space
  равномерно (*локально*) компактное ~ uniformly compact space
  равномерно эквивалентное ~ uniformly equivalent space
  равномерное ~ uniform space
  расслоенное ~ fiber space, fiber bundle, bundle
  расширенное ~ extended space
  рациональное ~ rational space
  реальное ~ real space
  регулярное ~ T_3-space
  редуктивное ~ reductive space
  рефлексивное ~ reflexive space
  риманово ~ Riemannian space
  самосопряжённое ~ self(-)adjoint space, self(-)dual space
  связное ~ connected space

секвенциально полное ~ sequentially complete space
секвенциальное ~ sequential space
сепарабельное ~ separable space
сигма- ~ sigma-space
сигма-компактное ~ sigma-compact space
сильно паракомпактное ~ strongly para(-)compact space
сильное сопряжённое ~ strong dual
симметризуемое ~ symmetrizable space
симметрическое ~ symmetric(al) space
симметричное ~ symmetric(al) space
симплектическое ~ symplectic space
симплициальное ~ simplicial space
слабо n-мерное ~ weakly n-dimensional space
слабо полное ~ weakly compact space
слабо секвенциально полное ~ weakly sequentially complete space
слабо симметрическое ~ weakly symmetric(al) space
случайное ~ random space
соабсолютное ~ co(-)absolute space
соболевское ~ Sobolev('s) space
совершенно нормальное ~ perfectly normal space
совершенное ~ perfect space
сопряжённое ~ conjugate space, adjoint space, (first) adjoint of a space, conjugate of a space
специальное ~ special space
стандартно вложенное ~ standardly embedded space
стандартное ~ standard space
стоуновское ~ Stonean space
строго выпуклое ~ strictly convex space
строго нормированное ~ strictly normalized space
структурное ~ structure space
стягиваемое ~ contractible space
субметризуемое ~ sub(-)metrizable space
субпроективное ~ sub(-)projective space
суперкомпактное ~ super(-)compact space
суслинское ~ Souslin('s) space
сферическое ~ spherical space
сходимостное ~ limes space
счётное ~ countable space, denumerable space
счётное гильбертово ~ countably Hilbertian space
счётнокомпактное ~ countably compact space
счётномерное ~ space of countable dimension
счётнонормированное ~ countably normed space
счётнопаракомпактное ~ countably paracompact space
тензорное ~ tensor space
тихоновское ~ Ti(k)honov('s) space
топологически полное ~ topologically complete space
топологически эквивалентные ~ a homeomorphic spaces, topologically equivalent spaces
топологическое ~ topological space
топологическое ~ X, наделённое C^r-структурой X-manifold of class C^r
точечное ~ point space
триангулируемое ~ triangulable space
тривиальное расслоенное ~ simple bundle
ультраборнологическое ~ ultra(-)bornological space
ультрабочечное ~ ultra(-)barrelled space

пространств‖о *(continued)*
  ультраметрическое ~ ultra(-)metric space
  универсальное ~ universal space
  универсальное расслоенное ~ universal (fiber) bundle
  уникогерентное ~ unicoherent space
  унитарное ~ unitary space, complex Euclidean space
  упорядоченное ~ ordered space
  устойчивое ~ stable space
  фазовое ~ phase space
  фальшивое ~ false space
  финально компактное ~ finally compact space
  финслерово ~ Finsler('s) space
  флаговое ~ flag space
  фоковское ~ Fock('s) space
  функционально замкнутое ~ Q-space, functionally closed space, l-complete space
  функционально сепарабельное ~ functionally separable space
  функциональное ~ functional space
  хаусдорфово ~ Hausdorff('s) space, T_2-space
  хорошее ~ nice space
  центроаффинное ~ centro(-)affine space
  частично упорядоченное ~ partially ordered space
  чётномерное ~ even-dimensional space, even-measured space
  числовое ~ Cartesian space, coordinate space, arithmetic(al) space
  штейново ~ holomorphically complete space, Stein('s) space
  эквивалентное ~ equivalent space
  эквиморфное ~ equimorphic space
  экстремально несвязное ~ extremally disconnected space
  эллиптическое ~ elliptic(al) space, projective space
  эрмитово ~ Hermitian space
  эрмитово векторное ~ unitary space, complex Euclidean space
  ядерное ~ nuclear space

против- counter-; contra-; anti-
  ◊ ~ **часовой стрелки** anti(-)clockwise, counter(-)clockwise, in counter(-)clockwise order

противолежащий opposite
противоположно oppositely
противоположный opposite
  диаметрально ~ antipodal
противоречивость inconsistency; incompatibility
противоречивый inconsistent; incompatible
противоречие contradiction
протокол protocol
прототип prototype
  ~ **модели** prototype model
протяжённость (*функции*) content function
профиль profile; elevation
  параллельный ~ parallel profile
  пропорциональный ~ proportional profile
проход under(-)pass
проходить pass
  ~ **через точку** pass through a point
проходящий через ту же точку concurrent
процедура procedure
  ~ **контроля** sampling procedure
  ~ **минимизации** minimization procedure
  ~ **отбора** sampling procedure
  ~ **отождествления** identification procedure
  ~ **поиска** search procedure
  ~ **последовательного принятия решений** sequential decision procedure
  ~ **построения** procedure for construction
  ~ **статистического решения** statistical decision procedure, statistical testing procedure

~ **стохастической аппроксимации** stochastic approximation procedure
~ **упрощений** procedure for simplification
вычислительная ~ computational procedure
допустимая ~ admissible procedure
инвариантная ~ invariant procedure
индуктивная ~ inductive procedure
исполнительная ~ transductor
корректная ~ correct procedure
минимаксная ~ minimax procedure
однократная ~ simple procedure
рандомизированная ~ randomized procedure
решающая ~ decision procedure, decision function
семантическая ~ transductor
стандартная ~ standard procedure
эквивариантная ~ equivariant procedure

процедурный procedural
процентиль percentile
процесс process; procedure
   ◊ ~ **заканчивается** process terminates
   ~ **без последствий** Markovian process, Markov('s) process
   ~ **броуновского движения** Brownian(-motion) process
   ~ **в узком смысле слова** process in the strict sense, process in the narrow sense
   ~ **в широком смысле слова** process in the wide(r) sense
   ~ **восстановления** renewal process
   ~ (*восстановления*) **с запаздыванием** delayed process
   ~ **гибели** death process
   ~ **гибели и размножения** birth-and-death process
   ~ **декодирования** decoding procedure
   ~ **деформации** deformation process
   ~ **диагонализации** diagonalization procedure
   ~ **диффузии** diffusion process
   ~ **диффузионного типа** diffusion-type process
   ~ **интегрирования** integration process
   ~ **итерации** iteration process
   ~ **Кантора** Cantor('s) process
   ~ **минимизации** minimization process
   ~ **обслуживания** queueing process
   ~ **ортогонализации** orthogonalization (process)
   ~ **построения** construction process
   ~ **приведения** reduction process
   ~ **программирования** programming process
   ~ **размножения** birth process
   ~ **регенерации** regeneration process
   ~ **решения** decision process
   ~ **рождения и гибели** birth-and-death process
   ~ **роста** growth process
   ~ **с дискретным временем** process with discrete time, discrete-time process
   ~ **с диффузией (частиц)** diffusion process
   ~ **с зависимостью от возраста** age-dependent process
   ~ **с иммиграцией** process with immigration
   ~ **с конечным типом частиц** multi(-)type process
   ~ **с конечным числом типов частиц** process with a finite set of types
   ~ **с многомерным временем** process with multi(-)dimensional time parameter
   ~ **с многомерным параметром** process with multi(-)dimensional parameter

процесс *(continued)*
- ~ **с независимыми приращениями** process with independent increments
- ~ **с некоррелированными приращениями** process with uncorrelated increments
- ~ **с непрерывным временем** process with continuous time, continuous-time process
- ~ **с однородными приращениями** process with homogeneous increments
- ~ **с ортогональными приращениями** process with orthogonal increments
- ~ **сглаживания** smoothing process
- ~ **скользящего среднего** moving-average process
- ~ **со случайной средой** random environment process
- ~ **со стационарными приращениями** process with stationary increments
- ~ **статистического решения** statistical decision process
- ~ **усреднения** averaging process
- ~ **чистого размножения** pure birth process
- ~ **чистой гибели** pure death process
- ~ **эпидемии** epidemic process
- **σ- ~** monoidal transformation, monoidal transform, blowing-up, sigma-process
- **авторегрессивный ~** auto(-)regressive process
- **аддитивный ~** additive process
- **адиабатический ~** adiabatic process
- **альтернирующий ~** alternating process
- **аппроксимационный ~** approximation process
- **АРСС- ~** mixed auto(-)regressive moving-average process, infinite process
- **векторный ~** vector(ial) process, multi(-)dimensional process
- **вероятностный ~** random process
- **ветвящийся ~** branching process
- **винеровский ~** Wiener('s) process
- **возвратный ~** recurrent process
- **вычислительный ~** computational process
- **гармонизуемый ~** harmonizable process
- **гауссовский ~** normal process, Gaussian process
- **гауссовско-марковский ~** Gauss(ian)-Markov process
- **действительный ~** real process
- **детерминированный ~** deterministic process
- **диагональный ~** diagonal process, diagonal procedure
- **дискретный ~** discrete process
- **дифференциальный ~** differential process
- **дифференцируемый ~** differentiable process
- **диффузионный ~** diffusion process
- **договорный ~** bargaining process
- **докритический ~** sub(-)critical process
- **допустимый ~** admissible process
- **изотропный ~** isotropic process
- **индуктивный ~** inductive process
- **интерполяционный ~** interpolation process
- **итеративный ~** iteration process, iterative process
- **канторов ~** Cantor('s) process
- **каскадный ~** cascade process
- **конечный ~** finite process
- **консервативный ~** conservative process
- **конструктивный ~** constructive process
- **контролируемый ~** controllable process, controlled process
- **критический ~** critical process
- **линейный ~** linear process

логистический ~ logistic process
маркированный ~ marked process
марковский ~ Markovian process, Markov('s) process
минимальный ~ minimal process
минимизирующий ~ minimizing process
многомерный ~ multi(-)dimensional process
монотонный ~ monotone process
надкритический ~ super(-)critical process
немарковский ~ non-Markov(ian) process, non-Markoffian process
неоднородный ~ non(-)homogeneous process
непрерывный ~ continuous process
нестационарный ~ non(-)stationary process
нормальный ~ normal process
обобщённый ~ generalized process
обратный ~ inverse process
обрывающийся ~ stopped process
одномерный ~ one-dimensional process
однородный во времени ~ temporally homogeneous process, stationary process
однородный процесс ~ homogeneous process
оптимальный ~ optimal process
ординарный ~ ordinary process
ортогональный ~ orthogonal process
переходный ~ transient process
периодически нестационарный ~ periodic(al) non(-)stationary process
полумарковский ~ semi-Markov process
полярный ~ polar process
прогрессивно измеримый ~ progressively measurable space
пуассоновский ~ Poisson('s) process
равновесный ~ equilibrium process
разрывный ~ discontinuous process
реальный ~ real process
регенерирующий ~ regenerative process
регулярный ~ regular process
сепарабельный ~ separable process
сингулярный ~ singular process
систематический ~ systematic process
слабо стационарный ~ weakly stationary process
сложный ~ composite process; compound process
случайный ~ random process
случайный ~ **с дискретным временем** random sequence
случайный ~ **с многомерным временем** random field
случайный ~ **с многомерным параметром** random field
смешанный авторегрессионно-скользящего среднего mixed auto(-)regressive moving-average process
согласованный ~ consistent process
сопряжённый ~ adjoint process
составной ~ compound process, composite process
спектральный ~ spectral process
стандартный ~ standard process
стационарно связные ~ **ы** stationary connected processes
стационарный ~ stationary process
стохастический ~ random process, stochastic process
строго марковский ~ process with the strong Markov property, standard Markov('s) process, strong Markov('s) process

процесс *(continued)*
  строго стационарный ~ strictly stationary process
  ступенчатый ~ step process
  сходящийся ~ convergent process
  считающий ~ counting process
  точечный ~ point process
  управляемый ~ controlled process, controllable process
  устойчивый ~ stable process
  феллеровский ~ Feller('s) process
  центрированный ~ centered process
  циклический ~ cyclic process
  эквивалентный ~ equivalent process
  эргодический ~ ergodic process

процессор processor
  диалоговый ~ dialog processor

прям ‖ ая straight line ◊ **~ AB пересекает прямую MN** a straight line AB cuts a straight line MN
  ~ Лобачевского hyperbolic line, h-line
  ~ наклона line of slope
  ~ регрессии, построенная пробит-методом probit regression line
  ~ Римана elliptic(al) line
  ~ Симсона pedal line
  ~ спуска line of slope
  ~ сходимости line of convergence, axis of convergence
  ~ центров line of centers
  ~, являющаяся образом image line
  ~ ые, проходящие через одну точку concurrent lines
  анизотропная ~ anisotropic line
  антипараллельная ~ anti(-)parallel
  аффинная ~ affine line
  базисная ~ base line
  бесконечно удалённая ~ line at infinity, improper line, ideal line
  вещественная ~ real line
  гиперболическая ~ h-line
  двойственная ~ dual line
  действительная ~ real line
  дуальная ~ dual line
  кватернионная ~ quaternion line
  коллинеарные ~ ые collinear lines
  комплексная ~ complex line
  координатная ~ coordinate axis
  компланарная ~ coplanar line
  метрическая ~ metric line
  наклонная ~ inclined line
  неподвижная ~ fixed line
  несобственная ~ ideal line, improper line
  опорная ~ supporting line, line of support
  ортогональные ~ ые orthogonal lines
  параллельная ~ parallel, parallel straight line
  паратактичные ~ ые Clifford('s) parallels
  перпендикулярные ~ ые perpendicular lines, orthogonal lines
  предельная ~ limit(ing) line
  полярная ~ polar line
  проективная ~ projective line
  равноотстоящие ~ ые Clifford('s) parallels
  расходящиеся ~ ые divergent lines
  расширенная ~ extended line
  сателлитная ~ satellite line
  скрещивающиеся ~ ые skew lines
  сопряжённая ~ conjugate line
  фундаментальная ~ fundamental line
  числовая ~ (complete) number line, number scale, real line, numerical axis, number axis; arithmetic(al) continuum
  эллиптическая ~ elliptic(al) line

прямизна directness
прямой straight; direct; primal
прямоугольник rectangle ◊
  ~ размером a на b rectangle a by b
  вписанный ~ inscribed rectangle

измеримый ~ measurable rectangle
латинский ~ Latin rectangle, semi-Latin square
прямоугольный rectangular
псевдо- pseudo-
псевдоавтоморфизм pseudo(-)automorphism
псевдобаза pseudo(-)base
псевдобазис pseudo(-)basis
псевдовектор axial vector
псевдовогнутость pseudo(-)concavity
псевдовыпуклость pseudo(-)convexity
псевдограф pseudo(-)graph
псевдогруппа pseudo(-)group
  ~ Ли Lie('s) pseudogroup
  ~ преобразований pseudogroup of transformations
  импримитивная ~ imprimitive pseudogroup
  контактная ~ contact pseudogroup
  примитивная ~ primitive pseudogroup
  транзитивная ~ transitive pseudogroup
псевдодискриминант pseudo(-)discriminant
псевдодополнение pseudo(-)complement(ation)
  ~ a относительно b pseudocomplement of a relative to b
псевдодуга pseudo(-)arc
псевдоизоморфизм pseudo(-)isomorphism
псевдоизотопия pseudo(-)isotopy
псевдоквадрат pseudo(-)square
псевдокомпактность pseudo(-)compactness
псевдомера pseudo(-)measure
псевдометрика semi(-)metric, pseudo(-)metric, pseudo(-)distance function
псевдомногообразие pseudo(-)manifold
  n-мерное ~ pseudomanifold

псевдонорма pseudo(-)norm
псевдонормирование pseudo(-)valuation
псевдообращение pseudo(-)inversion
псевдоортогональность pseudo(-)orthogonality
псевдооткрытый pseudo(-)open
псевдоотражение pseudo(-)reflection
псевдоподобный pseudo(-)similar
псевдополином pseudo(-)polynomial
псевдорасстояние pseudo(-)distance
псевдорезольвента pseudo(-)resolvent
псевдорешение pseudo(-)solution
псевдоскаляр pseudo(-)scalar
псевдоспираль pseudo(-)spiral
псевдоструктура pseudo(-)structure; pseudo(-)lattice
псевдосфера pseudo(-)sphere
псевдосферический pseudo(-)spherical
псевдосходимость pseudo(-)convergence
псевдотензор pseudo(-)tensor, tensor(ial) density
псевдоупорядочение pseudo(-)ordering
псевдофункция pseudo(-)function
псевдохарактер pseudo(-)character
псевдоэквивалентность pseudo(-)equivalence
пунктированный pointed
пунктиформный punctiform
пустой empty; vacuous; void
пустота emptiness
путеводитель guide-book
  ~ по литературе literature guide
путь path
  ~ интегрирования line of integration
  ~ на графе path in a graph
  гамильтонов ~ Hamiltonian path
  гладкий ~ differentiable path, smooth path

путь *(continued)*
   гомотопический ~ homotopy path
   гомотопный нулю ~ null-homotopic path
   замкнутый ~ closed path
   комплексный ~ complex path
   критический ~ critical path
   кусочно-гладкий ~ piecewise differentiable path
   многоугольный ~ path polygon
   накрывающий ~ covering path
   непрерывный ~ continuous path
   нулевой ~ null path
   обратный ~ inverse path; reverse path
   ориентированный ~ directed path
   постоянный ~ constant path
   простой ~ simple path, elementary path
   связанный ~ connected path
   фиксированный ~ fixed path
   элементарный ~ simple path, elementary path

пучок pencil; sheaf; bunch; (*над топологическим пространством*) sheaf space
   ~ геодезических pencil of geodesics
   ~ гиперплоскостей linear fundamental figure
   ~ групп sheaf of groups
   ~ идеалов sheaf of ideals
   ~ квадрик pencil of quadrics
   ~ колец sheaf of rings
   ~ конечного типа sheaf of finite type
   ~ кривых pencil of curves
   ~ множеств sheaf of sets
   ~ модулей sheaf of modules
   ~ окружностей pencil of circles, sheaf of circles
   ~ плоскостей pencil of planes
   ~ прямых pencil of lines
   ~ рёбер, исходящий из вершины outbundle of a point
   ~ ростков sheaf of germs
   ~ сфер sheaf of spheres; pencil of spheres
   ~ форм sheaf of forms
   ~ функций sheaf of functions
   алгебраический ~ algebraic(al) sheaf
   аналитический ~ analytic(al) sheaf
   вырожденный ~ singular pencil
   вялый ~ scattered sheaf, flabby sheaf
   гармонический ~ harmonic pencil, harmonic sheaf
   гиперболический ~ hyperbolic pencil
   гипергармонический ~ hyper(-)harmonic sheaf
   дуализирующий ~ dualizing sheaf
   инъективный ~ injective sheaf
   квазикогерентный ~ quasi(-)coherent sheaf
   когерентный ~ coherent sheaf
   конструктивный ~ constructible sheaf
   локально постоянный ~ locally constant sheaf, locally trivial sheaf
   локально свободный ~ locally free sheaf
   мягкий ~ soft sheaf
   нормальный ~ normal bundle
   обильный ~ ample sheaf
   обратимый ~ invertible sheaf
   ориентирующий ~ orientation sheaf
   параболический ~ parabolic pencil, parabolic sheaf
   перспективный ~ perspective bundle, perspective pencil
   постоянный ~ trivial sheaf, constant sheaf
   простой ~ simple sheaf
   свободный ~ free sheaf
   сизигетический ~ syzygetic pencil
   структурный ~ structure sheaf

сферический ~ spherical bundle
тонкий ~ fine sheaf
эллиптический ~ elliptic(al) sheaf
пфаффиан Pfaffian
пфаффов Pfaffian
пяти- penta-
пятигранник pentahedron
пятиугольник pentagon
   правильный ~ regular pentagon
пятиугольный pentagonal
пятнадцатиугольник quindecagon

работа work; job; operation
   ~ автомата operation of a machine
работать work
   ~ дискретно (*о машине Тьюринга*) act at discrete moments of time
рабочий working
равенство equality; equation; congruence ◊ ~ выполняется equation holds
   ~ векторов equality of vectors
   ~ минимакса minimax equality
   ~ множеств equality of sets
   ~ треугольников congruence of triangles
   алгебраическое ~ algebraic(al) equation
   асимптотическое ~ asymptotic equality
   линейное ~ linear equality
   матричное ~ matrix equation
   определяющее ~ defining equation
   рекурсивное ~ recursion equation
   строгое ~ strict equality
   точное ~ exact equation
   тривиальное ~ trivial equality

равно- equi-
равно equally
равновеликий equal in area
равновероятный equi(-)probable
равновесие equilibrium
   конкурентное ~ competitive equilibrium
   экономическое ~ economic equilibrium
равнодополняемый equi(-)complementable
равнократность equi(-)multiplicity
равнометризуемый uniformizable
равномерно uniformly
равномерность uniformity, uniform structure
   бо́льшая ~ stronger uniformity
   ме́ньшая ~ weaker uniformity
   наибольшая ~ strongest uniformity
   наименьшая ~ weakest uniformity
   универсальная ~ universal uniformity
равномерный uniform
равномощность equi(-)pollence, equal cardinality
равномощный equi(-)pollent
равноостаточный equi(-)residual
равноразмерный equi(-)dimensional
равнораспределённость equi(-)distribution
равнораспределённый equi(-)distributed
равносильность equivalence
равносильный equivalent
равносоставленность equi(-)decomposability
равносторонний equi(-)lateral
равносуммируемый equi(-)summable
равносходимость equi(-)convergence
равноугольный equi(-)angular; isogonal
равноудалённость equi(-)distance
равноудалённый equi(-)distant, equally distant
равнохарактеристический equi(-)characteristic

равный equal
  ~ **по длине** equal in length
  ~ **по размерности** equal in dimension
  асимптотически ~ asymptotically equal
  приближённо ~ approximately equal
  тождественно ~ identically equal
  тождественно ~ **нулю** identically zero
  численно ~ numerically equal
равняться equal, be equal
  ~ **нулю** vanish
  тождественно ~ **нулю** vanish identically
радиально radially
радиальный radial
радиан radian
радикал radical; surd
  ~ **алгебры** radical of an algebra
  ~ **группы** radical of a group
  ~ **идеала** radical of an ideal
  ~ **Кёте** upper nil(-)radical
  ~ **кольца** radical of a ring
  ~ **над полем** radical over a field
  ~ **подмодуля** radical of a submodule
  ~ **полугруппы** radical of a semigroup
  верхний ~ upper radical
  идеально последовательный ~ torsion
  квазирегулярный ~ quasi(-)regular radical
  конечный ~ finite radical
  левый ~ left radical
  локально конечный ~ locally finite radical
  наследственный ~ hereditary radical
  нижний ~ lower radical
  нильпотентный ~ nilpotent radical
  примарный ~ primary radical
  простой ~ prime radical
  специальный ~ special radical
  строго наследственный ~ strongly hereditary radical
  терциарный ~ tertiary radical
  унипотентный ~ unipotent radical
радикальный radical
радиус radius
  ~ **p-листности** radius of p-valence
  ~ **вписанной окружности** in(-)radius
  ~ **вписанной сферы** in(-)radius
  ~ **выпуклости** radius of convexity
  ~ **графа** radius of a graph
  ~ **кривизны** radius of curvature
  ~ **круга** radius of a circle
  ~ **кручения** radius of torsion
  ~ **однолистности** radius of univalence
  ~ **окружности** radius of a circumference, radius of a circle
  ~ **оператора** (spectral) radius of an operator
  ~ **описанной окружности** circum(-)radius
  ~ **описанной сферы** circum(-)radius
  ~ **сферы** radius of a sphere
  ~ **сходимости** radius of convergence
  ~ **шара** radius of a ball, radius of a sphere
  внутренний ~ inner radius
  дебаевский ~ Debye('s) radius
  единичный ~ unit radius
  конформный ~ conformal radius
  лармopoвский ~ Larmor('s) radius
  малый ~ small radius
  переменный ~ varying radius
  полярный ~ polar radius
  сопряжённый ~ (*сходимости*) associated radius
  спектральный ~ spectral radius
  сферический ~ spherical radius
  фокальный ~ focal radius
разбавление (*ряда*) dilution
разбивать partition; break up
  ~ **на треугольники** triangulate

разбиение decomposition; dissection
- ~ единицы   partition of unity
- ~ многообразия   decomposition of a manifold
- ~ множества   partition of a set
- ~ на классы   partition into classes
- ~ на подмножества   partition into subsets
- ~ натурального числа   partition of a natural number
- ~ отрезка   partition of an interval
- ~ плоскости   decomposition of a plane; partitioning a plane
- ~ плоскости на правильные многоугольники   tiling
- ~ пространства   decomposition of a space
- ~ слова   word division
- ~ сферы   decomposition of a sphere
- D- ~   D-decomposition
- гладкое ~ (*единицы*)   smooth partition
- двоичное ~   binary partition
- двойственное ~   dual partition
- двустороннее образующее ~   two-sided generator
- измеримое ~   measurable partition
- инвариантное ~   invariant decomposition
- каноническое ~   canonical decomposition
- клеточное ~   cellular decomposition
- клеточное ~ CW-комплекса   CW-decomposition
- конечное ~   finite decomposition; finite partition
- локальное ~   local partition; local separation
- мелкое ~   fine subdivision
- непрерывное ~   continuous decomposition
- обобщённое ~   generalized partition
- полунепрерывное ~   semi(-)continuous partition, semi(-)continuous decomposition
- полунепрерывное ~ сверху   upper semi(-)continuous partition, upper semi(-)continuous decomposition
- полунепрерывное ~ снизу   lower semi(-)continuous partition, lower semi(-)continuous decomposition
- симплициальное ~   simplicial decomposition, simplicial partition
- слабое ~   weak partition
- случайное ~   random partition
- совершенное ~   perfect partition

развёртк‖а development
- ~ многогранника   development of a polyhedron
- ~ тела   development of a solid
- ~ тора   development of a torus
- каноническая ~   canonical development
- неориентируемая ~   non(-)orientable development
- ориентируемая ~   orientable development
- проективная ~   projective development
- эквивалентные ~и   equivalent developments

развёртывать develop; expand
- ~ код   expand a code

разветвление branching
разветвлённый branched
разветвляться ramify
развивать develop
- ~ метод   develop a method

развитие development
- ~ идеи   development of an idea
- ~ математики   development of mathematics
- ~ топологии   development of topology

раздвоение forking
раздел branch
- ~ математики   branch of mathematics, domain of mathematics

разделение separation
- ~ на две части   bi(-)partition
- ~ переменных   separation of variables

разделять separate, partition
- ~ **переменные** separate variables
- ~ **собственные значения** separate eigenvalues
- ~ **точки** separate points

раздувание inflation

раздувать inflate

раздутие monoidal transformation, monoidal transform, blowing up, sigma-process

разлагать decompose; expand; partition
- ~ **в произведение** decompose into a product
- ~ **в ряд** expand in(to) a series
- ~ **в сумму** decompose in(to) a sum
- ~ **на множители** resolve into factors
- ~ **на составляющие** decompose into components, split into components
- ~ **однозначно** decompose uniquely
- ~ **определитель по столбцу** expand a determinant along a column
- ~ **определитель по строке** expand a determinant along a row
- ~ **по степеням** expand in(to) a series
- ~ **систему** decompose a system
- ~ **функцию по n переменным** expand a function with respect to n variables

различать discriminate

различающая difference; separation co(-)chain

различны‖й distinct
- ◊ **попарно ~ е (элементы)** pairwise distinct
- **гомотопически ~** homotopically distinct

разложение expansion; development; decomposition; resolution
- ~ **алгебры** decomposition of an algebra
- ~ **в произведение** expansion in(to) a product
- ~ **в прямую сумму** decomposition in(to) a direct sum
- ~ **в ряд** expansion in(to) a series
- ~ **в цепную дробь** expansion in(to) a continued fraction
- ~ **вектора** resolution of a vector, decomposition of a vector
- ~ **группы** decomposition of a group
- ~ **дроби** decomposition of a fraction
- ~ **единицы** resolution of identity
- ~ **меры** decomposition of a measure
- ~ **многообразия** decomposition of a manifold
- ~ **на атомы** atomic decomposition
- ~ **на множители** decomposition into factors
- ~ **на простейшие дроби** expansion in(to) partial fractions
- ~ **на простые сомножители** decomposition into primes
- ~ **на ручки** handle decomposition
- ~ **оператора** expansion of an operator
- ~ **по многочленам** expansion in polynomials
- ~ **по собственным векторам** eigenvector decomposition
- ~ **по собственным функциям** expansion in terms of eigenfunctions, eigenfunction expansion
- ~ **по составляющим** decomposition into components
- ~ **по столбцам** expansion by columns
- ~ **по строкам** expansion by rows
- ~ **порядкового числа по основанию γ** π-adic normal form for an ordinal
- ~ **сети** decomposition of a network
- ~ **фигуры** decomposition of a figure
- ~ **форм** decomposition of forms
- ~ **функции** decomposition of a function; expansion of a function
- ~ **числа** decomposition of a number, expansion of a number
- **П- ~ общего типа** Postnikov('s) system
- **аддитивное ~** additive decomposition

асимптотическое ~ asymptotic expansion; asymptotic development
асимптотическое ~ в смысле Пуанкаре asymptotic expansion of Poincaré type
бесконечное ~ infinite expansion
биномиальное ~ binomial expansion
внешнее ~ outer expansion
внутреннее ~ inner expansion
диадическое ~ dyadic expansion
дизъюнктное ~ disjoint decomposition
каноническое ~ canonical decomposition
классическое ~ classical expansion
конечное ~ finite development
корневое ~ root space decomposition
левое ~ left decomposition
левостороннее ~ (*группы*) decomposition into left cosets
мультипликативное ~ multiplicative decomposition
нетривиальное ~ non(-)trivial decomposition
обобщённое ~ generalized decomposition
ортогональное ~ orthogonal expansion, orthogonal decomposition
пирсовское ~ Peirce('s) decomposition
пограслойное ~ inner expansion
подпрямое ~ sub(-)direct decomposition
полиномиальное ~ polynomial expansion, multinomial expansion
полярное ~ polar decomposition
правильное ~ (*ма ручки*) nice decomposition
правое ~ right decomposition
правостороннее ~ decomposition into right cosets
примарное ~ primary decomposition, shortest representation
прямое ~ direct decomposition
регулярное ~ outer expansion
свободное ~ free decomposition

сингулярное ~ singular-value decomposition
согласованное ~ associated partition
спектральное ~ spectral decomposition; spectral resolution
стохастическое ~ stochastic decomposition
тейлоровское ~ Taylor('s) expansion
треугольное ~ triangular decomposition
формальное ~ formal expansion
эргодическое ~ ergodic decomposition

разложимость decomposability
разложимый decomposable
 ~ на множители decomposable into factors
 s- ~ s-decomposable

размах range
 ~ выборки range of a sample
 ~ популяции range of a population
 расширенный ~ augmented range
 стьюдентизированный ~ studentized range

размер size
 ~ критерия size of a test

размерностный dimensional

размерность dimension; dimensionality
 ~ алгебры Ли dimension of a Lie algebra
 ~ вложения dimension of an embedding, tangential embedding
 ~ выборки sample dimension
 ~ группы dimension of a group
 ~ дивизора dimension of a divisor
 ~ идеала dimension of an ideal
 ~ клетки dimension of a cell
 ~ Кодаиры canonical dimension
 ~ кольца dimension of a ring
 ~ компакта dimension of a compactum
 ~ куба dimension of a cube
 ~ многообразия dimension of a manifold

размерност‖ь *(continued)*
- ~ **множества** dimension of a set
- ~ **оболочки** dimension of a span
- ~, **определённая накрытием** covering dimension
- ~ **по группе** dimension with respect to a group
- ~ **полиэдра** dimension of a polyhedron
- ~ **представления** dimension of a representation
- ~ **пространства** dimension of a space
- ~ **решета** dimension of a sieve
- ~ **решётки** dimension of a lattice
- ~ **связности** dimension of a connection
- ~ **симплициального комплекса** dimension of a simplicial complex
- ~ **симплициальной схемы** dimension of a simplicial complex
- ~ **системы** dimension of a system
- ~ **слоя** dimension of a fiber
- ~ **теории** dimension of a theory
- ~ **формулы** dimension of a formula
- ~ **элемента** dimension of an element
- **алгебраическая** ~ algebraic(al) dimension
- **базисная** ~ basis dimension
- **большая** ~ large dimension
- **вещественная** ~ real dimension
- **гармоническая** ~ harmonic dimension
- **геометрическая** ~ geometric(al) dimension
- **гильбертова** ~ Hilbert('s) dimension
- **глобальная** ~ global dimension
- **гомологическая** ~ homological dimension
- **гомотопическая** ~ homotopy dimension
- **двойственная** ~ dual dimension
- **дифференциальная** ~ differential dimension
- **дополнительная** ~ extra dimension
- **дробная** ~ fractional dimension
- **индуктивная** ~ inductive dimension
- **инъективная** ~ injective dimension
- **касательная** ~ dimension of an embedding, tangential embedding
- **классическая** ~ classical dimension
- **когомологическая** ~ cohomological dimension
- **комплексная** ~ complex dimension
- **конечная** ~ finite dimension
- **левая** ~ left dimension
- **линейная** ~ linear dimension
- **локальная** ~ local dimension
- **максимальная** ~ maximal dimension
- **малая** ~ small dimension
- **метрическая** ~ metric dimension
- **минимальная** ~ minimal dimension
- **низшие** ~ **и** low dimensions
- **однородная** ~ homogeneous dimension
- **относительная** ~ relative dimension
- **полная** ~ total dimension
- **пороговая** ~ threshold dimension
- **правая** ~ right dimension
- **проективная** ~ projective dimension
- **слабая** ~ weak dimension
- **счётная** ~ countable dimension
- **типовая** ~ typical dimension
- **топологическая** ~ topological dimension
- **хаусдорфова** ~ Hausdorff('s) dimension

размещать place
- ~ **случайно** place randomly

размещение arrangement; allocation
- ~ **из** n **элементов по** r arrangement of n things (taken) r at a time
- **случайное** ~ random allocation

разносторонний scalene

разность difference; remainder
- ~ (*арифметической прогрессии*) common difference
- ~ векторов difference between vectors
- ~ вперёд forward difference
- ~ множеств difference of sets; set-theoretic difference
- ~ назад backward difference
- ~ (*при вычислении*) remainder
- арифметическая ~ arithmetic difference
- геометрическая ~ geometric(al) difference
- итерированная ~ iterated difference
- конечная ~ finite difference
- конечная ~ второго порядка second difference
- нормированная ~ normalized difference
- последовательные ~ и successive differences
- разделённая ~ divided difference
- сбалансированная ~ balanced difference
- симметрическая ~ symmetric(al) difference
- средняя ~ (*Джини*) mean difference
- табличная ~ table difference
- центральная ~ central difference

разрабатывать devise
- ~ метод develop a method
- ~ процедуру devise a procedure

разрежённый scattered

разрез slit; cut set
- внутренний ~ interior cut
- замкнутый ~ closed cut
- канонический ~ canonical cut
- параллельный ~ parallel slit

разрешать solve; resolve
- ~ равенство относительно x solve an equality for x
- ~ уравнение resolve an equation

разрешающий resolvent; pivotal

разрешение resolution
- ~ особенности resolution of a singularity, desingularization, reduction of a singularity
- одновременное ~ (*особенностей*) simultaneous resolution

разрешимость solvability; decidability
- ~ в радикалах solvability by radicals
- ~ задачи solvability of a problem
- ~ системы solvability of a system
- ~ уравнения solvability of an equation
- нормальная ~ normal solvability

разрешимый solvable, soluble, resoluble
- ~ в (*квадратных*) радикалах solvable by radicals
- однозначно ~ uniquely solvable

разрешитель solver

разрушать destroy
- ~ свойство destroy a property

разрыв jump; gap; discontinuity
- ~ первого рода ordinary jump, discontinuity of the first kind, removable (jump of) discontinuity
- бесконечный ~ infinite jump
- конечный ~ finite discontinuity; finite jump
- неустранимый ~ non(-)removable discontinuity
- слабый ~ weak discontinuity
- устранимый ~ ordinary jump, discontinuity of the first kind, removable discontinuity

разрывность discontinuity

разрывный discontinuous

разряд digit; place; order
- ~ единиц place of units; order of units
- двоичный ~ binary digit
- десятичный ~ decimal place, place of decimals
- одинаковые ~ ы like orders
- старший ~ highest figure

райский сад Garden-of-Eden configuration

ранг rank; basis dimension; ranking
 ~ **алгебры Ли** rank of a Lie algebra
 ~ **базиса** rank of a basis
 ~ **вывода** rank of a derivation
 ~ **графа** rank of a graph
 ~ **группы** rank of a group
 ~ **идеала** rank of an ideal
 ~ **квадратичной формы** rank of a quadratic form
 ~ **кольца** rank of a ring
 ~ **конъюнкции** rank of a conjunction
 ~ **матрицы** rank of a matrix
 ~ **модуля** rank of a module
 ~ **оператора** rank of an operator
 ~ **особой точки** rank of a singular point
 ~ **отображения** rank of a map(ping)
 ~ **преобразования** rank of a transformation
 ~ **пространства** rank of a space
 ~ **решётки** rank of a lattice
 ~ **тензора** rank of a tensor
 ~ **формы** rank of a form
 ~ **эквивалентности** index of equivalence
 ~ **эллиптической кривой** rank of an elliptic(al) curve
 k- ~ k-rank
 p- ~ p-rank
 Q- ~ rank of an elliptic(al) curve
 базисный ~ basis rank
 бесконечный ~ infinite rank
 ковариантный ~ (*тензора*) covariant order, covariant valence
 конечный ~ finite rank
 контравариантный ~ (*тензора*) contravariant order, contravariant valence
 левый ~ left rank
 максимальный ~ maximal rank
 общий ~ generic rank
 полупростой ~ semi(-)simple rank
 правый ~ right rank
 рациональный ~ rational rank
 редуктивный ~ reductive rank
 редуцированный ~ reduced rank
 специальный ~ special rank
 стабильный ~ stable rank
 столбцовый ~ column rank
 строчный ~ row rank
рандомизация randomization
 неполная ~ restricted randomization
рандомизированный randomized
рандомизировать randomize
раскладывать resolve
 ~ **на множители** resolve into factors
раскраска coloration
 ~ **вершины** (*графа*) coloring of a vertex, coloring of a node
 ~ **графа** coloring of a graph
 ~ **карты** map coloring
 ~ **ребра** (*графа*) coloration of an edge
раскрашиваемый colorable
 n- ~ *n*-colorable
раскрашивание coloring
раскрывать disclose; open
 ◊ ~ **скобки в выражении** expand an expression
 ~ **скобки** remove brackets; expand
распадение decomposition
 ~ **графа** decomposition of a graph
распараллеливание deparallelizing
расписание schedule
распознавание recognition; discrimination
 ~ **образов** image recognition
 ~ **полноты** discriminating completeness
распознаватель discriminator
 конечный ~ acceptor
располагать arrange
 ~ **в порядке величин** arrange in order of magnitude
расположение arrangement; ordering; position
 ~ **в определённом порядке** ordered arrangement
 взаимное ~ mutual position
 гиперболоидальное ~ hyperboloidic position

лексикографическое ~ lexicographic ordering
стандартное ~ standard position
распределени‖е distribution; allocation
- **~ N(0,1)** N(0,1)-distribution, standard normal distribution
- **~ Бернулли** bi(-)modal distribution
- **~ вероятностей** probability distribution
- **~ времени безотказной работы** failure distribution
- **~ выборки** sample distribution, sampling distribution, allocation of sample
- **~ вычетов** distribution of residues
- **~ Гаусса-Лапласа** Gauss(ian) distribution
- **~ дисперсионного отношения** distribution of variance ratio
- **~ значений** distribution of values
- **~ Лапласа-Гаусса** Gauss(ian) distribution
- **~ на окружности** circular distribution
- **~ ошибок** distribution of errors
- **~ плоскостей** distribution of planes
- **~ по нормальному закону** N(0, 1)-distribution, standard normal distribution
- **~ полей** distribution of fields
- **~ простых чисел** distribution of prime numbers
- **~ процессов** distribution of processes
- **~ скоростей** velocity distribution
- **~ Снедекора** F-distribution
- **~ собственных значений** distribution of eigenvalues
- **~ Стъюдента с f степенями свободы** Student('s) distribution, t-distribution
- **~ сумм** distribution of sums
- **~ точек** distribution of points
- **~ Фишера** F-distribution
- **~ «хи-квадрат»** chi-square(d) distribution

β- ~ beta-distribution
F- ~ F-distribution
F- ~ Фишера F-distribution
χ- ~ chi-distribution
γ- ~ gamma-distribution
t- ~ Student('s) distribution, t-distribution
z- ~ (Фишера) z-distribution
абсолютно непрерывное ~ absolutely continuous distribution
анормальное ~ non(-)normal distribution
апостериорное ~ *a posteriori* distribution, posterior distribution
априорное ~ *a priori* distribution, prior distribution
арифметическое ~ arithmetic(al) distribution
арксинус- ~ arc sine distribution
асимметричное ~ asymmetric(al) distribution
асимптотически нормальное ~ asymptotically normal distribution
асимптотическое ~ asymptotic distribution
атомическое ~ atomic distribution
безгранично делимое ~ infinitely divisible distribution
бета- ~ beta-distribution
бимодальное ~ bi(-)modal distribution, double-peaked distribution
биномиальное ~ binomial distribution
благоприятное ~ favorable distribution
бутстрап- ~ bootstrap distribution
быстро убывающее ~ rapidly decreasing distribution
выборочное ~ population distribution
вырожденное ~ degenerate distribution, singular distribution, improper distribution
гамма- ~ gamma-distribution
гауссовское ~ Gauss(ian) distribution
генеральное ~ general distribution

распределени∥е *(continued)*
  геометрическое ~ geometric(al) distribution
  гиббсовское равновесное ~ grand canonical ensemble
  гипергеометрическое ~ hyper(-)geometric(al) distribution
  гипотетическое ~ hypothetical distribution
  горизонтальное ~ horizontal distribution
  двойное ~ double distribution
  двувершинное ~ double-peaked distribution, bi(-)modal distribution
  двумерное ~ bi(-)variate distribution; two-dimensional distribution
  двумерное нормальное ~ binormal distribution
  двустороннее ~ bi(-)lateral distribution, two-sided distribution
  двустороннее показательное ~ Laplace('s) distribution
  делимое ~ divisible distribution
  дискретное ~ discrete distribution
  допустимое ~ tolerance distribution
  единичное ~ unit distribution
  инвариантное ~ invariant distribution
  инволютивное ~ involutive distribution
  каноническое ~ canonical distribution
  канторово ~ Cantor-type distribution
  конечномерное ~ finite-dimensional distribution
  кумулятивное ~ cumulative distribution
  логарифмически-нормальное ~ logarithmic(o)-normal distribution, log(-)normal distribution
  логарифмическое ~ logarithmic distribution
  логистическое ~ logistic distribution
  маргинальное ~ marginal distribution
  марковское ~ Markov('s) distribution
  микроканоническое ~ micro(-)canonical distribution
  многовершинное ~ multi(-)modal distribution
  многомерное ~ multi(-)dimensional distribution, multi(-)variate distribution
  мультимодальное ~ multi(-)modal distribution
  мультиномиальное ~ multinomial distribution, polynomial distribution
  наименее благоприятное ~ least favorable distribution
  начальное ~ initial distribution
  неарифметическое ~ non(-)arithmetic(al) distribution
  невырожденное ~ non(-)degenerate distribution
  неоднородное ~ heterogeneous distribution
  непрерывное ~ continuous distribution
  неразложимое ~ indecomposable distribution
  нерешётчатое ~ non(-)lattice distribution
  несобственное ~ degenerate distribution, singular distribution, improper distribution
  нецентральное ~ non(-)central distribution
  нормальное ~ normal distribution, Gaussian law
  обобщённое ~ generalized distribution
  одновершинное ~ unimodal distribution
  одномерное ~ one-dimensional distribution, univariate distribution
  однородное ~ homogeneous distribution
  оптимальное ~ optimal distribution
  отрицательно-биномиальное ~ negative binomial distribution

отрицательное ~ negative distribution
переходное ~ transient distribution
плосковершинное ~ flat distribution
показательное ~ exponential distribution
полиномиальное ~ multinomial distribution, polynomial distribution
положительно определённое ~ positive definite distribution
предельное ~ limit(ing) distribution
прямоугольное ~ rectangular distribution
пуассоновское ~ Poisson('s) distribution
равновесное ~ steady distribution, equilibrium distribution
равномерное ~ uniform distribution, equi(-)partition
равномерное ~ на отрезке числовой прямой rectangular distribution
регулярное ~ regular distribution
решётчатое ~ lattice distribution
симметричное ~ symmetric(al) distribution
сингулярное ~ singular distribution
сложное ~ composite distribution, compound distribution
случайное ~ random distribution
смешанное ~ mixed distribution
собственное ~ non(-)degenerate distribution
совместное ~ joint distribution, simultaneous distribution
согласованные ~ я compatible distributions
сопряжённое ~ conjugate distribution
стандартизованное ~ standardized distribution
стандартное ~ standard distribution
статистическое ~ statistical distribution
стационарное ~ stationary distribution
строго стационарное ~ strongly stationary distribution
сферически симметричное ~ spherically symmetric(al) distribution
табулированное ~ tabulated distribution
толерантное ~ tolerance distribution
точное ~ exact distribution
треугольное ~ triangular distribution
убывающее ~ decreasing distribution
универсальное ~ universal distribution
унимодальное ~ unimodal distribution
усечённое ~ truncated distribution
условное ~ conditional distribution
устойчивое ~ stable distribution
фидуциальное ~ fiducial distribution
«хи» ~ chi-distribution
«хи-квадрат» ~ chi-square(d) distribution
цензурированное ~ censored distribution
центральное ~ central distribution
частное ~ marginal distribution
частотное ~ frequency distribution
экспоненциальное ~ exponential distribution
эмпирическое ~ sample distribution, sampling distribution, allocation of sample
эргодическое ~ ergodic distribution
распределённый distributed
  одинаково ~ identically distributed
  равномерно ~ uniformly distributed
  тождественно ~ identically distributed
распределительность distributivity, distributive property

распределять distribute
  ~ **по нормальному закону N(0,1)** distribute according to N(0,1)
распространение propagation; extension
  ~ **ошибок** propagation of errors
  ~ **равенства** extension of an equation
распространённый extended
распространять extend
  ~ **метод** extend a method
  ~ **неравенство** extend an inequality
  ~ **операцию** extend an operation
  ~ **утверждение** extend a proposition
рассеивание variance
  ~ **выборки** sample variance
рассеяние scattering
  потенциальное ~ potential scattering
рассеянный scattered
расслаивать fiber
расслоение fibration; fiber map(ping); fibering; fiber bundle; bundle
  ~ **p-векторов** bundle of p-vectors
  ~ **в смысле Кана** Kan('s) fibration
  ~ **в смысле Серра** Serre('s) fibration
  ~ **Гуревича** Hurewicz('s) fiber map(ping)
  ~ **на сферы** sphere bundle
  ~ **над базой** fiber bundle over the base space
  ~ **над диском** disk bundle
  ~ **над кривой** bundle on a curve
  ~ **над многообразием** bundle over a manifold
  ~ **над пространством** bundle on a space
  ~ **над сферой** bundle over a sphere
  ~ **над тором** torus bundle
  ~ **, ориентируемое в теории E*** E-orientable bundle
  ~ **, положительное в смысле Накано** bundle positive in the sense of Nakano
  ~ **-произведение** product bundle
  ~ **пространств** bundle of spaces
  ~ **реперов** bundle of frames
  ~ **с базой** bundle with a base
  ~ **Серра** Serre('s) fiber map(ping)
  ~ **со слоем** bundle with a fiber
  ~ **со структурной группой** G-bundle
  ~ **спиноров** spin(or) bundle
  ~ **струй** jet bundle
  ~ **форм** bundle of forms
  G- ~ G-bundle
  G-эквивалентное ~ G-equivalent fibre bundle
  n**-мерное** ~ n-dimensional bundle
  n**-мерное векторное** ~ n-plane bundle
  n**-универсальное** ~ n-universal bundle
  алгебраическое ~ algebraic(al) bundle
  аналитическое ~ analytic(al) bundle
  асимптотическое ~ asymptotic fibration
  ассоциированное ~ associated bundle, associated foliation
  векторное ~ vector bundle
  вещественное ~ real bundle
  геометрическое ~ geometric(al) fibration
  главное ~ principal bundle, principal fibration
  гладкое ~ differentiable fiber bundle
  двойственное ~ dual bundle
  действительное ~ real bundle
  дифференцируемое ~ differentiable fiber bundle
  индуцированное ~ induced bundle, induced fibration
  исходное ~ original bundle
  каноническое ~ canonical bundle
  касательное ~ tangent bundle
  кватернионное ~ quaternionic fiber bundle
  классическое ~ classical bundle
  кокасательное ~ co(-)tangent bundle

комплексно-аналитическое ~ complex analytic bundle
комплексное ~ complex bundle
линейное ~ line bundle, linear bundle
локально тривиальное ~ locally trivial fibration, locally trivial fiber space
множественное ~ multiple stratification
нетривиальное ~ non(-)trivial fiber bundle
нормальное ~ normal fibration, normal bundle
нумерируемое ~ numerable bundle
обильное ~ ample bundle
однородное ~ homogeneous fibration
ориентированное ~ oriented bundle
ориентируемое ~ orientable fiber bundle
относительное ~ relative bundle
положительное ~ positive bundle
почти ~ almost bundle
разностное ~ difference bundle
редуцированное ~ reduced bundle
риманово ~ Riemannian bundle
слабо отрицательное ~ weakly negative fiber space
слабо положительное ~ weakly positive fiber space
сопряжённое ~ conjugate bundle
спинорное ~ spin(or) bundle
стабильно тривиальное ~ stably trivial bundle
стабильное ~ stable fiber bundle
струйное ~ jet bundle
сферическое ~ spherical bundle
тензорное ~ tensor bundle
топологическое ~ topological fibering
тривиальное ~ trivial bundle, trivial fibration, simple bundle
универсальное ~ universal (fiber) bundle
эквивалентное ~ equivalent fiber bundle

расслоенное пространство *см. тж.* **расслоение** fibration; fibering; fiber map(ping); fiber bundle; bundle
главное ~ principal fiber space
расслоенный foliated; fibered
рассмотрение consideration
топологическое ~ topological consideration
расстояние distance
~ в пространстве distance in a space
~ на множестве distance within a set; metric, metric function
~ со знаком directed distance, signed distance, algebraic(al) distance
p-адическое ~ p-adic distance
аффинное ~ affine distance
расстояние ~ probabilistic distance
геодезическое ~ geodesic distance
гиперболическое ~ non-Euclidean distance
евклидово ~ Euclidean distance
информационное ~ information distance
кратчайшее ~ shortest distance
неевклидово ~ non-Euclidean distance
обобщённое ~ generalized distance
относительное ~ relative distance
свободное ~ free distance
сферическое ~ chordal distance, spherical distance
фокальное ~ focal distance
фокусное ~ focal length
хордальное ~ chordal distance, spherical distance
рассуждать reason
рассуждени∥е reasoning; argument
◊ **~я справедливы** reasoning is valid
дедуктивное ~ deductive reasoning
стандартные ~я standard argument
формальные ~я formal reasoning

расти grow; increase
  ~ **быстро** grow rapidly
  ~ **линейно** grow linearly
  ~ **неограниченно** increase indefinitely, increase without limit
растр raster
растущий growing; increasing
  быстро ~ rapidly increasing
  медленно ~ slowly increasing
растяжение elongation; strain
расходимость divergence
  ~ **интеграла** divergence of an integral
  ~ **ряда** divergence of a series
расходиться diverge
расходящийся divergent; hyper(-)parallel
  абсолютно ~ absolutely divergent
расхождение divergence
расчёт calculation; computation
  ~ **вариантов** variants calculation
  ~ **методом Монте Карло** Monte Carlo computation
  ~ **распределения** calculation of a distribution
  вариантный ~ variants calculation
  машинный ~ machine computation
  обратный ~ inverse calculation
  приближённый ~ approximate computation
  численный ~ numerical calculation
расширени∥**е** extension ◊
  бикомпактное ~ R_2 следует за бикомпактным ~ м R_1 compactification R_2 is greater than a compactification R_1, compactification R_2 lies over a compactification R_1
  ~ **алгебры** algebra extension
  ~ **группы** group extension
  ~ **до игры с нулевой суммой** zero-sum extension
  ~ **кольца** extension of a ring
  ~ **конечного типа** finite-type extension, finitely generated extension
  ~ **модуля** extension of a module
  ~ **области** extension of a domain
  ~ **области значений** extension of a range
  ~ **оператора** extension of an operator
  ~ **полугруппы** extension of a semigroup
  ~ **поля** extension of a field, extension field, extended field
  ~ **поля A вида** $F(\sqrt{1+\lambda^2})$ Pythagorean extension
  ~ **при помощи экспоненты** exponent extension
  ~ **пространства** extension space
  ~ **сети** extension of a net(work)
  ~ **теории** extension of a theory
  n-**кратное** ~ n-fold extension
  p- ~ p-extension
  абелево ~ Abelian extension, cyclic extension
  алгебраическое ~ algebraic(al) extension
  бесконечное ~ infinite extension
  бикомпактное ~ compactification, bi(-)compactification, bi(-)compact extension
  бикомпактное ~ **Стоуна-Чеха** beta-compactification
  вполне несепарабельное ~ purely inseparable extension
  вполне разветвлённое ~ completely ramified extension
  голоморфное ~ holomorphic extension
  диссипативное ~ dissipative extension
  дифференциально алгебраическое ~ differentially algebraic(al) extension
  дифференциальное ~ differential extension
  идеальное ~ ideal extension
  квадратичное ~ quadratic extension
  когомологическое ~ cohomology extension
  коммутативное ~ commutative extension

коммутирующие ~ я commuting extensions
компактное ~ compactification, bi(-)compactification
конечно порождённое ~ finite-type extension, finitely generated extension
конечное ~ finite extension
консервативное ~ conservative extension
кубическое ~ cubic extension
лингвистическое ~ linguistic extension
линейно разделённые ~ я linearly disjoint extensions
линейное ~ linear extension
максимальное ~ maximal extension, maximum extension
максимальное компактное ~ maximal compactification
минимальное ~ minimal extension, minimum extension
неабелево ~ non-Abelian extension
ненормальное ~ non(-)normal extension
непересекающиеся ~ я disjoint extensions
непосредственное ~ immediate extension
неразветвлённое ~ unramified extension, non(-)ramified extension
несепарабельное ~ inseparable extension
нетривиальное ~ non(-)trivial extension
нормальное ~ normal extension
одноточечное бикомпактное ~ one-point compactification
отмеченное ~ distinguished extension
плоское ~ flat extension
плотное ~ dense extension
полное ~ complete extension
положительное ~ positive extension
полууниверсальное ~ semi(-)universal extension
примарное ~ primary extension
примитивное ~ primitive extension
проективное ~ projective extension
промежуточное ~ intermediate extension
простое ~ simple extension
радикальное ~ radical extension
разветвлённое ~ ramified extension
расщепимое ~ split(ting) extension
расщепляемое ~ split(ting) extension
расщепляемое ~ (*группы*) semi(-)direct
регулярное ~ regular extension
самосопряжённое ~ self(-)adjoint extension
свободное ~ free extension
сепарабельно порождённое ~ separable generated extension
сепарабельное ~ separable extension
сильно нормальное ~ strongly normal extension
сильное ~ strong extension
симметрическое ~ symmetric(al) extension
сингулярное ~ singular extension
слабо разветвлённое ~ tamely ramified extension
слабое ~ weak extension
совершенное ~ perfect extension
совершенное бикомпактное ~ perfect bi(-)compactification
стеснённое ~ constrained extension
стандартное ~ standard extension
строго плоское ~ faithfully flat extension
строгое ~ strict extension
струйное ~ jet extension
существенное ~ essential extension, dense extension
трансцендентное ~ transcendental extension
тривиальное ~ trivial extension

расширени||е *(continued)*
  универсальное ~ universal extension
  упорядоченное ~ ordered extension
  фробениусово ~ Frobenius(') extension
  хаусдорфово ~ Hausdorff('s) extension
  целое ~ integral extension
  центральное ~ central extension
  циклотомическое ~ cyclotomic extension
  чисто несепарабельное ~ purely inseparable extension
  чисто трансцендентное ~ purely transcendental extension
  шрейерово ~ Schreier('s) extension
  эквивалентное ~ equivalent extension
  элементарное ~ elementary extension
  эрмитово ~ Hermitian extension
расширенный extended; augmented
расширитель extender
расширять extend; enlarge
  ~ до базиса extend to a basis
  ~ класс extend a class
  ~ пример extend an example
расшифровка translation
расшифровывать translate; spell out
расщепимый split
расщепление splitting
  ~ группы splitting of a group
  ~ (точной) последовательности splitting of a sequence
расщепляемый split
расщеплять split
рационально rationally
рациональность rationality
реакция response
реализация realization; model; sample process
  ~ алгебры realization of an algebra
  ~ алгоритма realization of an algorithm
  ~ графа realization of a graph
  ~ группы realization of a group
  ~ класса realization of a class
  ~ матрицы realization of a matrix
  ~ метода realization of a method
  ~ оператора realization of an operator
  ~ последовательности realization of a sequence
  ~ процесса realization of a process
  ~ ряда realization of a series
  ~ симплициальной схемы realization of a simplicial complex
  ~ случайной величины realization of a random variable
  ~ стохастического процесса realization of a stochastic process
  ~ функции realization of a function
  ~ цикла realization of a cycle
  геометрическая ~ geometric(al) realization
  евклидова ~ Euclidean realization
  локальная ~ local realization
  матричная ~ matrix realization
  минимальная ~ minimal realization
  наблюдаемая ~ observable realization
  плоская ~ графа constructing a graph on the plane
  регулярная ~ regular realization
  численная ~ numerical realization
реализовать realize
  ~ алгебру realize an algebra
  ~ группу realize a group
  ~ оператор realize an operator
  ~ пространство realize a space
  ~ систему realize a system
  ~ функцию realize a function
реализуемость realizability
  рекурсивная ~ recursive realizability
реализуемый realizable

ребро edge
- ~ **возврата** edge of regression; cuspidal edge
- ~ **графа** edge of a graph, line of a graph
- ~ **двугранного угла** edge of a dihedral angle
- ~ **куба** edge of a cube
- ~ **многогранника** edge of a polyhedron
- ~ **многогранного угла** edge of a polyhedral angle
- ~ **основания** base edge
- ~ **параллелепипеда** edge of a parallelepiped
- ~ **призмы** edge of a prism
- ~ **разбиения** edge of a subdivision
- ~ **сети** edge of a network
- ~ **топологического треугольника** edge of a topological triangle
- ~ **цикла** edge of a cycle
- **боковое** ~ lateral edge
- **внутреннее** ~ interior edge
- **граничное** ~ boundary edge
- **изолированное** ~ isolated edge
- **исходящее** ~ outgoing edge
- **кратное** ~ multiple edge
- **ориентированное** ~ directed edge
- **простое** ~ simple edge
- **смежное** ~ adjacent edge

регенерация repair
регистрация registration
регрессивный regressive
регрессировать regress
регрессия regression, regression function
- ~ **с запаздывающим аргументом** lag(ged) regression
- **криволинейная** ~ curvilinear regression
- **линейная** ~ linear regression; fitting straight lines
- **множественная** ~ multiple regression
- **нелинейная** ~ non(-)linear regression, curvilinear regression
- **общая** ~ general regression
- **ортогональная** ~ orthogonal regression
- **отрицательная** ~ negative regression, inverse regression
- **параболическая** ~ parabolic regression, polynomial regression
- **полиномиальная** ~ parabolic regression, polynomial regression
- **пошаговая** ~ stepping
- **простая** ~ simple regression
- **средняя** ~ mean regression
- **средняя квадратическая** ~ mean-square regression
- **частная** ~ partial regression
- **экспоненциальная** ~ exponential regression

регрессор regressor
регулирование regulation
- **автоматическое** ~ automatic regulation
- **оптимальное** ~ optimal regulation

регулировать regulate
регулировка regulation
регуляризованный regularized
регуляризовывать regularize
регуляризатор regularizer
- (*двусторонний*) ~ **оператора** regularizer for an operator

регуляризация regularization
- ~ **задачи** regularization of a problem

регулярно regularly
регулярность regularity
- ~ **отображения** regularity of a map(ping)
- ~ **полугруппы** regularity of a semigroup
- ~ **почти всюду** regularity almost everywhere
- ~ **процесса** regularity of a process
- t- ~ t-regularity
- **внутренняя** ~ interior regularity
- **полная** ~ complete regularity

регулярный regular
  F- ~ F-regular
  p- ~ p-regular

регулятор regulator
  оптимальный ~ optimal regulator

редуктивный reductive
  линейно ~ linearly reductive

редукция reduction
  ~ задачи reduction of a problem
  ~ пространства reduction of a space
  голоморфная ~ holomorphic reduction
  хорошая ~ good reduction

режим regime
  оптимальный ~ optimal regime
  особый ~ singular regime
  скользящий ~ sliding regime; chattering control
  устойчивый ~ steady state

резерв redundancy, reservation, redundance

резервирование redundancy, reservation, redundance
  ~ с восстановлением redundancy with renewal
  нагруженное ~ active redundancy, parallel redundancy
  ненагруженное ~ standby redundancy
  оптимальное ~ optimum redundancy, redundancy optimization

резидуальность residuality

резидуальный residual

резольвента resolution; resolvent, resolvent function; reciprocal kernel
  ~ матрицы resolvent of a matrix
  ~ модуля resolution of a module
  ~ оператора resolvent of an operator
  ~ пучка resolution of a sheaf
  ~ уравнения resolvent of an equation
  ~ элемента resolvent of an element
  ~ ядра resolvent of a kernel
  асимптотическая ~ asymptotic resolvent
  гомологическая ~ homological resolution
  гомотопическая ~ Postnikov('s) system
  инъективная ~ injective resolution
  кубическая ~ cubic resolvent
  левая ~ left resolution
  нормальная ~ normal resolution
  обобщённая ~ generalized resolvent
  периодическая ~ periodic resolution
  правая ~ right resolution
  проективная ~ projective resolution
  свободная ~ free resolution
  симплициальная ~ simplicial resolution

результант resultant

результат result ◊ ~ справедлив result is valid
  ~ леммы result of a lemma
  ~ об управляемости result on controllability
  ~ о компактности result on compactness
  аналитический ~ analytic(al) result
  искомый ~ sought-for result
  классический ~ classical result
  математический ~ mathematical result
  метрический ~ metric result
  негативный ~ negative result
  приближённый ~ approximate result
  существенный ~ essential result
  точный ~ exact result
  численный ~ numerical result
  элементарный ~ elementary result

результирующая resultant

рекомбинация recombination

рекуррентность recurrence, recursion

рекуррентный recurrent

рекурсивно recursively
рекурсивность recursively, recursiveness
   относительная ~ relative recursivity
   частичная ~ partial recursivity
рекурсивный recursive
рекурсия recursion, recurrence
   ~ высших ступеней higher-type recursion
   двукратная ~ double recursion
   многократная ~ multiple recursion
   одновременная ~ simultaneous recursion
   однократная ~ simple recursion
   примитивная ~ primitive recursion
   простая ~ simple recursion
   трансфинитная ~ transfinite recursion
релаксация relaxation
   блочная ~ group relaxation
   верхняя ~ over(-)relaxation, super(-)relaxation
рельеф relief
   ~ аналитической функции relief of an analytic(al) function
релятивизация relativization
реляционный relational
ремонтоприспособленность repair(-)capability, reparability
репараметризация re(-)parametrization
репер (projective) frame
   ~ нулевого порядка frame of order 0
   ~ Френе natural frame, Frenet frame
   n- **~** *n*-frame
   аффинный ~ affine frame
   канонический ~ canonical frame
   касательный ~ tangent frame
   локальный ~ local frame
   натуральный ~ Frenet frame, natural frame
   ортогональный ~ orthogonal frame
   ортонормальный ~ orthonormal frame
   ортонормированный ~ orthonormal frame
   подвижный ~ moving frame
   сопровождающий ~ canonical frame
   трансверсальный ~ transversal frame
   фиксированный ~ fixed frame
репрезентативность representativeness
ретрагироваться retract
ретрагируемость retractability
ретрагируемый retractable
ретракт retract
   ~ пространства retract of a space
   абсолютный ~ absolute retract
   деформационный ~ deformation retract
   окрестностный ~ neighborhood retract
   строгий (*деформационный*) ~ strong retract
ретракция retraction
   деформационная ~ deformation retraction
   сильная ~ strong retraction
   слабая ~ weak retraction
рефлексивность reflexive law; reflexivity
рефлексивный reflexive
рефлектор reflector
решаемость decidability
решать solve; decide
   ~ графически solve graphically
   ~ задачу solve a problem
   ~ приближённо solve approximately
   ~ пример work an example
   ~ пропорцию solve a proportion
   ~ точно solve exactly
   ~ треугольник solve a triangle
   ~ уравнение solve an equation

решени∥е solution; decision
- ~ в радикалах solution by radicals
- ~ в целых числах integral solution, integer solution
- ~ задачи solution of a problem
- ~ игры solution of a game
- ~ методом Монте Карло Monte-Carlo solution
- ~ , получаемое разделением переменных separable solution
- ~ с интегрируемым квадратом square-integrable solution
- ~ системы solution of a system
- ~ треугольников solution of triangles
- ~ уравнения solution of an equation
- ~ уравнения Лапласа harmonic function, solid harmonic
- алгебраическое ~ algebraic(al) solution
- аналитическое ~ analytic(al) solution
- антипериодическое ~ semi(-)periodic(al) solution
- асимптотически устойчивое ~ asymptotically stable solution
- базисное ~ basic solution
- бейесовское ~ Bayesian solution
- бесконечно дифференцируемое ~ smooth solution
- вариационное ~ variational solution
- векторное ~ vector solution
- вещественное ~ real solution
- ВКБ- ~ WKB solution
- вырожденное ~ degenerate solution
- гармоническое ~ harmonic solution
- главное ~ principal solution
- гладкое ~ smooth solution
- голоморфное ~ holomorphic solution
- графическое ~ graphic(al) solution
- действительное ~ real solution
- допустимое ~ admissible solution, feasible solution
- единственное ~ unique solution
- инвариантное ~ invariant solution
- интегральное ~ integral solution
- каноническое ~ canonical solution
- квазипериодическое ~ quasi(-)periodic(al) motion
- классическое ~ classical solution; strict solution
- колеблющееся ~ oscillating solution
- коллинеарное ~ collinear solution
- корректное ~ correct solution
- линейно независимые ~ я linearly independent solutions
- локальное ~ local solution
- максимальное ~ maximal solution, maximum solution
- матричное ~ matrix solution
- минимаксное ~ minimax solution
- минимальное ~ minimal solution, minimum solution
- многозначное ~ multi(-)valued solution
- многомерное ~ multi(-)dimensional solution
- неединственное ~ non(-)unique solution
- независимое ~ independent solution
- ненулевое ~ non(-)null solution, non(-)vanishing solution, non(-)zero solution
- неограниченное ~ unbounded solution
- неотрицательное ~ non(-)negative solution
- нетривиальное ~ non(-)trivial solution
- неустойчивое ~ unstable solution
- нормированное ~ normalized solution
- нулевое ~ null solution, vanishing solution, zero solution
- обобщённое ~ generalized solution
- общее ~ general solution

ограниченное ~ bounded solution, restricted solution
однозначное ~ unambiguous solution
окончательное ~ terminal solution
оптимальное ~ optimal solution, optimum solution
особое ~ singular solution
осциллирующее ~ oscillating solution
осцилляционное ~ oscillatory solution
паразитное ~ parasitic solution
параметрическое ~ parametric solution
первоначальное ~ primitive solution
периодическое ~ periodic(al) solution
периодическое ~ , близкое к разрывному discontinuous oscillation
полиномиальное ~ polynomial solution
полное ~ complete solution
положительно определённое ~ positive definite solution
положительное ~ positive solution
почти периодическое ~ quasi(-)periodic(al) solution
приближённое ~ approximate solution, approximative solution
продолжаемое ~ prolongable solution
равномерно устойчивое ~ uniformly stable solution
регуляризованное ~ regularized solution
регулярное ~ regular solution
рекуррентное ~ recurrent solution
сильно устойчивое ~ strongly stable solution
сильное ~ strong solution, genuine solution
сингулярное ~ singular solution
слабое ~ weak solution
собственное ~ eigen(-)solution
состоятельное ~ consistent solution
статистическое ~ statistical solution
точное ~ exact solution
тривиальное ~ trivial solution
тригонометрическое ~ trigonometric solution
универсальное ~ universal solution
условно устойчивое ~ conditionally stable solution
устойчивое ~ stable solution
формальное ~ formal solution
фундаментальное ~ fundamental solution, point-source solution
характеристическое ~ characteristic solution, eigen(-)solution
целое ~ integer solution, integral solution
целочисленное ~ integer solution
частное ~ particular solution
численное ~ numerical solution; numerical treatment
экстремальное ~ extremal solution
элементарное ~ elementary solution; fundamental solution
явное ~ explicit solution
решётка grid; lattice; structure
~ Браве space lattice
~ Брауэра Brouwerian lattice, Brouwerian algebra
~ пары lattice of a pair
~ периодов lattice of periods
~ подалгебр lattice of subalgebras
~ подгрупп lattice of subgroups
~ подмногообразий lattice of subvarieties
~ проекций lattice of projections
~ с дополнениями complemented lattice, complementation lattice
~ с квазидополнениями quasi(-)complemented lattice

решётка *(continued)*
- ~ с ортодополнениями ortho(-)complemented lattice
- ~ с относительными дополнениями relatively complemented lattice
- ~ с полудополнениями lattice with semi(-)complementation
- ~ с псевдодополнениями pseudo(-)complemented lattice
- S-допустимая ~ S-admissible lattice
- σ-полная ~ sigma-complete lattice
- алгебраическая ~ algebraic(al) lattice, compactly generated lattice
- атомная ~ atomic lattice
- базоцентрированная ~ base-centered lattice
- банахова ~ Banach('s) lattice
- булева ~ Boolean lattice, Boolean algebra
- векторная ~ vector lattice, Riesz('s) space, K-lineal
- вполне дедекиндова ~ complete modular lattice
- вполне приводимая ~ completely reducible lattice
- выпуклая ~ convex lattice
- геометрическая ~ geometric(al) lattice
- гранецентрированная ~ quadruple lattice, F-lattice
- дедекиндова ~ Dedekind('s) lattice, Dedekind('s) structure, modular lattice
- дискретная ~ discrete lattice
- дистрибутивная ~ distributive lattice, C-lattice
- замкнутая ~ closed lattice
- инвариантная ~ invariant lattice
- квадратная ~ quadratic lattice
- компактно порождённая ~ compactly generated lattice, algebraic(al) lattice
- критическая ~ critical lattice
- кубическая ~ cubic lattice
- локально выпуклая ~ locally convex lattice
- модулярная ~ Dedekind('s) lattice, Dedekind('s) structure
- мультипликативная ~ multiplicative lattice
- наибольшая ~ largest lattice
- непрерывная ~ continuous lattice
- нётерова ~ Northerian lattice
- нормированная ~ normed lattice
- объёмно центрированная ~ body-centered lattice
- ортомодулярная ~ ortho(-)modular lattice
- полная ~ complete lattice
- полудедекиндова ~ semi(-)modular lattice
- полудедекиндова сверху ~ upper semi(-)modular lattice
- полудедекиндова снизу ~ lower semi(-)modular lattice
- полумодулярная ~ semi(-)modular lattice
- приводимая ~ reducible lattice
- примитивная ~ primitive lattice, p-lattice
- простая ~ simple lattice
- пустая ~ void lattice
- регулярная ~ regular structure
- свободная ~ free lattice
- случайная ~ random lattice
- точечная ~ point lattice
- трансляционная ~ translation lattice
- условно полная ~ conditionally complete lattice
- целочисленная ~ integral lattice
- экстремальная ~ extremal lattice

решето sieve
- большое ~ large sieve

риманов Riemannian

риманова поверхность Riemann('s) surface
- ~ с краем Riemann surface with boundary
- ~ функции Riemann surface determined by a function
- абстрактная ~ abstract Riemann surface

гиперболическая ~ hyperbolic Riemann surface
замкнутая ~ closed Riemann surface
компактная ~ compact Riemann surface
конечная ~ finite Riemann surface
конформно эквивалентные ~ и conformally equivalent Riemann surfaces
многосвязная ~ multiply-connected Riemann surface
некомпактная ~ non(-)compact Riemann surface
односвязная ~ simply-connected Riemann surface
разветвлённая ~ ramified Riemann surface, branched Riemann surface

риск risk, risk function; hazard
~ **оценки** risk of an estimator
~ **потребителя** consumer('s) risk
~ **производства** producer('s) risk
апостериорный ~ posterior risk
бейесовский ~ Bayes(ian) risk
квадратичный ~ quadratic risk
наименьший minimum risk
равномерно наименьший ~ uniformly minimum risk
средний ~ average risk

робастность robustness
качественная ~ qualitative robustness

робот robot

род kind; species; genre; genus
~ **алгебры** genre of an algebra
~ **графа** genus of a graph
~ **кривой** genus of a curve
~ **многообразия** genus of a variety; genus of a manifold
~ **поверхности** genus of a surface
~ **произведения** genus of a product
~ **Тодда** T-genus, Todd('s) genus
~ **формы** genus of a form
~ **функции** genus of a function
Â- ~ Â-genus
i- ~ i-genus
арифметический ~ arithmetic(al) genus
виртуальный ~ virtual genus
геометрический ~ geometric(al) genus
главный ~ principal genus
линейный ~ linear genus
спинорный ~ spinor genus

роза rose; rhodonea
косая ~ oblique rose

розетка rosette

розыгрыш playing
беспристрастный ~ fair play

ромб rhombus
ромбический rhombic(al)
ромбододекаэдр rhombic dodecahedron
ромбоикосододекаэдр rhombicosidodecahedron
ромбокубоктаэдр rhombicuboctahedron
ромбоэдр rhombohedron

рост growth; rate of increase
~ **функции** growth of a function
~ **чисел** growth of numbers
быстрый ~ rapid growth
квадратичный ~ quadratic rate of increase
линейный ~ linear growth
недостаточный ~ insufficient growth
относительный ~ relative growth
показательный ~ exponential growth
экспоненциальный ~ exponential growth
эффективный ~ efficient growth

росток germ
~ **в точке** germ at a point
~ **отображения** map-germ
~ **функции** germ of a function
k-определённый ~ k-determined germ
формальный ~ formal germ

ротор vortex; rotor

рулетта roulette

ручка handle
- ~ индекса p handle of index p
- экзотическая ~ exotic handle

ручной tame

ряд series; infinite sum; row; sequence
- ~ Гаусса Gaussian series; hyper(-)geometric(al) series
- ~ обратных чисел series of reciprocals
- ~ по гиперболическим функциям hyperbolic series
- ~ по косинусам cosine-series
- ~ по собственным функциям series of eigenfunctions
- ~ подгрупп series of subgroups
- ~ Пуанкаре theta-Fuchsian series
- ~ разностей difference sequence
- ~ с положительными членами series of positive terms
- ~ , соответствующий цепной дроби series corresponding to a continued fraction
- ~ Тэйлора Taylor('s) expansion
- ~ функций series of functions
- A-суммируемый ~ A-summable series
- (C,α)-суммируемый ~ (C,α)-summable series
- L- ~ L-series
- p- ~ p-series
- (s-)кратный ~ multiple series
- θ- ~ θ-series
- ~ , суммируемый методом Чезаро порядка k (C,α)-summable series
- ~ , суммируемый по методу Абеля A-summable series
- абсолютно суммируемый по Борелю ~ absolute Borel-summable series
- абсолютно сходящийся ~ absolutely convergent series
- абстрактный ~ abstract series
- алгебраический ~ algebraic(al) series
- арифметический ~ первого порядка arithmetic(al) series, arithmetic(al) progression
- асимптотический ~ asymptotic series
- ассоциированный ~ associated series
- базисный ~ basic series
- безусловно сходящийся ~ unconditionally convergent series
- бесконечный ~ infinite series
- биномиальный ~ binomial series
- верхний ~ upper series
- вириальный ~ virial series, virial decomposition
- возвратный ~ recurrent series
- возрастающий ~ ascending series, increasing series
- временной ~ time series; random sequence
- всюду сходящийся ~ everywhere convergent series
- гармонический ~ harmonic series
- геометрический ~ geometric(al) series
- гипергеометрический ~ hyper(-)geometric(al) series, Gaussian series
- главный ~ principal series
- двойной ~ double series
- действительный ~ real-valued series
- знакопеременный ~ alternating series
- знакочередующийся ~ alternating series
- идеальный ~ ideal series
- инвариантный ~ invariant series
- интегрируемый ~ integrable series
- интегростепенной ~ integral power series
- интерполяционный ~ interpolation series
- квазипериодический ~ quasi(-)periodic(al) series
- классический ~ classical series
- коммутативно сходящийся ~ commutatively convergent series

композиционный ~ composition series
композиционный ~ π-разрешимой группы π-series
конечный ~ finite series
косинус- ~ cosine-series
кратный степенной ~ multiple power series
лакунарный ~ lacunar(y) series, gap series, series with lacunary structure, series with gaps
логарифмический ~ logarithmic series
мажорантный ~ majorant series
матричный ~ series of matrices
натуральный ~ natural scale
негармонический ~ non(-)harmonic series
нижний ~ lower series; descending series
нормальный ~ normal series
(нормальный) ~ группы series of a group
обвёртывающий ~ enveloping series
обобщённый ~ generalized series
общий ~ (*Дирихле*) general series
обыкновенный ~ (*Дирихле*) ordinary series
ограниченный ~ restricted series
однократный ~ simple series
ортогональный ~ orthogonal series
осциллирующий ~ oscillating series
периодический ~ series with periodic structure
повторный ~ repeated series, iterated series
показательный ~ exponential series
полный ~ complete series
полусходящийся ~ semi(-)convergent series
почленно интегрируемый ~ termwise integrable series
правильно сходящийся ~ regularly convergent series
производный ~ derived series
производящий ~ generating series
равномерно сходящийся ~ uniformly convergent series
равносуммируемый ~ equi(-)summable series
расходящийся ~ divergent series
регулярно сходящийся ~ regularly convergent series
случайный ~ random series
собственно расходящийся ~ properly divergent series
сопряжённый ~ conjugate series, allied series
статистический ~ statistical series
степенной ~ power series
степенной ~ по многим комплексным переменным multiple power series
субнормальный ~ sub(-)normal series
суммируемый ~ summable series
сходящийся ~ convergent series
тета- ~ θ-series; theta-Fuchsian series
тригонометрический ~ trigonometric(al) series
тройной ~ triple series
убывающий ~ descending series; decreasing series
универсальный ~ universal series
условно сходящийся ~ conditionally convergent series
факториальный ~ factorial series
формальный (*степенной*) ~ formal series
фундаментальный ~ fundamental series
функциональный ~ functional series, series of functions
характеристический ~ characteristic series
хорошо уравновешенный ~ (*Заальшютца*) well-poised series

ряд *(continued)*
   центральный ~ central series
   числовой ~ number series, numerical series
   чисто недетерминированный ~ purely non(-)deterministic series
   экспоненциальный ~ exponential series

С

само- auto-, self-
самодуальность self(-)duality
самодуальный self(-)dual; self(-)polar
самозацепление self(-)linking
самокорректирующийся self(-)corrective
самонепересекающийся self(-)non(-)intersecting
самообучение self(-)learning
самопересечение self(-)intersection
самосогласованность self(-)consistency
самосогласованный self(-)consistent
самосопряжённость self(-)conjugacy; self(-)adjointness
   ~ **системы** self(-)adjointness for a system
   существенная ~ essential self(-)adjointness
самосопряжённый self(-)conjugate; self(-)adjoint
самоэквивалентность self(-)equivalence
сателлит satellite
сбалансированный balanced
сборка (*катастрофа Тома*) cusp
свёртка convolution
   ~ **тензора** contraction of a tensor
   ~ **функций** convolution of functions, folding
   ~ **ядер** convolution kernel
свёртывание contraction
   ~ **тензора** contraction of a tensor
свёртыватель convolutor
свёртывать convolute
сверх- super-
сверхкомпактный super(-)compact
сверхразрешимость super(-)solvability, super(-)solubility
сверхрелаксация over(-)relaxation, super(-)relaxation
   последовательная верхняя ~ successive overrelaxation
сверхсходимость over(-)convergence
свобода freedom; liberty; freeness
свободный free
   ~ **от неподвижных точек** fixed-point free
сводимость reducibility
   ~ **нумерации** reducibility of a numeration
   ~ **табличного типа** tt-reducibility, truth-table reducibility
   btt- ~ btt-reducibility
   m- ~ m-reducibility
   T- ~ Turing('s) reducibility, T-reducibility
   tt- ~ truth-table reducibility, tt-reducibility
   ограниченная табличная ~ btt-reducibility
   полиномиальная ~ polynomial reducibility
   табличная ~ truth-table reducibility, tt-reducibility
   тьюрингова ~ Turing('s) reducibility, T-reducibility
сводимый reducible
   ограниченно таблично ~ reducible by bounded truth tables
   таблично ~ truth-table reducible
сводить reduce
   ~ **в таблицу** tabulate
   ~ **задачу** reduce a problem
   ~ **уравнение** reduce an equation

свойств‖**о** property
- ~ **аддитивности** additive property; addition property
- ~ **асимптотической равнораспределённости** asymptotic equipartition property
- ~ **ассоциативности** associative property
- ~ **выпуклости** convexity property
- ~ **вырезания** excision property
- ~ **дифференцируемости** differentiability property
- ~ **единственности** uniqueness property
- ~ **замены** exchange property
- ~ **замыкания** closure property
- ~ **инвариантности** invariance property
- ~ **класса** property of a class
- ~ **коммутативности** commutative property
- ~ **конечного пересечения** finite-intersection property
- ~ **линейности** property for linearity
- ~ **логарифмов** law of logarithms
- ~ **максимальности** maximal property
- ~ **максимума** maximum property
- ~ **накрывающей гомотопии** covering-homotopy property
- ~ **неподвижных точек** fixed-point property
- ~ **общего положения** generic property
- ~ **оптимальности** optimality property
- ~ **ориентируемости** property of orientability
- ~ **ортогональности** orthogonality property
- ~ **отделимости** separability property
- ~ **отношения эквивалентности** equivalence property
- ~ **отображения** map(ping) property
- ~ **перемешивания** mixing property
- ~ **периодичности** periodicity
- ~ **показателей** (*степеней*) law of indices
- ~ **покрытия** covering property
- ~ **полноты** completeness property
- ~ **префикса** prefix property
- ~ **продолжения гомотопии** homotopy-extension property
- ~ **псевдолокальности** pseudo(-)local property
- ~ **равновесия** equilibrium property
- ~ **регулярности** regularity property
- ~ **сглаживания** smoothing property
- ~ **симметрии** symmetry property
- ~ **согласованности** compatibility property
- ~ **среднего значения** mean-value property
- ~ **степеней** law of exponents
- ~ **существования** property of existence
- ~ **транзитивности** transitivity (property)
- ~ **универсальности** universality property
- ~ **эквивариантности** equivariance property

абсолютное ~ absolute property
аддитивное ~ additive property; addition property
алгебраическое ~ algebraic(al) property
аналитическое ~ analytic(al) property
архимедово ~ Archimedian property
асимптотическое ~ asymptotic property
аффинное ~ affine property
воспроизводящее ~ reproducing property
вычислительное ~ computational property
геометрическое ~ geometric(al) property

свойств∥о *(continued)*
  глобальное ~ global property
  гомологическое ~ homological property
  гомотопическое ~ homotopy property
  граничное ~ boundary property
  групповое ~ group property
  евклидово ~ Euclidean property
  замечательное ~ remarkable property
  изопериметрическое ~ isoperimetric(al) property
  инвариантное ~ invariant property
  инфинитарное ~ infinitary property
  качественное ~ qualitative property
  кластерное ~ cluster property
  количественное ~ quantitative property
  конформное ~ conformal property
  линейное ~ linear property
  локальное ~ local property
  марковское ~ Markovian property, Markov('s) property
  метрическое ~ metric property
  минимаксное ~ minimax property
  минимальное ~ minimum property, minimal property
  модулярное ~ modular property
  наследственное ~ hereditary property
  общее ~ general property, generality
  определяющее ~ defining property
  оптимальное ~ optimum property
  парадоксальное ~ paradoxical property
  полное ~ complete property
  положительное ~ positive definite property
  полугрупповое ~ semigroup property
  проективное ~ projective property
  радикальное ~ radical property
  S- ~ S-property
  сильное ~ strong property
  слабое ~ weak property
  спектральное ~ spectral property
  специфическое ~ special property
  статистическое ~ statistical property
  строго марковское ~ strong Markov('s) property
  срогое ~ strong property
  структурное ~ structure property
  теоретико-групповое ~ group-theoretical property
  теоретико-решёточное ~ lattice-theoretical property
  топологическое ~ topological property
  универсальное ~ universal property
  формальное ~ formal property
  фундаментальное ~ fundamental property
  функциональное ~ functional property
  характеристическое ~ characteristic property
  частотное ~ frequency property
  экстремальное ~ extremal property
  элементарное ~ elementary property
связанный related; tied
  ~ **условием** constrained
связка tangle; sheaf; bunch; band; net; idempotent semigroup
  ~ **кривых** bundle of curves
  ~ **окружностей** bundle of circles; sheaf of curves
  ~ **плоскостей** bundle of planes; sheaf of planes
  ~ **поверхностей второго порядка** net of quadrics
  ~ **полугрупп** sheaf of semigroups
  ~ **прямых** bundle of lines; sheaf of lines
  ~ **сфер** bundle of spheres; sheaf of spheres

 коммутативная ~ commutative band
 логическая ~ connective
 параболическая ~ parabolic sheaf, parabolic band
 пропозициональная ~ propositional connective
 прямоугольная ~ rectangular band
 свободная ~ free band
связност‖ь connectedness; connection; connectivity; transfer
 ~ пространства connection of a space
 ~ , согласованная с метрикой connection corresponding to the metric
 ~ без кручения torsion(-)free connection
 ~ в расслоении connection in a fiber bundle
 ~ многообразия connectivity of a manifold
 ~ на многообразии connection on a manifold
 ~ на римановом пространстве connection in a fiber bundle
 n- **~** *n*-connectedness
 антисамодуальная ~ anti(-)instanton
 аффинная ~ affine connection
 вершинная ~ vertex connectivity
 дескриптивная ~ descriptive connection
 дуальная ~ dual connection
 евклидова ~ Euclidean connection; Euclidean transfer
 естественная ~ natural connection
 индуцированная ~ induced connection
 инфинитезимальная ~ infinitesimal connection
 каноническая ~ canonical connection
 комплексная ~ complex connection
 конформная ~ conformal connection
 линейная ~ linear connection; pathwise connectedness
 локальная ~ local connectedness; local connectivity
 локально плоская ~ locally flat connection; locally flat transfer
 метрическая ~ metric connection; metric transfer
 нелинейная ~ non(-)linear connection
 нормальная ~ normal connection
 плоская ~ flat connection; flat transfer
 полная ~ complete connection
 полусимметрическая ~ semi(-)symmetric(al) connection
 проективная ~ projective connection; projective transfer
 псевдориманова ~ pseudo-Riemannian connection
 рёберная ~ edge connectivity
 риманова ~ Riemannian connection; Riemannian transfer
 самодвойственная ~ instanton
 самодуальная ~ self(-)dual connection; instanton
 симметрическая ~ symmetric(al) connection
 симметричная ~ symmetric(al) connection
 сопряжённые ~ и conjugate connections
 спинорная ~ spinor connection
 эрмитова ~ Hermitian connection
 янг-миллсовская ~ Yang-Mills G-connection
связный connected
 n- **~** *n*-connected
 аффинно ~ affine-connected
 линейно ~ arcwise-connected
 метрически ~ metrically connected
 сильно ~ strongly connected
связывать bind; connect; relate
 ~ квантором quantify
связь tie; communication
 обратная ~ feedback
 стохастическая ~ stochastic connection

сглаживать smooth
сглаженный smoothed
сглаживание smoothing
   ~ углов straightening corners
   линейное ~ linear smoothing
сдвиг shift; displacement; shear; transvection; translate; parallel displacement; translation
   ~ группы group translation
   ~ на g translation by g
   ~ на группе translate on a group
   ~ по себе translate of itself
   ~ пространства translation in a space
   ~ фазы phase shift
   ~ функции translate of a function
   ε- ~ epsilon-displacement
   бесконечно малый ~ infinitesimal displacement
   левый ~ left translation
   малый ~ small translation
   односторонний ~ one-dimensional shift
   правый ~ right translation
   циклический ~ cyclic shift
сдвигать translate
сегмент segment; interval
   ~ круга, дополнительный данному alternate segment
   ~ шара spherical segment, segment of a sphere
   большой ~ major segment
   допустимый ~ admissible segment
   круговой ~ circular segment, segment of a circle
   малый ~ minor segment
   сферический ~ spherical cap
   шаровой ~ spherical segment, segment of a sphere
седло saddle; cusp
   вырожденное ~ singular saddle point
   обезьянье ~ monkey saddle
седло-узел saddle node
секанс secant
   ~ угла secant of an angle

секвенциально sequentially
секвенциальный sequential
секвенция sequent
сектор sector
   ~ первого рода sector of the first kind
   ~ плоскости sector of a plane
   ~ суперотбора super(-)selection sector
   гиперболический ~ hyperbolic sector, saddle region, hyperbolic region
   замкнутый узловой ~ elliptic(al) region, elliptic(al) sector
   открытый узловой ~ open nodal region
   параболический ~ parabolic sector, parabolic region, open nodal region
   седловой ~ saddle region, hyperbolic sector
   угловой ~ angular domain
   шаровой ~ spherical sector, sector of a sphere
   эллиптический ~ elliptic(al) sector, elliptic(al) region
секунда second
секущая secant; transveral
секущий secant
селективность selectivity
селектор selector
семантика semantics
   ~ интерпретирующего типа interpretative semantics
   ~ теории semantics of a theory
   алгебраическая ~ algebraic(al) semantics
   денотационная ~ denotational semantics
   интуиционистская ~ intuitionistic semantics
   операционная ~ operational semantics
   структурная ~ structure semantics
семантически semantically
семантический semantic(al)

семейство family; collection; assemblage
- ~ **вероятностных мер** family of probability measures
- ~ **взаимно непересекающихся множеств** mutually disjoint family of sets
- ~ **задач** family of problems
- ~ **кодов** family of codes
- ~ **кривых** family of curves
- ~ **линейно независимых комбинаций** linearly independent family
- ~ **метрик** family of metrics
- ~ **множеств** family of sets
- ~ **моделей** family of models
- ~ **направленных множеств** directed family
- ~ **носителей** family of supports
- ~ **образующих** family of generators
- ~ **операторов** family of operators
- ~ **орбит** family of orbits
- ~ **отображений** family of map(ping)s
- ~ **оценок** family of estimators
- ~ **плоскостей** family of planes
- ~ **плотностей** density family
- ~ **поверхностей** family of surfaces
- ~ **подмножеств** family of subsets
- ~ **преднорм** family of semi(-)norms
- ~ **преобразований** family of transformations
- ~ **пространств** family of spaces
- ~ **распределений** family of distributions
- ~ **решений** family of solutions
- ~ **случайных величин** family of random variables
- ~ **уравнений** family of equations
- ~ **функций** family of functions
- ~ **чисел** family of numbers
- ~ **экстремалей** family of extremals
- ~ **элементов** family of elements

аддитивное ~ additive family
алгебраически зависимое ~ algebraic dependent family
аналитическое ~ analytic(al) family
бесконечное ~ infinite family
гладкое ~ smooth family
дизъюнктное ~ disjoint family
дискретное ~ discrete family
дифференциально алгебраически независимое ~ differentially algebraic independent family
дифференциально сепарабельно зависимое ~ differentially separable dependent family
доминированное ~ dominated family
интегрируемое ~ integrable family
информативное ~ informative family
квазинормальное ~ quasi(-)normal family
компактное ~ compact family
конечное ~ finite family
конечно параметрическое ~ finite-parameter family
кривое ~ curved family
локально конечное ~ locally finite family
многопараметрическое ~ multi(-)parameter family
монотонное ~ monotone family, monotonic family
независимое ~ independent family; continuous family
непрерывное ~ continuous family
нормальное ~ normal family
обобщённое ~ generalized family
ограниченно полное ~ boundedly complete family
однопараметрическое ~ one-parameter family
относительно компактное ~ relatively compact family

семейство *(continued)*
    параметризованное ~ parametrized family
    параметрическое ~ parametric family
    перемножаемое ~ multipliable family
    полное ~ complete family
    порождающее ~ generating family
    равномерно интегрируемое ~ uniformly integrable family
    равностепенно непрерывное ~ equi(-)continuous family
    разделяющее ~ separating family
    сепарабельно зависимое ~ separable dependent family
    спектральное ~ spectral family
    стеснённое ~ constrained family
    суммируемое ~ summable family
    счётноаддитивное ~ countably additive family
    точечно-конечное ~ point-finite family
    трёхпараметрическое ~ three-parameter family
    центрированное ~ centered system
    экспоненциальное ~ exponential family
семигранник heptahedron
семигранный heptahedral
семиинвариант semi(-)invariant
    спектральный ~ spectral semiinvariant
семимартингал semi(-)martingale
семиотика semiotics
семиричный septenary
семисторонний septilateral
семиугольник heptagon
семиугольный heptangular
сентенциальный sentential
сепарабельно separably
сепарабельность separability
    ~ поля separability of a field
    ~ пространства separability of a space
    слабая ~ weak separability
сеперабельный separable
сепаранта separant
сепаратриса separatrix
сердцевина monolith
середина mid(-)point, middle point; middle
    ~ интервала midpoint of an interval
    ~ области изменения mid(-)range
сериальный serial
серийно serially
серия series; run
    ~ групп series of groups
    ~ задач series of problems
    ~ представлений series of representations
    вырожденная ~ degenerate series
    дискретная ~ discrete series
    дополнительная ~ complementary series; supplementary series
    непрерывная ~ (*представлений*) continuous series, principal series
    основная ~ (*представлений*) continuous series, principal series
    особая ~ singular series
сетка mesh; net; grid; lattice
    биномиальная ~ binomial paper
    картографическая ~ map grid
    квадратная ~ square grid
    радиальная ~ radial network
сет‖ь net; network; mesh
    ~ кривых net of curves
    ~ линий net of lines
    ε- ~ epsilon-net
    π- ~ pi-network
    абстрактная ~ abstract network
    автоматная ~ network of automata
    бесконечная ~ infinite network
    внешняя ~ external network
    внутренняя ~ internal network
    геодезическая ~ geodetic network
    двудольная ~ bi(-)partite net
    двухполюсная ~ two-port network
    изотермическая ~ isothermal net
    исходная ~ original network

итеративная ~   iterative network
  конечная ~   finite network
  конформно-чебышевская ~   rhombic net
  координатная ~   coordinate network
  линейная ~   linear network
  логарифмическая ~   logarithmic chart
  логическая ~   logical net(work)
  минимальная ~   minimal network
  непересекающиеся ~ и   disjoint networks
  однополюсная ~   one-port network
  ортогональная ~   orthogonal net(work)
  параболическая ~   parabolic net
  полярная ~   polar net
  правильная ~   regular network
  промежуточная ~   intermediate network
  простая ~   simple network
  разложимая ~   decomposable network
  ромбическая ~   rhombic net
  связная ~   connected network
  сопряжённая ~   conjugate net
  счётная ~   countable network
  транспортная ~   transportation network
  треугольная ~   triangular mesh
  чебышевская ~   Chebyshev('s) net, Chebyshev('s) array
  эллиптическая ~   elliptic network
сечени‖е   section; cut; cross(-)section; cross(-)cut
  ~ касательного пучка   cross-section of a tangent bundle
  ~ множества   section of a set
  ~ области   cross-cut of a domain
  ~ пучка   section of a sheaf
  ~ рассеяния   scattering cross-section
  ~ расслоения   cross-section of a fiber bundle; cross-section of a fiber space
  C- ~   C-section
  k- ~   k-section

  вырожденное коническое ~   degenerate conic
  гиперплоское ~   hyper(-)plane section
  гладкое ~ C   cross-section
  глобальное ~   global section
  гомотетичные ~ я   homothetic sections
  дедекиндово ~   Dedekind('s) cut
  дифференциальное ~   differential cross-section
  золотое ~   harmonic division; golden section
  каноническое ~   canonical section
  коническое ~   conic(al) section, conic
  линейно независимые ~ я   linearly independent sections
  локальное ~   local cross-section
  минимальное ~   minimum cut
  ненулевое ~   non(-)vanishing cross-section
  непрерывное ~   continuous cut; continuous section
  нормальное ~   normal section
  нулевое ~   zero section
  осевое ~   axial (cross-)section
  параллельное ~   parallel section
  пеноскулирующее коническое ~   penosculating conic
  перпендикулярное ~   normal cross-section
  плоское ~   plane section
  прямое ~   right section
  стандартное ~   standard section
  фокальное коническое ~   focal conic
  центральное ~   central section
  центральное коническое ~   central conic
  циклическое ~   cyclic section
сжатие   contraction; shrinkage; pinching; compression; striction
  ~ алгебры   contraction of an algebra
  ~ группы   contraction of a group
  ~ класса   contraction of a class
  ~ матроида   contraction of a matroid

сжатый oblate
сжимаемость compressibility
сжимать contract; pinch
сигнал signal
   векторный ~ vector signal
   входной ~ input signal
   выходной ~ output signal
сигнатура signature
   ~ группы signature of a group
   ~ квадратичной формы signature of a quadratic form
   ~ многообразия signature of a manifold, index of a manifold
сигнум signum (function)
сизигетический syzygetic
сизигия syzygy
сила strength
силлогизм syllogism
   гипотетический ~ hypothetical syllogism
   модальный ~ modal syllogism
силлогистический syllogistic
сильнейший strongest
сильно strongly; strictly
сильный strong; strict
символ symbol; sign
   ~ Гильберта norm-residue
   ~ Кронекера Kronecker('s) delta
   ~ норменного вычета norm-residue
   ~ оператора symbol of an operator
   ~ переменной variable symbol
   ~ уравнения symbol of an equation
   n-местный ~ symbol of n arguments
   входной ~ input symbol
   главный ~ principal symbol
   предикатный ~ predicate symbol
   пустой ~ blank
   функциональный ~ function(al) symbol
   числовой ~ number symbol; numeral
символика symbolism; symbolics; symbology
   бесскобочная ~ Лукасевича Polish notation
   математическая ~ mathematical symbolism
символически symbolically
символический symbolic(al)
симметризатор symmetrizer
симметризация symmetrization
   ~ относительно полуплоскости symmetrization with respect to a half-plane
   ~ относительно плоскости symmetrization with respect to a plane
   круговая ~ circular symmetrization
   сферическая ~ spherical symmetrization
симметризованный symmetrized
симметризовать symmetrize
симметризуемость symmetrizability
симметризуемый symmetrizable
симметрика symmetric
симметрично symmetrically
симметричность symmetry property
   ~ оператора symmetry property of an operator
симметричный symmetric(al)
   ~ относительно оси symmetric about an axis, symmetric with respect to an axis
   ~ относительно прямой symmetric about a line, symmetric with respect to a line
   O- ~ O-symmetric
   аксиально ~ axially symmetric
   вращательно ~ rotation(ally)-symmetric
   центрально ~ centrally symmetric, centro-symmetric
   цилиндрически ~ cylindrically symmetric
симметри‖я symmetry ◊ по соображениям ~ и for symmetry sake, by symmetry
   ~ относительно плоскости plane symmetry
   ~ переноса translation symmetry
   внутренняя ~ internal symmetry
   зеркальная ~ mirror symmetry
   круговая ~ circular symmetry

 локальная ~ local symmetry
 нетривиальная ~ non(-)trivial symmetry
 осевая ~ line symmetry, axial symmetry
 пентагональная ~ pentagonal symmetry
 пространственная ~ space symmetry
 скрытая ~ hidden symmetry
 сферическая ~ spherical symmetry
 центральная ~ central symmetry, point symmetry
симплекс simplex
 ***n*-мерный ~** n-(dimensional) simplex
 автополярный ~ self(-)polar simplex
 вырожденный ~ degenerate simplex
 геометрический ~ geometric(al) simplex
 замкнутый ~ closed simplex
 криволинейный ~ curvilinear simplex
 невырожденный ~ non(-)degenerate simplex
 одномерный ~ one-dimensional simplex
 ориентированный ~ oriented simplex
 открытый ~ open simplex
 противоположный ~ opposite simplex
 симплициальный ~ simplicial space
 сингулярный ~ singular simplex
 стандартный ~ standard simplex
 топологический ~ topological simplex
 упорядоченный ~ ordered simplex
симплектический symplectic
 почти ~ almost-symplectic
симплициальность simpliciality
симплициальный simplicial
симула simula
симуляция simulation
 численная ~ numerical simulation
сингония crystal system, syngony
 гексагональная ~ hexagonal system
 кубическая ~ cube system
 моноклинная ~ monoclinic system
 ромбическая ~ rhombic system
 ромбоэдрическая ~ rhombohedral system
 тетрагональная ~ tetragonal system
 триклинная ~ triclinic system
сингулярно singularly
сингулярность singularity
сингулярный singular
синонимия synonymy
синтагматический syntagmatic
синтаксис syntax
 теоретический ~ theoretical syntax
 элементарный ~ elementary syntax
синтаксический syntactic
синтез synthesis
 ~ схем circuit synthesis, network synthesis
 гармонический ~ harmonic synthesis
 спектральный ~ spectral synthesis
синтезировать synthesize
синтетический synthetic
синус sine, natural sine, sine function
 ~ угла sine of an angle
 ~ амплитуды amplitude sine
 гиперболический ~ hyperbolic sine
 гиперболический интегральный ~ hyperbolic sine integral
 интегральный ~ integral sine
 эллиптический ~ elliptic(al) sine
синусоида sine curve, sinusoid
синусоидальный sinusoidal

систем‖а system; assemblage; set
◊ ~ является K- ~ ой mechanical system is K
- ~ аксиом   system of axioms
- ~ аппроксимаций   system of approximations
- ~ бесконечного порядка   infinite-order system
- ~ векторов   system of vectors
- ~ вычетов   system of residues, set of residues
- ~ вычетов по модулю *m*   system of modulo *m*
- ~ групп   system of groups
- ~ дифференциальных уравнений   simultaneous differential equations
- ~ дробей   system of fractions
- ~ единиц   system of units
- ~ естественного вывода   natural system
- ~ замыканий   closure system
- ~ значений   system of values
- ~ игры   system of a game
- ~ импримитивности   system of imprimitivity, set of imprimitivity
- ~ инвариантов   system of invariants
- ~ интегралов   system of integrals
- ~ интегральных уравнений   simultaneous integral equations
- ~ инцидентности   partial plane
- ~ классов   system of classes
- ~ кодирования   coding system
- ~ Колмогорова   K-system
- ~ кривых   system of curves
- ~ логарифмов   system of logarithms, logarithmic system
- ~ лучей   system of rays
- ~ массового обслуживания   service system, queuing system
- ~ массового обслуживания с ограниченной очередью   queuing system with bounded sojourn time
- ~ массового обслуживания с одним каналом обслуживания   single-channel queuing system, single-server queuing system
- ~ массового обслуживания с ожиданием   queuing system with waiting room
- ~ массового обслуживания с отказами   service system with failures
- ~ массового обслуживания с очередью   queuing system with waiting room
- ~ многочленов   system of polynomials
- ~ множеств   system of sets
- ~ модулей   module system
- ~ неравенств   simultaneous inequalities, system of inequalities
- ~ нормальных координат   normal coordinate system
- ~ образующих   system of generators, set of generators, generating set
- ~ обслуживания с многими пунктами обслуживания   queuing system with many servers
- ~ общих представителей   complete system of common representatives
- ~ окрестностей   system of neighborhoods
- ~ , освещённая изнутри   inner illumination system
- ~ отнесения   reference system
- ~ отсчёта   frame of reference
- ~ первого порядка   1st-order system
- ~ пересечений   system of intersections
- ~ подгрупп   system of subgroups
- ~ подстановок   system for permutations, semi-Thue system
- ~ ПРА   primitive recursive arithmetic
- ~ представителей   set of representatives
- ~ представлений   set of representations
- ~ прямых   system of lines

систем‖а

- ~ **равенств** system of equations
- ~ **различных представителей** complete system of distinct representatives
- ~ **реального времени** real-time system
- ~ **результатов** resultant system
- ~ **реперов** frame system
- ~ **референции** reference system
- ~ **решений** system of solutions
- ~ **с адаптацией** system with adaptation
- ~ **с запаздыванием** delay system
- ~ **с конвергенцией** system of convergence
- ~ **с одним обслуживающим устройством** single-server queue
- ~ **с полными связями** system with complete connections
- ~ **с потерями** loss system
- ~ **свободных порождающих** free generating set
- ~ **событий** system of events, set of events
- ~ **соотношений** system of relations
- ~ **составляющих** system of components
- ~ **сравнений** system of congruences
- ~ **степеней** system of powers
- ~ **счисления** system of numeration
- ~ **точек** system of points
- ~ **треугольного вида** triangular system
- ~ **троек (*Штейнера*)** triple system
- ~ **управления** control system
- ~ **уравнений** simultaneous equations, system of equations, set of equations
- ~ **функций** system of functions, functional system
- ~ **Цермело-Френкеля** theory of Zermelo-Fraenkel
- ~ **Чебышева** unisolvent system
- ~ **элементов** system of elements
- **B-** ~ Borel('s) system
- **D-** ~ D-system, dissipative system
- **δ-** ~ delta-system
- **k-ичная** ~ **счисления** base k numeration system
- **K-** ~ K-system
- **m-** ~ m-system
- **s-** ~ s-system
- **T-** ~ T-system, transversal system
- **абелева** ~ Abelian system
- **абсолютная** ~ absolute system
- **абсолютно устойчивая** ~ absolutely stable system
- **автоматизированная** ~ **управления** automatic control system
- **автономная** ~ autonomous system
- **аддитивная** ~ additive system
- **аксиоматическая** ~ axiomatic system
- **алгебраическая** ~ algebraic(al) system
- **асинхронная** ~ asynchronous system
- **ассоциативная** ~ associative system
- **аффинная** ~ affine system
- **бернуллиевская** ~ Bernoulli('s) system
- **бесконечная** ~ infinite system
- **бесселева** ~ Bessel('s) system
- **билинейная** ~ bi(-)linear system
- **биортогональная** ~ bi(-)orthogonal system
- **борелевская** ~ Borel('s) system
- **вещественная** ~ real system
- **возмущённая** ~ perturbed system
- **восьмиричная** ~ octonal system
- **вполне интегрируемая** ~ completely integrable system, totally integrable system
- **вырожденная** ~ degenerate system
- **вычислительная** ~ computational system
- **гамильтонова** ~ Hamiltonian system
- **гауссова** ~ Gaussian system

систем‖а *(continued)*
  гибридная ~ hybrid system
  гиперболическая ~ hyperbolic system
  гиперкомплексная ~ hyper(-)complex system
  главная ~ principal system
  гладкая (динамическая) ~ smooth system
  голономная ~ holonomic system
  градиентная ~ gradient system
  грубая ~ coarse system, structurally stable system
  двадцатиричная ~ vigesimal system
  двенадцатиричная ~ duodecimal system
  двоичная ~ (счисления) binary system, binary numeration
  дедуктивная ~ formal system
  дедуктивно полная ~ deductively complete system
  десятичная ~ decimal system, decimal numeration, denary scale
  динамическая ~ (continuous) dynamic(al) system, autonomous system
  дискретная ~ discrete system
  диссипативная ~ D-system, dissipative system
  дифференциальная ~ differential system
  дополнительная ~ complementary system
  естественная ~ natural system
  жёсткая ~ rigid system; stiff system
  зависимая ~ dependent system
  замкнутая ~ closed system
  избыточная ~ redundant system
  изоморфные ~ы isomorphic systems
  инволюционная ~ involutory system
  индуктивная ~ inductive system
  интегрируемая ~ integrable system
  каноническая ~ canonical system
  категоричная ~ categorical system
  квазилинейная ~ quasi(-)linear system
  кватернионная ~ quaternionic system
  кибернетическая ~ cybernetic system
  классическая ~ classical system
  кодированная ~ coded system
  комплексная ~ complex system
  конечная ~ finite system
  конечномерная ~ finite(-)dimensional system
  консервативная ~ autonomous system
  корневая ~ root system
  кратная ~ multiple system
  левая ~ left-hand system
  линеаризованная ~ linearized system
  линейная ~ linear system
  линейная ~ размерности 1 linear pencil
  линейно независимая ~ linearly independent system
  логистическая ~ logistic system, sequential system
  логическая ~ logical system
  локальная ~ local system
  максимальная ~ maximal system
  марковская ~ Markov(ian) system
  математическая ~ mathematical system
  метрическая ~ metric system
  минимальная ~ minimal system
  многоканальная ~ multi(-)channel system
  модельная ~ model system
  модулярная ~ modular system
  моноциклическая ~ monocyclic system
  мультипликативная ~ multiplicative system
  мультиустойчивая ~ multi(-)stable system
  направленная ~ direct(ed) system

наследственная ~ hereditary system
насыщенная ~ saturated system
натуральная ~ natural system, Postnikov('s) system
неавтономная ~ non(-)autonomous system
невырожденная ~ non(-)degenerate system
неголономная ~ non(-)holonomic system
независимая ~ independent system
неизоморфные ~ы non(-)isomorphic systems
нелинейная ~ non(-)linear system
неоднородная ~ inhomogeneous system, non(-)homogeneous system
неопределённая ~ indeterminate system
неполная ~ incomplete system
непрерывная ~ continuous system
неприводимая ~ irreducible system
непротиворечивая ~ consistent system
несовместная ~ inconsistent system
несовместная ~ уравнений inconsistent simultaneous equations
несчётная ~ uncountable system
нормальная ~ normal system, normal set, system of productions
нормированная ~ normalized system
нулевая ~ null system
нуль- ~ null system
обильная ~ (very) ample system
обобщённая ~ generalized system
обратная ~ inverse system; inverse spectrum
общая ~ general system
одиннадцатиричная ~ unidecimal system
одномерная ~ one-dimensional system
однородная ~ homogeneous system
однотипные ~ы similar systems
операционная ~ operating system
определённая ~ determinate system, determined system
ортогональная ~ orthogonal system
ортонормированная ~ orthonormal system, orthonormal set
основная ~ basic system
параболическая ~ parabolic system
первичная ~ prime system; prime model
переопределённая ~ over(-)determined system
плюриканоническая ~ pluri(-)canonical system
подвижная ~ moving system
подобные ~ы similar systems
позиционная ~ (счисления) place-value system, positional system
полная ~ complete system
положительно определённая ~ positive-definite system
полугеодезическая ~ semi(-)geodesic system
полу-Туэ ~ semi-Thue system, system for permutations
полуформальная ~ semi(-)formal system
полярная ~ polar system
порождающая ~ generating system
порождённая ~ generated system
правая ~ right(-hand) system
правая ~ представителей right representative system
правосторонняя ~ right(-hand) system
предельно ограниченная ~ D-system, dissipative system
представляющая ~ representing system
приведённая ~ reduced system
приводимая ~ reducible system
присоединённая ~ associated system

систем⫽а *(continued)*
  пропозициональная ~ propositional system
  пропозициональная ~ модальной логики modal system
  простая ~ simple system; prime system
  пространственная ~ system in space
  противоречивая ~ inconsistent system
  пятиричная ~ (*счисления*) quinary system
  равномерная ~ uniform system
  равносильная ~ equivalent system
  разрешимая ~ solvable system; soluble system
  реальная ~ real system
  регулярная ~ non(-)singular system, regular system
  рекуррентная ~ recursive system
  реляционная ~ relational system, relational structure
  решётчатая ~ lattice system
  свободная ~ free system
  свободная порождающая ~ free generating set
  секвенциальная ~ logistic system, sequential system
  семантическая ~ semantic system
  семиричная ~ (*счисления*) septimal system
  сильная ~ strong system
  сильно нелинейная ~ strongly non(-)linear system
  симметрическая ~ symmetric(al) system
  синхронная ~ synchronous system
  скалярная ~ scalar system
  слабо нелинейная ~ weakly non(-)linear system
  сложная ~ complicated system
  совместная ~ consistent system, compatible system
  содержательно непротиворечивая ~ semantically consistent system
  сопряжённая ~ conjugate system, adjoint system
  специальная ~ special system
  стохастическая ~ stochastic system
  строго гиперболическая ~ strictly hyperbolic system
  строго эллиптическая ~ strictly elliptic system
  структурно устойчивая ~ coarse system, structurally stable system
  ступенчатая ~ step-by-step system
  счётная ~ countable system
  счётнобесконечная ~ countably infinite system
  типичная ~ typical system
  топологическая ~ topological system
  трансверсальная ~ transversal system, T-system
  треугольная ~ triangular system
  тригонометрическая ~ trigonometric system
  триортогональная ~ triply orthogonal system
  троичная ~ (*счисления*) ternary system
  тройная ~ (*Ли*) triple system
  укороченная ~ truncated system
  универсальная ~ universal system; universal structure
  управляемая ~ controlled system, controllable system
  управляющая ~ control system, controller
  устойчивая ~ stable system
  фиксированная ~ fixed system
  формальная ~ formal system
  формальная ~ Гейтинга Heyting('s) calculus
  формально непротиворечивая ~ formal consistent system

формально противоречивая ~ formal contradictory system
фундаментальная ~ fundamental system, fundamental set
функциональная ~ system of functions, functional system
функционально полная ~ functionally complete system
характеристическая ~ characteristic system
целочисленная ~ integer system
центрированная ~ centered system
циклическая ~ cyclic system
четверичная ~ (*счисления*) quaternary system
числовая ~ system of numbers
шестнадцатиричная ~ sexadecimal system
эквивалентная ~ equivalent system
эквидистантная ~ equidistant net
экспоненциальная ~ exponential system
элементарная ~ elementary system
эллиптическая ~ elliptic(al) system
эффективная ~ effective system

систем∥а координат *см. тж.*
   координаты system of coordinates
   ◊ **в одной и той же ~** with the same axes; on the same coordinate system
   ~ на многообразии coordinates in a manifold
   гармоническая ~ harmonic coordinates
   глобальная ~ global coordinates
   каноническая ~ canonical coordinate system
   косоугольная ~ oblique coordinate system
   криволинейная ~ curvilinear coordinates
   левая ~ left-hand coordinate system
   логарифмическая ~ logarithmic coordinates
   локальная ~ local coordinate system
   ортогональная ~ orthogonal coordinate system, orthogonal coordinates
   подвижная ~ moving coordinate system
   правая ~ right-hand(ed) system of coordinates
   проективная ~ projective coordinate system
   прямоугольная ~ rectangular coordinate system
   специальная ~ special coordinates
   сферическая ~ spherical coordinates
   фиксированная ~ fixed coordinates
   центрированная ~ centered coordinate system

систематически systematically
систематический systematic
ситуация situation
   ~ равновесия equilibrium situation
   договорная ~ bargaining situation
   игровая ~ game situation
   исходная ~ initial situation
   конкретная ~ concrete situation
   общая ~ general situation
   смешанная ~ mixed situation
   стабильная ~ stable situation

скаляр scalar
   ~ кривизны curvature scalar
   комплексный ~ complex scalar

скалярнозначный scalar-valued
скалярный scalar
скачок jump
   ~ плотности density jump
   ~ процесса jump in a process
   ~ функции jump of a function
скедастический scedastic
скелет skeleton
   ~ категории skeleton of a category
скелетный skeletal
складка fold
складывать add(up)
   ~ почленно add termwise

склеенный glued
склеивание topological identification
~ **границ** gluing boundaries
склеивать patch (together), piece (together), paste (together), coalesce, sew along
~ **в точку** collapse to a point
~ **границы** paste boundaries
~ **пространства** piece together spaces; glue spaces
~ **функции** piece together functions
склейка clutching; gluing; coalescence; sewing; *soudure*
скобк ‖ а bracket; bracket product
◊ **опускать** ~ **и** omit brackets; **раскрывать** ~ **и** remove brackets; **расставлять** ~ **и** use parentheses
~ **Ли** Lie('s) bracket
~ **и Пуассона** Poisson('s) bracket
круглые ~ **и** parentheses
фундаментальные ~ **и** fundamental brackets
скольжение sliding
скорость speed; velocity
~ **выборки** sampling rate
~ **изменения** rate; gradient
~ **как функция искажения** ε-entropy
~ **передачи информации** information rate
~ **роста** rate of growth
~ **сближения** rate of closeness
~ **создания сообщений** source rate
~ **сходимости** speed of convergence, rate of convergence, rapidity of convergence
~ **сходимости геометрической прогрессии** geometric(al) convergence
~ **сходимость** (*сходимости*) **с порядком k** speed of order k
асимптотическая ~ **сходимости** asymptotic rate
групповая ~ group velocity
квадратичная ~ (*сходимости*) quadratic rate
мгновенная ~ instantaneous velocity
скрещённый crossed
скругление rounding
~ **углов** rounding corners
скрученный twisted
скручивать twist
скрытый hidden
слабо weakly; tamely
слабый weak; feeble
слагаемое addend, term of a sum, summand
прямое ~ direct summand
след trace; spur
~ **идеала** trace of an ideal
~ **коммутатора** trace of a commutator
~ **матрицы** trace of a matrix, spur of a matrix
~ **на C-алгебре** trace on a C-algebra
~ **начала координат** (*в аксонометрии*) axonometric trace
~ **оператора** trace of an operator
~ **прямой** trace of a line
~ **тензора** trace of a tensor
~ **формы** trace of a form
~ **функции** trace of a function
~ **эндоморфизма** trace of an endomorphism
вертикальный ~ vertical trace
взвешенный ~ weighted trace
горизонтальный ~ horizontal trace
конечный ~ finite trace
нормальный ~ normal trace
полуконечный ~ semi(-)finite trace
регуляризованный ~ regularized trace
следование implication
логическое ~ implication; conditional
следовать follow

следствие consequence; corollary
  ~ отношения   derived relation
  ~ теоремы   corollary of a theorem
  логическое ~   logical consequence
  прямое ~   immediate consequence
  топологическое ~   topological consequence
слеза   *anneau en forme de larme*
слияние   merging
словарь   dictionary
слово   word; string
  ~ длины ноль   string of length zero
  буквенное ~   letter string
  непустое ~   non(-)zero word
  простое ~   simple word
  пустое ~   empty string
  редуцированное ~   reduced word
словосочетание   word combination
слоени∥е   foliation
  ~ класса C^r C^r-foliation
  ~ на многообразии   foliation on a manifold
  ~ с особенностями   foliation with singularities
  аналитическое ~   analytic(al) foliation
  дифференцируемое ~   smooth foliation
  измеримое ~   measured foliation
  конкордантные ~ я   concordant foliations
  локальное ~   local foliation
  одномерное ~   one-dimensional foliation
сложение   addition
  ~ векторов   vector addition
  ~ кардинальных чисел   cardinal addition
  ~ множеств   addition of sets
  ~ по mod 2   digital addition
  ~ по mod p   addition of modulo p
  ~ последовательностей   addition of sequences
  ~ ручек   addition of handles
  ~ «столбиком»   long addition
  ~ элементов   addition of elements
  алгебраическое ~   algebraic(al) addition
  векторное ~   vector addition
  кардинальное ~   cardinal addition
  логическое ~   logical addition
сложность   complexity
  ~ вычислений   computational complexity
  ~ машины   complexity of a machine
  ~ моделирования   modeling complexity
  ~ объекта   complexity of an object
  ~ описания   descriptional complexity
  ~ преобразования   complexity of a transformation
  ~ схемы (из функциональных элементов)   complexity of a circuit
  ~ теста   test complexity
  ~ формулы   complexity of a formula
  линейная ~   linear complexity
  минимальная ~   minimal complexity
сложный   compound; composite
слой   layer; leaf; fiber; stalk
  ~ морфизма   fiber of a morphism
  ~ над точкой   fiber of a point
  ~ пучка   stalk of a sheaf
  ~ расслоения   fiber of a fibre space
  ~ слоения   leaf of a foliation
  ~ эллиптической поверхности   fiber of an elliptic surface
  вихревой ~   vortex layer
  геометрический ~   geometric(al) fiber
  двойной ~   double layer
  дискретный ~   discrete fiber
  компактный ~   compact fiber
  конический ~   frustum of a cone; conic fiber
  кратный ~   multiple fiber
  пограничный ~   region of non(-)uniformity; boundary layer
  связный ~   connected fiber
  шаровой ~   spherical layer

случай case ◊ имеет место ~ предельного круга we are in the limit circle case
- ~ предельного круга limit-circle case
- ~ предельной точки limit-point case
- n-мерный ~ n-dimensional case
- бесконечномерный ~ infinite-dimensional case
- векторный ~ vector case
- вещественный ~ real case
- вырожденный ~ degenerate case, singular case
- гиперболический ~ hyperbolic case
- действительный ~ real case
- дискретный ~ discrete case
- евклидов ~ Euclidean case
- исключительный ~ exceptional case
- классический ~ classical case
- компактный ~ compact case
- комплексный ~ complex case
- конечнозначный ~ finite-dimensional case
- конечномерный ~ finite-dimensional case
- крайний ~ extreme case
- многомерный ~ multi(-)dimensional case
- невырожденный ~ non(-)degenerate case
- некомпактный ~ non(-)compact case
- нелинейный ~ non(-)linear case
- неоднородный ~ inhomogeneous case
- неориентируемый ~ non(-)orientable case
- общий ~ general case
- однородный ~ homogeneous case
- особый ~ singular case
- предельный ~ limit(ing) case
- псевдориманов ~ pseudo-Riemannian case
- равносильный ~ equivalent case
- регулярный ~ regular case
- сингулярный ~ singular case
- тривиальный ~ trivial case
- унитарный ~ unitary case
- частный ~ particular case, special case
- эллиптический ~ elliptic(al) case
- эрмитов ~ Hermitian case

случайная величина random variable, stochastic variable, aleatory variable, random variate, variate
- n-мерная ~ n-dimensional random variable
- асимптотически пренебрежимая ~ asymptotically negligible random variable
- безгранично делимая ~ infinitely divisible random variable, infinitely divisible variate
- векторная ~ vector-valued random variable
- гауссовская ~ Gaussian random variable
- действительная ~ real random variable
- делимая ~ divisible random variable, divisible variate
- дискретная ~ discrete random variable
- зависимая ~ dependent random variable
- интегрируемая ~ integrable random variable
- коррелированная ~ correlated random variable
- независимая ~ independent random variable; uncorrelated random variable
- непрерывная ~ continuous random variable
- нормальная ~ normal random variable, Gaussian random variable
- нормированная ~ normed random variable
- ограниченная ~ bounded random variable

постоянная ~ constant random variable
равномерно пренебрежимая ~ uniformly negligible random variable
разрывная ~ discontinuous random variable
распределённая ~ distributed random variable
суммируемая ~ summable random variable
эквивалентная ~ equivalent random variable

случайность randomness
случайный random; aleatory
смежный adjacent
смесь mixture
смешанный mixed
смешение confusion; confounding
смещать displace; shift
смещение bias, systematic error; displacement
  ~ вверх upward bias
  ~ вниз downward bias
  ~ оценки bias in an estimator
  спектральное ~ spectral displacement
смещённый biased
смысл meaning; sense
  ◊ **~ неравенства меняется на противоположный** sense of an inequality is reversed;
  в ограниченном ~ е in the restricted sense; **в узком ~ е** in the narrow sense; in the strict sense;
  в широком ~ е in the wide sense
  геометрический ~ geometric(al) sense
  статистический ~ statistical meaning
  строгий ~ strict sense
  топологический ~ topological meaning
  физический ~ physical meaning
снабжать endow; equip
  ~ метрикой equip with a metric
  ~ структурой equip with a structure, endow with a structure

~ топологией equip with a topology
снабжённый equipped, endowed
~ нормой normed
снимать скобки suppress parentheses, eliminate parentheses, delete parentheses
снос shift
сносить (*цифру при сложении*) draw down, carry down, bring down
со- co-
собирать assemble; collect
собственная функция eigen(-)function, proper function
  ~, соответствующая собственному значению eigenfunction corresponding to an eigenvalue
собственно properly
собственное значени‖е eigen(-)value, proper value, proper number, characteristic number
  ~ геометрической кратности 1 geometrically simple eigenvalue
  ~ матрицы eigenvalue of a matrix
  ~ многочлена eigenvalue of a polynomial
  ~ оператора eigenvalue of an operator
  ~ функции eigenvalue of a function
  алгебраически простое ~ algebraically simple eigenvalue
  близкое ~ close eigenvalue
  двукратное ~ double eigenvalue
  действительное ~ real eigenvalue
  комплексное ~ complex eigenvalue
  кратное ~ multiple eigenvalue, repeated eigenvalue, degenerate eigenvalue
  мнимое ~ imaginary eigenvalue
  нулевое ~ zero eigenvalue
  обобщённое ~ generalized eigenvalue
  обусловленное ~ conditioned eigenvalue
  однократное ~ simple eigenvalue
  отделённое ~ separated eigenvalue

собственное значени‖е
(continued)
  плохо обусловленное ~ ill-conditioned eigenvalue
  простое ~ simple eigenvalue
  сопряжённое ~ conjugate eigenvalue
  хорошо отделённое ~ well(-)separated eigenvalue
  чисто мнимое ~ purely imaginary eigenvalue
собственный proper
собственный вектор eigen(-)vector; characteristic vector, proper vector, latent vector
  ~ матрицы eigenvector of a matrix
  ~ оператора eigenvector of an operator
  ~, относящийся к собственному значению eigenvector corresponding to an eigenvalue
  ~, принадлежащий собственному числу eigenvector for an eigenvalue
  ~, соответствующий собственному значению eigenvector for an eigenvalue
  левый ~ left eigenvector
  нормированный ~ normalized eigenvector
  обобщённый ~ generalized eigenvector
  плохо обусловленный ~ ill-conditioned eigenvector
  почти ортогональный ~ almost orthogonal eigenvector
  правый ~ right eigenvector
  приближённый ~ approximate eigenvector
  сопряжённый ~ adjoint eigenvector
  унитарный ~ unitary eigenvector
событи‖е event
  взаимно исключающие друг друга ~ я mutually exclusive events
  дополнительное ~ complementary event
  достоверное ~ certain event, sure event, certainty
  зависимое ~ dependent event
  маловероятное ~ impossible event
  невозможное ~ impossible event
  независимые ~ я disjoint events, independent events
  независимые в совокупности ~ я mutually independent events
  несовместные ~ я exclusive events
  нечёткое ~ fuzzy event
  ошибочное ~ error event
  попарно независимые ~ я mutually independent events
  попарно несовместные ~ я pairwise incompatible events
  равновероятные ~ я equally likely events, equally possible events
  равносильные ~ я equivalent events
  регулярное ~ regular event
  редкое ~ rare event
  рекуррентное ~ recurrent event
  сложное ~ complex event
  случайное ~ random event, measurable event
  управляемое ~ controllable event
  условное ~ conditional event
  элементарное ~ elementary event, simple event
совершенно perfectly
совершенность perfectness
совершенный perfect
совершенствование perfection
  ~ метода perfection of a method
совместимость compatibility; consistency
  ~ теорий compatibility of theories
совместность compatibility; consistency
  ~ аксиомы consistency of an axiom
  ~ методов суммирования consistency of summation methods

совместный compatible; consistent
совокупность collection; totality
  ~ **вложенных интервалов** nest of intervals
  ~ **карт** collection of charts
  ~ **множеств** collection of sets
  ~ **подмножеств** collection of subsets
  ~ **тождеств** collection of identities
  ~ **точек** collection of points
  ~ **функций** collection of functions
  ~ **чисел** collection of numbers
  ~ **ядерных операторов** nuclear class
  бесконечная генеральная ~ infinite population
  выборочная ~ sample collection
  выполнимая совместная ~ **замкнутых формул данной сигнатуры** consistent set of formulas
  генеральная ~ population, universe
  генеральная ~ **с отличным от нормального распределения** non(-)normal population
  двумерная генеральная ~ bi(-)variate population, two-dimensional population
  конечная генеральная ~ finite population
  нормальная генеральная ~ normal population
  упорядоченная ~ ordered collection
совпадать coincide
  ~ **полностью** coincide completely
совпадение coincidence
  ~ **знаков** coincidence of signs
согласие goodness of fit
согласованный compatible; consistent
содержание content
  ~ **многочлена** content of a polynomial
  ~ **теоремы** content of a theorem

содержимое (*ленты машины Тьюринга*) content
соединение join; connection
  ~ **входов** connection of inputs
  ~ **элементов** element connection
  каскадное ~ cascade
  параллельное ~ parallel connection
  последовательное ~ serial connection
  приведённое ~ reduced join
соединять join
  ~ **точки** join two points
соизмеримость commensurability
соизмеримый commensurable
сократимый cancellable
сокращать cancel (out); reduce
  ~ **дробь** reduce a fraction
  ~ **на 2** cancel 2
сокращени‖**е** cancellation; reduction
  ◊ **для** ~ **я записи** for brevity
  ~ **данных** reduction of data
  ~ **дополнительных ручек** cancellation of handles
  ~ **дроби** reduction of a fraction to lower terms
  ~ **слева** left cancellation
  ~ **справа** right cancellation
солвмногообразие solvmanifold
соленоид solenoid
соленоидальный solenoidal
солитон soliton
  двойной ~ double soliton
солнце sun
сомножитель factor; multiplier
  конечный ~ finite multiplier
сонаправленный co(-)directional, co(-)directed
соображени‖**е** argument
  алгебраические ~ **я** algebraic(al) argument
  неформальные ~ **я** informal argument
сообщение message; communication
  ~ **на выходе** message at an output
  бинарное ~ binary communication
  исходное ~ original message

соответствие correspondence; concordance ◊ **ставить в ~** associate; map; assign; match
 ~ **границ** boundary correspondence
 ~ **между множествами** correspondence from a set to a set
 алгебраическое ~ algebraic(al) correspondence
 биективное ~ one-to-one correspondence
 бирациональное ~ bi(-)rational correspondence
 взаимно однозначное ~ one-to-one correspondence
 дуальное ~ dual correspondence
 естественное ~ natural correspondence
 изометрическое ~ isometric correspondence
 конформное ~ conformal correspondence
 многозначное ~ one-to-many correspondence
 модулярное ~ modular correspondence
 обратное ~ inverse correspondence
 однозначное ~ univalent correspondence
 однозначное ~ , обратное которому не однозначно many-to-one correspondence
 перспективное ~ homology
 проективное ~ projective correspondence
 числовое ~ numerical correspondence
соответствовать correspond
соотношение relation; relator; syzygy
 ◊ **~ справедливо** relation holds
 ~ **антикоммутации** anti(-)commutation relation
 ~ **в группе** relation in a group
 ~ **двойственности** duality relation
 ~ **коммутации** commutation relation
 ~ **ортогональности** orthogonality relation
 ~ **перестановочности** commutation relation
 ~ **равновесия** equilibrium relation
 ~ **эквивалентности** equivalence relation
 О- ~ relation of order
 алгебраическое ~ algebraic(al) relation
 аналитическое ~ analytic(al) relation
 антикоммутационное ~ anti(-)commutation relation
 асимптотическое ~ asymptotic relation, relation of order
 аффинное ~ affine relation
 билинейное ~ bi(-)linear relation
 более грубое ~ coarser relation
 геометрическое ~ geometric(al) relation
 двойственное ~ dual relation
 дисперсионное ~ dispersion relation
 инвариантное ~ invariant relation
 интранзитивное ~ intransitive relation
 истинное ~ true relation
 количественное ~ quantitative relation
 коммутационное ~ commutation relation
 метрическое ~ metric relation
 обратное ~ inverse of a relation
 определяющее ~ defining relation, generating relation
 перспективно-аффинное ~ perspective affine relation
 рекуррентное ~ recursive relation, recursion relation, recurrence relation, recurrence formula, recursion formula
 стохастическое ~ stochastic relation
 тождественное ~ identical relation
 тэта- ~ theta-relation

соприкасаться   **состояни‖е**

    функциональное ~ functional relation
    целочисленное ~ integral relation
    экстремальное ~ extremality relation
соприкасаться osculate
соприкасающийся osculating, osculatory
соприкосновение osculation
    ~ порядка *n* contact of order *n*
сопряжение conjugation
    внутреннее ~ inner conjugation
    комплексное ~ complex conjugation
сопряжённость conjugacy; adjointness; conjunctivity
    внешняя ~ outer conjugacy
сопряжённый adjoint; conjugate
    комплексно ~ complex conjugate
сортировка sorting
    ~ выбором sorting by selection
сосед neighbor
    ближайший ~ nearest neighbor
сосредотачивать concentrate
составление set-up
    ~ расписаний по критическим путям critical-path scheduling
составлять set up; compose; compile; constitute; form; make up
    ~ дробь make up a fraction
    ~ матрицу set up a matrix
    ~ множество constitute a set
    ~ программу (*машины Тьюринга*) compile a program
    ~ пропорцию form a proportion
    ~ схему devise a scheme
    ~ угол make an angle
    ~ уравнение set up an equation, formulate an equation
составляющ‖ая component; constituent
    ~ие вектора rectangular components
    ~ погрешности component of an error
    ~ поля component of a field
    гармоническая ~ harmonic component
    гладкая ~ smooth component
    голоморфная ~ holomorphic component
    ковариантная ~ covariant component
    контравариантная ~ contravariant component
    логическая ~ logical component
состояни‖е state; situation
    ~ автомата state of an automaton
    ~ памяти history
    ~ системы state of a system
    активное ~ (*машины Тьюринга*) active situation
    внутреннее ~ internal state
    внутреннее ~ машины Тьюринга state of a Turing machine
    гиббсовское ~ Gibbs(') state
    дискретное ~ discrete state
    достижимое ~ accessible state
    заключительное ~ (*машины Тьюринга*) terminal situation; terminal state; output
    инвариантное ~ invariant state
    каноническое ~ canonical state
    конечное ~ final state
    мгновенное ~ instantaneous state
    начальное ~ initial state, starting state; initial situation
    непересекающиеся ~я disjoint states
    неустойчивое ~ unstable state
    нулевое ~ null state
    поглощающее ~ absorbing state
    равновесное ~ equilibrium state
    сбалансированное ~ equilibrium state
    собственное ~ eigenstate
    сообщающиеся ~я communicating states
    стационарное ~ stationary state
    устойчивое ~ stable state
    эргодическое ~ ergodic state

софистический sophistical
софокусный confocal
сохранение conservation; preservation
~ **пределов** preservation of limits
~ **углов** preservation of angles
сохранять preserve
~ **границу** preserve a boundary
~ **длину** preserve length
~ **ориентацию** preserve orientation
~ **свойство** preserve a property
~ **скалярное произведение** preserve inner product
~ **слой** preserve a fiber
~ **форму** preserve a form
сохраняющий preserving
~ **метрику** metric-preserving
~ **отношение близости** proximity-preserving
~ **площадь** area-preserving
~ **порядок** order-preserving
~ **сходимость** convergence-preserving
~ **углы** angle-preserving
сочетаемость associative property
сочетание combination
~ **без повторений** combination without repetition(s)
~ **по k** k-combination
~ **сповторениями** combination, repetition(s) allowed; combination with repetitions
сочетательность associative property; associativity
сочленение concatenation
спаривание coupling; pairing
спектр spectrum
~ **алгебры** spectrum of an algebra
~ **графа** spectrum of a graph
~ **групп** spectrum of groups
~ **динамической системы** spectrum of a dynamic system
~ **кольца** spectrum of a ring
~ **матрицы** spectrum of a matrix
~ **многообразий** spectrum of manifolds
~ **мощности** power spectrum, energy spectrum
~ **оператора** spectrum of an operator
~ **пары** spectrum for a pair
~ **преобразования** spectrum of a transformation
~ **пространств** spectrum of spaces
~ **процесса** spectrum of a process
~ **регрессии** regression spectrum
~ **собственных значений** eigenvalue spectrum
~ **сфер** spectrum of spheres
~ **функции** spectrum of a function
~ **элемента** spectrum of an element
Ω- ~ omega-spectrum
абсолютно непрерывный ~ absolutely continuous spectrum
аппроксимативный ~ approximate spectrum
богатый ~ rich spectrum
вейлевский ~ Weyl('s) spectrum
вещественный ~ real spectrum
динамический ~ dynamic(al) spectrum
дискретный ~ discrete spectrum
квазидискретный ~ quasi(-)discrete spectrum
компактный ~ compact spectrum
лебеговский ~ Lebesgue('s) spectrum
локальный ~ local spectrum
максимальный ~ maximal spectrum
минимальный ~ minimal spectrum
непрерывный ~ continuous spectrum
неустойчивый ~ unstable spectrum
обратный ~ inverse spectrum; inverse system
остаточный ~ residual spectrum
периферический ~ peripheral spectrum
предельный ~ limit(ing) spectrum
простой ~ simple spectrum
прямой ~ direct spectrum
симплициальный ~ simplicial spectrum

смешанный ~ mixed spectrum
совместный ~ joint spectrum
существенный ~ essential spectrum
сходящийся ~ convergent spectrum
точечный ~ point spectrum
чисто дискретный ~ pure discrete spectrum
чисто точечный ~ pure point spectrum
энергетический ~ energy spectrum

спектральный spectral
специализация specialization
~ точки specialization of a point
дифференциальная ~ differential specialization

специализированный specialized
специалист specialist
~ по математический логике logician
~ по теории вероятностей probabilist
~ по теории чисел number theorist

специальный specific
специфика special
спецификация specificity; specification
спинор spinor
пунктированный ~ dotted spinor
спинорный spinorial
спираль spiral
~ Корню clothoid, clothoid curve
~ кривой spiral of a curve
sici- ~ si-ci spiral
алгебраическая ~ algebraic(al) spiral
архимедова ~ Archimedian spiral
гиперболическая ~ hyperbolic spiral, reciprocal spiral
логарифмическая ~ logarithmic spiral, equiangular spiral
параболическая ~ parabolic spiral
синусоидная ~ sine spiral

спиральный spiral
список list
~ формул list of formulas
сплайн spline
L- ~ L-spline
L_g- ~ L_g-spline
интерполяционный ~ interpolatory spline
кубический ~ cubic spline
локальный ~ Hermite('s) spline, local spline
полиномиальный ~ polynomial spline
эрмитов ~ Hermite('s) spline, local spline

сплетение wreath product
декартово ~ complete wreath product
дискретное ~ wreath product
полное ~ complete wreath product

сплющенность oblateness
сплющенный oblate
способ fashion; method
~ задания specification method
~ функционирования functioning method
наглядный ~ visual method

способность capability
пропускная ~ capacity of a channel; input rate

справедливость validity
~ равенства validity of an equation
~ разложения validity of an expansion
~ формулы validity of a formula

справедливый valid
спрэд spread
спрямление rectification; straightening
спрямляемый rectifiable
спрямлять straighten
спуск descent
гомологический ~ homological descent
наискорейший ~ steepest descent

сравнение comparison; contrast; congruence
  ~ **коэффициентов** comparison of coefficients
  ~ **функций** relation of order
  ~ **по модулю** m congruence modulo m
  ~ **по простому модулю** congruence modulo a prime
  ~ **средних** comparison of means
  ~ **топологий** comparison of topologies
  аддитивное ~ additive congruence
  асимптотическое ~ asymptotic comparison
  двучленное ~ binomial congruence
  множественное ~ multiple comparison
  парное ~ paired comparison
сравнимость comparability
  ~ **кардинальных чисел** comparability of cardinals
сравнимый congruent; comparable
  ~ **по модулю** congruent modulo m
сращивание matching
среда medium
  случайная ~ random medium
среднее mean; mean value; average; average value
  ~ **вдоль траектории** time mean
  ~ **от случайной величины** mean of a random variable
  ~ **по распределению** mean of a distribution
  ~ ~ p-average
  постериорное ~ *a posteriori* mean
  арифметическое ~ arithmetic(al) mean; arithmetic(al) average
  банахово ~ Banach('s) mean
  взвешенное ~ weighted mean
  временное ~ time mean
  выборочное ~ population mean, sample mean
  гармоническое ~ harmonic mean; harmonic average
  геометрическое ~ geometric(al) mean; geometric(al) average
  зигелево ~ Siegel('s) mean
  инвариантное ~ invariant mean
  истинное ~ (*генеральной совокупности*) true mean
  каноническое ~ canonical mean
  квадратичное ~ quadratic mean, mean square, root-mean square, root-mean-square value
  левоинвариантное ~ left-invariant mean
  логарифмическое ~ logarithmic mean, logarithmic average
  невзвешенное ~ unweighted mean
  нулевое ~ zero mean
  предположительное ~ assumed mean
  рабочее ~ assumed mean
  скользящее ~ moving average, overlapping mean
  степенное ~ power mean
  сферическое ~ spherical mean
  типичное ~ typical mean
  усечённое ~ truncated mean
  экстремальное ~ extreme mean
средний average; mean
средства means
  вспомогательные ~ auxiliary means
  стандартные ~ standard means
срез slice; shear
стабилизатор stability subgroup, isotropy subgroup; stabilizer
  ~ **точки** point stabilizer
стабилизация stabilization
  ~ **дисперсии** stabilization of variances
  стохастическая ~ stochastic stabilization
стабилизировать stabilize; terminate
стабильный stable
ставить pose
  ~ **в соответствие** associate; assign; map; match
  ~ **задачу** pose a problem
ставка stake
стандартизация standardization
стандартизованный standardized

стандартный standard
старший leading; highest
статистик statistician
статистик‖а statistic; statistics
   ~ **популяций** population statistics
   ~ **«хи-квадрат»** chi-squared statistic
   ~ **экстремальных значений** statistics of extremes
   χ^2- ~ chi-squared statistic
   F- ~ F-statistic, F-ratio
   t- ~ t-statistic
   T- ~ T-statistic
   U- ~ U-statistic
   вариационная ~ variation statistics
   достаточная ~ sufficient statistic
   инвариантная ~ invariant statistic
   интегрируемая ~ integrable statistic
   информационная ~ information statistic
   исчерпывающая ~ sufficient statistic
   каноническая ~ canonical statistic
   линейная ~ linear statistic
   масштабная ~ scale statistic
   математическая ~ mathematical statistics
   минимальная ~ minimal statistic
   многомерная ~ multi(-)dimensional statistics, multi(-)variate statistics
   направляющая ~ directional statistic
   независимые ~ **и** independent statistics
   необходимая достаточная ~ necessary and sufficient statistic
   непараметрическая ~ non(-)parametrics
   неэффективная ~ inefficient statistic
   нормальная ~ normal statistic
   ограниченно полная ~ boundedly complete statistic
   описательная ~ descriptive statistics
   подчинённая ~ ancillary statistic
   полная ~ complete statistic
   порядковая ~ order statistic
   прикладная ~ applied statistics
   ранговая ~ rank statistic
   свободная ~ free statistic
   стьюдентизированная ~ studentized statistic
   тестовая ~ test statistic
   эффективная ~ efficient statistic
статистически statistically
статистический statistical
статический static
статья paper; article
   математическая ~ mathematical paper
стационарность stationarity
стационарный stationary
стек stack
   арифметический ~ arithmetic(al) stack
степен‖ь degree; power
   ◊ **возводить в** ~ exponentiate; **десять в девятой** ~ **и** ten to the power (of) nine; **возведение в** ~ involution, exponentiation
   ~ **аппроксимации** degree of approximation
   ~ **вершины** degree of a vertex
   ~ **вершины графа** valency of a graph
   ~ **вырождения** degree of singularity
   ~ **вычетов** residue degree
   ~ **графа** degree of a graph
   ~ **дивизора** degree of a divisor
   ~ **кривой** degree of a curve
   ~ **многообразия** degree of a variety
   ~ **многочлена** degree of a polynomial
   ~ **невычислимости** degree of unsolvability
   ~ **неразрешимости** degree of unsolvability; degree of undecidability, Turing('s) degree
   ~ **несепарабельности** degree of inseparability, inseparable degree

степен‖ь *(continued)*
- ~ образующей   power of a generator
- ~ однородности   degree of homogeneity
- ~ оператора   power of an operator
- ~ отношения   power of a relation
- ~ отображения   degree of a map(ping)
- ~ поверхности   degree of a surface
- ~ полноты   degree of completeness
- ~ поля   degree of a field
- ~ поляризации   degree of polarization
- ~ представления   degree of a representation
- ~ приближения   degree of approximation
- ~ расширения   degree of an extension
- ~ рекурсивно перечислимого множества   degree of a recursively enumerable set
- ~ свободы   degree of freedom
- ~ симметрии   degree of symmetry
- ~ точки   degree of a point
- ~ точности   degree of accuracy
- ~ уравнения   degree of an equation
- ~ устойчивости   degree of stability
- ~ формы   degree of a form
- ~ числа   power of a number
- m- ~   many-one degree
- tt- ~   truth-table degree, tt-degree
- T- ~   degree of unsolvability, degree of undecidability, Turing('s) degree
- возрастающая ~   increasing degree
- декартова ~   Cartesian power
- дополнительная ~   complementary degree
- дробная ~   fractional power
- локальная ~   local degree
- максимальная n- ~   perfect n^{th} power
- максимальная ~ (*графа*)   maximal valency
- минимальная ~   minimal degree
- минимальная ~ (*графа*)   minimal valency
- несепарабельная ~   degree of inseparability, inseparable degree
- ограниченная ~   bounded degree
- относительная ~   relative degree
- полная ~   total degree
- простая ~   prime degree; prime power
- прямая ~   direct power
- редуцированная ~   reduced degree
- рекурсивно перечислимая ~ (*неразрешимости*)   recursively enumerable degree
- сепарабельная ~   degree of separability, separable degree
- символическая ~   symbolic power
- симметрическая ~   symmetric(al) product
- счётная ~   countable degree
- табличная ~   truth-table degree, tt-degree
- тензорная ~   tensor power
- тьюрингова ~   degree of unsolvability, Turing('s) degree
- фиксированная ~   fixed degree
- формальная ~   formal degree
- целая ~   integral power

стерадиан   steradian
стерео-   stereo-
стереографический   stereographic(al)
стереология   stereology
стереометрический   stereometric
стереометрия   stereometry
стереоэдр   stereohedron
стирание   erasure
столбец   column
- ~ матрицы   column of a matrix
- ~ таблицы   column of a table
- ведущий ~   pivotal column
- единичный ~   all-ones column
- нулевой ~   column consisting entirely of zeros, null column
- разрешающий ~   pivotal column

сторона side; arm
- ~ **многоугольника** side of a polygon
- ~ **неравенства** side of an inequality
- ~ **прямоугольника** side of a rectangle
- ~ **трапеции** side of a trapezium
- ~ **треугольника** side of a triangle
- ~ **угла** arm of an angle, side of an angle
- ~ **уравнения** side of an equation
- ~ **четырёхвершинника** edge of a complete quadrangle
- **боковая** ~ lateral side
- **прилежащая** ~ adjacent side
- **противолежащая** ~ opposite side
- **противоположная** ~ opposite side
- **смежная** ~ adjacent side
- **сходственная** ~ corresponding side

стохастически stochastically
стохастический stochastic
страт stratum
стратегический strategic
стратегия strategy; policy
- ~ **игры** strategy for a game
- ~ **поведения** behaviorial strategy
- ~ **угроз** threat strategy
- ε-**оптимальная** ~ epsilon-optimal strategy, epsilon-best strategy
- **бейесовская** ~ Bayes(') strategy
- **инвариантная** ~ invariant strategy
- **марковская** ~ Markovian strategy, Markovian policy
- **минимаксная** ~ minimax strategy
- **оптимальная** ~ optimal strategy, optimal policy
- **предпочтительная** ~ preferable strategy
- **смешанная** ~ mixed strategy
- **статистическая** ~ statistical strategy
- **стационарная** ~ stationary strategy, stationary policy
- **чистая** ~ pure strategy

стратификация stratification
- ~ **пространства** stratification of a space
- **естественная** ~ natural stratification

стратифицировать stratify
стрелка arrow
стремиться tend; approach
- ~ **к бесконечности** tend to infinity, approach infinity
- ~ **к пределу** tend to a limit, approach a limit
- ~ **монотонно** tend monotonically
- ~ **по модулю** tend in modulus

стремление tendency
строгий strict
- **математически** ~ mathematically strict

строго rigorously; strictly
строгость rigor; stringency
- ~ **доказательства** rigor of proof

строение construction; structure
- ~ **алгебры Ли** construction of a Lie algebra
- ~ **поверхности** structure of a surface
- ~ **формулы** logical structure of a formula
- **клеточное** ~ block structure

строить construct; build ◊ **что и требовалось по** ~ *quod erat fasciendum*
- ~ **график относительно показателя (*степени*)** construct a graph against a power
- ~ **алгоритм** develop an algorithm, construct an algorithm
- ~ **базис** construct a basis
- ~ **вариацию** construct a variation
- ~ **вектор** construct a vector
- ~ **вложение** construct an embedding
- ~ **выражение** construct an expression
- ~ **гомоморфизм** construct a homomorphism
- ~ **гомотопию** construct a homotopy

строить (continued)
- ~ граф   construct a graph
- ~ график   plot (a graph)
- ~ группу   construct a group
- ~ деформацию   construct a deformation
- ~ диаграмму   construct a diagram
- ~ диффеоморфизм   construct a diffeomorphism
- ~ изоморфизм   construct an isomorphism
- ~ инвариант   construct an invariant
- ~ индуктивным образом   construct inductively
- ~ интервал   construct an interval
- ~ категорию   construct a category
- ~ класс   construct a class
- ~ константу   determine a constant
- ~ массив   construct an array
- ~ матрицу   construct a matrix
- ~ машину Тьюринга   construct a Turing machine
- ~ многообразие   construct a manifold
- ~ множество   construct a set
- ~ оператор   construct an operator
- ~ отображение   construct a map(ping)
- ~ плоскость   construct a plane
- ~ покрытие   construct a covering
- ~ поле   construct a field
- ~ последовательность   construct a sequence
- ~ предположение   hypothesize
- ~ пример   construct an example
- ~ программу   construct a program
- ~ пространство   construct a space
- ~ прямоугольник   construct a rectangle
- ~ пучок   construct a bundle
- ~ разбиение   construct a decomposition
- ~ расслоение   construct a bundle
- ~ решение   construct a solution
- ~ связность   construct a connection
- ~ систему   construct a system
- ~ слово   construct a word
- ~ столбец   construct a column
- ~ схему (*из функциональных элементов*)   build a circuit
- ~ таблицу   construct a table
- ~ теорию   construct a theory
- ~ форму   construct a form
- ~ формулу   construct a formula
- ~ функцию   construct a function
- ~ цепь   construct a chain

стройность (*теории*)   continuity

строк‖**а**   row
- ~ матрицы   row of a matrix
- ~ определителя   row of a determinant
- ~ таблицы   row of a table
- зависимые ~ и   dependent rows
- линейно зависимые ~ и   linearly dependent rows
- линейно независимые ~ и   linearly independent rows
- независимые ~ и   independent rows
- ортогональные ~ и   orthogonal rows
- разрешающая ~   pivotal row
- точная ~   exact row

строфоида   strophoid

структур‖**а**   lattice; structure
- ~ алгебры   algebra structure
- ~ Брауэра   Brouwerian lattice, Brouwerian algebra
- ~ геометрии   structure of geometry
- ~ группы   group structure
- ~ касательного расслоения   structure of a tangent bundle
- ~ класса   structure of a class
- ~ кольца   ring structure
- ~ конгруэнций   lattice of congruence relations
- ~ многообразия   structure of a manifold
- ~ множеств   lattice of sets
- ~ множества   structure of a set
- ~ модуля   module structure
- ~ на многообразии   structure on a manifold

~ на пространстве structure on a space
~ оператора operator structure
~ особенности structure of a singularity
~ отношений lattice of relations
~ поверхности structure of a surface
~ подмногообразия structure of a submanifold
~ пространства structure of a space
~ разбиений lattice of partitions
~ распределений structure in distributions
~ решения structure of a solution
~ с делением residuated structure
~ с заменой exchange lattice
~ с коммутативным умножением commutative lattice
~ схемы (*из функциональных элементов*) structure of a circuit
~ сходимости structure of convergence
~ траекторий structure of trajectories
~ фильтра structure for a filter
α-насыщенная ~ alpha-saturated structure
(B,f)- ~ (B,f)-structure
C^k- ~ C^k-structure
C^∞- ~ differentiable structure
F- ~ F-structure
Г- ~ gamma-structure
G- ~ G-structure
M- ~ matroid structure
n-мерная ~ *n*-structure
σ- ~ sigma-structure
аддитивная ~ additive structure
алгебраическая ~ algebraic(al) structure
аналитическая ~ analytic(al) structure
антикоммутирующая ~ anti(-)commuting structure
арифметически эквивалентные ~ ы arithmetically equivalent structures
архимедова ~ Archimedian lattice
ассоциированная ~ associated structure
аффинная ~ affine structure
банахова ~ Banach('s) lattice
близостная ~ proximity structure
более грубая ~ coarser structure
борелевская ~ Borel('s) structure
векторная ~ vector lattice
внутренняя ~ intrinsic structure
выпуклая ~ convex structure, convex lattice
гамильтонова ~ Hamiltonian structure
геометрическая ~ geometric(al) structure
гладкая ~ smooth structure, differentiable structure
глобальная ~ global structure
групповая ~ group structure
двойственная ~ dual structure
дедекиндова ~ Dedekind('s) lattice, Dedekind('s) structure, modular lattice
действительная ~ real structure
дианалитическая ~ dyanalytic structure
дискретная ~ discrete structure
дистрибутивная ~ distributive lattice, C-lattice
дифференциальная ~ smooth structure, differential structure
дополнительная ~ additional structure
допустимая ~ admissible lattice
дуально изоморфная ~ dually isomorphic lattice, anti(-)isomorphic lattice
естественная ~ natural structure
жёсткая ~ rigid structure
жорданова ~ Jordan('s) structure
иерархическая ~ hierarchical structure
изменяющаяся ~ variable structure
изометрическая ~ isometric structure

структур‖а *(continued)*
  изящная ~ neat structure
  инвариантная ~ invariant structure
  индуцированная ~ induced structure
  интегрируемая ~ integrable structure, symplectic structure
  инфинитезимально однородная ~ G-structure
  каноническая ~ canonical structure
  кватернионная ~ quaternionic structure
  классическая ~ classical structure
  клеточная ~ cell structure
  коалиционная ~ coalition structure
  комплексная ~ complex structure, complex analytic structure
  комплексно-аналитическая ~ complex structure, complex analytic structure
  контактная ~ contact structure
  конформная ~ conformal structure
  конформно плоская ~ conformal flat structure
  кэлерова ~ Kählerian structure
  левая равномерная ~ left uniformity
  ленточная ~ band structure
  линейная ~ linear structure
  локальная ~ local structure
  локально выпуклая ~ locally convex structure
  локально плоская ~ locally flat structure
  математическая ~ mathematical structure
  метрическая ~ metric structure
  модулярная ~ modular lattice, Dedekind('s) lattice, Dedekind('s) structure
  насыщенная ~ saturated structure
  неоднородная ~ inhomogeneous lattice
  неразложимая ~ irreducible lattice
  обобщённая ~ generalized structure
  однородная ~ homogeneous structure
  особая ~ singular structure
  отделимая ~ separated structure
  плоская ~ flat structure
  полная ~ complete structure
  полудедекиндова ~ semi(-)modular lattice
  полумодулярная ~ semi(-)modular lattice
  полумодулярная ~ с относительными дополнениями matroid lattice
  почти гамильтонова ~ almost Hamiltonian structure
  почти комплексная ~ almost complex structure
  почти контактная ~ almost contact structure
  почти симплектическая ~ almost symplectic structure
  правая равномерная ~ right uniformity
  примитивная ~ primitive lattice
  проективная ~ projective structure
  псевдогрупповая ~ pseudo(-)group structure
  псевдометрическая равномерная ~ pseudo(-)metric uniformity
  равномерная ~ uniformity; uniform structure
  равномерная ~ сходимости uniformity of convergence
  регулярная ~ regular structure
  решётчатая ~ lattice structure
  риманова ~ Riemannian structure
  самодвойственная ~ self(-)dual lattice
  симплектическая ~ symplectic structure
  синтаксическая ~ syntactic structure

    сложная ~ complicated structure
    совместимая ~ compatible structure
    согласованная ~ compatible structure
    согласующаяся равномерная ~ compatible uniformity
    спинорная ~ spin structure
    статистическая ~ statistical structure
    стохастическая ~ stochastic structure
    тензорная ~ tensor structure
    тонкая ~ refined structure
    топологическая ~ topological structure
    условно полная ~ conditionally complete structure
    эквивалентные ~ы equivalent structures
    элементарно эквивалентные ~ы elementarily equivalent structures
    эрмитова ~ Hermitian structure

структуризованный structurized
структурный structural
струя jet
    обратимая ~ invertible jet
ступень stage; step
    ~ **нильпотентности** nilpotence class
    ~ **разрешимости π-группы** π-length
стягиваемость contractibility; collapsibility
стягиваемый contractible; shrinkable
    ~ **в точку** contractible to a point
    ~ **по себе** contractible on itself
    локально ~ locally contractible
стягивание contraction; shrinking; collapse
    ~ **алгебры** contraction of an algebra
    ~ **ребра** edge contraction
    полиэдральное ~ polyhedral collapse
    цепное ~ chain contraction

стягивать contract; subtend; collapse; shrink
    ~ **в точку** shrink to a point; collapse to a point
    ~ **угол** subtend an angle
    непрерывно ~ shrink continuously
суб- sub-
субаддитивный sub(-)additive
субгармоника sub(-)harmonic
субдифференциал sub(-)differential
    ~ **нормы** subdifferential of a norm
    ~ **функции** subdifferential of a function
субинвариантный sub(-)invariant
сублагранжев sub-Lagrangian
субмарковский sub-Markovian
субмартингал sub(-)martingale
субмерсия submersion
    ~ **класса** C^r C^r-submersion
    риманова ~ Riemannian submersion
субметрический sub(-)metric
субмультипликативный sub(-)multiplicative
субнормальность sub(-)normality
субординатор subordinator
    ~ **индекса** α subordinator of the exponent α, one-sided stable process of the exponent α
субпроективный sub(-)projective
субституента substituent
субтрактивный subtractive
сужать restrict
    ~ **класс** restrict a class
суждение proposition; statement; sentence; judgement; assertion
    аподиктическое ~ apodictic proposition
    категорическое ~ categorical judgement
сужение restriction; confinement
    ~ **класса** restriction of a class
    ~ **области изменения** restriction of a range
    ~ **оператора** restriction of an operator

сужение (continued)
- ~ отображения   restriction of a map(ping)
- ~ представления   restriction of a representation
- ~ распределения   restriction of a distribution
- ~ функции   restriction of a function

сукцедент   succedent

сумма   sum
- ~ алгебр   sum of algebras
- ~ бесконечной геометрической прогрессии   sum of a geometric progression to infinity
- ~ векторов   resultant of vectors, vector sum
- ~ Гаусса   Gaussian sum
- ~ групп   sum of groups
- ~ делителей (*числа*)   sum of divisors
- ~ знаков   sum of signs
- ~ идеалов   sum of ideals, sum ideal
- ~ квадратов   sum of squares
- ~ колец   sum of rings
- ~ матриц   sum of matrices
- ~ модулей   sum of modules
- ~ операторов   sum of operators
- ~ отношений   sum relation
- ~ плоскостей   sum of planes
- ~ по модулю *m*   sum mod *m*
- ~ по столбцам   column sum
- ~ по строкам   row sum
- ~ подпространств   sum of subspaces
- ~ полей   sum of fields
- ~ произведений   sum of products
- ~ пространств   sum of spaces
- ~ расслоений   sum of bundles
- ~ ряда   sum of a series
- ~ (*ряда*) по методу Абеля   Abelian sum
- ~ степеней вершин   vertex-degree sum
- ~ форм   sum of forms
- ~ чисел   sum of numbers
- ~ экземпляров   sum of copies

p- ~   p-sum

алгебраическая ~   algebraic(al) sum

альтернированная ~   alternating sum

арифметическая ~   arithmetic(al) sum

бесконечная ~   infinite sum, sum to infinity

булева ~   Boolean sum

векторная ~   vector sum

верхняя ~   upper sum

взвешенная ~   weighted sum

геометрическая ~   geometric(al) sum

двойная ~   double sum

диагональная ~   diagonal sum

дизъюнктивная ~   disjoint union

знакопеременная ~   alternating sum

интегральная ~   integral sum

интерполяционно-квадратурная ~   interpolation quadrature sum

итерированная ~   iterated sum

кардинальная ~   cardinal sum

квадратурная ~   quadrature sum

комбинаторная ~   combinatorial sum

конечная ~   finite sum

конечная тригонометрическая ~   trigonometric(al) polynomial

кратная ~   multiple sum

кубическая ~   cubic sum

непрерывная ~   continuous sum

несвязная ~   disjoint union

нижняя ~   lower sum

обобщённая ~   generalized sum

общая ~   general sum

ординальная ~   ordinal sum

ортогональная ~   orthogonal sum

остаточная ~   residual sum

подпрямая ~   sub(-)direct sum

полная ~   complete sum

прямая ~   direct sum

расслоенная ~ fiber sum; amalgamated sum
рациональная ~ rational sum
регуляризованная ~ regularized sum
связная ~ connected sum
случайная ~ random sum
степенная ~ sum of powers
сферическая ~ spherical sum
тензорная ~ tensorial sum
топологическая ~ topological sum, disjoint union
тригонометрическая ~ trigonometric(al) sum
упорядоченная ~ ordered sum
формальная ~ formal sum
циклическая ~ cyclic sum
частная ~ partial sum
экспоненциальная ~ exponential sum
сумматор adder; summer; accumulator
суммирование summation
  ~ по всем n summation over all n
  ~ по частям summation by parts
  ~ последовательности summation of a sequence
  ~ ряда summation of a series
  двойное ~ double summation
суммировать sum
суммируемость summability
  ~ интеграла summability of an integral
  ~ методом Абеля Abelian summability
  ~ методом Рисса Riesz summability
  ~ методом Чезаро Cesàro('s) summability, (C,k)-summability
  ~ ряда summability of a series
  ~ функции summability of a function
  (C,1)- ~ (C,1)-summability
  (C,k)- ~ (C,k)-summability
  абсолютная ~ absolute summability
  регулярная ~ regular summability
  сильная ~ strong summability

суммируемый summable
  ~ B′-методом summable by Borel('s) integral method
  ~ интегральным методом Бореля summable by Borel('s) integral method
  ~ с квадратом square-summable
суммирующий summing
супер- super-
супераддитивность super(-)additivity
супералгебра super(-)algebra
  ~ Ли Lie('s) superalgebra
  полупростая ~ semi(-)simple superalgebra
  простая ~ simple superalgebra
супергармонический super(-)harmonic
супергруппа (Ли) super(-)group
супермартингал super(-)martingale
супермногообразие super(-)manifold
суперпозиция superposition; composition function, composite function
  ~ графов superposition of graphs
  ~ отображений superposition of map(ping)s
  ~ преобразований superposition of transformations
  ~ функций superposition of functions
суперпространство super(-)space
  ~ флагов flag superspace
суперсингулярный super(-)singular
супертепловой super(-)heated
супертопология super(-)topology
суперэффективность super(-)efficiency
суффикс suffix
существенный essential
существование existence
  ~ и единственность unique existence
  ~ предела existence of a limit
  глобальное ~ global existence

сфер‖а sphere
- ~ Александера horned sphere
- ~ Римана Riemann(ian) sphere, complex sphere, z-sphere, w-sphere
- ~ с вырезанной дыркой sphere with a hole punched in it
- ~ с ручками sphere with handles
- *n*-мерная ~ *n*-(dimensional) sphere
- аффиннная ~ affine sphere
- бесконечномерная ~ infinite-dimensional sphere
- вложенная ~ embedded sphere
- вневписанная ~ escribed sphere
- вписанная ~ inscribed sphere, in(-)sphere
- вполне геодезическая ~ totally geodesic sphere
- геодезическая ~ geodesic sphere
- гладкая ~ smooth sphere
- гомологическая ~ homology sphere
- гомотопическая ~ homotopy sphere
- дикая ~ wild sphere
- евклидова ~ Euclidean sphere
- единичная ~ unit sphere
- заузленная ~ knotted sphere
- касательная ~ tangent sphere
- компактная ~ compact sphere
- концентрические ~ы concentric spheres
- нечётномерная ~ odd-dimensional sphere
- нульмерная ~ zero-dimensional sphere
- окружающая ~ surrounding sphere
- описанная ~ circumscribed sphere, circum(-)sphere
- параллелизуемая ~ parallelizable sphere
- подошвенная ~ attaching sphere
- предельная ~ limit(ing) sphere
- приклеивающая ~ attaching sphere
- проколотая ~ punctured sphere
- рогатая ~ horned sphere
- соприкасающаяся ~ osculating sphere
- стандартная ~ standard sphere
- топологическая ~ topological sphere
- фиксированная ~ fixed sphere
- чётномерная ~ even-dimensional sphere
- шварцшильдовская ~ Schwarzschild('s) sphere
- экзотическая ~ exotic sphere

сферический spherical
сферичность sphericity
сфероид spheroid
- вытянутый ~ prolate spheroid
- сплющенный ~ oblate spheroid

сфероидальный spheroidal
схем‖а scheme; schema; network; design; graph; pattern; circuit; plot
- ~ аксиом axiom schema
- ~ Бернулли Bernoulli('s) sample
- ~ вдоль подсхемы schema along a subscheme
- ~ вычисления computational scheme
- ~ групп group scheme
- ~ заключения inference pattern
- ~ из пороговых элементов scheme for threshold elements
- ~ из функциональных элементов circuit made up of functional elements
- ~ испытаний Бернулли Bernoulli('s) sample
- ~ кодирования coding scheme
- ~ комплекса scheme of a complex
- ~ конечного типа scheme of finite type
- ~ машины Тьюринга program of a Turing machine, skeleton table, two-way potentially infinite tape
- ~ модулей moduli scheme
- ~ мультипликативного типа multiplicative scheme
- ~ наблюдений observation scheme

~ над S   S-scheme
~ Пойа   Pólya('s) trials
~ примитивной рекурсии   schema of primitive recursion
~ программы   program scheme, program schema
~ программы с памятью   while schema, algol-like schema
~ Пуассона   Poisson('s) trials
~ рекурсивной программы   recursive program scheme
~ управляющей системы   scheme of a control system
~ эксперимента   scheme of a design
BIB- ~   balanced incomplete block design
PBIB(m)- ~   PBIB(m)
t- ~   tactical configuration, t-design
t-(v,k,λ)- ~   tactical configuration, t-design
2- ~   2-design
абелева ~   Abelian scheme
абстрактная ~   abstract scheme
аддитивная ~   additive scheme, locally one-dimensional scheme
алгебраическая ~   algebraic(al) scheme
алголоподобная ~   algol-like schema
аналог- ~   analog scheme
арбитражная ~   bargaining problem
аффинная ~   affine scheme
биномиальная ~ испытаний   binomial trials
блок- ~   block scheme
вариационная ~   variational scheme
гладкая ~   smooth scheme
граф- ~   graph scheme
грубая ~   coarse scheme
групповая ~   group scheme
двусторонняя ~   bilateral network
двухфакторная ~   two-way layout

декодирующая ~   decoding scheme
диаграммная ~   diagram scheme
замкнутая ~   closed scheme
изоморфные ~ ы   isomorphic schemes
интерполяционная ~   interpolation scheme
исходная ~ (*из функциональных элементов*)   original circuit
каноническая ~   canonical scheme
квазиаффинная ~   quasi(-)affine scheme
квазипроективная ~   quasi(-)projective scheme
коммутативная ~   commutative scheme
компактная ~   compact scheme
конечная ~   finite scheme
конечная симплициальная ~   finite simplicial complex
контактная ~   contact scheme, contact network
логическая ~   logical circuit
локально конечная симплициальная ~   locally finite simplicial complex
локально конечная ~   locally finite scheme
локально нётерова ~   locally Noetherian scheme
локально одномерная ~   locally one-dimensional scheme, additive scheme
локально счётная симплициальная ~   locally countable simplicial complex
малая ~   small schema
минимальная ~ (*из функциональных элементов*)   minimal circuit
многомерная ~   multi(-)dimensional scheme
моделирующая ~   modeling scheme

схем‖а *(continued)*
   мультипликативная ~ multiplicative scheme
   неполная ~ incomplete scheme
   неприводимая ~ irreducible scheme
   нётерова ~ Noetherian scheme
   нормальная ~ normal scheme
   нормально плоская ~ normally flat scheme
   общая ~ generic scheme, general scheme
   одномерная ~ one-dimensional scheme
   операторная ~ while schema, algol-like schema
   отделимая ~ separated scheme
   П- ~ series-parallel network
   параллельно-последовательная ~ series-parallel network
   плоская ~ flat scheme
   последовательная ~ sequential scheme
   приведённая ~ reduced scheme
   проективная ~ projective scheme
   простейшая ~ *(из функциональных элементов)* simplest circuit
   разностная ~ difference scheme, difference schema
   регулярная ~ regular scheme
   рекуррентная ~ recursive schema
   рекурсивная ~ recursion scheme, recursive scheme
   релейно-контактная ~ relay-contact network
   связная ~ connected design; connected scheme
   симметричная ~ symmetric(al) design
   симплициальная ~ *(locally countable)* simplicial complex
   сложная ~ complex circuit
   составная ~ compound scheme
   стандартная ~ standard scheme
   стохастическая ~ stochastic scheme
   структурная ~ structural scheme
   сходящаяся ~ convergent scheme
   счётная симплициальная ~ countable simplicial complex
   тонкая ~ *(модулей)* fine moduli scheme
   трансверсальная ~ T-system, transversal system
   тривиальная ~ *(из функциональных элементов)* trivial circuit
   уравновешенная (блок-) ~ balanced scheme
   урновая ~ urn model, urn scheme, bowl model
   устойчивая ~ stable scheme
   формальная ~ formal scheme
   функциональная ~ functional scheme
   числовая ~ numerical scheme
   экономичная *(разностная)* **~** economic scheme
   эффективная ~ efficient scheme

сходимость convergence
   ~ бесконечного произведения convergence of an infinite product
   ~ в метрике convergence in a metric
   ~ в среднем mean convergence
   ~ в среднем квадратичном convergence in the square mean, convergence in quadratic mean
   ~ в среднем порядка p convergence in the mean of power p
   ~ в топологии convergence in a topology
   ~ в узком смысле convergence in the restricted sense
   ~ всюду convergence everywhere
   ~ интеграла convergence of an integral
   ~ мер convergence of measures
   ~ относительно нормирования convergence with respect to a valuation

~ **по вариации** convergence in variation
~ **по вероятности** convergence in probability
~ **по мере** convergence in measure
~ **по метрике** convergence in metric
~ **по норме** convergence in norm
~ **по распределению** convergence in distribution
~ **по строкам** convergence by rows
~ **почти всюду** convergence almost everywhere
~ **почти наверное** almost certain convergence, almost sure convergence, convergence with probability one, essential convergence
~ **процесса** convergence of a process
~ **разностных схем** convergence of difference schemes
~ **распределений** convergence of distributions
~ **ряда** convergence of a series
~ **с вероятностью единица** almost certain convergence, almost sure convergence, convergence with probability one, essential convergence
~ **с регулятором** regulator convergence
(0)- ~ (0)-convergence
p-адическая ~ p-adic convergence
абсолютная ~ absolute convergence
асимптотическая ~ asymptotic convergence
безусловная ~ unconditional convergence
быстрая ~ rapid convergence
глобальная ~ global convergence
дискретная ~ discrete convergence
квадратическая ~ quadratic convergence
компактная ~ compact convergence
координатная ~ coordinatewise convergence
линейная ~ linear convergence
логарифмическая ~ logarithmic convergence
локальная ~ local convergence
мажорированная ~ dominated convergence
медленная ~ slow convergence
метрическая ~ metric convergence
монотонная ~ monotone convergence
непрерывная ~ continuous convergence
неравномерная ~ non(-)uniform convergence
нормальная ~ normal convergence
обыкновенная ~ ordinary convergence
ограниченная ~ bounded convergence
относительная ~ relative convergence
относительно равномерная ~ relatively uniform convergence
порядковая ~ order convergence
поточечная ~ pointwise convergence
простая ~ simple convergence
равномерная ~ uniform convergence
регулярная ~ regular convergence
секвенциальная ~ sequential convergence
сильная ~ strong convergence
слабая ~ weak convergence
стохастическая ~ stochastic convergence
существенная ~ almost certain convergence, almost sure convergence, convergence with probability one, essential convergence
счётномерный ~ countable-dimensional
топологическая ~ topological convergence, convergence in a topology
условная ~ conditional convergence

сходимость (continued)
   устойчивая ~ stable convergence
   частичная ~ partial convergence
   широкая ~ vague convergence
   эффективная ~ effective convergence
сходиться converge
   ~ быстро converge rapidly
   ~ в среднем converge in the mean
   ~ в среднем квадратичном converge in mean square
   ~ медленно converge slowly
   ~ непрерывно converge continuously
   ~ ограниченно converge boundedly
   ~ по норме converge in norm
   ~ поточечно converge pointwise
   ~ почти всюду converge almost everywhere
   ~ равномерно converge uniformly
   ~ регулярно converge regularly
   ~ слабо converge weakly
сходящийся convergent
   ~ в среднем convergent in the mean
   ~ в топологии convergent in a topology
   ~ по мере convergent in measure
   ~ почти всюду convergent almost everywhere
   ~ почти наверное convergent with probability one
   ~ с вероятностью единица convergent with probability one
   абсолютно ~ absolutely convergent
   равномерно ~ uniformly convergent
   слабо ~ weakly convergent
счёт count; counting
   ~ в уме mental count
   автоматический ~ automatic counting
   численный ~ numerical computation
счётно countably
   ~ много countably many
счётность countability, denumerability, enumerability
счётный countable, denumerable, enumerable ◊ **не более чем ~** at most countable
счисление enumeration; numeration
считать count
сшивать sew
сшивка sewing
сюръективность surjectivity
   ~ отображения surjectivity of a map(ping)
сюръективный surjective
сюръекция surjection, surjective map(ping), epimorphic map(ping)

таблица table; tableau
   ~ вычислений в методе релаксации relaxation table
   ~ значений table of values
   ~ интегралов table of integrals
   ~ квадратных корней table of square roots
   ~ квадратов table of squares
   ~ косинусов table of natural cosines
   ~ логарифмов table of logarithms, logarithmic table
   ~ обратных чисел table of inverse numbers
   ~ перевода conversion table
   ~ продолжительности жизни life table
   ~ простых чисел table of primes
   ~ разностей difference table
   ~ синусов table of natural sines
   ~ сложения addition table
   ~ случайных чисел table of random numbers
   ~ смертности mortality table
   ~ сопряжённостей contingency table

смешанный ~ mixed spectrum
совместный ~ joint spectrum
существенный ~ essential spectrum
сходящийся ~ convergent spectrum
точечный ~ point spectrum
чисто дискретный ~ pure discrete spectrum
чисто точечный ~ pure point spectrum
энергетический ~ energy spectrum
спектральный spectral
специализация specialization
~ **точки** specialization of a point
дифференциальная ~ differential specialization
специализированный specialized
специалист specialist
~ **по математический логике** logician
~ **по теории вероятностей** probabilist
~ **по теории чисел** number theorist
специальный specific
специфика special
спецификация specificity; specification
спинор spinor
пунктированный ~ dotted spinor
спинорный spinorial
спираль spiral
~ **Корню** clothoid, clothoid curve
~ **кривой** spiral of a curve
sici- ~ si-ci spiral
алгебраическая ~ algebraic(al) spiral
архимедова ~ Archimedian spiral
гиперболическая ~ hyperbolic spiral, reciprocal spiral
логарифмическая ~ logarithmic spiral, equiangular spiral
параболическая ~ parabolic spiral

синусоидная ~ sine spiral
спиральный spiral
список list
~ **формул** list of formulas
сплайн spline
L- ~ L-spline
L_g- ~ L_g-spline
интерполяционный ~ interpolatory spline
кубический ~ cubic spline
локальный ~ Hermite('s) spline, local spline
полиномиальный ~ polynomial spline
эрмитов ~ Hermite('s) spline, local spline
сплетение wreath product
декартово ~ complete wreath product
дискретное ~ wreath product
полное ~ complete wreath product
сплющенность oblateness
сплющенный oblate
способ fashion; method
~ **задания** specification method
~ **функционирования** functioning method
наглядный ~ visual method
способность capability
пропускная ~ capacity of a channel; input rate
справедливость validity
~ **равенства** validity of an equation
~ **разложения** validity of an expansion
~ **формулы** validity of a formula
справедливый valid
спрэд spread
спрямление rectification; straightening
спрямляемый rectifiable
спрямлять straighten
спуск descent
гомологический ~ homological descent
наискорейший ~ steepest descent

сравнение comparison; contrast; congruence
- ~ **коэффициентов** comparison of coefficients
- ~ **функций** relation of order
- ~ **по модулю** *m* congruence modulo *m*
- ~ **по простому модулю** congruence modulo a prime
- ~ **средних** comparison of means
- ~ **топологий** comparison of topologies
- **аддитивное** ~ additive congruence
- **асимптотическое** ~ asymptotic comparison
- **двучленное** ~ binomial congruence
- **множественное** ~ multiple comparison
- **парное** ~ paired comparison

сравнимость comparability
- ~ **кардинальных чисел** comparability of cardinals

сравнимый congruent; comparable
- ~ **по модулю** congruent modulo *m*

сращивание matching
среда medium
- **случайная** ~ random medium

среднее mean; mean value; average; average value
- ~ **вдоль траектории** time mean
- ~ **от случайной величины** mean of a random variable
- ~ **по распределению** mean of a distribution
- **p-** ~ p-average
- **апостериорное** ~ *a posteriori* mean
- **арифметическое** ~ arithmetic(al) mean; arithmetic(al) average
- **банахово** ~ Banach('s) mean
- **взвешенное** ~ weighted mean
- **временное** ~ time mean
- **выборочное** ~ population mean, sample mean
- **гармоническое** ~ harmonic mean; harmonic average
- **геометрическое** ~ geometric(al) mean, geometric(al) average
- **зигелево** ~ Siegel('s) mean
- **инвариантное** ~ invariant mean
- **истинное** ~ (*генеральной совокупности*) true mean
- **каноническое** ~ canonical mean
- **квадратичное** ~ quadratic mean, mean square, root-mean square, root-mean-square value
- **левоинвариантное** ~ left-invariant mean
- **логарифмическое** ~ logarithmic mean, logarithmic average
- **невзвешенное** ~ unweighted mean
- **нулевое** ~ zero mean
- **предположительное** ~ assumed mean
- **рабочее** ~ assumed mean
- **скользящее** ~ moving average, overlapping mean
- **степенное** ~ power mean
- **сферическое** ~ spherical mean
- **типичное** ~ typical mean
- **усечённое** ~ truncated mean
- **экстремальное** ~ extreme mean

средний average; mean
средства means
- **вспомогательные** ~ auxiliary means
- **стандартные** ~ standard means

срез slice; shear
стабилизатор stability subgroup, isotropy subgroup; stabilizer
- ~ **точки** point stabilizer

стабилизация stabilization
- ~ **дисперсии** stabilization of variances
- **стохастическая** ~ stochastic stabilization

стабилизировать stabilize; terminate
стабильный stable
ставить pose
- ~ **в соответствие** associate; assign; map; match
- ~ **задачу** pose a problem

ставка stake
стандартизация standarization
стандартизованный standardized

стандартный standard
старший leading; highest
статистик statistician
статистик‖а statistic; statistics
   ~ **популяций** population statistics
   ~ **«хи-квадрат»** chi-squared statistic
   ~ **экстремальных значений** statistics of extremes
   χ^2- ~ chi-squared statistic
   F- ~ F-statistic, F-ratio
   t- ~ t-statistic
   T- ~ T-statistic
   U- ~ U-statistic
   вариационная ~ variation statistics
   достаточная ~ sufficient statistic
   инвариантная ~ invariant statistic
   интегрируемая ~ integrable statistic
   информационная ~ information statistic
   исчерпывающая ~ sufficient statistic
   каноническая ~ canonical statistic
   линейная ~ linear statistic
   масштабная ~ scale statistic
   математическая ~ mathematical statistics
   минимальная ~ minimal statistic
   многомерная ~ multi(-)dimensional statistics, multi(-)variate statistics
   направляющая ~ directional statistic
   независимые ~ **и** independent statistics
   необходимая достаточная ~ necessary and sufficient statistic
   непараметрическая ~ non(-)parametrics
   неэффективная ~ inefficient statistic
   нормальная ~ normal statistic
   ограниченно полная ~ boundedly complete statistic
   описательная ~ descriptive statistics
   подчинённая ~ ancillary statistic
   полная ~ complete statistic
   порядковая ~ order statistic
   прикладная ~ applied statistics
   ранговая ~ rank statistic
   свободная ~ free statistic
   стьюдентизированная ~ studentized statistic
   тестовая ~ test statistic
   эффективная ~ efficient statistic
статистически statistically
статистический statistical
статический static
статья paper; article
   математическая ~ mathematical paper
стационарность stationarity
стационарный stationary
стек stack
   арифметический ~ arithmetic(al) stack
степен‖ь degree; power
   ◊ **возводить в** ~ exponentiate; **десять в девятой** ~ **и** ten to the power (of) nine; **возведение в** ~ involution, exponentiation
   ~ **аппроксимации** degree of approximation
   ~ **вершины** degree of a vertex
   ~ **вершины графа** valency of a graph
   ~ **вырождения** degree of singularity
   ~ **вычетов** residue degree
   ~ **графа** degree of a graph
   ~ **дивизора** degree of a divisor
   ~ **кривой** degree of a curve
   ~ **многообразия** degree of a variety
   ~ **многочлена** degree of a polynomial
   ~ **невычислимости** degree of unsolvability
   ~ **неразрешимости** degree of unsolvability; degree of undecidability, Turing('s) degree
   ~ **несепарабельности** degree of inseparability, inseparable degree

степен‖ь *(continued)*
- ~ образующей   power of a generator
- ~ однородности   degree of homogeneity
- ~ оператора   power of an operator
- ~ отношения   power of a relation
- ~ отображения   degree of a map(ping)
- ~ поверхности   degree of a surface
- ~ полноты   degree of completeness
- ~ поля   degree of a field
- ~ поляризации   degree of polarization
- ~ представления   degree of a representation
- ~ приближения   degree of approximation
- ~ расширения   degree of an extension
- ~ рекурсивно перечислимого множества   degree of a recursively enumerable set
- ~ свободы   degree of freedom
- ~ симметрии   degree of symmetry
- ~ точки   degree of a point
- ~ точности   degree of accuracy
- ~ уравнения   degree of an equation
- ~ устойчивости   degree of stability
- ~ формы   degree of a form
- ~ числа   power of a number
- m- ~   many-one degree
- tt- ~   truth-table degree, tt-degree
- T- ~   degree of unsolvability, degree of undecidability, Turing('s) degree

возрастающая ~   increasing degree
декартова ~   Cartesian power
дополнительная ~   complementary degree
дробная ~   fractional power
локальная ~   local degree
максимальная n- ~   perfect n^{th} power
максимальная ~ *(графа)*   maximal valency
минимальная ~   minimal degree
минимальная ~ *(графа)*   minimal valency
несепарабельная ~   degree of inseparability, inseparable degree
ограниченная ~   bounded degree
относительная ~   relative degree
полная ~   total degree
простая ~   prime degree; prime power
прямая ~   direct power
редуцированная ~   reduced degree
рекурсивно перечислимая ~ *(неразрешимости)*   recursively enumerable degree
сепарабельная ~   degree of separability, separable degree
символическая ~   symbolic power
симметрическая ~   symmetric(al) product
счётная ~   countable degree
табличная ~   truth-table degree, tt-degree
тензорная ~   tensor power
тьюрингова ~   degree of unsolvability, Turing('s) degree
фиксированная ~   fixed degree
формальная ~   formal degree
целая ~   integral power

стерадиан   steradian
стерео-   stereo-
стереографический   stereographic(al)
стереология   stereology
стереометрический   stereometric
стереометрия   stereometry
стереоэдр   stereohedron
стирание   erasure
столбец   column
- ~ матрицы   column of a matrix
- ~ таблицы   column of a table

ведущий ~   pivotal column
единичный ~   all-ones column
нулевой ~   column consisting entirely of zeros, null column
разрешающий ~   pivotal column

сторона side; arm
- ~ **многоугольника** side of a polygon
- ~ **неравенства** side of an inequality
- ~ **прямоугольника** side of a rectangle
- ~ **трапеции** side of a trapezium
- ~ **треугольника** side of a triangle
- ~ **угла** arm of an angle, side of an angle
- ~ **уравнения** side of an equation
- ~ **четырёхвершинника** edge of a complete quadrangle
- **боковая** ~ lateral side
- **прилежащая** ~ adjacent side
- **противолежащая** ~ opposite side
- **противоположная** ~ opposite side
- **смежная** ~ adjacent side
- **сходственная** ~ corresponding side

стохастически stochastically
стохастический stochastic
страт stratum
стратегический strategic
стратегия strategy; policy
- ~ **игры** strategy for a game
- ~ **поведения** behaviorial strategy
- ~ **угроз** threat strategy
- **ε-оптимальная** ~ epsilon-optimal strategy, epsilon-best strategy
- **бейесовская** ~ Bayes(') strategy
- **инвариантная** ~ invariant strategy
- **марковская** ~ Markovian strategy, Markovian policy
- **минимаксная** ~ minimax strategy
- **оптимальная** ~ optimal strategy, optimal policy
- **предпочтительная** ~ preferable strategy
- **смешанная** ~ mixed strategy
- **статистическая** ~ statistical strategy
- **стационарная** ~ stationary strategy, stationary policy
- **чистая** ~ pure strategy

стратификация stratification
- ~ **пространства** stratification of a space
- **естественная** ~ natural stratification

стратифицировать stratify
стрелка arrow
стремиться tend; approach
- ~ **к бесконечности** tend to infinity, approach infinity
- ~ **к пределу** tend to a limit, approach a limit
- ~ **монотонно** tend monotonically
- ~ **по модулю** tend in modulus

стремление tendency
строгий strict
- **математически** ~ mathematically strict

строго rigorously; strictly
строгость rigor; stringency
- ~ **доказательства** rigor of proof

строение construction; structure
- ~ **алгебры Ли** construction of a Lie algebra
- ~ **поверхности** structure of a surface
- ~ **формулы** logical structure of a formula
- **клеточное** ~ block structure

строить construct; build ◊ **что и требовалось по** ~ *quod erat fasciendum*
- ~ **график относительно показателя** (*степени*) construct a graph against a power
- ~ **алгоритм** develop an algorithm, construct an algorithm
- ~ **базис** construct a basis
- ~ **вариацию** construct a variation
- ~ **вектор** construct a vector
- ~ **вложение** construct an embedding
- ~ **выражение** construct an expression
- ~ **гомоморфизм** construct a homomorphism
- ~ **гомотопию** construct a homotopy

строить *(continued)*
- ~ граф   construct a graph
- ~ график   plot (a graph)
- ~ группу   construct a group
- ~ деформацию   construct a deformation
- ~ диаграмму   construct a diagram
- ~ диффеоморфизм   construct a diffeomorphism
- ~ изоморфизм   construct an isomorphism
- ~ инвариант   construct an invariant
- ~ индуктивным образом   construct inductively
- ~ интервал   construct an interval
- ~ категорию   construct a category
- ~ класс   construct a class
- ~ константу   determine a constant
- ~ массив   construct an array
- ~ матрицу   construct a matrix
- ~ машину Тьюринга   construct a Turing machine
- ~ многообразие   construct a manifold
- ~ множество   construct a set
- ~ оператор   construct an operator
- ~ отображение   construct a map(ping)
- ~ плоскость   construct a plane
- ~ покрытие   construct a covering
- ~ поле   construct a field
- ~ последовательность   construct a sequence
- ~ предположение   hypothesize
- ~ пример   construct an example
- ~ программу   construct a program
- ~ пространство   construct a space
- ~ прямоугольник   construct a rectangle
- ~ пучок   construct a bundle
- ~ разбиение   construct a decomposition
- ~ расслоение   construct a bundle
- ~ решение   construct a solution
- ~ связность   construct a connection
- ~ систему   construct a system
- ~ слово   construct a word
- ~ столбец   construct a column
- ~ схему (*из функциональных элементов*)   build a circuit
- ~ таблицу   construct a table
- ~ теорию   construct a theory
- ~ форму   construct a form
- ~ формулу   construct a formula
- ~ функцию   construct a function
- ~ цепь   construct a chain

стройность (*теории*)   continuity

строк‖**а**   row
- ~ матрицы   row of a matrix
- ~ определителя   row of a determinant
- ~ таблицы   row of a table
- зависимые ~ и   dependent rows
- линейно зависимые ~ и   linearly dependent rows
- линейно независимые ~ и   linearly independent rows
- независимые ~ и   independent rows
- ортогональные ~ и   orthogonal rows
- разрешающая ~   pivotal row
- точная ~   exact row

строфоида   strophoid

структур‖**а**   lattice; structure
- ~ алгебры   algebra structure
- ~ Брауэра   Brouwerian lattice, Brouwerian algebra
- ~ геометрии   structure of geometry
- ~ группы   group structure
- ~ касательного расслоения   structure of a tangent bundle
- ~ класса   structure of a class
- ~ кольца   ring structure
- ~ конгруэнций   lattice of congruence relations
- ~ многообразия   structure of a manifold
- ~ множеств   lattice of sets
- ~ множества   structure of a set
- ~ модуля   module structure
- ~ на многообразии   structure on a manifold

~ на пространстве   structure on a space
~ оператора   operator structure
~ особенности   structure of a singularity
~ отношений   lattice of relations
~ поверхности   structure of a surface
~ подмногообразия   structure of a submanifold
~ пространства   structure of a space
~ разбиений   lattice of partitions
~ распределений   structure in distributions
~ решения   structure of a solution
~ с делением   residuated structure
~ с заменой   exchange lattice
~ с коммутативным умножением   commutative lattice
~ схемы (*из функциональных элементов*)   structure of a circuit
~ сходимости   structure of convergence
~ траекторий   structure of trajectories
~ фильтра   structure for a filter
α-насыщенная ~   alpha-saturated structure
(B,f)- ~   (B,f)-structure
C^k- ~ C^k-structure
C^∞- ~   differentiable structure
F- ~   F-structure
Г- ~   gamma-structure
G- ~   G-structure
M- ~   matroid structure
n-мерная ~   *n*-structure
σ- ~   sigma-structure
аддитивная ~   additive structure
алгебраическая ~   algebraic(al) structure
аналитическая ~   analytic(al) structure
антикоммутирующая ~   anti(-)commuting structure
арифметически эквивалентные ~ ы   arithmetically equivalent structures
архимедова ~   Archimedian lattice
ассоциированная ~   associated structure
аффинная ~   affine structure
банахова ~   Banach('s) lattice
близостная ~   proximity structure
более грубая ~   coarser structure
борелевская ~   Borel('s) structure
векторная ~   vector lattice
внутренняя ~   intrinsic structure
выпуклая ~   convex structure, convex lattice
гамильтонова ~   Hamiltonian structure
геометрическая ~   geometric(al) structure
гладкая ~   smooth structure, differentiable structure
глобальная ~   global structure
групповая ~   group structure
двойственная ~   dual structure
дедекиндова ~   Dedekind('s) lattice, Dedekind('s) structure, modular lattice
действительная ~   real structure
дианалитическая ~   dyanalytic structure
дискретная ~   discrete structure
дистрибутивная ~   distributive lattice, C-lattice
дифференциальная ~   smooth structure, differential structure
дополнительная ~   additional structure
допустимая ~   admissible lattice
дуально изоморфная ~   dually isomorphic lattice, anti(-)isomorphic lattice
естественная ~   natural structure
жёсткая ~   rigid structure
жорданова ~   Jordan('s) structure
иерархическая ~   hierarchical structure
изменяющаяся ~   variable structure
изометрическая ~   isometric structure

структура *(continued)*
   изящная ~ neat structure
   инвариантная ~ invariant structure
   индуцированная ~ induced structure
   интегрируемая ~ integrable structure, symplectic structure
   инфинитезимально однородная ~ G-structure
   каноническая ~ canonical structure
   кватернионная ~ quaternionic structure
   классическая ~ classical structure
   клеточная ~ cell structure
   коалиционная ~ coalition structure
   комплексная ~ complex structure, complex analytic structure
   комплексно-аналитическая ~ complex structure, complex analytic structure
   контактная ~ contact structure
   конформная ~ conformal structure
   конформно плоская ~ conformal flat structure
   кэлерова ~ Kählerian structure
   левая равномерная ~ left uniformity
   ленточная ~ band structure
   линейная ~ linear structure
   локальная ~ local structure
   локально выпуклая ~ locally convex structure
   локально плоская ~ locally flat structure
   математическая ~ mathematical structure
   метрическая ~ metric structure
   модулярная ~ modular lattice, Dedekind('s) lattice, Dedekind('s) structure
   насыщенная ~ saturated structure
   неоднородная ~ inhomogeneous lattice
   неразложимая ~ irreducible lattice
   обобщённая ~ generalized structure
   однородная ~ homogeneous structure
   особая ~ singular structure
   отделимая ~ separated structure
   плоская ~ flat structure
   полная ~ complete structure
   полудедекиндова ~ semi(-)modular lattice
   полумодулярная ~ semi(-)modular lattice
   полумодулярная ~ с относительными дополнениями matroid lattice
   почти гамильтонова ~ almost Hamiltonian structure
   почти комплексная ~ almost complex structure
   почти контактная ~ almost contact structure
   почти симплектическая ~ almost symplectic structure
   правая равномерная ~ right uniformity
   примитивная ~ primitive lattice
   проективная ~ projective structure
   псевдогрупповая ~ pseudo(-)group structure
   псевдометрическая равномерная ~ pseudo(-)metric uniformity
   равномерная ~ uniformity; uniform structure
   равномерная ~ сходимости uniformity of convergence
   регулярная ~ regular structure
   решётчатая ~ lattice structure
   риманова ~ Riemannian structure
   самодвойственная ~ self(-)dual lattice
   симплектическая ~ symplectic structure
   синтаксическая ~ syntactic structure

    сложная ~ complicated structure
    совместимая ~ compatible structure
    согласованная ~ compatible structure
    согласующаяся равномерная ~ compatible uniformity
    спинорная ~ spin structure
    статистическая ~ statistical structure
    стохастическая ~ stochastic structure
    тензорная ~ tensor structure
    тонкая ~ refined structure
    топологическая ~ topological structure
    условно полная ~ conditionally complete structure
    эквивалентные ~ы equivalent structures
    элементарно эквивалентные ~ы elementarily equivalent structures
    эрмитова ~ Hermitian structure

структуризованный structurized

структурный structural

струя jet
    обратимая ~ invertible jet

ступень stage; step
    ~ нильпотентности nilpotence class
    ~ разрешимости π-группы π-length

стягиваемость contractibility; collapsibility

стягиваемый contractible; shrinkable
    ~ в точку contractible to a point
    ~ по себе contractible on itself
    локально ~ locally contractible

стягивание contraction; shrinking; collapse
    ~ алгебры contraction of an algebra
    ~ ребра edge contraction
    полиэдральное ~ polyhedral collapse
    цепное ~ chain contraction

стягивать contract; subtend; collapse; shrink
    ~ в точку shrink to a point; collapse to a point
    ~ угол subtend an angle
    непрерывно ~ shrink continuously

суб- sub-

субаддитивный sub(-)additive

субгармоника sub(-)harmonic

субдифференциал sub(-)differential
    ~ нормы subdifferential of a norm
    ~ функции subdifferential of a function

субинвариантный sub(-)invariant

сублагранжев sub-Lagrangian

субмарковский sub-Markovian

субмартингал sub(-)martingale

субмерсия submersion
    ~ класса C^r C^r-submersion
    риманова ~ Riemannian submersion

субметрический sub(-)metric

субмультипликативный sub(-)multiplicative

субнормальность sub(-)normality

субординатор subordinator
    ~ индекса α subordinator of the exponent α, one-sided stable process of the exponent α

субпроективный sub(-)projective

субституента substituent

субтрактивный subtractive

сужать restrict
    ~ класс restrict a class

суждение proposition; statement; sentence; judgement; assertion
    аподиктическое ~ apodictic proposition
    категорическое ~ categorical judgement

сужение restriction; confinement
    ~ класса restriction of a class
    ~ области изменения restriction of a range
    ~ оператора restriction of an operator

сужение *(continued)*
- ~ отображения   restriction of a map(ping)
- ~ представления   restriction of a representation
- ~ распределения   restriction of a distribution
- ~ функции   restriction of a function

сукцедент   succedent

сумма   sum
- ~ алгебр   sum of algebras
- ~ бесконечной геометрической прогрессии   sum of a geometric progression to infinity
- ~ векторов   resultant of vectors, vector sum
- ~ Гаусса   Gaussian sum
- ~ групп   sum of groups
- ~ делителей (*числа*)   sum of divisors
- ~ знаков   sum of signs
- ~ идеалов   sum of ideals, sum ideal
- ~ квадратов   sum of squares
- ~ колец   sum of rings
- ~ матриц   sum of matrices
- ~ модулей   sum of modules
- ~ операторов   sum of operators
- ~ отношений   sum relation
- ~ плоскостей   sum of planes
- ~ по модулю m sum mod m
- ~ по столбцам   column sum
- ~ по строкам   row sum
- ~ подпространств   sum of subspaces
- ~ полей   sum of fields
- ~ произведений   sum of products
- ~ пространств   sum of spaces
- ~ расслоений   sum of bundles
- ~ ряда   sum of a series
- ~ (*ряда*) по методу Абеля   Abelian sum
- ~ степеней вершин   vertex-degree sum
- ~ форм   sum of forms
- ~ чисел   sum of numbers

- ~ экземпляров   sum of copies
- p- ~   p-sum
- алгебраическая ~   algebraic(al) sum
- альтернированная ~   alternating sum
- арифметическая ~   arithmetic(al) sum
- бесконечная ~   infinite sum, sum to infinity
- булева ~   Boolean sum
- векторная ~   vector sum
- верхняя ~   upper sum
- взвешенная ~   weighted sum
- геометрическая ~   geometric(al) sum
- двойная ~   double sum
- диагональная ~   diagonal sum
- дизъюнктивная ~   disjoint union
- знакопеременная ~   alternating sum
- интегральная ~   integral sum
- интерполяционно-квадратурная ~   interpolation quadrature sum
- итерированная ~   iterated sum
- кардинальная ~   cardinal sum
- квадратурная ~   quadrature sum
- комбинаторная ~   combinatorial sum
- конечная ~   finite sum
- конечная тригонометрическая ~   trigonometric(al) polynomial
- кратная ~   multiple sum
- кубическая ~   cubic sum
- непрерывная ~   continuous sum
- несвязная ~   disjoint union
- нижняя ~   lower sum
- обобщённая ~   generalized sum
- общая ~   general sum
- ординальная ~   ordinal sum
- ортогональная ~   orthogonal sum
- остаточная ~   residual sum
- подпрямая ~   sub(-)direct sum
- полная ~   complete sum
- прямая ~   direct sum

расслоенная ~ fiber sum; amalgamated sum
рациональная ~ rational sum
регуляризованная ~ regularized sum
связная ~ connected sum
случайная ~ random sum
степенная ~ sum of powers
сферическая ~ spherical sum
тензорная ~ tensorial sum
топологическая ~ topological sum, disjoint union
тригонометрическая ~ trigonometric(al) sum
упорядоченная ~ ordered sum
формальная ~ formal sum
циклическая ~ cyclic sum
частная ~ partial sum
экспоненциальная ~ exponential sum

сумматор adder; summer; accumulator
суммирование summation
~ **по всем** n summation over all n
~ **по частям** summation by parts
~ **последовательности** summation of a sequence
~ **ряда** summation of a series
двойное ~ double summation

суммировать sum
суммируемость summability
~ **интеграла** summability of an integral
~ **методом Абеля** Abelian summability
~ **методом Рисса** Riesz summability
~ **методом Чезаро** Cesàro('s) summability, (C,k)-summability
~ **ряда** summability of a series
~ **функции** summability of a function
(C,1)- ~ (C,1)-summability
(C,k)- ~ (C,k)-summability
абсолютная ~ absolute summability
регулярная ~ regular summability
сильная ~ strong summability

суммируемый summable
~ **B′-методом** summable by Borel('s) integral method
~ **интегральным методом Бореля** summable by Borel('s) integral method
~ **с квадратом** square-summable

суммирующий summing
супер- super-
супераддитивность super(-)additivity
супералгебра super(-)algebra
~ **Ли** Lie('s) superalgebra
полупростая ~ semi(-)simple superalgebra
простая ~ simple superalgebra
супергармонический super(-)harmonic
супергруппа (Ли) super(-)group
супермартингал super(-)martingale
супермногообразие super(-)manifold
суперпозиция superposition; composition function, composite function
~ **графов** superposition of graphs
~ **отображений** superposition of map(ping)s
~ **преобразований** superposition of transformations
~ **функций** superposition of functions
суперпространство super(-)space
~ **флагов** flag superspace
суперсингулярный super(-)singular
супертепловой super(-)heated
супертопология super(-)topology
суперэффективность super(-)efficiency
суффикс suffix
существенный essential
существование existence
~ **и единственность** unique existence
~ **предела** existence of a limit
глобальное ~ global existence

сфер‖а sphere
- ~ **Александера** horned sphere
- ~ **Римана** Riemann(ian) sphere, complex sphere, z-sphere, w-sphere
- ~ **с вырезанной дыркой** sphere with a hole punched in it
- ~ **с ручками** sphere with handles
- **n-мерная** ~ n-(dimensional) sphere
- **аффиннная** ~ affine sphere
- **бесконечномерная** ~ infinite-dimensional sphere
- **вложенная** ~ embedded sphere
- **вневписанная** ~ escribed sphere
- **вписанная** ~ inscribed sphere, in(-)sphere
- **вполне геодезическая** ~ totally geodesic sphere
- **геодезическая** ~ geodesic sphere
- **гладкая** ~ smooth sphere
- **гомологическая** ~ homology sphere
- **гомотопическая** ~ homotopy sphere
- **дикая** ~ wild sphere
- **евклидова** ~ Euclidean sphere
- **единичная** ~ unit sphere
- **заузленная** ~ knotted sphere
- **касательная** ~ tangent sphere
- **компактная** ~ compact sphere
- **концентрические** ~ ы concentric spheres
- **нечётномерная** ~ odd-dimensional sphere
- **нульмерная** ~ zero-dimensional sphere
- **окружающая** ~ surrounding sphere
- **описанная** ~ circumscribed sphere, circum(-)sphere
- **параллелизуемая** ~ parallelizable sphere
- **подошвенная** ~ attaching sphere
- **предельная** ~ limit(ing) sphere
- **приклеивающая** ~ attaching sphere
- **проколотая** ~ punctured sphere
- **рогатая** ~ horned sphere
- **соприкасающаяся** ~ osculating sphere
- **стандартная** ~ standard sphere
- **топологическая** ~ topological sphere
- **фиксированная** ~ fixed sphere
- **чётномерная** ~ even-dimensional sphere
- **шварцшильдовская** ~ Schwarzschild('s) sphere
- **экзотическая** ~ exotic sphere

сферический spherical
сферичность sphericity
сфероид spheroid
- **вытянутый** ~ prolate spheroid
- **сплющенный** ~ oblate spheroid

сфероидальный spheroidal
схем‖а scheme; schema; network; design; graph; pattern; circuit; plot
- ~ **аксиом** axiom schema
- ~ **Бернулли** Bernoulli('s) sample
- ~ **вдоль подсхемы** schema along a subscheme
- ~ **вычисления** computational scheme
- ~ **групп** group scheme
- ~ **заключения** inference pattern
- ~ **из пороговых элементов** scheme for threshold elements
- ~ **из функциональных элементов** circuit made up of functional elements
- ~ **испытаний Бернулли** Bernoulli('s) sample
- ~ **кодирования** coding scheme
- ~ **комплекса** scheme of a complex
- ~ **конечного типа** scheme of finite type
- ~ **машины Тьюринга** program of a Turing machine, skeleton table, two-way potentially infinite tape
- ~ **модулей** moduli scheme
- ~ **мультипликативного типа** multiplicative scheme
- ~ **наблюдений** observation scheme

~ над S   S-scheme
~ Пойа   Pólya('s) trials
~ примитивной рекурсии   schema of primitive recursion
~ программы   program scheme, program schema
~ программы с памятью   while schema, algol-like schema
~ Пуассона   Poisson('s) trials
~ рекурсивной программы   recursive program scheme
~ управляющей системы   scheme of a control system
~ эксперимента   scheme of a design
BIB- ~   balanced incomplete block design
PBIB(m)- ~   PBIB(m)
t- ~   tactical configuration, t-design
t-(v,k,λ)- ~   tactical configuration, t-design
2- ~   2-design
абелева ~   Abelian scheme
абстрактная ~   abstract scheme
аддитивная ~   additive scheme, locally one-dimensional scheme
алгебраическая ~   algebraic(al) scheme
алголоподобная ~   algol-like schema
аналог- ~   analog scheme
арбитражная ~   bargaining problem
аффинная ~   affine scheme
биномиальная ~ испытаний   binomial trials
блок- ~   block scheme
вариационная ~   variational scheme
гладкая ~   smooth scheme
граф- ~   graph scheme
грубая ~   coarse scheme
групповая ~   group scheme
двусторонняя ~   bilateral network
двухфакторная ~   two-way layout
декодирующая ~   decoding scheme
диаграммная ~   diagram scheme
замкнутая ~   closed scheme
изоморфные ~ ы   isomorphic schemes
интерполяционная ~   interpolation scheme
исходная ~ (из функциональных элементов)   original circuit
каноническая ~   canonical scheme
квазиаффинная ~   quasi(-)affine scheme
квазипроективная ~   quasi(-)projective scheme
коммутативная ~   commutative scheme
компактная ~   compact scheme
конечная ~   finite scheme
конечная симплициальная ~   finite simplicial complex
контактная ~   contact scheme, contact network
логическая ~   logical circuit
локально конечная симплициальная ~   locally finite simplicial complex
локально конечная ~   locally finite scheme
локально нётерова ~   locally Noetherian scheme
локально одномерная ~   locally one-dimensional scheme, additive scheme
локально счётная симплициальная ~   locally countable simplicial complex
малая ~   small schema
минимальная ~ (из функциональных элементов)   minimal circuit
многомерная ~   multi(-)dimensional scheme
моделирующая ~   modeling scheme

схем∥а (continued)
  мультипликативная ~ multiplicative scheme
  неполная ~ incomplete scheme
  неприводимая ~ irreducible scheme
  нётерова ~ Noetherian scheme
  нормальная ~ normal scheme
  нормально плоская ~ normally flat scheme
  общая ~ generic scheme, general scheme
  одномерная ~ one-dimensional scheme
  операторная ~ while schema, algol-like schema
  отделимая ~ separated scheme
  П- ~ series-parallel network
  параллельно-последовательная ~ series-parallel network
  плоская ~ flat scheme
  последовательная ~ sequential scheme
  приведённая ~ reduced scheme
  проективная ~ projective scheme
  простейшая ~ (*из функциональных элементов*) simplest circuit
  разностная ~ difference scheme, difference schema
  регулярная ~ regular scheme
  рекуррентная ~ recursive schema
  рекурсивная ~ recursion scheme, recursive scheme
  релейно-контактная ~ relay-contact network
  связная ~ connected design; connected scheme
  симметричная ~ symmetric(al) design
  симплициальная ~ (*locally countable*) simplicial complex
  сложная ~ complex circuit
  составная ~ compound scheme
  стандартная ~ standard scheme
  стохастическая ~ stochastic scheme
  структурная ~ structural scheme
  сходящаяся ~ convergent scheme
  счётная симплициальная ~ countable simplicial complex
  тонкая ~ (*модулей*) fine moduli scheme
  трансверсальная ~ T-system, transversal system
  тривиальная ~ (*из функциональных элементов*) trivial circuit
  уравновешенная (блок-) ~ balanced scheme
  урновая ~ urn model, urn scheme, bowl model
  устойчивая ~ stable scheme
  формальная ~ formal scheme
  функциональная ~ functional scheme
  числовая ~ numerical scheme
  экономичная (*разностная*) **~** economic scheme
  эффективная ~ efficient scheme
сходимость convergence
  ~ бесконечного произведения convergence of an infinite product
  ~ в метрике convergence in a metric
  ~ в среднем mean convergence
  ~ в среднем квадратичном convergence in the square mean, convergence in quadratic mean
  ~ в среднем порядка p convergence in the mean of power p
  ~ в топологии convergence in a topology
  ~ в узком смысле convergence in the restricted sense
  ~ всюду convergence everywhere
  ~ интеграла convergence of an integral
  ~ мер convergence of measures
  ~ относительно нормирования convergence with respect to a valuation

~ по вариации convergence in variation
~ по вероятности convergence in probability
~ по мере convergence in measure
~ по метрике convergence in metric
~ по норме convergence in norm
~ по распределению convergence in distribution
~ по строкам convergence by rows
~ почти всюду convergence almost everywhere
~ почти наверное almost certain convergence, almost sure convergence, convergence with probability one, essential convergence
~ процесса convergence of a process
~ разностных схем convergence of difference schemes
~ распределений convergence of distributions
~ ряда convergence of a series
~ с вероятностью единица almost certain convergence, almost sure convergence, convergence with probability one, essential convergence
~ с регулятором regulator convergence
(0)- ~ (0)-convergence
p-адическая ~ p-adic convergence
абсолютная ~ absolute convergence
асимптотическая ~ asymptotic convergence
безусловная ~ unconditional convergence
быстрая ~ rapid convergence
глобальная ~ global convergence
дискретная ~ discrete convergence
квадратическая ~ quadratic convergence
компактная ~ compact convergence
координатная ~ coordinatewise convergence
линейная ~ linear convergence
логарифмическая ~ logarithmic convergence
локальная ~ local convergence
мажорированная ~ dominated convergence
медленная ~ slow convergence
метрическая ~ metric convergence
монотонная ~ monotone convergence
непрерывная ~ continuous convergence
неравномерная ~ non(-)uniform convergence
нормальная ~ normal convergence
обыкновенная ~ ordinary convergence
ограниченная ~ bounded convergence
относительная ~ relative convergence
относительно равномерная ~ relatively uniform convergence
порядковая ~ order convergence
поточечная ~ pointwise convergence
простая ~ simple convergence
равномерная ~ uniform convergence
регулярная ~ regular convergence
секвенциальная ~ sequential convergence
сильная ~ strong convergence
слабая ~ weak convergence
стохастическая ~ stochastic convergence
существенная ~ almost certain convergence, almost sure convergence, convergence with probability one, essential convergence
счётномерный ~ countable-dimensional
топологическая ~ topological convergence, convergence in a topology
условная ~ conditional convergence

сходимость *(continued)*
  устойчивая ~ stable convergence
  частичная ~ partial convergence
  широкая ~ vague convergence
  эффективная ~ effective convergence
сходиться converge
  ~ быстро converge rapidly
  ~ в среднем converge in the mean
  ~ в среднем квадратичном converge in mean square
  ~ медленно converge slowly
  ~ непрерывно converge continuously
  ~ ограниченно converge boundedly
  ~ по норме converge in norm
  ~ поточечно converge pointwise
  ~ почти всюду converge almost everywhere
  ~ равномерно converge uniformly
  ~ регулярно converge regularly
  ~ слабо converge weakly
сходящийся convergent
  ~ в среднем convergent in the mean
  ~ в топологии convergent in a topology
  ~ по мере convergent in measure
  ~ почти всюду convergent almost everywhere
  ~ почти наверное convergent with probability one
  ~ с вероятностью единица convergent with probability one
  абсолютно ~ absolutely convergent
  равномерно ~ uniformly convergent
  слабо ~ weakly convergent
счёт count; counting
  ~ в уме mental count
  автоматический ~ automatic counting
  численный ~ numerical computation
счётно countably
  ~ много countably many
счётность countability, denumerability, enumerability

счётный countable, denumerable, enumerable ◊ **не более чем ~** at most countable
счисление enumeration; numeration
считать count
сшивать sew
сшивка sewing
сюръективность surjectivity
  ~ отображения surjectivity of a map(ping)
сюръективный surjective
сюръекция surjection, surjective map(ping), epimorphic map(ping)

таблица table; tableau
  ~ вычислений в методе релаксации relaxation table
  ~ значений table of values
  ~ интегралов table of integrals
  ~ квадратных корней table of square roots
  ~ квадратов table of squares
  ~ косинусов table of natural cosines
  ~ логарифмов table of logarithms, logarithmic table
  ~ обратных чисел table of inverse numbers
  ~ перевода conversion table
  ~ продолжительности жизни life table
  ~ простых чисел table of primes
  ~ разностей difference table
  ~ синусов table of natural sines
  ~ сложения addition table
  ~ случайных чисел table of random numbers
  ~ смертности mortality table
  ~ сопряжённостей contingency table

~ **умножения** multiplication table
двумерная ~ two-way table
истинностная ~ truth table
квадратная ~ square table
корреляционная ~ correlation table, correlation diagram
краткая ~ short table
прямоугольная ~ rectangular array
симплексная ~ simplex tableau
универсальная ~ universal table
частотная ~ frequency table
табличный tabular
табулированный tabulated
тавтология tautology; identically true formula
тактика tactics
тангенс tangent, tangent function
~ **амплитуды** amplitude tangent
~ **угла** tangent of an angle
гиперболический ~ hyperbolic tangent
тангенсоида tangent curve
тангенциальный tangential; tangent
тауберов Tauberian
тезис thesis ◊ ~ **Тьюринга** Turing('s) thesis; ~ **Чёрча** Church('s) thesis
тело solid; body; skew field
~ **Архимеда** semi(-)regular polyhedron, Archimedean body
~ **вращения** solid of revolution
~ **кватернионов** quaternion skew field
~ **комплекса** underlying polyhedron of cells
~ **Платона** Platonic body, regular polyhedron, regular polytope
~ **постоянной ширины** body of constant width
~ **Пуансо** Poinsot('s) polyhedron, non(-)convex polyhedron, star polyhedron, star polytope, stellated polyhedron
~ **с ручками** handlebody
p- ~ p-field
альтернативное ~ alternative field

архимедово ~ R-field
бесконечное ~ infinite solid
борелевское ~ **множеств** algebra of Borel subsets, Borel('s) field (of sets)
выпуклое ~ convex body
геометрическое ~ geometric(al) body
звёздное ~ star body
касательное ~ tangential body
неархимедово ~ ultra(-)metric field
ограниченное ~ bounded body
полярно выпуклое ~ polar convex body
полярное ~ polar body
простое ~ simple solid
тернарное ~ ternary field
тем более a fortiori
тенденция tendency
тензор tensor
~ **валентности** n tensor of order n, tensor of valence n
~ **Вейля** Weyl('s) (conformal curvature) tensor, conform tensor
~ **деформаций** deformation tensor
~ **конформной кривизны** Weyl('s) (conformal curvature) tensor, conform tensor
~ **кривизны** (*направлений*) curvature tensor
~ **кривизны связности** curvature tensor of connection
~ **кручения** torsion tensor
~ **напряжения** stress tensor
~ **Нейенхейса** torsion tensor
~ **проводимости** conductivity tensor
~ **ранга** n tensor of rank n
~ **типа (p,q)** tensor of type (p,q)
ε- ~ epsilon-tensor
p раз ковариантный ~ p times covariant tensor
p раз контравариантный ~ p times contravariant tensor
альтернированный ~ anti(-)symmetric(al) tensor, skew(-)symmetric(al) tensor

тензор *(continued)*
  антисимметрический ~ anti(-)symmetric(al) tensor
  антисимметричный ~ anti(-)symmetric(al) tensor
  асимптотический ~ asymptotic tensor
  ассоциированный ~ associated tensor
  бесследный ~ traceless tensor
  градиентный ~ gradient tensor
  двухточечный ~ two-point tensor
  декартов ~ Cartesian tensor
  дуальный ~ dual tensor
  инвариантный ~ invariant tensor
  картановский ~ Cartan('s) tensor
  квадратичный ~ quadratic tensor
  ковариантный ~ covariant tensor
  контравариантный ~ contravariant tensor
  кососимметрический ~ anti(-)symmetric(al) tensor, skew(-)symmetric(al) tensor
  метрический ~ metric tensor
  неприводимый ~ irreducible tensor
  нулевой ~ vanishing tensor
  объемлющий ~ ambient tensor
  одноточечный ~ one-particle tensor
  основной ~ metric tensor, fundamental tensor
  положительно определённый ~ positive-definite tensor
  разложимый ~ decomposable tensor
  риманов ~ Riemann('s) tensor
  свёрнутый ~ contracted tensor
  симметрический ~ symmetric(al) tensor
  симметричный ~ symmetric(al) tensor
  смешанный ~ mixed tensor
  структурный ~ structural tensor
  сферический ~ spherical tensor
  фундаментальный ~ metric tensor, fundamental tensor

тензорный tensorial
тень shadow
теорем‖а theorem ◊ **по ~ е** by a theorem; **~ верна** theorem holds;
  ~ справедлива theorem is valid
  ~ Абеля Abelian theorem
  ~ (*Адамара*) об определителях determinant theorem
  ~ аппроксимации approximation theorem
  ~ Атья-Зингера об индексе эллиптического оператора Atiyah-Singer index theorem
  ~ (*Брауэра*) об инвариантности области theorem on the invariance of a domain, theorem on the invariance of a region
  ~ (*Бруна*) о простых числах-близнецах theorem on prime twins
  ~ (*Вейерштрасса*) о равномерно сходящихся рядах аналитических функций uniform-convergence theorem
  ~ взаимности (*Вейля*) reciprocity theorem
  ~ вириала virial theorem
  ~ включения (*Фробениуса*) inclusion theorem
  ~ вложения embedding theorem
  ~ возвращения (*Пуанкаре*) recurrent theorem
  ~ восстановления renewal theorem
  ~ вращения rotation theorem
  ~ выбора theorem of choice, selection theorem
  ~ выпуклости convexity theorem
  ~ вырезания excision theorem
  ~ вычетов residue theorem
  ~ Гаусса Gaussian theorem, *theorema egregium*
  ~ гомоморфизма homomorphism theorem

- ~ гомотопии   homotopy theorem
- ~ двойственности   duality theorem
- ~ двух констант   two-constant theorem
- ~ (*Дирихле*) об алгебраических единицах   theorem on units
- ~ для больших индексов   high-indices theorem
- ~ Евклида   Euclidean theorem
- ~ единственности   uniqueness theorem, unicity theorem
- ~ единственности продолжения   unique continuation theorem
- ~ жёсткости   rigidity theorem
- ~ (*Жордана*) о замкнутой кривой   separation theorem
- ~ зависимости   dependence theorem
- ~ замыкания   closure theorem
- ~ инвариантности   invariance theorem
- ~ инвариантности ориентируемости   theorem on the invariance of orientability
- ~ интегрируемости   integrability theorem
- ~ искажения   distortion theorem
- ~ (*Картана*) о тонком пределе   theorem of fine limits
- ~ кодирования   coding theorem
- ~ компактности   compactness theorem
- ~ кондуктора   conductor-ramification theorem
- ~ конечности   finiteness theorem
- ~ косинусов   (second) law of cosines, cosine formula
- ~ Коши о сходимости рядов   condensation test
- ~ Куна-Такера о необходимых и достаточных условиях существования оптимальной точки   saddle-point theorem
- ~ (*Лагранжа*) о квадратических иррациональностях   theorem on quadratic irrationalities
- ~ (*Лагранжа*) о четырёх квадратах   four-square(s) theorem
- ~ Лапласа   Laplace('s) expansion
- ~ (*Лейбница*) о знакочередующихся рядах   alternating-series test, alternating-signs test, Leibnitz('s) test
- ~ локализации   localization theorem
- ~ локальной униформизации   local-uniformization theorem
- ~ (*Майкла*) о непрерывной селекции   selection theorem
- ~ Макмиллана   asymptotic equi(-)partition property
- ~ максимальности   maximal(ity) theorem
- ~ Менгера (*о гомеоморфности линий в смысле Урысона некоторому подмножеству трёхмерного евклидова пространства*) n-arc theorem
- ~ (*Минковского*) о линейных неравенствах   linear-forms theorem
- ~ (*Минковского*) о линейных формах   linear-forms theorem
- ~ монодромии   monodromy theorem
- ~ монотонности   monotonicity theorem
- ~ невозможности   impossibility theorem
- ~ независимости   independence theorem
- ~ непрерывности   continuity theorem
- ~ неприводимости   irreducibility theorem
- ~ непротиворечивости   consistency theorem
- ~ нормализации   normalization theorem

теорема *(continued)*
- ~ о базисе (*Гильберта*) basis theorem
- ~ о биполяре bipolar theorem
- ~ о веере fan theorem
- ~ о воротнике collar theorem
- ~ о вполне упорядочении well-ordering theorem
- ~ о выпрямлении straightening theorem
- ~ о выпрямлении отображения mapping-rectifying theorem
- ~ о выпуклом теле convex-body theorem
- ~ о высотах altitude theorem
- ~ о главном идеале principal-ideal theorem
- ~ о голономии theorem on holonomy
- ~ о гомоморфизмах (*Стонга-Хаттори*) homomorphism theorem
- ~ о гомоморфизме (*Райкова, Банаха*) homomorphism theorem
- ~ о гомотопическом вырезании homotopy-excision theorem
- ~ о двух квадратах two-square theorem
- ~ о деревьях tree theorem
- ~ о джойне join theorem
- ~ о дивизорах theorem on divisors
- ~ о дискриминантах discriminant theorem
- ~ о диофантовых приближениях theorem on Diophantine approximation
- ~ о дифференцируемости решения differentiability theorem for a solution
- ~ о единственности разложения unique decomposition theorem
- ~ о единственности разложения на простые множители unique factorization theorem
- ~ о еже theorem of Poincaré-Brouwer
- ~ о замкнутом графике closed-graph theorem
- ~ о классификации classification theorem
- ~ о клеточной аппроксимации cellular approximation theorem
- ~ о колларе collar theorem
- ~ о компактификации compactification theorem
- ~ о компактности compactness theorem
- ~ о композиции composition theorem
- ~ о конгруэнтности (*треугольников*) congruence theorem
- ~ о конусах theorem about cones
- ~ о конформных отображениях conformal map(ping) theorem
- ~ о коэффициентах coefficient theorem
- ~ о кривых (*Жордана*) curve theorem
- ~ о кривых иостоянной ширины theorem on curves of constant width
- ~ о лакунах gap theorem
- ~ о магистрали turnpike theorem
- ~ о максимальном потоке и минимальном сечении max-flow min-cut theorem, maximum-flow theorem
- ~ о минимаксах minimax theorem
- ~ о минимальных поверхностях theorem on minimal surfaces
- ~ о множителе (*разностного множества*) multiplier theorem
- ~ о мостовых (*Лебега*) *Pflastersatz*
- ~ о надстройке suspension theorem
- ~ о накрывающей гомотопии covering-homotopy theorem

~ о неподвижной точке fixed-point theorem
~ о неполноте incompleteness theorem
~ о непрерывной зависимости continuous-dependence theorem
~ о непрерывности (Абеля) theorem on continuity up to the circle of convergence
~ о неразрешимости unsolvability theorem
~ о несмешанности unmixedness theorem
~ о неявной функции implicit-function theorem
~ о низких степенях low-power theorem
~ о нильпотентной орбите nilpotent-orbit theorem
~ о нормальной форме normal-form theorem
~ о нормах norm theorem
~ о нулях *Nullstellensatz*, theorem on zeros, zero-point theorem
~ о переводе translation theorem
~ о перестройках surgery theorem
~ о петле loop theorem
~ о поднятии lifting theorem
~ о покрытиии covering theorem
~ о полноте completeness theorem
~ о полных классах complete-class theorem
~ о положительно определённых функциях theorem on positive(-)definite functions
~ о полунепрерывных функциях theorem on semi(-)continuous functions
~ о пополнении completion theorem
~ о почленном дифференцировании theorem of termwise differentiation
~ о пределах theorem on limits
~ о предельном переходе theorem of the passage to the limit

~ о представимости theorem on representability
~ о представлении representation theorem
~ о продолжении extension theorem
~ о продолжении вероятности probability-extension theorem
~ о продолжении гомотопии homotopy-extension theorem
~ о проективном вложении projective-embedding theorem
~ о проектировании projection theorem
~ о пропусках gap theorem
~ о простых идеалах prime-ideal theorem
~ о простых числах prime-number theorem
~ о прямых, пересекающих стороны угла intercept theorem
~ о пяти красках five-color theorem
~ о пятиугольных числах (*Эйлера*) pentagonal-number theorem
~ о равносходимости equi(-)convergence theorem
~ о разложении decomposition theorem
~ о распространении extension theorem
~ о расщеплении splitting theorem
~ о реализации realization theorem
~ о редукции reduction theorem
~ о рекурсии recursion theorem
~ о свёртке convolution theorem
~ о связанности connectedness theorem
~ о сильной сходимости strong-convergence theorem
~ о симплициальной аппроксимации simplicial-approximation theorem
~ о следе trace theorem

теорем‖а *(continued)*
~ о совместной непротиворечивости joint-consistency theorem
~ о совпадении coincidence theorem
~ о сокращении cancellation theorem
~ о спектре элемента (*Гельфанда-Мазура*) spectral-map(ping) theorem
~ о сравнении congruence theorem
~ о среднем theorem of the mean
~ о среднем значении mean-value theorem, intermediate-value theorem
~ о срезе slicing theorem
~ о степенных рядах (*Абеля*) theorem on power series
~ о суперпозиции superposition theorem
~ о сфере sphere theorem
~ о тождестве identity theorem
~ о трёх красках three-color theorem
~ о трёх кругах three-circle(s) theorem
~ о трёх перпендикулярах theorem of three perpendiculars
~ о трёх полюсах three-pole theorem
~ о тригонометрических рядах theorem on trigonometric series
~ о характеристических классах (*Милнора*) theorem on characteristic classes
~ о целочисленности integrality theorem, integrity theorem
~ о цилиндре cylinder theorem
~ о четырёх вершинах four-vertex theorem
~ о четырёх красках four-color theorem
~ о ядре kernel theorem

~ об h-кобордизме h-cobordism theorem
~ об s-кобордизме s-cobordism theorem
~ об альтернативе alternative theorem
~ об аналитических функциях theorem on analytic(al) functions
~ об антиподах (*Борсука*) antipode theorem
~ об асимптотическом значении asymptotic-value theorem
~ об изоморфизмах (*Нётера*) law of isomorphisms
~ об изоморфизме isomorphism theorem
~ об изоморфных продолжениях isomorphic refinement theorem
~ об изотопии isotopy theorem
~ об индексе index theorem
~ об интерполяции interpolation theorem
~ об обратной функции inverse-function theorem, inverse map(ping) theorem
~ об обратном отображении inverse-function theorem, inverse map(ping) theorem
~ об отображении в нуль vanishing theorem
~ об открытом отображении open-map(ping) theorem
~ об ультрапроизведениях ultra(-)product theorem
~ об универсальных коэффициентах universal-coefficient theorem
~ об униформизации uniformization theorem
~ об устойчивости stability theorem
~ об устранимости сечения cut-elimination theorem

~ об эквивалентности equivalence theorem
~ обращения inversion theorem, reversion theorem, inversion formula
~ ограниченности boundedness theorem
~ «остриё» клина edge-of-wedge theorem
~ осцилляции (*Штурма*) oscillation theorem
~ отделимости separation theorem
~ переноса transference theorem, translation theorem
~ пересечения intersection theorem, dimension theorem
~ периодичности periodicity theorem
~ Пифагора Pythagoras(') theorem, Pythagorean theorem, Pythagorean proposition
~ площадей area theorem
~ покрытия covering theorem
~ полной вероятности total-probability theorem
~ полноты completeness theorem
~ представления representation theorem
~ продолжения extension theorem, continuation theorem
~ произведения product theorem
~ Пуанкаре-Бирхгофа-Витта P-B-W theorem
~ равномерной ограниченности Банаха-Штейнхауза uniform boundedness theorem, resonance theorem
~ разветвления ramification theorem
~ разложения expansion theorem, development theorem
~ Региомонтана law of tangents
~ регулярности regularity theorem
~ реитерации reiteration theorem
~ (*Римана*) о конформных отображениях map(ping) theorem
~ (*Римана*) о перестановке (*членов ряда*) rearrangement theorem
~ Сарда Sard('s) lemma
~ симметрии symmetry theorem
~ синусов law of sines, sine formula
~ склеивания gluing theorem
~ сложения addition theorem, addition formula
~ смещения time-shift theorem
~ сопряжённых функторов adjoint-functor theorem
~ сравнения comparison theorem, comparison principle, comparability theorem
~ сравнения углов angle-comparison theorem
~ стабильности stability theorem
~ степенного ряда (*Коши-Адамара*) theorem concerning power series
~ суммы sum theorem
~ существования existence theorem
~ существования и единственности unique existence theorem
~ сходимости convergence theorem
~ сходимости Бляшке *Auswahlsatz*
~ тангенсов law of tangents
~ тауберова типа theorem of Tauberian type
~ типа Коровкина Korovkin-type theorem
~ трансверсальности transversality theorem
~ трансгрессии transgression theorem
~ умножения multiplication theorem
~ упорядочивания ordering theorem

теорем‖а *(continued)*
- ~ Харди-Литлвуда о неотрицательной суммируемой функции Hardy-Littlewood supremum theorem
- ~ *(Цермело)* о вполне упорядоченных множествах well-ordering theorem
- ~ Шрейера *(для нормальных рядов группы)* refinement theorem
- ~ *(Штурма)* о разделении нулей separation theorem
- ~ *(Энгеля)* об алгебрах Ли theorem on Lie('s) algebras

π- ~ π-theorem
абелева ~ Abelian theorem
абсолютная ~ absolute theorem
аддиционная ~ addition theorem
алгебраическая ~ algebriac(al) theorem
более сильная ~ stronger theorem
большая ~ Пикара great Picard('s) theorem, grand Picard('s) theorem
вариационная ~ variational theorem
вейерштрассова ~ Weierstrass(') theorem
восходящая ~ *(Лёвенгейма-Сколема)* ascending theorem
геометрическая ~ geometric(al) theorem
гильбертова ~ Hilbert('s) theorem
главная ~ main theorem, principal theorem
глобальная ~ global theorem
глобальная ~ существования theorem of global existence
двойственная ~ dual theorem, dual of a theorem, reciprocal theorem
дифференциальная ~ differential theorem
доминантная эргодическая ~ dominated ergodic theorem
дополнительная ~ complementary theorem
индивидуальная эргодическая ~ pointwise ergodic theorem, individual ergodic theorem
интегральная ~ integral theorem
интегральная ~ Коши в предположении о непрерывности функции на границе области stronger form of Cauchy's integral theorem
интерполяционная ~ interpolation theorem
категорная ~ category theorem
китайская ~ об остатках Chinese remainder theorem
классификационная ~ classification theorem
классическая ~ classical theorem
комбинационная ~ combination theorem
конечномерная ~ finite-dimensional theorem
конструктивная ~ constructive theorem
лагранжева ~ Lagrange('s) theorem
лимитационная ~ limitation theorem
локальная ~ local theorem
локальная ~ Гёделя-Мальцева compactness theorem
максимальная эргодическая ~ maximal ergodic theorem, maximal inequality
малая ~ *(Дезарга)* minor theorem
малая ~ *(Ферма)* lesser theorem
малая ~ *(Ферма, Пикара)* little theorem
малая ~ *(Пикара, Абеля)* small theorem
матричная ~ matrix theorem
метризационная ~ metrization theorem
мультипликационная ~ *(Адамара)* multiplication theorem

нестабильная ~ non(-)stable theorem
обобщённая ~ generalized theorem, extended theorem
обратная ~ converse theorem, inverse theorem
общая ~ general theorem
операторная ~ operator theorem
основная ~ basic theorem, fundamental theorem
основная ~ о порождении полугруппы fundamental theorem on semigroups
остаточная ~ remainder theorem
первая ~ (*Гарнака о равномерной*) сходимости (*последовательности*) first theorem on convergence
перестановочная ~ rearrangement theorem
плоскостная ~ planar theorem
плотностная ~ density theorem
подготовительная ~ preparation theorem
полиномиальная ~ multinomial theorem
последняя ~ Ферма last theorem of Fermat
предельная ~ limit theorem
проективная ~ projective theorem
противоположная ~ contrary theorem
прямая ~ direct theorem
семантическая ~ semantical theorem
сильная ~ strong theorem
синтаксическая ~ syntactical theorem
слабая ~ weak theorem
случайная эргодическая ~ random ergodic theorem
спектральная ~ spectral theorem
статистическая эргодическая ~ statistical ergodic theorem, mean ergodic theorem
строгая ~ rigorous theorem
структурная ~ structural theorem, structure theorem
тауберова ~ Tauberian theorem
узловая ~ key theorem
факторизационная ~ factorization theorem
флюктуационно-диссипативная ~ fluctuation-dissipation theorem
фундаментальная ~ basic theorem, fundamental theorem
характеризационная ~ characterization theorem
центральная ~ central theorem
экстремальная ~ extremal theorem
элементарная ~ elementary theorem
эргодическая ~ ergodic theorem
эргодическая ~ Бреймана pointwise ergodic theorem, individual ergodic theorem
эргодическая ~ с соотношениями ratio ergodic theorem
теоретик theorist
теоретико-вероятностный probability-theoretic(al)
теоретико-групповой group-theoretic(al)
теоретико-игровой game-theoretic(al)
теоретико-кольцевой ring-theoretic(al)
теоретико-множественный set-theoretic(al)
теоретико-модельный model-theoretic(al)
теоретико-полугрупповой semigroup-theoretic(al)
теоретико-решёточный lattice-theoretic(al)
теоретико-функциональный function-theoretic(al)
теоретико-числовой number-theoretic(al)
теоретический theoretic(al)

теория theory
- ~ **автоматов** automata theory
- ~ **алгоритмов** theory of algorithms
- ~ **аппроксимации** approximation theory
- ~ **больших уклонений** large deviations theory
- ~ **бордизмов** bordism theory
- ~ **вариационного исчисления** theory of calculus of variations
- ~ **величин** theory of quantities
- ~ **вероятностей** probability theory
- ~ **ветвления** bifurcation theory
- ~ **винтов** theory of screws
- ~ **возмущений** perturbation theory
- ~ **восстановления** renewal theory
- ~ **выборок** sampling theory
- ~ **вычетов** theory of residues
- ~ **высказываний** theory of propositions
- ~ **геометрических объектов** theory of geometric(al) objects
- ~ **геометрических построений** theory of geometric(al) construction
- ~ **гомологий** homology theory
- ~ **гомотопий** homotopy theory
- ~ **графов** graph theory
- ~ **групп** group theory
- ~ **двойственности** duality theory
- ~ **делимости** division theory
- ~ **дисперсии** theory of dispersion
- ~ **дифференциальных уравнений** theory of differential equations
- ~ **дифференциальных форм** theory of differential forms
- ~ **дифференцирования** theory of differentiation
- ~ **доказательств** proof theory
- ~ **зацеплений** theory of links
- ~ **игр** game theory
- ~ **идеалов** theory of ideals
- ~ **инвариантов** invariant theory
- ~ **интегральных уравнений** theory of integral equations
- ~ **информации** information theory
- ~ **исключения** elimination theory
- ~ **итераций** iteration theory, theory of runs
- ~ **катастроф** catastrophe theory
- ~ **квазиконформных отображений** theory of quasi(-)conformal map(ping)s
- ~ **классов** theory of classes
- ~ **кобордизмов** cobordism theory
- ~ **когомологий** cohomology theory
- ~ **кодирования** coding theory
- ~ **колец** theory of rings
- ~ **комбинаторов** theory of combinators
- ~ **конгруэнций** congruence theory
- ~ **кос** braid theory
- ~ **кратностей** theory of multiplicity
- ~ **кривых** theory of curves
- ~ **критических точек** critical-point theory
- ~ **кручения** torsion theory
- ~ **линейного программирования** theory of linear programming
- ~ **(массового) обслуживания** queu(e)ing theory, waiting-line theory
- ~ **матриц** matrix theory
- ~ **меры** measure theory
- ~ **мишени** target theory
- ~ **множеств** set theory; theory of aggregates
- ~ **множеств Цермело-Френкеля** ZF
- ~ **моделей** model theory
- ~ **модулей** module theory
- ~ **надёжности** theory of reliability
- ~ **нормирований** valuation theory
- ~ **о конформном отображении** conformal-map(ping) theory
- ~ **общих факторов** common-factor theory
- ~ **операторов** theory of operators
- ~ **определителей** determinantal theory
- ~ **оптимального управления** optimal-control theory
- ~ **оптимизации** optimization theory

~ оценивания   estimation theory
~ оценок   estimation theory
~ очередей   queu(e)ing theory, waiting-line theory
~ ошибок   theory of errors
~ первого порядка   first-order theory
~ пересечений   theory of intersections
~ перечисления (*Пойа*)   theory of counting
~ планирования и производства   scheduling-and-production theory
~ площадей   theory of areas
~ поверхностей   theory of surfaces
~ пограничного слоя   boundary-layer theory
~ подгрупп   theory of subgroups
~ подобия   theory of similarity
~ полезности   utility theory
~ полей   field theory
~ полей классов   class field theory
~ порядковых чисел   theory of ordinals
~ потенциала   potential theory
~ пределов   theory of limits
~ предсказания   prediction theory
~ представлений   representation theory
~ преобразований   transformation theory
~ препятствий   obstruction theory
~ приближений   approximation theory
~ проверки (*статистических гипотез*)   theory of testing
~ прогнозов   prediction theory
~ программ   theory of programs
~ пространств   theory of spaces
~ пучков   sheaf theory
~ радикала   radical theory
~ разветвления   ramification theory
~ разложения   decomposition theory
~ размерности   dimension theory
~ расписаний   theory of scheduling, calendar planning
~ распределения значений   value-distribution theory
~ расслоений   theory of fibrations
~ рекурсивности   recursion theory
~ рекурсивных функций   recursive function theory
~ решений   decision theory; theory of choice
~ решёток   theory of lattices
~ риска   risk theory
~ ручек   handle theory
~ связи   theory of communication
~ связностей   theory of connections
~ сетей   theory of nets, network theory
~ симметрических пространств   theory of symmetric(al) spaces
~ слоений   theory of foliations
~ случайных процессов   theory of random processes
~ соединений   theory of combinations
~ спуска   theory of descent
~ стандартных мономов   standard monomial theory
~ статистических решений   statistical-decision theory, stochastic-decision theory
~ статистического вывода   theory of statistical inference
~ (*статистического*) оценивания   estimation theory
~ степени (*отображения*)   degree theory
~ струй   theory of jets
~ структур   theory of lattices
~ суммируемости   summability theory
~ тестовых оценок   theory of test validity
~ типов   type theory
~ тригонометрических рядов   theory of trigonometric(al) series
~ узлов   knot theory
~ униформизации   uniformization theory

теория *(continued)*
~ управления   control theory
~ управляющих систем
    control-system theory
~ устойчивости   stability theory
~ факторизации   factorization theory
~ функций   theory of functions
~ функций разбиений   *partitio numerorum*
~ характеров   character theory
~ цепных дробей
    continued-fraction theory
~ чисел   number theory
~ экстремальных задач   theory of extremal problems
~ элементарных делителей
    elementary-divisor theory
K- ~   K-theory
абелева ~   Abelian theory
абстрактная ~   abstract theory
аддитивная ~   additive theory
аксиоматизируемая ~
    axiomatized theory
аксиоматическая ~   axiomatic theory
алгебраическая ~   algebraic(al) theory
алгоритмическая ~   algorithmic theory
аналитическая ~   analytic(al) theory
арифметическая ~   arithmetic(al) theory
асимптотическая ~   asymptotic theory
более сильная ~   stronger theory
вариационная ~   variational theory
вероятностная ~   probabilistic theory
вещественная ~   real theory
геометрическая ~   geometric(al) theory
геометрическая ~ чисел
    geometry of numbers
глобальная ~   global theory

гомологическая ~   homological theory
дедуктивная ~   deductive theory
дескриптивная ~   descriptive theory
интерполяционная ~
    interpolation theory
интуиционистская ~
    intuitionistic theory
исключительная ~   exceptional theory
категоричная ~   categorical theory
качественная ~   qualitative theory
классификационная ~
    classification theory
классическая ~   classical theory
количественная ~   quantitative theory
комбинаторная ~   combinatorial theory
конкретная ~   concrete theory
красивая ~   beautiful theory
линейная ~   linear theory
локальная ~   local theory
математическая ~   mathematical theory
метрическая ~   metric theory
метрическая ~ динамических систем   ergodic theory
многомерная ~
    multi(-)dimensional theory
модельно-полная ~
    model-complete theory
мультипликативная ~
    multiplicative theory
наивная ~   naïve theory
наследственно неразрешимая ~
    hereditarily undecidable theory
нелинейная ~   non(-)linear theory
непараметрическая ~
    non(-)parametric theory
неполная ~   incomplete theory
непрерывная ~   continuous theory
непротиворечивая ~   consistent theory
неразрешимая ~   undecidable theory

нестабильная ~ unstable theory
обобщённая ~ generalized theory
общая ~ general theory
относительная ~ relative theory
полная ~ complete theory
полярная ~ polar theory
простая ~ simple theory
пространственная ~ space theory
противоречивая ~ inconsistent theory, contradictory theory
разрешимая ~ solvable theory, decidable theory
рекурсивная ~ recursive theory
рекурсивно неразрешимая ~ recursively undecidable theory
симплициальная ~ simplicial theory
синтетическая ~ synthetic theory
слабо непрерывная ~ weakly continuous theory
совместная ~ compatible theory
современная ~ modern theory
спектральная ~ spectral theory
стабильная ~ stable theory
статистическая ~ statistical theory
существенно неразрешимая ~ essentially undecidable theory
топологическая ~ topological theory
тотально трансцендентная ~ totally transcendental theory
трансцендентная ~ transcendental theory
формальная ~ formal theory
формальная аксиоматическая ~ formal system
целочисленная ~ integral theory
эквивалентная ~ equivalent theory
экзотическая ~ exotic theory
экстраординарная ~ extraordinary theory
элементарная ~ elementary theory
эллиптическая ~ elliptic(al) theory
эргодическая ~ ergodic theory
эффективно разрешимая ~ effectively decidable theory

терм term
~ в протоколе базовых операций protocol
замкнутый ~ closed term
связанный ~ bound term
тернарный ternary
тернион ternion
терциарный tertiary
терять loose
~ корень loose a root
теснота tightness
~ пространства tightness of a space
тест test
~ размера α test of level α
минимаксный ~ minimax test
минимальный ~ minimal test
проверяющий ~ test procedure
статистический ~ statistical test
треугольный ~ triangle test
тупиковый ~ terminal test
условный ~ conditional test
тетический thetic
тетра- tetra-
тетрада tetrad
тетракайдекаэдр tetrakaidecahedron
тетрахорический tetrachoric
тетрациклический tetra(-)cyclic
тетраэдр tetrahedron
автополярный ~ self(-)polar tetrahedron
координатный ~ coordinate tetrahedron
основной ~ coordinate tetrahedron
полярный ~ polar tetrahedron
правильный ~ regular tetrahedron
тетраэдральный tetrahedral
тетраэдрический tetrahedral
техника technique
~ интегрирования integration technique
~ исчисления calculus technique
~ компиляции compiling technique
~ перестроек technique of surgery

техника *(continued)*
  алгебраическая ~ algebraic(al) technique
  топологическая ~ topological technique
тип type; genus
  ~ алгебры type of an algebra
  ~ бесконечности type of infinity
  ~ Гаусса Gaussian type
  ~ графа type of a graph
  ~ группы type of a group
  ~ зацепления link type
  ~ изоморфизма isomorphism type
  ~ категории type of a category
  ~ класса type of a class
  ~ многообразия type of a manifold
  ~ множества type of a set
  ~ орбиты orbit type
  ~ полугруппы type of a semigroup
  ~ предельного круга limit-circle type
  ~ предельной точки limit-point type
  ~ разложения type of a decomposition
  ~ распределения type of a distribution
  ~ расслоения type of a fiber bundle
  ~ расщепления type of splitting
  ~ решения type of a solution
  ~ сети type of a network
  ~ симметрии type of symmetry
  ~ упрощения type of simplification
  ~ уравнения type of an equation
  ~ Фукса Fuchsian type
  ~ элемента type of an element
  аддитивный ~ additive type
  вырожденный ~ degenerate type
  гауссов ~ Gaussian type
  гиперболический ~ hyperbolic type
  главный орбит- ~ principal orbit type
  гомологический ~ homology type
  гомотопический ~ homotopy type
  дифференциальный ~ differential type
  комбинаторный ~ combinatorial type
  конечный ~ finite type
  конформный ~ conformal type
  метрический ~ metric type
  минимальный ~ minimal type
  мультипликативный ~ multiplicative type
  нейтральный ~ neutral type
  обратный порядковый ~ inversely ordered type, inverse type
  орбит- ~ orbit type
  особый орбит- ~ singular orbit type
  параболический ~ parabolic type
  переменный ~ varying type, alternating type
  показательный ~ exponential type
  порядковый ~ order type, ordinal type
  простой ~ simple type
  седловой ~ saddle type
  сильный ~ strong type
  слабый ~ weak type
  смешанный ~ mixed type
  спектральный ~ spectral type
  сравнимый ~ comparable type
  топологический ~ topological type
  трансляционный ~ translation type
  трансфинитный ~ trans(-)finite type
  эллиптический ~ elliptic type
типично typically
типичность typicality
типичный typical
ткань web
  n- ~ n-web
  3- ~ three-web
  октаэдрическая ~ octahedral web
  правильная ~ regular web, normal web
  регулярная ~ regular web
  шестиугольная ~ hexagonal web

тогда then
  ~ **и только** ~ if and only if
тождественно identically
тождественность identity
тождественный identical
тождество identity
  ◊ ~ **справедливо** identity holds
  ~ **Фукса** Fuchsian relation
  n-**линейное** ~ multi(-)linear identity
  аномальное ~ anomalous identity
  градуированное ~ graded form of an identity
  жорданово ~ Jordan('s) identity
  классическое ~ classical identity
  комбинаторное ~ combinatorial identity
  коммутаторное ~ commutator identity
  нормальное ~ regular identity
  однородное ~ regular identity
  операторное ~ operator identity
  основное ~ fundamental identity
  перестановочное ~ commutative identity
  полилинейное ~ multi(-)linear identity
  полиномиальное ~ polynomial identity
  простое ~ simple identity
  регулярное ~ regular identity
  стандартное ~ standard identity
  структурное ~ lattice identity
  уравновешенное ~ balanced identity
  условное ~ quasi(-)identity
  факторизационное ~ factorization identity
  функциональное ~ functional identity
ток current
  топологический ~ topological current
толерантность tolerance
  совместимая ~ compatible tolerance
толкование interpretation
  геометрическое ~ geometric(al) interpretation
толщина thickness
  ~ **графа** thickness of a graph
тонкий fine
тополог topologist
топологизация topologization
топологически topologically
топологический topological
топологи∥**я** topology
  ~ **в пространстве** topology on a space
  ~ **групп** topology of groups
  ~ **декартова произведения** Cartesian product topology
  ~ **компактной сходимости** topology of compact convergence
  ~ **кривых** topology of curves
  ~ **локального кольца** m-adic topology
  ~ **многообразий** topology of manifolds
  ~ **нормы** norm topology
  ~ **поверхности** topology of a surface
  ~ **подгруппы Ли как подмногообразия группы Ли** inner topology
  ~ **поля** topology of a field
  ~ , **порождённая метрикой** topology induced by a metric
  ~ **поточечной сходимости** point(-)wise topology
  ~ **произведения** product topology
  ~ **простой сходимости** point(-)wise topology
  ~ **пространства** topology of a space
  ~ **равномерной сходимости** topology of uniform convergence
  α-**адическая** ~ alpha-adic topology
  I-адическая ~ I-adic topology
  S- ~ S-topology
  σ- ~ topology of uniform convergence, sigma-topology
  σ-**адическая** ~ σ-adic topology
  алгебраическая ~ algebraic(al) topology
  антидискретная ~ indiscrete topology

топологи‖я *(continued)*
  ассоциированная ~ associated topology
  бесточечная ~ pointless topology
  бикомпактно открытая ~ topology of compact convergence
  более грубая ~ coarser topology
  более сильная ~ stronger topology
  более слабая ~ weaker topology, smaller topology
  более тонкая ~ finer topology
  борнологическая ~ bornological topology
  выпуклая ~ convex topology
  геометрическая ~ geometric(al) topology
  групповая ~ group topology
  дискретная ~ discrete topology
  дифференциальная ~ differential topology
  евклидова ~ Euclidean topology
  естественная ~ natural topology
  индуктивная ~ inductive topology
  индуцированная ~ induced topology
  интервальная ~ interval topology
  кольцевая ~ ring topology
  комбинаторная ~ combinatorial topology
  компактно открытая ~ compact-open topology
  кусочно-линейная ~ piecewise-linear topology
  линейная ~ linear topology
  локально выпуклая ~ locally convex topology
  максимальная ~ maximal topology
  маломерная ~ low-dimensional topology
  метризуемая ~ metrizable topology
  метрическая ~ metric topology
  минимальная ~ minimal topology
  наименьшая ~ smallest topology, weakest topology
  наследственная ~ hereditary topology
  недискретная ~ indiscrete topology
  непрерывная ~ continuous topology
  несвязная ~ disconnected topology
  несравнимые ~ и incomparable topologies
  объемлющая ~ underlying topology
  общая ~ general topology
  ограниченная ~ bounded topology
  операторная ~ operator topology
  орбитальная ~ orbital topology
  открытая ~ open topology
  относительная ~ relative topology
  плоская ~ flat topology
  полная ~ complete topology
  порождённая ~ generated topology
  порядковая ~ order topology
  правая ~ right topology
  проективная ~ projective topology, topology π
  равномерная ~ uniform topology
  регулярная ~ regular topology
  самая грубая ~ coarsest topology
  самая сильная ~ strongest topology, largest topology
  самая слабая ~ smallest topology, weakest topology
  самая тонкая ~ finest topology
  сильная ~ strong topology, box topology
  сильнейшая ~ strongest topology, largest topology
  слабая ~ weak topology
  слабая* ~ weak*-topology
  слабейшая ~ weakest topology, smallest topology
  современная ~ modern topology
  согласованная с двойственностью ~ topology consistent with duality
  согласующаяся ~ compatible topology
  спектральная ~ spectral topology

сравнимая ~ comparable topology
теоретико-множественная ~ set(-theoretical) topology
тихоновская ~ Tychonoff('s) topology
тонкая ~ fine topology
тривиальная ~ trivial topology
хаусдорфова ~ Hausdorff('s) topology
широкая ~ vague topology
экспоненциальная ~ exponential topology
этальная ~ étale topology

топо́лого-алгебраи́ческий topologically algebraic(al)

то́пос topos
  элементарный ~ elementary topos

тор torus, tore, anchor ring
  ◊ **~ расщепим над полем** torus splits over a field
  ~ группы torus of a group
  ~ отображения map(ping) torus
  k- ~ k-torus
  n-мерный ~ n-dimensional torus
  алгебраический ~ algebraic(al) torus
  инвариантный ~ invariant torus
  комплексный ~ complex torus
  максимальный ~ maximal torus
  плоский ~ flat torus
  регулярный ~ regular torus
  устойчивый ~ stable torus

тороид toroid
тороида toroid
тороидальный toroidal
торообразный torus-like
торс developable surface
торсёр torsor
тотально totally
точечно-конечный point-finite
точечно-счётный point-countable
точ‖ка *см. тж.* **точка зрения, особая точка, точка ветвления** point; dot; **(знак умножения)** elevated dot, raised dot ◊ **не имеющий общих ~ек** non(-)overlapping

~ бифуркации bifurcation point
~ в пространстве point in a space
~ возврата recurrence point, cuspidal point
~ возврата первого рода simple cusp, cusp of the first kind
~ и гармонического сопряжения harmonic conjugates
~ границы boundary point
~ деления point of division
~ дисперсии dispersion point
~ заострения cusp
~ излома corner point, angular point, break point
~ касания point of tangency, point of contact
~ кратности point of multiplicity r
~ и, лежащие на одной окружности concyclic points
~ максимума point of maximum, position of maximum
~ минимума point of minimum, position of minimum
~ многообразия point in a manifold
~ множества point of a set, point in a set
~ накопления accumulation point, condensation point, cluster point
~ неопределённости point of indeterminacy, ambiguous point
~ непрерывности point of continuity
~ неприводимости point of irreducibility
~ общего положения generic point, general point
~ округления circular point, umbilical point, spherical point
~ отображения point of a map(ping)
~ перевала col, saddle point
~ перегиба point of inflection, flex point, flex
~ (перегиба) высшего порядка point of higher order

точ‖ка *(continued)*
  подвижная ~ moving point, movable point
  покрывающая ~ covering point
  последовательные ~ки consecutive points
  правильная ~ ordinary point, regular point, simple point
  предельная ~ boundary point; limit(ing) point; accumulation point, condensation point, cluster point
  процентная ~ percentage point
  разделяющая ~ separating point, dividing point
  различные ~ и distinct points
  рациональная ~ rational point
  регулярная ~ ordinary point, regular point, simple point
  резидуальная ~ residual point
  рекуррентная ~ recurrent point
  седловая ~ saddle point
  симметричная ~ symmetric(al) point
  случайная ~ random point
  смежная ~ adjacent point
  собственная ~ proper point
  совпадающие ~ и coincident points
  сопряжённая ~ conjugate point
  спациальная ~ spatial point
  спектральная ~ spectral point
  средняя ~ mid(-)point, middle point
  стационарная ~ stationary point
  текущая ~ variable point
  тонко предельная ~ finely interior point
  трёхкратная ~ triple point
  тройная ~ triple point
  угловая ~ corner point, angular point, break point
  удалённая ~ remote point
  узловая ~ point of self(-)intersection
  узловая двойная ~ knot singularity
  устойчивая ~ stable point
  устойчивая по Пуассону ~ Poisson-stable point
  фиксированная ~ fixed point
  фокальная ~ focal point
  фундаментальная ~ fundamental point
  целая ~ integer point, integral point
  целочисленная ~ integer point, integral point
  циклическая ~ cyclic point
  циклические ~ и isotropic points
  чебышевская ~ Chebyshev('s) node
  четырёхкратная ~ quadruple point
  шаровая ~ circular point, umbilical point, spherical point
  эквивалентная ~ equivalent point
  экстремальная ~ extreme point, extremal point
  эллиптическая ~ elliptic point

точка ветвления branch point, ramification point; singularity
  ~ бесконечного порядка branch point of infinite order, logarithmic singularity
  ~ существенно особого типа branch point of essentially singular type
  алгебраическая ~ algebraic branch point, algebraic singularity
  логарифмическая ~ logarithmic branch point, logarithmic singularity
  трансцендентная ~ transcendental singularity

точка зрения standpoint, viewpoint
  аналитическая ~ analytic(al) viewpoint
  геометрическая ~ geometric(al) viewpoint
  конструктивная ~ constructive viewpoint
  логистическая ~ logistic viewpoint
  локальная ~ local viewpoint

математическая ~ mathematical viewpoint
теоретическая ~ theoretical viewpoint
топологическая ~ topological viewpoint
финитная ~ finitary standpoint
точкообразный point(-)like
точность accuracy; exactness; precision ◊ с ~ ю до гомоморфизма up to a homomorphism; с ~ ю до множителя apart from a multiplier; с ~ ю до одной сотой accurate to one hundredth, with a 0.01 accuracy; с ~ ю до сотых correct to hundredths
  ~ алгоритма accuracy of an algorithm
  ~ воспроизведения exactness of reproduction
  ~ измерения accuracy of measurement
  ~ оценки accuracy of estimation
  ~ последовательности exactness of a sequence
  ~ предсказания accuracy of prediction
  ~ приближения accuracy of approximation
  ~ формулы exactness of a formula
  внутренняя ~ intrinsic accuracy
точный accurate; exact
тощий meager
траектори‖я trajectory; path
  ~ динамической системы trajectory of a dynamic(al) system
  ~ дифференциала trajectory of a differential
  ~ на торе orbit in a torus
  ~ поля trajectory in a field
  ~ потока orbit for a flow
  ~ преобразования trajectory of a transformation
  ~ процесса trajectory of a process
  ~ семейства trajectory of a family
  ~ случайной функции trajectory of a random function
  ~ уравнения trajectory in an equation; orbit for an equation
  броуновская ~ Brownian path
  допустимая ~ feasible path
  замкнутая ~ closed trajectory; closed orbit; closed path
  изогональная ~ isogonal trajectory
  марковская ~ Markovian path
  оптимальная ~ optimal trajectory, optimal path
  ортогональная ~ orthogonal trajectory
  параллельные ~ и parallel trajectories
  периодическая ~ periodic orbit; periodic trajectory; closed path
  плотная ~ dense orbit
  рекуррентная ~ recurrent trajectory
  случайная ~ random path
  сопряжённые ~ и conjugate trajectories
  фазовая ~ phase trajectory
  экстремальная ~ extremal trajectory
  эффективная ~ effective path
трактриса tractrix
транзитивно transitively
транзитивность transitivity
  ~ действия transitivity of action
  ~ системы transitivity of a system
  кратная ~ multiple transitivity
  метрическая ~ metric transitivity
транзитивный transitive
  метрически ~ metrically transitive
транс- trans-
трансвекция transvection
  симплектическая ~ symplectic transvection
трансверсаль transversal
  ~ семейства transversal in a family
  частичная ~ partial transversal
трансверсально transversally

трансверсальность transversality
трансверсальный transversal, transverse
трансгрессивный transgressive
трансгрессия transgression
трансдуктор transducer, transductor
translativность translatability
translativный translative
транслятор translator
трансляционный translational
транснормальный trans(-)normal
транспозиция transposition
транспонирование transposition
транспонировать transpose
транспонирующий transposing
трансфинитный trans(-)finite
трансцендентность transcendence, transcendency
трансцендентный transcendental
трапеция trapezium
   равнобедренная ~ isosceles trapezium
   равнобочная ~ isosceles trapezium
трапецоидальный trapezoidal
требовани‖е requirement
   ~ я леммы conditions of a lemma
   ~ теоремы condition in a theorem
   более слабое ~ weakened requirement
   геометрическое ~ geometric(al) requirement
   жёсткое ~ stringent requirement
тренд trend
   временной ~ time trend
   линейный ~ linear trend
   нелинейный ~ non(-)linear trend
   полиномиальный ~ polynomial trend
   экспоненциальный ~ exponential trend
треугольник triangle
   ~ на плоскости plane triangle
   ~ Паскаля Pascal('s) triangle, arithmetic(al) triangle
   автополярный ~ self(-)polar triangle
   арифметический ~ Pascal('s) triangle, arithmetical triangle
   астрономический ~ astronomical triangle
   вписанный ~ inscribed triangle
   геодезический ~ geodetic triangle
   двумерный ~ triangular surface
   конгруэнтные ~ и congruent triangles
   координатный ~ coordinate triangles
   объемлющий ~ embracing triangle
   описанный ~ circumscribed triangle
   остроугольный ~ acute(-angled) triangle
   пифагоров ~ Pythagorean triangle
   плоский ~ plane triangle
   подобный ~ similar triangle
   полярный ~ polar triangle
   правильный ~ regular triangle
   прямолинейный ~ plane triangle
   прямоугольный ~ right(-angle)(d) triangle
   равнобедренный ~ isosceles triangle
   равнобедренный прямоугольный ~ 45° right triangle
   равносторонний ~ equilateral triangle, equiangular triangle
   равные ~ и congruent triangles
   разносторонний ~ scalene triangle
   сферический ~ spherical triangle
   топологический ~ topological triangle
   тупоугольный ~ obtuse(-angle)(d) triangle
   эйлеров ~ Euler('s) triangle
треугольный triangular
трёхвершинник trilateral
трёхгранник trihedron
   ~ Френе natural frame, Frenet frame
   естественный ~ natural frame, Frenet frame

трёхгранный trihedral
трёхдольный tripartite
трёхмерный tri(-)dimensional
трёхсторонний trilateral
трёхсторонник trilateral
трёхчлен trinomial
   квадратный ~ quadratic, quadratic trinomial, quadratic polynomial
   квадратный ~ общего вида affected quadratic
   квадратный ~ , являющийся полным квадратом trinomial square
   неполный квадратный ~ incomplete quadratic, pure quadratic
трёхчленный trinomial
триада triplet, triple
   собственная ~ proper triple
триадический triadic
триангулируемость triangulability
триангулируемый triangulable
триангуляция triangulation
   ~ многообразия triangulation of a manifold
   ~ полиэдра triangulation of a polyhedron
   ~ сферы triangulation of a sphere
   плоская ~ planar triangulation
   прямолинейная ~ triangulation, triangulation of a polyhedron
   симплициальная ~ simplicial triangulation
тривалентный trivalent
тривектор trivector
тривиализация trivialization
тривиализирующий trivializing
тривиализовать trivialize
тривиально trivially
тривиальность triviality
   ~ действия triviality of an action
   ~ расслоения triviality of a fibering
   локальная ~ local triviality
тривиальный trivial
   гомотопически ~ homotopically trivial
   когомологически ~ cohomologically trivial
тригональный trigonal
тригонометрический trigonometric(al)
тригонометрия trigonometry
   сферическая ~ spherical trigonometry
трилинейный tri(-)linear
трилистник trifolium
триметрический tri(-)metric
триметрия trimetric projection
триортогональный tri(-)orthogonal
триплеабельность tripleableness
трисектриса trisector
трисекущая trisecant
трисекция trisection
   ~ угла trisection of an angle
триэдр trihedron
   сопровождающий ~ moving trihedron
тройка triplet, triple; monad
   левая ~ left-hand system
   правая ~ dextral set
   скалярная ~ scalar triple product
тройничный ternary
тройной triple
трохоида trochoid
   удлинённая ~ prolate trochoid
   укороченная ~ curtate trochoid
трохоидальный trochoidal
труба tube
трубка tube
   α- ~ alpha-tube
   векторная ~ vector tube
   вихревая ~ vortex tube
трубчатый tubular
трудность difficulty
   аналитическая ~ analytical difficulty
трудоёмкость complexity
   ~ алгоритма complexity of an algorithm
   ~ процедуры complexity of a procedure

трюк   trick
   унитарный ~   unitary trick
тупиковость   irredundance; irreducibility
тупиковый   irredundant; irreducible
тупой   obtuse, obtuse-angle(d)
тупоугольный   obtuse, obtuse-angle(d)
турнир   tournament
   простой ~   simple tournament

убегание   evasion
убегающий   evader
убивание   killing
   ~ группы   killing a group
убивать   kill
убывание   decrease
   ~ функции   decrease of a function
   показательное ~   exponential decrease
убывать   decrease
   ~ быстро   decrease rapidly
   ~ линейно   decrease linearly
   ~ монотонно   decrease monotonically
   ~ строго   decrease strictly
убывающий   decreasing; descending
   быстро ~   rapidly decreasing
   линейно ~   linearly decreasing
   непрерывно ~   continuously decreasing
   строго ~   strictly decreasing
   экспоненциально ~   exponentially decreasing
увеличение   increase; gain ◊ с ~м n возрастает 2^n as n increases, 2^n increases
угловой   angular

уг‖ол   angle; corner
   ~ в интерпретации Клейна неевклидовой геометрии   non(-)Euclidean angle
   ~ в 360°   round angle, complete angle, full angle, angle of 360°
   ~ возвышения   angle of elevation
   ~ касания   angle of contact
   ~ между двумя кривыми   angle between two curves
   ~, меньший полного, но больший развёрнутого   reflex angle
   ~ наибольшего уклона   slant angle; plane angle
   ~ наклона   inclination
   ~ наклона кривой   slope of a curve
   ~, не кратный прямому   oblique angle
   ~, опирающийся на диаметр   angle in the semi(-)circle
   ~ы, опирающиеся на одну и ту же дугу   angles in the same segment
   ~ падения   angle of depression
   ~ параллельности   parallel angle
   ~ поворота   angle of rotation
   ~ при вершине   vertex angle, apex angle
   ~ при основании   base angle
   ~ при основании треугольника   angle at the base of a triangle
   ~ы с совпадающими сторонами   co(-)terminal angles
   ~ сектора   sector angle
   ~ ската   slant angle, plane angle
   ~ Эйлера   Eulerian angle
   азимутальный ~   zenith angle
   вертикальные ~ы   vertically opposite angles, vertical angles
   внешние накрест лежащие ~ы   alternate exterior angles
   внешние односторонние ~ы   exterior opposite angles

внешний ~ exterior angle
внутренние накрест лежащие ~ ы alternate interior angles
внутренние односторонние ~ ы interior angles on the same side of a transversal
внутренний ~ interior angle
вписанный ~ angle at a circumference
входящий ~ reentrant angle
выпуклый ~ convex angle
двугранный ~ dihedral angle
дополнительные ~ ы (*до 90°*) complementary angles
дополнительные ~ ы (*до 180°*) supplementary angles
заключённый ~ included angle
конгруэнтные ~ ы congruent angles
координатный ~ quadrant
линейный ~ linear angle
многогранный ~ polyhedral angle
накрест лежащие ~ ы alternate angles
острый ~ acute angle
плоский ~ (*при вершине многогранного угла*) face angle
полный ~ round angle, complete angle, full angle, perigon, angle of 360°
полярный ~ polar angle, vectorial angle, amplitude
правильный (*многогранный*) ~ regular angle
прилежащий ~ adjacent angle
противолежащий ~ opposite angle
прямой ~ right angle
равновеликие ~ ы congruent angles
равные ~ ы equal angles
развёрнутый ~ straight angle
соответственные ~ ы corresponding angles
стягиваемый ~ subtended angle

телесный ~ solid angle
трёхгранный ~ trihedral angle
тупой ~ obtuse angle
центральный ~ angle at the center, central angle
четырёхгранный ~ tetrahedral angle
шестигранный ~ hexahedral angle
эйлеров ~ Eulerian angle
n-угольник *n*-gon
n-угольный *n*-gonal
угроза objection; threat
~ коалиции objection against a coalition
удаление removal; elimination
~ вершины (*графа*) removal of a point
~ переменной elimination of a variable
~ ребра (*графа*) removal of a line
удалённый remote
удалять remove; omit; suppress
удваивать double
~ угол double an angle
удвоение duplication
~ куба duplication of a cube
удлинение elongation
удлинённый prolate
удовлетворять satisfy
~ аксиоме satisfy an axiom
~ неравенству satisfy an inequality
~ свойству satisfy a property
~ соотношению satisfy a relation
~ тождеству satisfy an identity
~ уравнению satisfy an equation
~ условию satisfy a condition
уз ‖ ел knot; node
~ «восьмёрка» figure-(of-)eight knot
~ интерполяции interpolation node
~ коллокации collocation point
~ ы одного изотопического типа isotopic knots
~ потока admissible sequence

узел *(continued)*
  ~ решётки lattice point
  ~ сетки network node
  ~ сплайна node of a spline
  ~ «трилистник» trefoil knot
  алгебраический ~ algebraic(al) knot
  альтернирующий ~ alternating knot
  двумерный ~ two-dimensional knot
  двухкасательный ~ double-tangential knot
  дикий ~ wild knot
  клеверный ~ cloverleaf knot
  кобордантные ~ы cobordant knots, concordant knots
  кратный ~ multiple knot
  многомерный ~ multidimensional knot
  незаузленный ~ unknotted knot, trivial knot, unknot
  обоюдоручный ~ amphicheiral knot
  обратимый ~ invertible knot
  полигональный ~ polygonal knot
  простой ~ prime knot
  ручной ~ tame knot
  свободный ~ free node
  срезанный ~ slice knot
  топологический ~ nodal singularity
  торический ~ torus knot
  тривиальный ~ unknotted knot, trivial knot, unknot
  четырёкратный ~ fourfold knot
  эквивалентный ~ equivalent knot

узловой nodal
указывать indicate
  ~ явно indicate explicitly
укладка packing
  ~ дерева packing a tree
  правильная ~ regular packing
укладывать pack; (о числе) go into ◊ **3 ~ется в 6 два раза** 3 goes into 6 twice
уклонение deviation
  ~ от параметра deviation from a parameter
  ~ оценки deviation of an estimate
  информационное ~ relative entropy
  квадратичное ~ standard deviation, root-mean-square of deviation, square deviation
  стандартное ~ square deviation
укорочение (в аксонометрии) reduction
улитка Паскаля *limaçon*
улучшать improve
  ~ оценку improve an estimate
улучшение improvement
ультра- ultra-
ультраборнологический ultra(-)bornological
ультрабочечный ultra(-)barrelled
ультрагиперболический ultra(-)hyperbolic
ультраметрика ultra(-)metric
ультраметрический ultra(-)metric
ультрапроизведение ultra(-)product
ультрараспределение ultra(-)distribution
ультрасильный ultra(-)strong
ультрастепень ultra(-)power
ультрасферический ultra(-)spherical
ультрафильтр ultra(-)filter
уменьшаемое minuend
умножать multiply
  ~ слева pre(-)multiply
  ~ справа post(-)multiply
  ~ числитель и знаменатель дроби на одно и то же натуральное число raise a fraction to higher terms
умножение multiplication
  ~ в алгебре multiplication in an algebra
  ~ в группе multiplication in a group
  ~ в столбик long multiplication
  ~ в строчку short multiplication
  ~ крест-накрест cross(-)multiplication

~ **матриц** matrix multiplication
~ **на скаляр** multiplication by a scalar
~ **операторов** multiplication of operators
~ **рядов** multiplication of series
~ **слева** pre(-)multiplication, left multiplication, multiplication on the left
~ **справа** post(-)multiplication, right multiplication, multiplication on the right
~ **тензоров** multiplication of tensors
~ **узлов** composition of knots
~ **форм** multiplication of forms
алгебраическое ~ algebraic(al) multiplication
антикоммутативное ~ anti(-)commutative multiplication
ассоциативное ~ associative multiplication
булево ~ Boolean multiplication
внешнее ~ exterior multiplication
внутреннее ~ inner multiplication, interior multiplication
групповое ~ group multiplication
дистрибутивное ~ distributive multiplication
когомологическое ~ cup product
коммутативное ~ commutative multiplication
комплексное ~ complex multiplication
композиционное ~ двух элементов composition $\alpha \circ \beta$ of two elements
левое ~ pre(-)multiplication, left multiplication, multiplication on the left
логическое ~ logical multiplication
матричное ~ matrix multiplication
общее ~ general multiplication
покомпонентное ~ componentwise multiplication
поточечное ~ pointwise multiplication
правое ~ post(-)multiplication, right multiplication, multiplication on the right
симметрическое ~ symmetric(al) multiplication
скалярное ~ scalar multiplication
тензорное ~ tensor multiplication
унар unar
унарный unary
ундулоид unduloid
унивалентный univalent
универсально universally
универсальность universality
универсальный universal
n-**универсальный** n-universal
универсум universal set, object domain
уникогерентность unicoherence
уникогерентный unicoherent
уникурсальный unicursal
унимодальность unimodality
~ **последовательности** unimodality of a sequence
унимодулярность unimodularity
унимодулярный unimodular
унипотентность unipotency
унипотентный unipotent
унирациональность unirationality
унирационадьный unirational
унитарно unitarily
унитарность unitarity
унитарный monic; unitary
униформизация uniformization
локальная ~ local uniformization
~ **множества** uniformization of a set
~ **Римановой поверхности** uniformization of a Riemann surface
~ **функции** uniformization of a function
униформизировать uniformize
униформизующий uniformizing
уничтожа‖**ть** destroy; eliminate; annihilate ◊ **взаимно** ~ **ся** cancel; **члены** x **и** $-x$ **взаимно** ~ **ются** x and $-x$ destroy each other
уничтожение elimination
~ **оператора** elimination of an operator

уноид unary algebra
упаковка packing
  ~ **множества** packing of a set
  ~ **сфер** packing of spheres
  максимальная ~ maximum packing
  плотная ~ close packing
  решётчатая ~ lattice packing
  совершенная ~ perfect packing
упорядочение ordering
  ~ **по размерности** dimensional ordering
  архимедово ~ Archimedean ordering
  виртуальное ~ virtual ordering
  дискретное ~ discrete ordering
  естественное ~ natural ordering, pseudo(-)ordering
  лексикографическое ~ lexicographic ordering
  линейное ~ linear ordering, simple ordering
  полное ~ total ordering, complete ordering
  специальное ~ special ordering
  частичное ~ partial ordering
упорядоченный ordered
  архимедово ~ Archimedean ordered
  вполне ~ well(-)ordered
  частично ~ partially ordered
упорядочиваемость orderability
упорядочиваемый orderable
упорядочивать order
  ~ **по включению** order by set-inclusion
  линейно ~ order linearly, order simply
управление control; control function
  автоматическое ~ automated control, automatic control
  адаптивное ~ adaptive control
  допустимое ~ admissible control
  импульсное ~ impulse control
  конфликтное ~ conflict control
  непрерывное ~ continuous control
  оптимальное ~ optimal control
  оптимальное ~ **в задаче быстродействия** optimal control of bang-bang type
  особое ~ singular control
  стохастическое ~ stochastic control
управляемость controllability
  локальная ~ local controllability
  полная ~ complete controllability
упражнение exercise; example
упрощать simplify
  ~ **вычисления** simplify calculations
упрощение simplification
  ~ **выражения** reduction of an expression
  ~ **программы** program simplification
  ~ **формы** simplification of a form
уравнени‖е *см. тж.* **дифференциальное уравнение, дифференциальное уравнение с частными производными, интегральное уравнение** equation
  ~ n-**ой степени** equation of the nth degree
  ~ **Абеля** Abelian equation
  ~ **авторегрессии** auto(-)regression equation
  ~ **бесконечного порядка** equation of infinite order
  ~ **в вариациях** variational equation
  ~ **в координатах** equation in coordinates
  ~ **в определителях** determinantal equation
  ~ **в паратингенциях** paratingent equation
  ~ **в параметрической форме** parametric equation
  ~ **в системе декартовых координат** Cartesian equation
  ~ **Вольтерра** equation of Volterra type
  ~ **восстановления** renewal equation

- ~ второй степени equation of the second degree, quadratic equation
- ~ высшего порядка higher-order equation
- ~ Гаусса Gaussian equation, hyper(-)geometric(al) equation
- ~ деления division equation
- ~ деления круга cyclotomic equation
- ~ деления окружности cyclotomic equation
- ~ диффузии diffusion equation
- ~ Добрушина-Ланфорда-Рюелля DLR equation
- ~ запаздывающего типа retarded equation; equation of retarded type
- ~ на собственные значения eigenvalue equation
- ~ нейтрального типа neutral equation
- ~ непрерывности continuity equation
- ~ общей ассоциативности generalized associativity equation
- ~ опережающего типа advanced equation
- ~ ошибок error equation
- ~ первого порядка first-order equation
- ~ первой степени equation of the first degree, linear equation
- ~ погружения equation of an immersion
- ~ полосы strip equation
- ~ порядка n equation of order n
- ~ правдоподобия likelihood equation
- ~ преобразования transformation equation
- ~ прямой, проходящей через две данные точки two-point equation
- ~ прямой в отрезках intercept equation of a straight line
- ~ Пфаффа Pfaffian equation
- ~ регрессии regression equation
- ~ Римана (*в форме Папперица*) P-equation
- ~ с n неизвестными equation in n unknowns
- ~ с запаздыванием equation with time-delay
- ~ с многочленом в левой части и равными симметричными коэффициентами reciprocal equation
- ~ с разделяющимися переменными separable equation
- ~ с ядром Коши equation with Cauchy kernel
- ~ свёртывания convolution equation
- ~ синус Гордона sine-Gordon equation
- ~ смешанного типа equation of mixed type
- ~ , содержащее посторонние корни redundant equation
- ~ состояния equation of state
- ~ тетраэдра tetrahedron equation
- ~ типа восстановления renewal-type equation
- ~ третьей степени equation of the third degree, cubic equation
- ~ (*Фредгольма*) первого рода equation of the first kind
- ~ фуксова типа equation of Fuchsian type
- ~ целой зависимости equation of integral dependence
- ~ четвёртой степени equation of the fourth degree, quartic equation
- ~ Шварца Schwarzian equation
- ~ шестой степени sextic equation, equation of the sixth degree
- ~ эйконала eikonal equation
- ~ эллиптико-параболического типа elliptic-parabolic equation
- ~ эллиптического типа equation of elliptic type

уравнени‖е *(continued)*
- ~ Эмдена   polytropic equation
- ~ Эрмита   parabolic cylindrical equation
- P- ~ Римана   P-equation
- **Sine-Gordon** ~   sine-Gordon equation
- автономное ~   autonomous equation
- алгебраическое ~   algebraic(al) equation
- бигармоническое ~   bi(-)harmonic equation
- биквадратное ~   bi(-)quadratic equation
- билинейное ~   bi(-)linear equation
- булево ~   Boolean equation
- вековое ~   characteristic equation, secular equation
- векторное ~   vector equation
- возмущённое ~   perturbed equation
- вырождающееся ~   degenerating equation
- вырожденное ~   degenerate equation
- вырожденное гипергеометрическое   confluent equation
- гармоническое ~   harmonic equation
- геометрическое ~   geometric(al) equation
- гиперболическое ~   hyperbolic equation
- гипергеометрическое ~   Gaussian equation, hyper(-)geometric(al) equation
- главное ~   principal equation
- двучленное ~   binomial equation; pure equation
- диофантово ~   Diophantine equation
- дисперсионное ~   dispersion equation
- дифференциально-операторное ~   differential-operator equation
- дифференциально-разностное ~   differential-difference equation
- дифференциально-функциональное ~   functional-differential equation
- дробное ~   fractional equation
- зависимое ~   dependent equation
- инвариантное ~   invariant equation
- интегрируемое ~   integrable equation
- интегро-дифференциальное ~   integro-differential equation
- интегро-функциональное ~   integro-functional equation
- иррациональное ~   irrational equation
- исходное ~   original equation
- итерационное ~   iterative equation
- каноническое ~   canonical equation
- квадратное ~   quadratic equation, quadratic, equation of the second degree
- квазидифференциальное ~   quasi(-)differential equation
- квазилинейное ~   quasi(-)linear equation
- кватернионное ~   quaternion(ic) equation
- кинетическое ~   kinetic equation
- классическое ~   classical equation
- конечно-разностное ~   finite-difference equation
- конечное ~   finite equation
- конечномерное ~   finite-dimensional equation
- конфлюэнтное ~   confluent equation
- кубическое ~   equation of the third degree, cubic (equation)
- линеаризованное ~   linearized equation
- линейное ~   equation of the first degree, linear equation
- логарифмическое ~   logarithmic equation

матричное ~ matrix equation
минимальное ~ minimal equation, minimum equation
многокомпонентное ~ multi(-)component equation
многочленное ~ polynomial equation
модулярное ~ modular equation
натуральное ~ natural equation, intrinsic equation
независимое ~ independent equation
неклассическое ~ non(-)classical equation
нелинейное ~ non(-)linear equation
неоднородное ~ non(-)homogeneous equation, inhomogeneous equation
неопределённое ~ indeterminate equation
неполное ~ incomplete equation
неразрешимое ~ unsolvable equation, insoluble equation
несовместные ~ я inconsistent equations
нётерово ~ Noetherian equation
неявное ~ implicit equation
нормально разрешимое ~ normally solvable equation
нормальное ~ normal equation, standard equation
обобщённое ~ generalized equation
обратное ~ backward equation
общее ~ general equation
одномерное ~ one-dimensional equation
однородное ~ homogeneous equation
операторное ~ operator equation
определяющее ~ determining equation
основное ~ fundamental equation, basic equation, master equation
особое ~ singular equation
параметрическое ~ parametric equation
переидентифицированное ~ over(-)identified equation
показательное ~ exponential equation
полигармоническое ~ poly(-)harmonic equation
полиномиальное ~ polynomial equation
полное ~ complete equation
полярное ~ polar equation
приближённое ~ approximate equation
приведённое ~ reduced equation
приведённое квадратное ~ reduced quadratic
приведённое кубическое ~ reduced cubic
приводимое ~ reducible equation
примитивное ~ primitive equation
присоединённое ~ transposed equation
производное ~ derived equation
простое ~ (Бендиксона) simple equation
псевдодифференциальное ~ pseudo(-)differential equation
псевдопараболическое ~ pseudo(-)parabolic equation
пфаффово ~ Pfaffian equation
равномерно гиперболическое ~ regularly hyperbolic equation
равносильное ~ equivalent equation
разностное ~ difference equation, differential-difference equation
разрешимое ~ solvable equation, soluble equation
регулярно гиперболическое ~ regularly hyperbolic equation
резольвентное ~ resolvent equation
резонансное ~ resonance equation
рекуррентное ~ recurrent equation
сеточное ~ network equation
сильно нелинейное ~ strongly non(-)linear equation
сильно эллиптическое ~ strongly elliptic equation

уравнени‖е (continued)
  симметричное ~ symmetric(al) equation
  сингулярно возмущённое ~ singularly perturbed equation
  сингулярное ~ singular equation
  скалярное ~ scalar equation
  слабо нелинейное ~ mildly non(-)linear equation
  сложное ~ composite equation
  совместные ~ я consistent equations; compatible equations
  сопряжённое ~ adjoint equation
  союзное ~ transposed equation
  специальное ~ special equation
  стохастическое ~ stochastic equation
  структурное ~ structural equation, structure equation
  суперсимметричное ~ super(-)symmetric(al) equation
  существенно нелинейное ~ essentially non(-)linear equation
  тангенциальное ~ tangential equation, envelope equation
  телеграфное ~ telegraph equation
  тензорное ~ tensor equation
  транспонированное ~ transposed equation
  трансцендентное ~ transcendental equation
  тригонометрическое ~ trigonometric(al) equation
  ультрагиперболическое ~ ultra(-)hyperbolic equation
  усечённое ~ truncated equation
  условное ~ conditional equation
  усреднённое ~ averaged equation
  фредгольмово ~ Fredholm('s) equation
  функциональное ~ functional equation
  характеристическое ~ characteristic equation, secular equation
  циклическое ~ cyclic equation
  частотное ~ frequency equation
  числовое ~ numerical equation
  чистое ~ pure equation
  эволюционное ~ evolution(al) equation
  эквивалентное ~ equivalent equation
  эллиптическое ~ elliptic(al) equation
  явное ~ explicit equation
уравнитель equalizer
уравновешенный poised
уровень level
  ~ вероятности probability level
  ~ доверия confidence level
  ~ значимости level of significance
  ~ информации information level
  ~ качества level of quality
  ~ критерия level of a test
  ~ надёжности level of reliability
  ~ общности degree of generality
  ~ сложности level of complexity
  доверительный ~ confidence level
  допустимый ~ acceptable level, tolerance level
  критический ~ critical level
  неопределённый ~ математических моделей исследования операций game-theoretic model
  толерантный ~ tolerance level, tolerance threshold
  фиксированный ~ fixed level
усечение truncation; deletion
  вершинное ~ point deletion
усечённый truncated
усиление strengthening; sharpening; sharper form; strengthened form
  ~ леммы sharper form of a lemma
  ~ теоремы strengthening of a theorem, strengthened form of a theorem
  ~ утверждения stronger statement
усиливать strengthen
  ~ результат strengthen a result
  ~ свойство strengthen a property

ускорение acceleration
- ~ сходимости convergence acceleration

условие *см. тж.* **граничное условие, краевое условие** condition; requirement; stipulation ◊ ~ выполняется condition is fulfilled; ~ P вынуждает формулу A condition P forces a formula A
- ~ ассоциативности associativity condition
- ~ вещественности condition of reality
- ~ выпуклости convexity condition
- ~ гармоничности condition for harmonicity
- ~ **(Гёльдера)** с показателем λ condition of index λ
- ~ гладкости differentiability condition, smoothness condition
- ~ делимости divisibility condition
- ~ дифференцируемости differentiability condition, smoothness condition
- ~ дополнительности complementarity constraint
- ~ дополняющей нажёсткости complementary slackness condition
- ~ единственности uniqueness condition
- ~ жёсткости rigidity condition
- ~ я задачи data of a problem
- ~ замыкания closure condition
- ~ игры position of a game
- ~ интегрируемости integrability condition
- ~ коммутирования commutativity condition
- ~ компактности compactness condition
- ~ конечности finiteness condition
- ~ конуса cone condition
- ~ конформности conformity condition
- ~ кососимметричности anti(-)symmetry condition
- ~ коэрцитивности coercivity condition
- ~ я леммы stipulations of a lemma, conditions of a lemma
- ~ максимальности condition for maximality, maximal condition
- ~ малости smallness condition
- ~ минимальности minimal condition; minimum condition
- ~ минимума minimum condition, condition for a minimum
- ~ моногенности condition of monogeneity
- ~ на бесконечности condition at infinity
- ~ на концах boundary condition
- ~ на поведение restriction on a behavior
- ~ неопределённости condition of indeterminacy
- ~ неотрицательности non(-)negativity condition
- ~ непрерывности condition for continuity
- ~ нормальности normality condition
- ~ нормировки normalization condition
- ~ обрыва возрастающих цепей ascending chain(-)condition
- ~ обрыва цепей chain(-)condition, divisor chain(-)condition
- ~ ограниченности condition for boundedness
- ~ однолистности condition for univalence
- ~ оптимальности optimality condition
- ~ ортогональности condition for orthogonality
- ~ ортонормированности orthonormality condition
- ~ отделимости separability condition
- ~ первого порядка first-order condition

условие *(continued)*
- ~ **перенормируемости** re(-)normalizability condition
- ~ **пересечения** intersection condition
- ~ **периодичности** condition of periodicity
- ~ **полной регулярности** condition for complete regularity
- ~ **полноты** completeness condition
- ~ **положительности** condition of positivity
- ~ **полосы** strip condition
- ~ **полунепрерывности** condition for semi(-)continuity
- ~ **приведения** reduction condition
- ~ **причинности** causality condition
- ~ **разрешимости** condition for solvability
- ~ **регулярности** regularity condition; constraint qualification
- ~ **связности** condition of connectedness
- ~ **симметрии** symmetry condition
- ~ **совместимости** compatibility condition
- ~ **совместности** consistency condition
- ~ **согласования** compatibility condition
- ~ **согласованности** compatibility condition
- ~ **сопряжения** conjugacy condition
- ~ **сопряжённости** conjugacy condition
- ~ **состоятельности** consistency condition
- ~ **стационарности** stationarity condition
- ~ **теоремы** condition of a theorem
- ~ **транзитивности** condition for transitivity
- ~ **трансверсальности** transversality condition
- ~ **трансмиссии** transmission condition
- ~ **тривиальности** triviality condition
- ~ **унитарности** unitarity condition
- ~ **устойчивости** stability condition
- ~ **целочисленности** integrality condition
- ~ **Шапиро-Лопатинского** coercivity condition
- ~ **эквивалентности** condition for equivalence
- ~ **эквивариантности** condition for equivariance
- ~ **экстремума** extremum condition
- ~ **эллиптичности** ellipticity condition
- ~ **эргодичности** ergodic condition
- **аннуляторное** ~ annihilator condition
- **асимптотическое** ~ asymptotic condition
- **вынуждающее** ~ forcing condition
- **глобальное** ~ global condition
- **голономное** ~ holonomic constraint
- **гомологическое** ~ homological constraint
- **граничное** ~ boundary condition
- **граничные** ~ я boundary data
- **дополнительное** ~ side condition
- **достаточное** ~ sufficient condition
- **инволюционное** ~ involution condition
- **инфинитезимальное** ~ infinitesimal condition
- **классическое** ~ classical condition
- **контекстные** ~ я context conditions
- **краевые** ~ я boundary conditions, boundary data
- **левое** ~ (*Ope*) left condition
- **логическое** ~ logical condition
- **локальное** ~ local condition
- **метрическое** ~ metric condition
- **мостовое** ~ bridging condition

начальные ~ я   initial conditions
неголономное ~   non(-)holonomic condition
необходимое ~   necessary condition
нормализаторное ~   normalizer condition
обобщённое ~   generalized condition
ограничивающее ~   constraint
одностороннее ~   one-sided condition
ослабленное ~   weaker condition
периодическое ~   periodic(al) condition
правое ~ (*Ope*)   right condition
противоречивые ~ я   inconsistent conditions
равносильное ~   equivalent condition
сильное ~   strong condition
слабое ~   weak condition
смешанное ~   mixed constraint
совместные ~ я   compatible conditions
строгое ~   strong condition
тауберово ~   Tauberian condition
топологическое ~   topological condition
угловое ~   corner condition
усиленное ~   strong condition, stronger condition, strengthened condition
частотное ~   frequency condition
эквивалентное ~   equivalent condition

условно   conditionally
условность   conditionality
условный   conditional
успех   success
~ испытания   success of a trial
усреднение   averaging
~ по мере   averaging with respect to a measure
крупно-зернистое ~   coarse-graining

последовательное ~   group averaging

усреднённый   averaged
усреднять   average
устанавливать   establish
~ асимптотику   establish asymptotic behavior
~ взаимно однозначное соответствие   establish a one-to-one correspondence, set up a one-to-one correspondence
~ закон   establish a law
~ изоморфизм   establish an isomorphism
~ необходимость   establish necessity
~ определённость   establish definiteness
~ оценку   establish an estimate
~ результат   establish a result
~ теорему   establish a theorem
~ тождество   establish an identity
~ условие   establish a condition
~ эквивалентность   establish an equivalence

установление   establishing
~ рекурсивности   establishing the recurrence property
~ соответствия   association; assignment
~ тождественности   establishing identity

устойчивость   stability; robustness
~ алгоритма   stability of an algorithm
~ к ошибкам   stability to errors
~ класса   stability of a class
~ критерия   robustness of a test
~ метода   stability of a method
~ отображения   stability of a map(ping)
~ по Лагранжу   Lagrange('s) stability
~ по Пуассону   stability in the sense of Poisson
~ показателя   stability of an exponent

устойчивость *(continued)*
- ~ **при постоянно действующих возмущениях** stability with respect to persistent perturbations
- ~ **разностных схем** stability of difference schemes
- **p-** ~ p-stability
- **абсолютная** ~ absolute stability
- **асимптотическая** ~ asymptotic stability
- **внутренняя** ~ internal stability
- **инфинитезимальная** ~ infinitesimal stability
- **информационная** ~ information stability
- **локальная** ~ local stability
- **орбитальная** ~ orbital stability
- **полная** ~ total stability
- **равномерная** ~ uniform stability
- **сильная** ~ strong stability
- **слабая** ~ weak stability
- **статистическая** ~ statistical stability
- **структурная** ~ structural stability
- **условная** ~ conditional stability
- **численная** ~ numerical stability
- **экспоненциальная** ~ exponential stability

устойчивый stable
- ~ **по Лагранжу** Lagrange-stable
- ~ **по Ляпунову** uniformly Lj-stable, Ljapunov-stable
- ~ **по Пуассону** Poisson-stable
- **p-** ~ p-stable
- **асимптотически** ~ asymptotically stable
- **орбитально** ~ orbitally stable
- **равномерно** ~ uniformly Lj-stable, Ljapunov-stable
- **топологически** ~ topologically stable
- **условно** ~ conditionally stable

устранение elimination
- ~ **сечения** elimination of a cut

устранимый removable

устремлять let smth tend to smth
◊ ~ **f к** ∞ let f tend to ∞

устройство device
- **автоматическое** ~ automatic device
- **арифметическое** ~ arithmetic(al) unit
- **вычислительное** ~ computing device
- **моделирующее** ~ modeling device
- **управляющее** ~ control device

усы whiskers

утверждать state

утверждение proposition; statement; sentence; assertion; judgement
◊ ~ **верно** statement is true; proposition is valid
- ~ **леммы** statement of a lemma
- ~ **о делении** division theorem
- ~ **теоремы** statement of theorem, assertion of a theorem
- **более сильное** ~ stronger statement
- **вспомогательное** ~ auxiliary result
- **доверительное** ~ confidence statement
- **индуктивное** ~ inductive assertion
- **обратное** ~ converse statement
- **общее** ~ general statement
- **равносильное** ~ equivalent assertion
- **точное** ~ precise statement
- **тривиальное** ~ trivial assertion
- **эквивалентное** ~ equivalent statement

уточнение sharpening
- ~ **неравенства** sharpening an inequality
- ~ **понятия** sharpening of a concept
- ~ **теоремы** sharpening a theorem

уточнять sharpen; refine
- ~ **заключение** sharpen a conclusion
- ~ **правило** refine a rule

утроение tripling

участок   part; portion; plot; spot
  ~ **кривой**   portion of a curve
  убывающий ~   descending portion
учение   teaching
  ~ **о суждении**   theory of judgement

фаза   phase; azimuth; score
факт   fact
  более сильный ~   stronger theorem
фактор   quotient; score
  постниковский ~   k-invariant
фактopenалгебра   quotient algebra, residue class algebra, difference algebra
факторгруппа   quotient group, factor(-)group
  ~ **аддитивной группы**   difference group
  ~ **по коммутанту**   commutator quotient group
факториал   factorial, factorial function
факторизация   quotient map(ping)
  неполная ~   incomplete factorization
факторкатегория   quotient category
факторкольцо   quotient ring, factor(-)ring, residue class ring
факторкомплекс   quotient complex
факторлупа   quotient loop
фактормера   quotient measure
фактормногообразие   quotient manifold
фактормножество   quotient set, factor(-)set; orbit space
фактормодель   factor(ial) model
фактормодуль   quotient module, factor(-)module, residue class module, difference module
факторморфизм   quotient morphism

факторнорма   factor(-)norm
факторобъект   quotient object
  несобственный ~   improper quotient object
  собственный ~   proper quotient object
факторотображение   quotient map(ping), factor map(ping), residue class map(ping)
факторполе   quotient field
факторполугруппа   quotient semigroup
факторпоследовательность   quotient sequence
факторпредставление   quotient representation, factor(-)representation, primary representation
факторпространство   quotient space, factor(-)space, coset space
  двойное ~   double coset space
  компактное ~   compact quotient of a space
факторпучок   quotient sheaf
факторсоотношение   quotient relation
факторструктура   quotient structure
факторtopология   quotient topology
фигур‖**а**   figure
  выпуклая ~   convex figure
  геометрическая ~   geometric(al) figure
  гомотетичные ~ **ы**   homothetic figures
  двойственная ~   dual figure
  дуальная ~   dual figure
  жёсткая ~   rigid figure
  изотопная ~   isotopic figure
  конгруэнтные ~ **ы**   congruent figures
  криволинейная ~   curvilinear figure
  магическая ~   magic figure
  ограниченная ~   bounded figure
  описанная ~   circumscribed figure
  перспективно подобные ~ **ы**   homothetic figures

фигур∥а *(continued)*
  плоская ~ plane figure
  подобно расположенные ~ы homothetic figures
  подобные ~ы similar figures; homothetic figures
  простая ~ simple figure
  прямолинейная ~ rectilinear figure
  равновеликая ~ figure of equal area
  равнодополняемые ~ы equicomplementable figures
  симметричные ~ы symmetric(al) figures
  центрально симметричные ~ы centrally symmetric(al) figures

фидуциальный fiducial
фиксация fixation
фиксированный fixed
фиксировать fix
  ~ вектор fix a vector
  ~ координаты fix coordinates
  ~ точку fix a point

фиктивный fictitious
фильтр filter; dual ideal
  ~ множеств filter of sets
  ~ над множеством filter over a set
  D-генерический ~ D-generic filter
  максимальный ~ maximal
  минимальный ~ minimal
  нелинейный ~ non(-)linear filter
  неупреждающий ~ non(-)anticipative filter
  порождённый ~ generated filter
  простой ~ prime filter
  регулярный ~ regular filter
  решёточный ~ lattice filter

фильтрация filtration; filtering
  возрастающая ~ increasing filtration
  дискретная ~ discrete filtration
  исчерпывающая ~ exhaustive filtration
  минимаксная ~ minimax filtering
  отделимая ~ separated filtration
  регулярная ~ regular filtration
  стохастическая ~ stochastic filtering
  убывающая ~ decreasing filtration
  целая ~ integral filtration

фильтрованный filtered
фильтровать filter
  ~ шум filter noise

финитарный finitary
финитность finiteness
финитный finitistic; finitary
финслеров Finslerian
флаг flag
флекнодальный flecnodal
фокальный focal
фокус focus; nodal singularity
  ~ параболы focus of a parabola
  ~ эллипса focus of an ellipse

фонема phoneme
форм∥а form; shape ◊ в геометрической ~е in geometric(al) form; в квазициклической ~е in quasi(-)cyclic form
  ~ алгебры form of an algebra
  ~ Буля Boolean form
  ~ высшего уровня N form of level N
  ~ -вычет residue form
  ~ группы form of a group
  ~ кривизны curvature form
  ~ кручения torsion form
  ~ Кэли associate(d) form
  ~ матрицы form of a matrix
  ~ многообразия form of a variety
  ~ на алгебре form on an algebra
  ~ на многообразии form on a manifold
  ~ на пространстве form on a space
  ~ над алфавитом form over an alphabet
  ~ объёма volume form
  ~ от логарифмов form in logarithms
  ~ связности connection form

~ степени r   form of degree r
m- ~   m-form
n-арная ~   *n*-ary form
n-линейная ~   multi(-)linear form, multi(-)linear function, *n*-linear form
n-мерная ~   *n*-dimensional form
p- ~   p-form
V-значная ~   V-valued form
1- ~   Pfaffian form, covariant vector field
автоморфная ~   automorphic form
автоморфная ~ веса-*k*   Fuchsian form of weight $k/2$
алгебраическая ~   algebraic(al) form
анизотропная ~   anisotropic form
антисимметрическая ~   anti(-)symmetric(al) form
антиэрмитова ~   anti-Hermitian form, skew-Hermitian form
арифметическая ~   arithmetic form
ассоциированная ~   associate(d) form
бемольная ~   flat form
биквадратичная ~   bi(-)quadratic form
билинейная ~   bi(-)linear form
бинарная ~   binary form
векторнозначная ~   vector-valued form
вещественная ~   real form
вещественнозначная ~   real-valued form
внешняя ~   exterior form, outer form
внешняя дифференциальная ~ степени p   p-form, multi(-)form
внутренняя ~   inner form
вторая естественная ~   Frobenius(') form, rational form; canonical form; normal form
вырожденная ~   singular form, degenerate form
высказывательная ~   sentential form, propositional form, sentence form, argument form

вычет- ~   residue-form
гамильтонова ~   Hamiltonian form
гармоническая ~   harmonic form
геометрическая ~   geometric(al) form
гиперболическая ~   hyperbolic form
главная ~   principal form
гладкая ~   smooth form
голоморфная ~   holomorphic form
горизонтальная ~   horizontal form
двоичная ~   binary form
двойственная ~   dual form
детерминантная ~   determinant form
диагональная ~   diagonal form
дивергентная ~   divergence form
диезная ~   sharp form
дизъюнктивная ~   disjunctive form, alternational form
дискриминатная ~   discriminant form
дифференциальная ~   differential form
дифференциальная ~ степени 1   Pfaffian form, covariant vector field
дуальная ~   dual form
евклидова ~   Euclidean form
естественная ~   natural form
жорданова ~   Jordanian form
замкнутая ~   closed form
зигелева ~   Siegel('s) form
знакопеременная ~   alternating form
изометрическая ~   isometric form
икосаэдрическая ~   icosahedral form
импликативная ~   implicative form
инвариантная ~   invariant form
индексная ~   index form
индуцированная ~   induced form
интегральная ~   integral form
интегрируемая ~   integrable form

форм‖а *(continued)*
  каноническая ~ Frobenius(') form, rational form; canonical form; normal form
  квадратичная ~ quadratic form
  квазиестественная ~ Frobenius(') form, rational form, normal form, canonical form
  кватернарная ~ quaternary form
  киллингова ~ Killing('s) form
  компактная ~ compact form
  конгруэнтная ~ congruent form
  контактная ~ contact form
  конъюнктивная ~ conjunctive form
  кососимметрическая ~ skew(-)symmetric(al) form
  косоэрмитова ~ anti-Hermitian form, skew-Hermitian form
  коэрцетивная ~ coercive form
  кратчайшая ~ shortest form
  кубическая ~ cubic form
  кэлерова ~ Kähler('s) form
  лагранжева ~ Lagrangian form
  левоинвариантная ~ left(-)invariant form
  линейная ~ linear form, homogeneous form
  линейно независимая ~ linearly independent form
  локальная ~ local form
  матричнозначная ~ matrix-valued form
  метрическая ~ metric form; first fundamental form
  минимальная ~ minimal form
  модулярная ~ modular form
  невырожденная ~ non(-)singular form, non(-)degenerate form
  независимая ~ independent form
  неизбыточная ~ irredundant form
  нейтральная ~ neutral form
  ненулевая ~ non(-)zero form
  неоднородная ~ inhomogeneous form
  неопределённая ~ indeterminate form
  неотрицательная ~ positive semi(-)definite form
  неположительная ~ negative(ly)(-)semi(-)definite form
  неприводимая ~ irreducible form
  нормальная ~ normal form; Frobenius(') form, rational form; canonical form
  норменная ~ norm form
  нулевая ~ zero form, null form
  нульмерная ~ 0-form
  обратная ~ inverse form
  1- ~ 1-form
  однородная ~ linear form, homogeneous form
  определённая ~ definite form
  основная ~ ground form; basic form; fundamental form
  отрицательно определённая ~ negative(ly)(-)definite form
  параболическая ~ cusp form
  параллельная ~ parallel form
  параметрическая ~ parametric form
  первая основная ~ metric form; first fundamental form
  полилинейная ~ multi(-)linear form, n-linear form
  полиэдрическая ~ polyhedral form
  положительная ~ positive(-)definite form
  положительно определённая ~ positive(-)definite form
  положительно полуопределённая ~ positive semi(-)definite form
  полуопределённая ~ semi(-)definite form
  полуторалинейная ~ sesquilinear form
  полярная ~ trigonometric form, trigonometric representation, polar form
  предваренная ~ prenex form
  пренексная ~ prenex form
  приведённая ~ reduced form

приводимая ~ reducible form
примитивная ~ primitive form
присоединённая ~ adjoint form
производная ~ derived form
промежуточная ~ intermediate form
пропозициональная ~ sentential form, propositional form, sentence form, argument form
пространственная ~ space form
пфаффова ~ Pfaffian form, covariant vector field
разложимая ~ decomposable form
рациональная ~ Frobenius(') form, rational form; canonical form
регулярная ~ regular form
симметрическая ~ symmetric(al) form
симметричная ~ symmetric(al) form
симплектическая ~ symplectic form
сингулярная ~ singular form, degenerate form
скалярная ~ scalar form
следовая ~ trace form
совершенная ~ perfect form, full form
сокращённая ~ shorter form
сопряжённая ~ adjoint form
специальная ~ special form
стандартная ~ standard form
строго коэрцетивная ~ strongly coercive form
сферическая ~ spherical form
тензорная ~ tensor(ial) form
тёплицева ~ Toeplitz('s) form
тернарная ~ ternary form
точная ~ exact form
тригонометрическая ~ trigonometric form, trigonometric representation, polar form
трилинейная ~ trilinear form
тройничная ~ ternary form
тупиковая ~ terminal form
универсальная ~ universal form
унимодулярная ~ unimodular form
фробениусова ~ Frobenius(') form, rational form, canonical form; normal form
целочисленная ~ integral form
чётная ~ even form
эквивалентная ~ equivalent form
эквивариантная ~ equivariant form
экстремальная ~ extreme form
эллиптическая ~ elliptic(al) form
эрмитова ~ Hermite('s) form, Hermitian form
формализация formalization
  ~ задачи formalization of a problem
  ~ семантики formalization of semantic
  математическая ~ mathematical formalization
формализм formalism
  ~ по Гильберту formalism by Hilbert
формализованный formalized
формализовать formalize
формализуемый formalizable
формально formally
формальность formality
формальный formal
формация formation
  ~ групп formation of groups
формула formula
  ◊ **~ справедлива** formula holds, formula is valid
  ~ аппроксимации approximation formula
  ~ аппроксимации дифференциального уравнения разностным overall approximation formula
  ~ бинома Ньютона binomial formula, binomial theorem
  ~ вариации (*произвольных*) постоянных variation-of-constants formula
  ~ Вейля character formula, Weyl('s) formula

формула *(continued)*
- ~ **включения-исключения** inclusion-exclusion formula
- ~ **Гаусса** Gauss(') formula, Gaussian formula
- ~ **Гаусса-Остроградского** Green('s) theorem
- ~ **гауссова типа** Gaussian-type formula
- ~ **Гурвица** Riemann-Hurwitz relation
- ~ **двойного угла** double-angle formula, double-angle relation
- ~ **Деламбра** Delambre('s) analogy
- ~ **для интерполирования вперёд** forward interpolation formula, formula with forward differences
- ~ **для интерполирования назад** backward interpolation formula, formula with backward differences
- ~ **для корней квадратного уравнения** quadratic formula
- ~ **для определителя** determinantal formula
- ~ **замкнутого типа** closed-type formula
- ~ **индекса** index formula
- ~ **интегрирования** integration formula
- ~ **конечных приращения (Лагранжа)** law of the mean
- ~ **над алфавитом** formula over an alphabet
- ~ **Ньютона-Лейбница** fundamental theorem of calculus
- ~ **обратной интерполяции** backward interpolation formula
- ~ **обращения** inversion formula
- ~ **объёма** formula for volume
- ~ **парабол** parabolic formula
- ~ **перехода** formula for transition
- ~ **полной вероятности** formula of total probability
- ~ **половинного угла** half-angle formula
- ~ **постуляции** postulation formula
- ~ **предсказания** prediction formula
- ~ **преобразования** transformation formula
- ~ **приведения** reduction formula
- ~ **проекции** formula for projection
- ~ **произведения** multiplication formula, product formula
- ~ **прямоугольников** rectangular formula
- ~ **разложения** decomposition formula
- ~ **размерности** dimensional formula
- ~ **разности** difference formula
- ~ **роста** growth formula
- ~ **с узлами** formula with nodes
- ~ **связи** connection formula
- ~ **Симпсона** Simpson('s) $1/3$ rule
- ~ **следа** trace formula
- ~ **среднего значения** mean-value theorem
- ~ **суммирования** sum(mation) formula
- ~ **суммирования по частям** partial-summation formula
- ~ **суммы (*синуса двух углов*)** addition theorem
- ~ **тангенсов** law of tangents
- ~ **трапеций** trapezoid(al) formula, trapezoid(al) rule
- ~ **удвоения** duplication formula
- ~ **умножения** multiplication formula, product formula
- ~ **характеров** character formula, Weyl('s) formula

аналитическая ~ analytic(al) formula, analytic(al) expression
арифметическая ~ arithmetical formula
асимптотическая ~ asymptotic formula, asymptotic expression, asymptotic representation
атомарная ~ molecular formula, atomic expression, elementary formula, prime formula
вариационная ~ variation(al) formula

формула

всюду правильная ~ always true formula
выводимая ~ provable formula
выполнимая ~ satisfiable formula
главная ~ principal formula
двойственная ~ dual formula
деривационная ~ Гаусса Gauss derived equation
доказуемая ~ provable formula
замкнутая ~ closed formula
интегральная ~ integral formula
интерполяционная ~ interpolation formula
интерполяционно-квадратурная ~ interpolation quadrature formula
исходная ~ basic formula; premise
каноническая ~ canonical formula
квадратурная ~ quadrature formula
квадратурная ~ Ньютона-Котеса, использующая значения концов промежутка closed-type formula
квадратурная ~ Ньютона-Котеса, не использующая значения концов промежутка open-type formula
квадратурная ~ «трёх восьмых» three-eighths rule
классическая ~ classical formula
концевая ~ end formula
кубатурная ~ cubature formula
линейная рекуррентная ~ linear recurrence formula
логическая ~ logical formula
логически истинная ~ logically valid formula
моделирующая ~ formula for modeling
наилучшая ~ optimal formula
неявная ~ implicit formula
нормальная ~ normal formula
обобщённая ~ Стокса generalized theorem of Stokes
общая ~ general formula

общезначимая ~ valid formula, identically true formula
опровержимая ~ refutable formula
оптимальная ~ optimal formula
основная ~ basic formula, principal formula, fundamental formula
показательная ~ exponential formula
положительная ~ positive formula
поправочная ~ formula for correction
ПП- ~ wff
предельная ~ limit(ing) formula
приближённая ~ approximate formula
пропозициональная ~ sentential formula
реализуемая ~ realizable formula
рекуррентная ~ recurrence formula, recursion formula
символическая ~ symbolic formula
специальная ~ special formula
справедливая ~ valid formula, identically true formula
структурная ~ structure formula, parametric representation
тета- ~ theta(-)formula
тождественно истинная ~ identically true formula
точная ~ exact formula
универсальная ~ universal formula
формально опровержимая в данной системе ~ refutable formula
характеристическая ~ characteristic formula
хорновская ~ Horn('s) formula
эквивалентная ~ equivalent formula
элементарная ~ molecular formula, atomic expression, elementary formula, prime formula
эмпирическая ~ empirical formula
явная ~ explicit formula

формулировать formulate; enunciate; state; specify
  ~ **алгоритм** formulate an algorithm
  ~ **задачу** formulate a problem
  ~ **критерий** formulate a criterion
  ~ **обобщение** formulate a generalization
  ~ **определение** formulate a definition
  ~ **понятие** formulate a concept
  ~ **предложение** make a statement
  ~ **результат** formulate a result
  ~ **свойство** formulate a property
  ~ **связь** formulate a relation
  ~ **соотношение** formulate a relation
  ~ **теорему** enunciate a theorem, state a theorem
  ~ **условие** formulate a condition, state a condition
  ~ **утверждение** make a statement

формулировка formulation
  ~ **задачи** formulation of a problem
  ~ **метода** formulation of a method
  ~ **правила** formulation of a rule
  ~ **принципа** formulation of a principle
  ~ **проблемы** formulation of a problem
  ~ **результата** formulation of a result
  ~ **свойства** formulation of a property
  ~ **теоремы** formulation of a theorem, statement of a theorem
  ~ **условия** specification of a condition
  геометрическая ~ geometric(al) formulation
  двойственная ~ dual formulation
  евклидова ~ Euclidean formulation
  естественная ~ natural formulation
  математическая ~ mathematical formulation
  операторная ~ operator formulation
  точная ~ exact formulation
  явная ~ explicit formulation

формфактор form-factor
форсинг forcing
фронт front
  ~ **волны** wavefront
  аналитический волновой ~ singular support
фуксов Fuchsian
фундаментальный fundamental
функтор functor
  ~ **Hom** Hom functor
  ~ **двойственности** duality functor
  ~ **диаграмм** functor of diagrams
  ~ **несущего множества** underlying functor
  ~ **, перестановочный с пределами** continuous functor
  ~ **сечений** section functor
  ~ **тензорного произведения** tensor-product functor
  К- ~ K-functor
  абелев ~ Abelian functor
  аддитивный ~ additive functor
  гомологический ~ homological functor, homology functor
  гомотопический ~ homotopy functor
  двойственный ~ dual functor
  двуместный ~ bi(-)functor
  интерполяционный ~ interpolation functor
  итерированный ~ iterated functor
  ковариантный ~ covariant functor
  когомологический ~ cohomological functor, cohomology functor
  ко-ковариантный ~ bifunctor in both variables
  контравариантный ~ contravariant functor
  левый ~ left functor
  монадический ~ monadic functor
  непрерывный ~ continuous functor
  нормализованный ~ zero-preserving functor
  основной ~ principal functor

относительный ~ relative functor
полный ~ full functor
полный и точный ~ full(y) faithful functor
правый ~ right functor
представимый ~ representable functor
пренебрежимый ~ forgetful functor
производный ~ derived functor
сбалансированный ~ balanced functor
сингулярный ~ singular functor
сопряжённый ~ adjoint functor, adjoint of a functor
спектральный ~ spectral functor
стирающий ~ forgetful functor
тождественный ~ identity functor
точный ~ faithful functor; exact functor
тривиальный ~ trivial functor
частичный ~ partial functor
функториальность functoriality, functorial property
функториальный functorial
функционал functional
 ~ действия action functional
 ~ длины length functional
 ~ длины дуги arc-length functional
 ~ , инвариантный относительно переносов translation-invariant functional
 ~ коэффициентов coefficient functional
 ~ на пространстве functional on a space
 ~ объёма volume functional
 ~ от марковского процесса functional of a Markov process
 ~ площади areal functional
 ~ энергии energy functional
аддитивный ~ additive functional
аналитический ~ analytic(al) functional

билинейный ~ bi(-)linear functional
векторный ~ vector functional
вогнутый ~ concave functional
выпуклый ~ convex functional
вычислимый ~ computable functional
гладкий ~ smooth functional
инвариантный ~ invariant functional
интегральный ~ integral functional
интегрируемый ~ integrable functional
квадратичный ~ quadratic functional
линейный ~ linear functional
минимизируемый ~ functional to be minimized
многозначный ~ multi(-)valued functional
мультипликативный ~ multiplicative functional
нелинейный ~ non(-)linear functional
ненулевой ~ non(-)zero functional
непрерывный ~ continuous functional
ограниченный ~ bounded functional
опорный ~ support(ing) functional, support(ing) function
полилинейный ~ multilinear functional
положительный ~ positive functional
почти аддитивный ~ almost additive functional
регулярный ~ regular functional, elliptic(al) functional
рекурсивный ~ recursive functional
сглаживающий ~ smoothing functional
симметрический ~ symmetric(al) functional

функционал *(continued)*
   скалярный ~ scalar functional
   сколь угодно малый ~ infinitesimal functional
   строго положительный ~ strongly positive functional
   сублинейный ~ sub(-)linear functional
   характеристический ~ characteristic functional
   частичный ~ partial functional
   эллиптический ~ elliptic(al) functional, regular functional
   эрмитов ~ Hermitian functional
   эффективный ~ effective functional

функционально functionally
функциональность functionality
функциональный ~ functional
функционирование functioning
функци‖**я** *см. тж.* **собственная функция** function; map(ping)
   ~ m-значной логики function in m-valued logic
   ~, p-листная в среднем по окружности circumferentially mean p-valent function
   ~, p-листная в среднем по площади areally mean p-valent function
   ~ автоковариации co(-)variance function, auto(-)covariance function
   ~ алгебры логики Boolean function
   ~, аналитическая в смысле Фреше analytic(al) function in the Fréchet sense
   ~ Бейтмана k-function
   ~ бесконечного порядка (entire) function of infinite order
   ~ бесконечного типа function of maximal type
   ~ Бесселя Bessel('s) function, cylinder function
   ~, близкая к выпуклым close-to-convex function
   ~ вариации function of variation
   ~ Вебба joint denial
   ~ Вебера-Эрмита function of the parabolic cylinder
   ~ вероятности probability function
   ~ возмущения perturbation function
   ~ восстановления renewal function
   ~ времени function of time
   ~ выигрыша pay(-)off function, price
   ~ высоты height function
   ~ выхода output function; reward function
   ~ Гаусса psi(-)function
   ~ действительного переменного function of a real variable
   ~ действия action integral; Bellman('s) function
   ~, дифференцируемая в смысле Штольца function differentiable in the sense of Stolz, totally differentiable function
   ~, дифференцируемая на множестве function differentiable on a set
   ~, дифференцируемая по одной из переменных partially differentiable function
   ~, дифференцируемая справа function differentiable on the right
   ~, допускающая оценку estimable function
   ~, измеримая по Борелю Borel('s) function, Borel-measurable function, B-measurable function
   ~, инвариантная относительно обобщённого преобразования Фурье self-reciprocal function
   ~, интегрируемая в смысле Данжуа Denjoy-integrable function, D-integrable function
   ~, интегрируемая в смысле Лебега Lebesgue(-)integrable function

~, интегрируемая в смысле Перрона Perron(-)integrable function
~, интегрируемая по Бохнеру Bochner(-)integrable function
~, интегрируемая по Петтису weakly integrable function
~, интегрируемая по Риману Riemann(-)integrable function, R-integrable function
~, интегрируемая с весом function integrable with weight
~, интегрируемая с квадратом square-integrable function
~ интенсивности intensity function, failure rate function
~ интенсивности искажения rate-distortion function
~ интенсивности отказа intensity function, failure rate function
~ истинности truth function
~ исчерпания exhaustion function
~ кардинальности cardinality function
~ класса C^n C^n-function, function of class C^n
~ класса C^∞ C^∞-function, infinitely differentiable function
~ классов class function
~ Клейна Kleinian function
~ комплексного аргумента function of complex argument
~ комплексной переменной function of a complex variable
~ конечного порядка function of finite order
~ концентрации concentration function
~ кратности function of multiplicity
~ кривизны curvature function
~ критерия criterion function, test function
~ кручения torsion function
~ кумулянтов cumulant function
~ Лагранжа Lagrangian function, Lagrangian
~ Ламе Lamé('s) function, ellipsoidal harmonic function
~ Лежандра Legendre('s) function, spherical function
~ максимального типа function of maximal type
~ математического ожидания expectation function
~ Матье первого рода function of the elliptic(al) cylinder
~, мероморфная в единичном круге function meromorphic in the unit disk
~ минимального типа function of minimal type
~ многозначной логики function in multi(-)valued logic
~ множеств set function
~ множества function of a set
~ «модуль» function mod k
~ «на» onto function
~ на многограннике function on a polytope
~ на многообразии function on a manifold
~ надёжности reliability function
~ наилучшего приближения function of best approximation
~ наклона slope function
~ наклона поля slope function of a field
~, непосредственно интегрируемая по Риману directly Riemann integrable function
~, обладающая асимптотическим разложением asymptotically developable function
~, обращающаяся в нуль vanishing function
~ объёма volume function
~, ограниченная по мере function bounded in measure
~ ограниченного вида function of bounded type
~ -оригинал original function, original

функци‖я *(continued)*
- ~ **особенностей** function of singularities
- ~ **от *n* аргументов** function of n arguments
- ~ **от *n* переменных** function of n variables
- ~ **от оператора** function of an operator
- ~ **ошибок** error function
- ~ **параболического цилиндра** function of the parabolic cylinder
- ~ **первого рода** function of the first species
- ~ **перехода** transition function
- ~ **π** pi-function
- ~ **плотности** density function
- ~ **пограничного слоя** boundary-layer function
- ~ **полезности** utility function
- ~ **полуцелого порядка** function of order $n + \frac{1}{2}$
- ~ **потерь** loss function; regret function
- ~ **правдоподобия** likelihood function
- ~ **предпочтения** preference function
- ~ **преобразования** transformation function
- ~ **приближения** proximity function
- ~ **приклейки** gluing function
- ~ **, принимающая целочисленные значения** integer-valued function
- ~ **прямоугольника** rectangle function
- ~ **разбиения** partition function
- ~ **размерности** dimension function
- ~ **ранга** rank function
- ~ **распределения** distribution function
- ~ **рассеяния** dissipative function
- ~ **регрессии** regression function
- ~ **регулярного роста** function with regular growth
- ~ **Римана-Шварца** Schwarzian function
- ~ **риска** risk function
- ~ **роста** growth function
- ~ **с изолированными нулями** function with scattered zeros
- ~ **с обратной многозначной функцией** many-to-one function
- ~ **с ограниченной характеристикой** function of bounded characteristic
- ~ **с ограниченным изменением** function of bounded variation
- ~ **с ортогональными приращениями** function with orthogonal increments
- ~ **с суммируемым квадратом** square-integrable function
- ~ **сдвига** translation function, displacement function
- ~ **скачков** jump function, step(-)like function
- ~ **склейки** gluing function
- ~ **Сколема** resolutive function
- ~ **, сохраняющая константу 0** function preserving 0
- ~ **спроса** demand function
- ~ **сравнения** comparable function, comparison function; congruence function
- ~ **среднего значения** mean(-)value function
- ~ **степени *n*** function of degree n
- ~ **стоимости** cost function
- ~ **точечного источника** point-source function
- ~ **треугольника** triangle function
- ~ **управляющей системы** function for a control system
- ~ **Хевисайда** unit function, Heaviside('s) function
- ~ **цели** objective function, performance function

~ ценности   value function
~ частного   quotient function
~ частоты   frequency function
~ Шварца   Schwarz('s) function, Schwarzian function
~ Шеффера   Sheffer('s) stroke
~ Штурма   Sturm('s) function, Sturmian function
~ Эйлера   Euler('s) function, Eulerian function
~ экспоненциального типа   exponential-type function
~ эллиптического цилиндра   function of the elliptic(al) cylinder
~ Якоби   Jacobi('s) function, Jacobian function
α-эксцессивная ~   alpha-excessive function
B- ~   Borel('s) function, B-function, Borel-measurable function, B-measurable function
B-измеримая ~   Borel('s) function, B-function, Borel-measurable function, B-measurable function
β- ~   beta-function
β- ~ Эйлера   beta-function
δ- ~ Дирака   delta(-)function
ε- ~ Вейерштрасса ε-function
E- ~   E-function
Γ- ~   gamma-function
ζ- ~   zeta(-)function
ζ- ~ Артина-Шмидта   congruence zeta(-)function
G-инвариантная ~   G-invariant function
H- ~   H-function
η- ~   eta-function
k- ~   k-function
L- ~   L-function
L- ~ Дирихле   L-series
μ- ~   mu-function, mu-conformal function
μ-измеримая ~   mu-measurable function
μ-сингулярная ~   mu-singular function

n-линейная ~ n-linear function, multi(-)linear function
n раз дифференцируемая ~ n times differentiable function
N- ~   N-function
p- ~   p-function
p-адическая ~   p-adic function
p-аналитическая ~   p-analytic(al) function
p-листная ~   p-valent function
p-листная в среднем ~   mean p-valent function
p-листно выпуклая ~   convex p-valent function
p-листно звёздная ~   p-valent starlike function
φ- ~ (Эйлера)   phi(-)function
ψ- ~   psi-function
ψ- ~ Гаусса   psi-function
q- ~   q-function
R-интегрируемая ~   R-integrable function, Riemann-integrable function
S- ~   S-function
σ- ~   sigma-function
σ-аддитивная ~   sigma-additive function
θ- ~   theta-function
абелева ~   Abelian function
абсолютно монотонная ~   absolute monotonic function
абсолютно непрерывная ~   absolutely continuous function, completely continuous function
абстрактная ~   abstract function
абстрактнозначная ~   abstractly-valued function
автоморфная ~   Fuchsian function, automorphic function
аддитивная ~   additive function, finitely additive function
алгебраическая ~   algebraic(al) function
алгброидная ~   algebroid(al) function
аналитическая ~   analytic(al) function, holomorphic function

функци‖я *(continued)*
  антианалитическая ~ anti(-)analytic(al) function, anti(-)holomorphic function
  антиголоморфная ~ anti(-)analytic(al) function, anti(-)holomorphic function
  антипериодическая ~ semi(-)periodic(al) function
  аппроксимирующая ~ approximating function, approximation function
  арифметическая ~ arithmetic(al) function, number-theoretic function
  асимптотическая почти периодическая ~ asymptotically almost-periodic function
  асимптотически равные ~ **ы** equivalent functions
  ассоциированная ~ associated function
  аффинная ~ affine function
  базисная ~ basis function
  бейесовская ~ Bayes(') function, Bayesian function
  бесконечная ~ infinite function
  бесконечно дифференцируемая ~ C-function, infinitely differentiable function
  бесконечно малая ~ *см. тж.* **бесконечно малая** infinitesimal
  бесселева ~ Bessel('s) function, cylindrical function, cylinder function
  бигармоническая ~ bi(-)harmonic function
  билинейная ~ bi(-)linear function, bi(-)linear map(ping)
  бинарная ~ binary function
  более простая ~ simpler function
  борелевская ~ Borel('s) function, Borel-measurable function, B-measurable function
  булева ~ Boolean function
  быстро убывающая ~ rapidly decreasing function
  вектор- ~ vector(-valued) function
  векторная ~ vector(-valued) function
  вероятностная ~ probability function
  весовая ~ weighting function, weight
  вещественная ~ real function
  вещественно-аналитическая ~ real analytic function
  вещественнозначная ~ real(-)valued function
  взаимная корреляционная ~ cross correlation function
  взаимно однозначная ~ one-to-one function
  взаимно простые ~ **и** relatively prime functions
  вогнутая ~ concave function
  возрастающая ~ increasing function
  вполне аддитивная ~ totally additive function, sigma-additive function
  вполне монотонная ~ completely monotonic function
  вполне мультипликативная ~ completely multiplicative function
  вспомогательная ~ auxiliary function
  выборочная ~ choice function; sample function; sample process
  выпуклая ~ convex function
  выравнивающая ~ fitted function
  вычислимая ~ computable function, calculable function
  гармоническая ~ harmonic function, harmonic, solid harmonic
  гёльдерова ~ Hölder('s) function
  гиперболическая ~ hyperbolic function
  гипергармоническая ~ poly(-)harmonic function, meta(-)harmonic function
  гипергеометрическая ~ hyper(-)geometric function
  гиперкомплексная ~ hyper(-)complex function

гиперэллиптическая ~ hyper(-)elliptic(al) function
главная ~ principal function
гладкая ~ smooth function
глобальная ~ global function
голоморфная ~ holomorphic function, analytic(al) function
граничная ~ boundary function
двойственная ~ dual function
двоякопериодическая ~ doubly periodic(al) function
двумерная ~ bivariate function
двухкомпонентная ~ two-component function
действительная ~ real function
действительнозначная ~ real-valued function
дельта- ~ Дирака Dirac('s) delta, impulse function, unit impulsive function
детерминированная ~ deterministic function
дигамма ~ psi(-)function, digamma function
диезная ~ sharp function
дискретная ~ discrete function
дискриминантная ~ discriminant function, discriminator
диссипативная ~ dissipative function
дифференциальная ~ differential function
дифференцируемая ~ differentiable function
дифференцируемая по Гато ~ Gateaux differentiable function
дифференцируемая по Фреше ~ Fréchet differentiable function
дополнительная ~ complementary function
допустимая ~ admissible function; argument function
дробная ~ fractional function
дробно-линейная ~ linear fractional function; homographic function
дробно-рациональная ~ fractional rational function
зависимая ~ dependent function
замкнутая ~ closed function
звездообразная ~ star(-)shaped function, star(-)like function
зигелева ~ Siegel('s) function
знакопеременная ~ alternating function
зональная ~ zonal function
измеримая ~ measurable function, Lebesgue-measurable function
изотонная ~ isotone function, isotonic function
инвариантная ~ invariant function
инверсионно инвариантная ~ inversion invariant function
индикаторная ~ indicator function
интегральная ~ integral function
интегрируемая ~ integrable function
интегрируемая в несобственном смысле ~ improperly integrable function
интегрирующая ~ integrator
интервальная ~ interval function
интерполяционная ~ interpolation function
исключительная ~ exceptional function
исходная ~ original function, original
итерированная ~ iterated function
калибровочная ~ gauge function
касательная ~ tangent function
квадратичная ~ quadratic function
квазиабелева ~ quasi-Abelian function
квазианалитическая ~ quasi(-)analytic(al) function
квазивыпуклая ~ quasi(-)convex function
квазилинейная ~ quasi(-)linear function

функци‖я *(continued)*
  квазинепрерывная ~ quasi(-)continuous function
  квазиограниченная ~ quasi(-)bounded function
  квазипериодическая ~ quasi(-)periodic(al) function
  кватернионная ~ quaternion function
  ковариационная ~ covariance function, auto(-)covariance function
  колеблющаяся ~ oscillating function
  кольцевая ~ ring(-)function
  комплексная ~ complex function, complex-valued function
  комплексно аналитическая ~ complex analytic(al) function
  комплекснозначная ~ complex function, complex-valued function
  конгруэнц- ~ congruence function
  конгруэнц ζ- ~ congruence zeta-function
  конечная ~ finite function
  конечно аддитивная ~ additive function, finitely additive function
  коническая ~ conic(al) function
  конструктивная ~ constructive function
  конфлюэнтная ~ confluent function, function of confluent type
  координатная ~ coordinate function
  корреляционная ~ correlation function, auto(-)correlation function
  кососимметрическая ~ anti(-)symmetric(al) function
  кратногармоническая ~ multiply harmonic function
  кратнопериодическая ~ multiply periodic(al) function
  критическая ~ critical function
  круговая ~ circular function; trigonometric(al) function, trigonometric(al) ratio
  кумулятивная ~ cumulative function
  кусочно-гладкая ~ piecewise smooth function
  кусочно-дифференцируемая ~ piecewise differentiable function
  кусочно-линейная ~ piecewise linear function
  кусочно-монотонная ~ piecewise monotonic function
  кусочно-непрерывная ~ piecewise continuous function
  кусочно-непрерывно дифференцируемая ~ piecewise differentiable function
  кусочно-постоянная ~ step(-)like function
  левая почти периодическая ~ left almost periodic(al) function
  левоинвариантная ~ left invariant function
  лемнискатическая ~ lemniscate function
  лемнискатная ~ lemniscate function
  линейная ~ linear function
  линейчатая ~ regulated function
  логарифмическая ~ logarithmic functions
  логарифмически выпуклая ~ logarithmically convex function
  логическая ~ logical function; logistic function
  локально ограниченная ~ locally bounded function
  локально постоянная ~ locally constant function
  мажорантная ~ majorant function, right majorizing function
  матрица- ~ matrix function
  матричная ~ matrix function
  медленно изменяющаяся ~ slowly varying function
  медленно растущая ~ slowly increasing function, slowly growing function

мероморфная ~ meromorphic function
метагармоническая ~ meta(-)harmonic function, poly(-)harmonic function
минимаксная ~ minimax function
минимальная ~ minimal function
минорантная ~ minorant function, minorant
мировая ~ world function
мнимая ~ imaginary function
многозначная ~ multi(-)valued function, multi(-)function, many-valued function, one-to-many function
многолистная ~ branched function, multivalent function
многомерная ~ multi(-)dimensional function, multi(-)variate function
модифицированная ~ modified function
модулярная ~ modular function
моногенная ~ monogenic function
монотонная ~ monotone function, monotonic function
монотонно возрастающая ~ monotone increasing function
монотонно убывающая ~ monotone decreasing function
монотонно убывающая ~ множеств monotone decreasing set function
мультипликативная ~ multiplicative function
начальная ~ original function
невозрастающая ~ non(-)increasing function
невсюду определённая ~ partial function, partially defined function
недифференцируемая ~ non(-)differentiable function
нелинейная ~ non(-)linear function
немонотонная ~ non(-)monotonic function

ненулевая ~ non(-)vanishing function
неограниченная ~ unbounded function
неоднозначная ~ с обратной неоднозначной функцией many-to-many function
неоклассическая ~ neo(-)classical function
неотрицательная ~ non(-)negative function
неполная ~ incomplete function
непрерывная ~ continuous function
непрерывная справа ~ right(-hand) continuous function
непрерывно дифференцируемая ~ continuously differentiable function
неприводимая ~ irreducible function
неразветвлённая ~ unramified function
нерандомизованная ~ non(-)randomized function
несмещённая ~ unbiased function
несобственная ~ improper function
несущественная ~ inessential function
неубывающая ~ non(-)decreasing function
нечётная ~ odd function
неявная ~ implicit function
нигде не дифференцируемая ~ nowhere differentiable function
нижняя ~ lower function
нормализованная ~ normalized function
нормальная ~ normal function
нормированная ~ normed function
нуль- ~ zero-function, null function
обобщённая ~ generalized function, extended function

функци‖я *(continued)*
  обратимая ~   invertible function
  обратная ~   inverse function
  обратная гиперболическая ~   area-hyperbolic function, arc-hyperbolic function, anti(-)hyperbolic function
  обратная тригонометрическая ~   inverse trigonometric(al) function, arc-trigonometric(al) function, anti(-)trigonometric function
  общерекурсивная ~   general(ly) recursive function
  ограниченная ~   bounded function
  однозначная ~   one-valued function, single-valued function
  однолистная ~   univalent function, *schlicht* function
  однолистная звездообразная ~   star(-)shaped function, star(-)like function
  одноосная ~   uniaxial function
  однопериодическая ~   singly periodic(al) function
  однородная ~   homogeneous function
  одночастичная ~   one-particle function
  операторная ~   operator(-valued) function
  опорная ~   support(ing) functional, support(ing) function, function of support
  ортогональные ~ и   orthogonal functions
  ортонормированная ~   orthonormal function
  основная ~   fundamental function
  остаточная ~   residual function
  отображающая ~   mapping function
  отрицательная ~   negative function
  параметрическая ~   parametric function

  пеановская ~   Peano('s) function
  первообразная ~   primitive function
  передаточная ~   transfer function
  переходная ~   transition function; transition probability
  периодическая ~   periodic(al) function
  плюригармоническая ~   pluri(-)harmonic function
  плюрисубгармоническая ~   pluri(-)subharmonic function
  подчинённая ~   subordinate function
  подчиняющая ~ *(в принципе Линделёфа)*   majorant
  подынтегральная ~   integrand; element of integration
  показательная ~   exponential function
  полианалитическая ~   poly(-)analytic(al) function
  полигамма- ~   poly(-)gamma(-)function
  полигармоническая ~   meta(-)harmonic function, poly(-)harmonic function
  полигональная ~   polygonal function
  полилилнейная ~   multi(-)linear function
  полиномиальная ~   polynomial function
  полиэдральная ~   polyhedral function
  полная ~   complete function
  положительная ~   positive function
  положительно определённая ~   positive(-)definite function, function of positive type
  полуаддитивная ~   semi(-)additive function
  полунепрерывная ~   semi(-)continuous function
  полунепрерывная сверху ~   upper semi(-)continuous function

полунепрерывная снизу ~ lower semi(-)continuous function
пороговая ~ threshold function
порядковая ~ ordinal function
постоянная ~ constant function
потенциальная ~ potential function, potential
почти инвариантная ~ representing function
почти периодическая ~ almost periodic(al) function
почти периодическая ~ Степанова S_p-almost(-)periodic(al) function
правильная ~ regular function
правая почти периодическая ~ right almost periodic(al) function
правоинвариантная ~ right invariant function
предельная ~ limit(ing) function
представимая ~ representable function
представляющая ~ representing function
пренебрежимая ~ negligible function
примитивная ~ primitive function
примитивно рекурсивная ~ primitive recursive function
присоединённая ~ associated function, adjoint function
присоединённые ~ и Лежандра 1-го и 2-го рода spherical functions
причинная ~ causal function
производная ~ derivative function
производящая ~ generating function, generator function, generatrix
производящая ~ моментов moment-generating function
простая ~ simple function; finite-valued function; prime function
просто периодическая ~ simply periodic(al) function, singly periodic(al) function

пространственная ~ spatial function
псевдопериодическая ~ pseudo(-)periodic(al) function
псевдослучайная ~ pseudo(-)random function
равномерно дифференцируемая ~ uniformly differentiable function
равномерно непрерывная ~ uniformly continuous function
равномерно почти периодическая ~ uniformly almost periodic(al) function
равномерно распределённая ~ uniformly distributed function
равные ~ и equal functions
разрешающая ~ resolutive function
разрывная ~ discontinuous function
рандомизированная ~ randomized function
растущая ~ increasing function
рациональная ~ rational function
регрессивная ~ regressive function
регуляризованная ~ regularized function
регулярная ~ regular function
рекуррентная ~ recurrent function
рекурсивная ~ recursive function, partial(ly) recursive function, uniformly partial(ly) recursive function
репрезентативная ~ representative function
решающая ~ decision function, decision procedure
самодвойственная ~ self-dual function
сеточная ~ lattice function
сигма- ~ и с индексами cosigma functions
сильно p-псевдовыпуклая ~ strongly p-pseudo(-)convex function
сильно выпуклая ~ strictly convex function

функци∥**я** *(continued)*
  сильно измеримая ~ strongly measurable function
  сильно мультипликативная ~ strongly multiplicative function
  сильно плюрисубгармоническая ~ strongly pluri(-)subharmonic function
  сильно положительная ~ strongly positive function
  симметрическая ~ symmetric(al) function
  симметричная ~ symmetric(al) function
  сингулярная ~ singular function
  синусоидальная ~ sinusoidal function
  скалярная ~ scalar function
  склеивающая ~ collapsing function
  слабо голоморфная ~ weakly holomorphic function
  слабо измеримая ~ weakly measurable function
  слабо почти периодическая ~ weakly almost periodic(al) function
  сложная ~ function of a function, composite function, composition function
  случайная ~ random function
  случайная ~ **времени** random process, stochastic process
  смешанная ~ mixed function
  собственная ~ vector-valued eigenfunction
  совместная ~ joint function
  согласованная ~ compatible function
  сопряжённая ~ conjugate function, polar function
  спектральная ~ spectral function; spectral density, power density; resolution of identity
  специальная ~ special function, higher transcendental function
  сплайн- ~ spline-function
  спрямляемая ~ rectifiable function
  стандартизованная ~ standardized function
  стандартная ~ standard function
  статистическая ~ statistical function
  стационарная ~ stationary function
  степенная ~ power function
  стохастическая ~ stochastic function
  строго p-псевдовыпуклая ~ strongly p-pseudo(-)convex function
  строго вогнутая ~ strictly concave function
  строго возрастающая ~ strictly increasing function
  строго выпуклая ~ strictly convex function
  строго монотонная ~ strictly monotone function, strictly monotonic function
  строго положительная ~ strictly positive function
  строго убывающая ~ strictly decreasing function
  структурная ~ structure function
  ступенчатая ~ jump function, step(-)like function
  субаддитивная ~ sub(-)additive function
  субгармоническая ~ sub(-)harmonic function
  сублинейная ~ sub(-)linear function
  субпараболическая ~ sub(-)parabolic function
  субтепловая ~ sub(-)parabolic function
  суммируемая ~ summable function
  супергармоническая ~ super(-)harmonic function, super(-)regular function
  суперпараболическая ~ super(-)parabolic function

супертепловая ~ super(-)parabolic function
существенная ~ essential function
сферическая ~ Legendre('s) function, spherical function, representing function
сфероидальная ~ spheroidal function
сходящаяся ~ convergent function
счётноаддитивная ~ countably additive function, completely additive function, totally additive function, sigma-additive function
считающая ~ counting function
сюръективная ~ surjective function
теоретико-числовая ~ arithmetic(al) function, number-theoretic function
типично вещественная ~ typically real function
тождественная ~ identity function
топологическая ~ topological function
тороидальная ~ torus function
точная ~ exact function
трансфинитная ~ transfinite function
трансцендентная ~ transcendental function
тригамма- ~ trigamma function
тригонометрическая ~ circular function, trigonometric(al) function, trigonometric(al) ratio
убывающая ~ decreasing function
угловая ~ angle function
ультрасферическая ~ ultra(-)spherical function
универсальная ~ universal function
унимодальная ~ unimodal function
управляющая ~ control function
условная ~ conditional function
усреднённая ~ average function
фазовая ~ phase function
факторизуемая ~ factorizable function
фиксированная ~ fixed function
финитная ~ function with compact support
характеристическая ~ characteristic function, indicator function, order function
хорошая ~ nice function
целая ~ entire function, integral function
целая ~ бесконечного порядка entire function of infinite order
целая рациональная ~ algebraic(al) polynomial
целевая ~ objective function, performance function
целочисленная ~ function with integer arguments
центральная ~ central function
циклическая ~ cyclic function
цилиндрическая ~ Bessel('s) function, cylindrical function, cylinder function
частично рекурсивная ~ recursive function, partial(ly) recursive function, uniformly partial(ly) recursive function
чётная ~ even function
численнозначная ~ complex(-)valued function
числовая ~ numerical function
чисто мнимая ~ purely imaginary function
шаровая ~ spherical function
шефферова ~ Sheffer('s) function
штрафная ~ penalty function
эйлерова ~ Euler('s) function, Eulerian function
эквивалентные ~ и equivalent functions
экспоненциальная ~ exponential function
эксцессивная ~ excessive function

функци ‖ я *(continued)*
  элементарная ~ elementary function
  эллипсоидальная ~ ellipsoidal function
  эллипсоидальная гармоническая ~ Lamé('s) function, ellipsoidal harmonic function
  эллиптическая ~ elliptic(al) function
  эллиптическая модулярная ~ modular function
  эмпирическая ~ empirical function
  эпсилон- ~ epsilon-function
  эффективно вычислимая ~ effectively computable function
  явная ~ explicit function

характер character
  ~ mod m (*Дирихле*) character mod m
  ~ алгебры character of an algebra
  ~ Брауэра modular character
  ~ группы character of a group
  ~ Дирихле Dirichlet('s) character, residue character
  ~ одномерной гомологической группы integral character
  ~ перестановок permutation character
  ~ полугруппы character of a semigroup
  ~ представления character of a representation
  ~ сходимости behavior of convergence
  абсолютно неприводимый ~ absolutely irreducible character
  аналитический ~ analytic(al) character
  главный ~ identity character, principal character
  действительный ~ real character
  инфинитезимальный ~ infinitesimal character
  исключительный ~ exceptional character
  квадратичный ~ (*Дирихле*) real character
  линейный ~ linear character
  мультипликативный ~ multiplicative character
  неглавный ~ non(-)principal character
  непрерывный ~ continuous character
  неприводимый ~ irreducible character, simple character
  непримитивный ~ non(-)primitive character, imprimitive character
  неразветвлённый ~ unramified character
  обобщённый ~ generalized character
  первообразный ~ primitive character
  примитивный ~ primitive character
  проективный ~ projective character
  производный ~ non(-)primitive character, imprimitive character
  регулярный ~ regular character
  степенной ~ power character
  унитарный ~ unitary character
  циклический ~ cyclic character
  экстенсиональный ~ extensionality

характеризация characterization
  ~ надёжности reliability characterization
  ~ подпространства characterization of a subspace
  геометрическая ~ geometric(al) characterization

характеризовать characterize
- ~ класс   characterize a class
- ~ множество   characterize a set
- ~ представление   characterize a representation
- ~ систему   characterize a system

характеристика characteristic; characterization; characteristic surface; characteristic manifold
- ~ θ-функции   characteristic of a theta-function
- ~ группы   relevant prime for a group
- ~ класса   characteristic of a class
- ~ логарифма   characteristic of a logarithm
- ~ многообразия   characteristic of a manifold
- ~ нуль   zero characteristic
- ~ оператора   characteristic of an operator
- ~ особенности   characterization of a singularity
- ~ поля   characteristic of a field
- ~ расслоения   characteristic of a fiber bundle
- d- ~   d-characteristic
- θ- ~   theta-characteristic
- абстрактная ~   abstract characteristic
- вариационная ~   variational characteristic
- вероятностная ~   probabilistic characteristic
- временная ~   time characteristic
- выборочная ~   sample characteristic (value), population characteristic
- геометрическая ~   geometric(al) characteristic
- глобальная ~   global characterization
- гомологическая ~   homological characterization
- гомотопическая ~   homotopy characteristic
- грубая ~   coarse characteristic
- качественная ~   quality characteristic
- количественная ~   quantitative characteristic
- комбинаторная ~   combinatorial characteristic
- кратная ~   multiple characteristic
- мощностная ~   cardinal invariant
- неванлинновская ~   Nevanlinna('s) characteristic
- оперативная ~   OC-curve, operating characteristic
- предельная ~   limit(ing) characteristic
- простая ~   prime characteristic
- пространственная ~   space characteristic
- спектральная ~   spectral characteristic
- статистическая ~   statistical characteristic
- топологическая ~   topological characterization
- функциональная ~   functional characteristic
- частотная ~   frequency characteristic
- числовая ~   numerical characteristic
- эйлерова ~   Euler('s) characteristic
- эквивалентная ~   equivalent characteristic
- экстремальная ~   extremal property
- элементарная ~   elementary characteristic

характеристический characteristic
хаусдорфовость Hausdorffness, Hausdorff property
хвост tail
- ласточкин ~   dove(-)tail, swallow(-)tail

хирургия surgery
ход move
- обратный ~   back substitution
- прямой ~   forward elimination

хопфов Hopfian
хопфовость Hopficity

хорда chord
  ~ **круга** chord of a circle
  ~ **окружности** chord of a circle
  ~ **, проходящая через фокус перпендикулярно фокальной оси** focal chord
  ~ **эллипса** chord in an ellipse
хордальный chordal
хроматический chromatic

целое число integer, whole number, rational integer, integral number
  ~ **из *n* цифр** integer of *n* digits, integer of *n* figures
  ассоциированное ~ associated integer
  ближайшее ~ nearest integer
  комплексное ~ complex integer
  неотрицательное ~ non(-)negative integer
целочисленность integrality
цел‖ый integral; entire; whole
  ◊ **в ~ ом** in the large
цель goal
  ~ **управления** goal of control
цена pay(-)off function, price
  теневая ~ shadow price
ценз census
цензурирование censoring
  ~ **выборки** sample censoring
центиль percentile
центр center; centrum
  ~ **алгебры** center of an algebra
  ~ **вписанной окружности** in(-)center
  ~ **вписанной сферы** in(-)center
  ~ **вращения** center of rotation
  ~ **гомологии** center of homology, vertex of perspectivity

~ **гомотетии** homothetic center
~ **графа** center of a graph
~ **группы** center of a group, center in a group
~ **динамической системы** center of a dynamic(al) system
~ **диска** center of a disk
~ **звезды** center of a star
~ **инверсии** center of inversion
~ **инволюции** center of involution
~ **кольца** center of a ring
~ **кривизны** center of curvature
~ **круга** center of a circle
~ **матрицы** center of a matrix
~ **многочлена** center of a set
~ **окружности** center of a circumference; center of a circle
~ **описанной окружности** circum(-)center
~ **описанной сферы** circum(-)center
~ **перспективы** center of homology, vertex of perspectivity
~ **подобия** center of similitude
~ **притяжения** center of attraction
~ **проекции** point of sight, eye position, center of projection
~ **промежутка** center of an interval
~ **пучка** center of a pencil
~ **симметрии** center of symmetry
~ **сферы** center of a sphere
~ **тяжести (*треугольника*)** center of gravity, centroid
~ **шара** center of a sphere, center of a ball
~ **эллипса** center of an ellipse
~ **эллипсоида** center of an ellipsoid
n- ~ *n*-center
конечный ~ finite center
минимальный ~ finite center
радикальный ~ radical center
сферический ~ spherical center
тривиальный ~ trivial center
циклический ~ cyclic center
чебышевский ~ Chebyshev('s) center

централизатор centralizer
  ~ **элемента** centralizer of an element
  G- ~ stability subgroup, isotropy subgroup
централизация centralization
центральный central
центрирование centering
центрированный centered
центрирующий centering
центроаффинный centro(-)affine
центроид centroid
центроида centrode
  подвижная ~ centrode
центро-фокус focus(-)center
цепно-гомотопный chain-homotopic
цепно-эквивалентный chain-equivalent
цепочка chain
  ~ **делителей** chain of divisors
  ~ **Маркова** Markov('s) chain
  ~ **множеств** chain of sets
  ~ **отношений** chain of relations
  ~ **равенств** chain of equations
  ~ **расширений** extension chain
  ~ **рёбер** chain of arcs
  бесконечная ~ infinite chain
цепь см. тж. **цепь Маркова** chain; circuit; trail; linearly ordered set
  ~ **идеалов** chain of ideals
  ~ **областей** sequence of domains
  ~ **разбиения** chain of a decomposition
  ~ **сизигий** chain of syzygies
  ~ **элементов** chain of elements
  ε- ~ epsilon-chain
  n-мерная ~ n-(dimensional) chain
  альтернирующая ~ alternating chain
  бемольная ~ flat chain
  вложенная ~ embedded chain
  возвратная ~ recurrent chain
  возрастающая ~ ascending chain
  гамильтонова ~ Hamilton('s) arc; Hamiltonian chain
  гладкая ~ differentiable chain
  диезная ~ sharp chain
  замкнутая ~ closed chain
  знакопеременная ~ alternating chain
  конечная ~ finite chain
  лебегова ~ Lebesgue('s) chain
  марковская ~ Markov('s) chain
  минимальная ~ minimal chain
  насыщенная ~ saturated chain
  натянутая ~ taut chain
  нуль- ~ zero-chain
  ограниченная ~ bounded chain
  ограничивающая ~ boundary in a chain
  однородная ~ homogeneous chain
  плотная ~ dense chain
  полиэдральная ~ polyhedral chain
  простая ~ simple chain
  рациональная ~ rational chain
  сингулярная ~ singular chain
  убывающая ~ descending chain
  целочисленная ~ integral chain
  циклическая ~ cyclic chain
  эйлерова ~ Eulerian trail, Eulerian cycle, Eulerian path, Eulerian chain
  эквивалентная ~ equivalent chain
  эпсилон- ~ epsilon-chain
  эргодическая ~ ergodic chain
цепь Маркова Markov('s) chain
  ~ **с дискретным временем** discrete-time Markov chain
  ~ **с непрерывным временем** continuous-time Markov chain
  n- ~ Markov n-chain
  возратная ~ recurrent Markov chain
  максимальная ~ maximum Markov chain
  минимальная ~ minimal Markov chain
  неоднородная ~ non(-)homogeneous Markov chain
  непериодическая ~ non(-)recurrent Markov chain, aperiodic Markov chain
  неприводимая ~ irreducible Markov chain

цепь Маркова *(continued)*
  неразложимая ~ irreducible Markov chain
  обратная ~ inverse Markov chain
  однородная ~ homogeneous Markov chain
  периодическая ~ periodic Markov chain
  разложимая ~ reducible Markov chain, decomposable Markov chain
  регулярная ~ regular Markov chain
  сложная ~ composite Markov chain
  стандартная ~ standard Markov chain
  стационарная ~ stationary Markov chain
  топологическая ~ topological Markov chain
  эргодическая ~ ergodic Markov chain

цикл cycle; circuit
  ~ в графе circuit in a graph
  ~ гомологий homology cycle
  ~ длины 1 one-cycle
  ~ длины n cycle of length n, n-(dimensional) cycle
  ~ многообразия cycle of a manifold
  ~ размерности n cycle of length n, n-(dimensional) cycle
  ~ чисел number cycle
  n-мерный ~ cycle of length n, n-(dimensional) cycle
  абсолютный ~ absolute cycle
  алгебраически эквивалентный ~ algebraically equivalent cycle
  алгебраический ~ algebraic(al) cycle
  бесконечный ~ infinite cycle
  вещественный ~ real cycle
  гамильтонов ~ Hamiltonian circuit, Hamiltonian cycle, Hamilton('s) arc, Hamilton('s) line
  гомологичный ~ homologous cycle
  исчезающий ~ vanishing cycle
  ограничивающий ~ bounding cycle
  ориентированный ~ oriented circuit, directed circuit
  относительный ~ relative circuit
  предельный ~ limit(ing) cycle
  простой ~ prime cycle
  рационально эквивалентный ~ rationally equivalent cycle
  редуцированный ~ reduced cycle
  сингулярный ~ singular cycle
  тройной ~ three-cycle
  упорядоченный ~ ordered cycle
  фундаментальный ~ fundamental cycle
  численно эквивалентные ~ы numerically equivalent cycles
  эйлеров ~ Eulerian trail, Eulerian cycle, Eulerian path, Eulerian chain
  элементарный ~ simple cycle, elementary cycle
  эффективный ~ positive cycle

циклида cyclide ◊ **~ Дюпена** cyclide of Dupin

циклирование mixing
  ~ тензора mixing of a tensor

циклический cyclic
  p- ~ p-cyclic

цикличность cyclicity

циклоида cycloid
  удлинённая ~ prolate cycloid
  укороченная ~ curtate cycloid

циклотомический cyclotomic

циклотомия cyclotomy

цилиндр cylinder; cylindrical surface
  ~ отображения map(ping) cylinder
  n-мерный ~ n-dimensional cylinder
  гиперболический ~ hyperbolic cylinder
  конечный ~ finite cylinder
  круговой ~ circular cylinder; circular cylindrical surface
  наклонный ~ oblique cylinder
  параболический ~ parabolic cylinder

равносторонний ~ equilateral cylinder
эллиптический ~ elliptic cylinder
цилиндрический cylindrical
цилиндричность cylindricity
цилиндроид cylindroid
циркул‖ь compass(es) ◊ **с помощью ~я и линейки** by means of compasses and ruler
циркулянт circulant matrix; circulant
циркуляция circulation
~ **векторного поля** circulation of a vector field
векторная ~ vector circulation
циссоида cissoid
цифр‖а digit; cypher; cipher
арабские ~ы Arabic numerals
верная ~ valid figure
значащая ~ significant figure
круглая ~ round figure
римские ~ы Roman numerals
случайная ~ random digit
старшая ~ highest digit
цифровой digital
цоколь socle
~ **группы** socle of a group
~ **кольца** socle of a ring
~ **модуля** socle of a module
левый ~ left socle
ненулевой ~ non(-)zero socle
нулевой ~ zero socle
правый ~ right socle

частично partially
частичный partial
частное quotient
~ **двух чисел** quotient of two numbers

арифметическое ~ arithmetic(al) quotient
левое ~ left residual
неполное ~ partial quotient
полное ~ complete quotient
правое ~ right quotient, right residual
частный particular
частота frequency
~ **в классе** class frequency
~ **события** frequency of an event
абсолютная ~ absolute frequency
групповая ~ cell frequency, group frequency
круговая ~ circular frequency
ларморовская ~ Larmor('s) frequency
накопленная ~ cumulative frequency
относительная ~ relative frequency
угловая ~ angular frequency
циклическая ~ circular frequency
часть part; patch; portion; share
~ **неравенства** side of an inequality
~ **популяции** sub(-)population
~ **равенства** side of an equation
аналитическая ~ analytic(al) portion
векторная ~ vector part
внешняя ~ exterior
вырожденная ~ singular part
главная ~ principal part
голоморфная ~ holomorphic part
действительная ~ real part
дробная ~ fractional part
компактная ~ compact part
конечная ~ finite part
левая ~ (*уравнения или неравенства*) left(-hand) side, first member, left(-hand) member
линейная ~ linear part
мероморфная ~ meromorphic part
мнимая ~ imaginary part
неподвижная ~ fixed part
непустая ~ non(-)vanishing part
отрицательная ~ negative part
положительная ~ positive part

часть *(continued)*
  правая ~ (*уравнения или неравенства*) right(-hand) side, second member, right(-hand) member
  примитивная ~ primitive part
  разрывная правая ~ (*уравнения или неравенства*) discontinuous second member
  регулярная ~ regular part
  собственная ~ proper part
  структурная ~ structural part
  терминальная ~ terminal part
  усечённая ~ frustum
  целая ~ entire; integral part, integer part, entire part
  целая ~ числа whole number part; greatest integer function
чебышевский Chebyshevian
через- trans-
черта bar
  дробная ~ fraction(al) line
чертёж drawing; figure ◊ **на ~ е** in a figure
четверичный quaternary
четвёрка quadruple; tetrad
  ~ точек quadruple of points
  гармоническая ~ точек harmonic quadruplet
четверть quarter; quadrant
  ~ круга quadrant of a circle
  первая ~ first quadrant
чётно-нечётный even-odd
чётно-чётный even-even
чётномерный even-dimensional
чётность parity; evenness
  ~ перестановки parity of a permutation
чётный even
четыре- tetra-
четырёхвершинник quadrangle
  полный ~ complete quadrangle
четырёхгранник tetrahedron
четырёхгранный tetrahedral
четырёхдольный quadri(-)partite
четырёхкратно quadruply

четырёхкратный quadruple; four(-)fold
четырёхсторонний quadrilateral
четырёхсторонник quadrilateral
  полный ~ complete quadrilateral
  простой ~ simple quadrilateral
четырёхугольник quadrilateral, quadrangle
  ~ общего вида trapezoid
  ~ , около которого можно описать окружность cyclic quadrilateral
  вписанный ~ inscribed quadrilateral
  выпуклый ~ convex quadrilateral
  описанный ~ circumscribing quadrilateral
четырёхугольный quadrangular; tetragonal
четырёхчлен quadrinomial
четырёхчленный quadrinomial
численно numerically
численность number
  ~ в подклассах subclass number
численный numerical
числитель numerator
  ~ дроби numerator of a fraction
числ‖о *см. тж.* **кардинальное число, ординальное число, порядковое число, простое число, целое число** number
  ~ блоков, инцидентных элементу блок-схемы number of replications
  ~ внешней устойчивости (*графа*) domination number
  ~ внутренней устойчивости point-independence number
  ~ вращения rotation number
  ~ выборок number of samples
  ~ делителей divisor function
  ~ классов class number
  ~ кручения coefficient of torsion
  ~ , меньшее данного и взаимно простое с ним totitive

~ независимости   independence number
~ обусловленности   condition number
~ обходов   winding number
~ проверок   number of checks
~ процентов   percentage
~ разложения   decomposition number
~ рёберной связности   line-covering number
~ , свободное от квадратов   square-free number
~ скрещиваний   crossing number
~ со знаком   signed number, directed number
~ сочетаний из *n* элементов по *r*   number of combinations of *n* things taken *r* at a time
~ степеней свободы   number of degrees of freedom
~ устойчивости   stability number
c- ~   c-number
I-ое ~ (*Понтрягина*) I^{th} number
k-угольное ~   k-gonal number, figurate number
n-разрядное ~   *n*-digit number, *n*-figure number
n-разрядное десятичное ~   decimal of *n* places
p-адическое ~   p-adic number
S- ~   S-number
абсолютно нормальное ~   absolutely normal number
алгебраическое ~   algebraic(al) number
ассоциированное ~   associated number
бернуллиево ~   Bernoulli('s) number
бесконечное ~   infinite number
большие ~ a   large numbers
верхнее производное ~ (*Дини*)   upper derivative
вещественное ~   real number
взаимно простые ~ a   relatively prime numbers, numbers prime to one another, co(-)prime numbers
высоко составное ~   highly composite number
вычислимое ~   calculable number, computable number
гауссово ~   Gaussian number
гиперкомплексное ~   hyper(-)complex number
главное ~   principal number
двоичное ~   binary number
двустороннее производное ~ (*Дини*)   two-sided derivative
действительное ~   real number
десятичное ~   decimal number
дефектное ~   nullity, deficient number, defective number, deficiency index
дефектное ~ оператора   nullity of an operator
дискретные ~ a   discrete numbers
дополнительное ~   complementary number
дробное ~   fractional number
дружественное ~   amicable number
дуальное ~   dual number
идеальное ~   ideal number
избыточное ~   abundant number
именованное ~   concrete number, denominate number
иррациональное ~   irrational number
искомое ~   required number
квадратное ~   square number
квазипростое ~   quasi(-)prime number
квазислучайное ~   quasi(-)random number
классическое ~   classical number
комбинаторное ~   combinatorial number
комплексное ~   complex number
конечное ~   finite number

числ ‖ о *(continued)*
  конструируемое ~ constructible number
  конструктивное ~ constructible number
  кратно совершенное ~ multi(ply)-perfect number
  левое производное ~ (*Дини*) back(ward) derivative
  малое ~ small number
  минимальное собственное ~ minimal eigenvalue
  мнимое ~ imaginary number
  многозначное ~ multi(-)digit number
  многокомпонентное ~ multi(-)partite number
  многоугольное ~ polygonal number
  натуральное ~ natural number, counting number, positive integer
  независимые ~ a independent numbers
  неименованное ~ abstract number
  неотрицательное ~ non(-)negative number
  неразложимое ~ indecomposable number
  несобственное ~ improper number
  несовершенное ~ imperfect number
  несравнимые ~ a (*по модулю*) incongruent numbers
  нечётное ~ odd number, uneven number
  нижнее производное ~ (*Дини*) lower derivative
  нильпотентное ~ nilpotent number
  нормальное ~ normal number
  нормировочное ~ norming constant
  обратное ~ reciprocal number
  ограниченное ~ bounded number
  отвлечённое ~ abstract number
  отрицательное ~ negative number
  пентагональное ~ pentagonal number
  пифагорово ~ Pythagorean number
  пифагоровы ~ a Pythagorean triple
  положительное ~ positive number
  полуцелое ~ half-integer
  постоянное ~ constant number
  правое производное ~ (*Дини*) right(-hand) derivative, forward derivative
  предельное ~ limit(ing) number
  производное ~ Дини Dini('s) derivative, derived number
  противоположное ~ opposite number
  противоположное производное ~ (*Дини*) opposite derivative
  псевдопростое ~ pseudo(-)prime
  псевдослучайное ~ pseudo(-)random number
  пятиугольное ~ pentagonal number
  ранговое ~ ranking
  рациональное ~ rational number
  рациональное p-адическое ~ p-adic number
  семиугольное ~ heptagonal number
  сингулярное ~ singular value; singular number
  случайное ~ random number
  смешанное ~ mixed number
  собственное ~ матрицы eigenvalue of a matrix
  собственное ~ оператора eigenvalue of an operator
  совершенное ~ perfect number
  сопряжённое ~ conjugate number
  сопряжённое алгебраическое ~ algebraic conjugate
  составное ~ composite number
  спектральное ~ spectral number
  сравнимое ~ congruent number
  среднее ~ mean number

счётное ~   countable number, denumerable number
тетраэдрическое ~   tetrahedral number
трансфинитное ~   (transfinite) ordinal number, ordinal; cardinal number, cardinality
трансцендентное ~   transcendental number
треугольное ~   triangular number
фигурное ~   k-gonal number, figurate number
фиксированное ~   fixed number
характеристическое ~   eigen(-)value, characteristic number; proper number
хроматическое ~   chromatic number, chromatic index
целое p-адическое ~   p-adic integer
целое алгебраическое ~   algebraic integer
целое гауссово ~   Gaussian integer
цикломатическое ~   cyclomatic number
чётное ~   even number
чисто мнимое ~   pure(ly) imaginary number
шестиугольное ~   hexagonal number
эйлерово ~   Eulerian number

числовой   numerical
чисто   purely
чистота   neatness
чистый   pure
член   member; term
~ более высокого порядка   higher-order term
~ дроби   term of a fraction
~ , зависящий от x term in x
~ многочлена   term of a polynomial
~ определителя   element of a determinant
~ отношения   term of a ratio
~ последовательности   term of a sequence
~ прогрессии   term of a progression
~ пропорции   term of a proportion
~ разложения   term in an expansion
~ ряда   term of a series
~ с ошибкой   error term
~ уравнения   term of an equation
аддитивный ~   additive term
вековой ~   secular term
второй ~ нижнего центрального ряда группы   commutant, commutator group
высший ~   highest term, term of highest order, leading term
диагональный ~   diagonal term
дополнительный ~   additional term
информационный ~   information place, information symbol
квадратичный ~   quadratic term
контрольный ~   check digit
крайний ~ (*пропорции*)   extreme, extreme term
линейный ~   linear term
максимальный ~   maximum term
младший ~   lowest term
нелинейный ~   non(-)linear term
неподобные ~ы   unlike terms, dissimilar terms
общий ~   general term
остаточный ~   remainder term, tail
остаточный ~ в интегральной форме   integral remainder
остаточный ~ в форме Коши   Cauchy('s) remainder
остаточный ~ разложения в ряд Тейлора   Taylor('s) remainder
первый ~ (*ряда*)   initial term
пограничные ~ы   boundary terms
подобные ~ы   like terms, similar terms
поправочный ~   correction term
постоянный ~   constant term
резонансный ~   mixed-secular term
свободный ~   absolute term, constant term, free term
средний ~   mean, mean term; middle term

член (continued)
  старший ~ highest term, term of highest order, leading term
  точный ~ exact term
чувствительность sensitivity
  ~ **к возмущениям** sensitivity to perturbations
  ~ **к ошибкам** sensitivity to errors

Ш

шаг step; step size; step length; pitch
  ~ **алгоритма** step of an algorithm
  ~ **винтовой линии** pitch of a helix
  ~ **интегрирования** step of integration
  ~ **итерации** step of iteration
  ~ **построения** step in a construction
  ~ **преобразования** step in a transformation
  ~ **программы** step of a program
  ~ **распределения** step of a distribution
  ~ **решётки** interval of a lattice
  ~ **сетки** step of a network
  дробный ~ fractional step
  обратный ~ backward stepping
  первый ~ **индукции** basis of induction
  прямой ~ forward stepping
шапка cap
шар ball, solid sphere; sphere
  n-**мерный** ~ n-(dimensional) ball
  вложенный ~ embedded sphere
  вневписанный ~ escribed sphere
  вписанный ~ inscribed sphere, in(-)sphere
  геодезический ~ geodesic ball
  евклидов ~ Euclidean ball, Euclidean sphere
  единичный ~ unit ball, unit cell
  замкнутый ~ closed ball; closed sphere
  касательный ~ tangent ball
  компактный ~ compact ball
  малый ~ small ball
  непересекающиеся ~ **ы** disjoint balls
  описанный ~ circumscribed sphere, circum(-)sphere
  открытый ~ open ball, open sphere
  проколотый ~ punctured ball
шаровой spherical
шарообразный sphere(-)like
шароподобный sphere(-)like
шевелить stir
  ~ **отображение** stir a map(ping)
шейп shape
шестигранник hexahedron
  правильный ~ regular hexahedron
шестигранный hexahedral
шестидесятиричный sexagesimal
шестисторонний hexagonal
шестисторонник (*Брианшона*) hexagon
  двойной ~ **Шлефли** Schläfli('s) sixfold
шестиугольник hexagon
  правильный ~ regular hexagon
шестиугольный hexagonal
шестнадцатиричный hexagesimal
ширина breadth; width
  ~ **ленты** band width
  минимальная ~ minimal breadth
широкий broad; wide; vague
широко broadly; widely; vaguely
широта range
  ~ **распределения** spread of a distribution
  интердецильная ~ inter(-)decile range
  интерквантильная ~ inter(-)quantile range
  интерквартильная ~ inter(-)quartile range
  семиинтерквартильная ~ semi(-)interquartile range

шифровать code; encode
шкала scale
  гильбертова ~ Hilbert('s) scale
  двусторонняя ~ two-sided scale
  линейная ~ linear scale
школа school
  ~ интуиционизма Э.Бореля, А.Лебега, Н.Н.Лузина semi(-)intuitionism
шляпка hat, roof
штраф penalty
штрих prime; stroke
  ~ Шеффера stroke(-)operation, stroke(-)function
штриховать shade
штриховка shading
шум noise
  аддитивный ~ additive noise
  белый ~ white noise
  гауссовский ~ Gaussian noise
  тепловой ~ thermal noise

щель gap

эвентуальный eventual
ЭВМ computer
эвольвента evolvent
  ~ окружности evolvent of a circle
эволюта evolute, evolute surface
  ~ кривой evolute of a curve
  средняя ~ mid(-)envelope
эволюция evolution
  ~ во времени time evolution
эвристика heuristics
эвристический heuristic
эйконал eikonal
эйлеров Eulerian
экватор equator
  ~ сферы equator of a sphere
экви- equi-
эквиангармонический equi(-)anharmonic
эквиаффинный equi(-)affine
эквивалентность equivalence; bi(-)conditional
  ~ алгоритмов equivalence of algorithms
  ~ категорий category equivalence
  ~ коцепей equivalence of cochains
  ~ определения equivalence of a definition, definitional equivalence
  ~ подходов equivalence of approaches
  ~ систем equivalence of systems
  ~ состояний equivalence of states
  ~ уравнений equivalence of equations
  ~ формул equivalence of formulas
  ~ цикла equivalence of a cycle
  R- ~ R-equivalence
  алгебраическая ~ algebraic(al) equivalence
  аналитическая ~ analytic(al) equivalence
  архимедова ~ Archimedian equivalence
  асимптотическая ~ asymptotic(al) equivalence
  голоморфная ~ holomorphic equivalence
  гомологичная ~ homology equivalence
  гомотопическая ~ homotopy equivalence
  естественная ~ natural equivalence
  количественная ~ equipollence; equal cardinality

эквивалентность *(continued)*
  конформная ~ conformal equivalence
  линейная ~ linear equivalence
  простая ~ simple equilvalence
  рациональная ~ rational equivalence
  рекурсивная ~ recursive equivalence
  семантическая ~ semantic equivalence
  сильная ~ strong equivalence
  слабая ~ weak equivalence
  собственная ~ proper equivalence
  строгая ~ strict equivalence
  топологическая ~ topological equivalence
  унитарная ~ unitary equivalence
  условная ~ conditional equivalence
  функциональная ~ functional equivalence
  цепная ~ chain equivalence
  численная ~ numerical equivalence

эквивалентный equivalent
  ~ нулю equivalent to zero
  C- ~ C-equivalent
  алгебраически ~ algebraically equivalent
  голоморфно ~ holomorphically equivalent
  гомотопически ~ homotopy equivalent
  конформно ~ conformally equivalent
  линейно ~ linearly equivalent
  локально ~ locally equivalent
  почти ~ almost(-)equivalent
  собственно гомотопически ~ properly homotopy equivalent
  стабильно ~ stably equivalent
  топологически ~ topologically equivalent
  элементарно ~ elementarily equivalent

эквивариант equi(-)variant
эквивариантность equivariance
эквивариантный equivariant
эквидистанта hyper(-)cycle
эквилонгальный equi(-)long
эквипотенциальный equi(-)potential
экземпляр copy; replica
  ~ группы copy of a group
  ~ кода copy of a code
  ~ многообразия copy of a manifold
эконометрия econometrics
экономика economic theory
  математическая ~ mathematical economic theory
экран barrier
  отражающий ~ reflecting barrier
  поглощающий ~ absorbing barrier
экспансивный expansive
эксперимент experiment
  более информативный ~ more informative experiment
  модельный ~ model experiment
  случайный ~ random experiment
  статистический ~ statistical experiment
  факторный ~ factorial experiment
экспонента exponential function
  ~ пространства exponent of a space
экспоненциальный exponential
экспонирование exponentiation
экстенсивность extensivity
экстенсиональность extensionality
экстраполировать extrapolate
экстраполирование extrapolation
экстраполяция extrapolation
  ~ по Ричардсону Richardson('s) extrapolation
  ~ случайных процессов extrapolation of Gaussian processes
  линейная ~ linear extrapolation
  стохастическая ~ stochastic extrapolation

экстремаль extremal
  ~ **функционала** extremal of a function
  допустимая ~ admissible extremal arc
экстремум extremum
  глобальный ~ global extremum
эксцентриситет eccentricity
эксцесс excess; coefficient of excess; kurtosis
  ~ **распределения** population kurtosis
  отрицательный ~ negative kurtosis
  положительный ~ positive kurtosis, peakedness
  сферический ~ spherical excess
  эмпирический ~ empirical excess
элемент element; entry; item; member; constituent
  ~ **алгебры** element of an algebra
  ~ **ы анализа** elements of analysis
  ~ **аналитической функции** analytic element
  ~ **бесконечной высоты** element of infinite p-height
  ~ **блок-схемы** element of a block-design, plot of a block-design
  ~ **вероятности** probability element
  ~ **выборки** sampling item
  ~ **границы** boundary element
  ~ **группы** element of a group
  ~ **длины** line(ar) element
  ~ **Казимира** Casimir('s) operator
  ~ **касания** contact element
  ~ **класса** element of a class
  ~ **кольца** element of a ring
  ~ **конечного порядка** element of finite order
  ~ **матрицы** element of a matrix, entry of a matrix, constituent of a matrix, coordinate of a matrix
  ~ **множества** element of a set, member of a set
  ~ **наилучшего приближения** element of best approximation
  ~ , **обратный по сложению** additive inverse
  ~ , **обратный по умножению** multiplicative inverse
  ~ **объёма** element of volume
  ~ **памяти** memory element
  ~ **площади** element of area, areal element
  ~ **поверхности** surface element; areal element
  ~ **потока** element of a spread
  ~ **произведения** element of a product
  ~ **пространства** element of a space
  ~ **семейства** element of a family
  ~ **сравнения** comparison element
  ~ **столбца** element of a column
  ~ **строки** element of a row
  ~ **таблицы** element of a table
  ~ **ы теории** elements of a theory
  ~ **ы топологии** elements of topology
  ~ **фильтрации** element of a filtration
  p- ~ p-element
  алгебраически зависимые ~ **ы** algebraically dependent elements
  алгебраически независимые ~ **ы** algebraically independent elements
  алгебраический ~ algebraic(al) element
  аналитически независимые ~ **ы** analytically independent element
  аналитический ~ analytic(al) element
  ассоциированный ~ associate
  базисный ~ basic element
  бесконечно малый ~ infinitesimal element
  бесконечно удалённый ~ ideal element
  бесконечный ~ infinite element
  ведущий ~ pivot
  вейерштрассов ~ regular element
  вещественный ~ real element

элемент *(continued)*
  внедиагональный ~ off-diagonal element
  вспомогательный ~ auxiliary element
  выделенный ~ distinguished element
  гауссов ~ Gaussian element
  главный ~ principal element
  граничный ~ boundary element
  групповой ~ group element
  двойственный ~ dual
  двусторонний ~ two-sided element
  делимый ~ divisible element
  диагональный ~ diagonal element
  дизъюнктные ~ы independent elements, disjoint elements
  дополнительный ~ complementary element
  допустимый ~ admissible element
  дуальный ~ dual
  единичный ~ identity element; identity; unit element; unit
  зависимые ~ы dependent elements
  идемпотентный ~ idempotent element, idempotent
  измеримый обратный ~ measurable inverse
  изотропный ~ isotropic element
  инвариантный ~ invariant element
  интегральный ~ integral element, integrally dependent element
  канонический ~ canonical element
  квазиобратный ~ quasi(-)inverse (element)
  квазирегулярный ~ quasi(-)regular element, quasi(-)invertible element
  компактный ~ compact element
  конечный ~ finite element
  линейно зависимые ~ы linearly dependent elements
  линейно независимые ~ы linearly independent elements
  линейный ~ linear element, line element
  логический ~ logical element
  максимальный ~ maximal element, maximum element
  матричный ~ matrix element
  метрический ~ metric element
  минимальный ~ minimal element, minimum element
  направляющий ~ director
  недостижимый ~ inaccessible element
  независимые ~ы independent elements; disjoint elements
  нейтральный ~ neutral element
  ненулевой ~ non(-)zero element
  неподвижный ~ fixed element
  непосредственно последующий ~ sequent
  неприводимый ~ irreducible element
  неразветвлённый ~ unramified element
  неразличимый ~ indiscernible element
  несепарабельный ~ non(-)separable element, inseparable element
  несобственный ~ ideal element
  нетривиальный ~ non(-)trivial element
  нильпотентный ~ nilpotent element, nilpotent
  нормальный ~ Gaussian element
  нулевой ~ zero element, null element; zero; cipher, cypher
  обобщённо обратный ~ generalized inverse
  образующий ~ generator
  обратимый ~ invertible element
  обратный ~ inverse (element); reciprocal (element); converse; inverse function element
  обратный ~ группы group-inverse

обратный левый ~ left inverse
обратный правый ~ right inverse
общий ~ general element
обыкновенный ~ ordinary element
ограниченный ~ bounded element
однородный ~ homogeneous element
ориентированный ~ oriented element
ортогональные ~ы orthogonal elements
основной ~ fundamental element
основные ~ы треугольника parts of a triangle
особый ~ singular element
отделяющий ~ separating element
относительно обратный ~ relative inverse
перестановочные ~ы commuting elements, commutative elements
плоский ~ planar element
плотный ~ dense element
положительный ~ positive element
полупростой ~ semi(-)simple element
пороговый ~ threshold element
порождающий ~ generating element, generator
последующий ~ successor
почти интегральный ~ almost integral element
правый ~ right element
предельный ~ limit(ing) element
предшествующий ~ predecessor
приводимый ~ reducible element
примарный ~ primary element
примитивный ~ primitive element
проективный ~ projective element
производный ~ derived (element)
произвольный ~ arbitrary element
простой ~ prime (element)

противоположный ~ additive inverse element
псевдообратный ~ pseudo(-)inverse
радикальный ~ radical element, root element
разветвлённый ~ ramified element
различные ~ы distinct elements
разложимый ~ decomposable element
разрешающий ~ pivot
регулярный ~ regular element
самосопряжённый ~ self(-)adjoint element
сепарабельный ~ separable element
сильный ~ strong element
симметричный ~ symmetric(al) element
случайный ~ random element
собственный ~ eigen(-)element
сократимый ~ cancellable element
сопряжённый ~ mate; conjugate element; adjoint (element)
спектральный ~ spectral element
сравнимые ~ы comparable elements
стеснённый ~ constrained element
субрегулярный ~ sub(-)regular element
сферический ~ spherical element
тождественный ~ identity element; identity; unit element; unit
трансгрессивный ~ transgressive element
транспонированный ~ transpose
трансцендентный ~ transcendental element
треугольный ~ triangular element
тривиальный ~ trivial element
универсальный ~ universal element
унипотентный ~ unipotent element, unipotent part

элемент (continued)
   унитарный ~ unitary element
   униформизующий ~ uniformizing element
   фиксированный ~ fixed element
   функциональный ~ function(al) element
   характеристический ~ characteristic element
   целый ~ integral element, integrally dependent element
   центральный ~ central element
   чисто несепарабельный ~ purely inseparable element
   эквивалентный ~ equivalent element
   экзотический ~ exotic element
   экстремальный ~ extremal element
   энгелев ~ Engel('s) element
   эрмитов ~ self(-)adjoint element
элементарность elementarity
элементарный elementary
элиминируемость eliminability
эллипс ellipse
   вероятностный ~ probability ellipse
   горловой ~ gorge ellipse
   доверительный ~ confidence ellipse
эллипсоид ellipsoid
   ~ вращения ellipsoid of revolution
   ~ рассеяния ellipsoid of dispersion
   вероятностный ~ probabilistic ellipsoid
   многомерный ~ multidimensional ellipsoid
эллипсоидальный ellipsoidal
эллиптико-гиперболический elliptic-hyperbolic
эллиптический elliptic(al)
эллиптичность ellipticity
   равномерная ~ uniform-mode ellipticity
   сильная ~ strong ellipticity
эляция elation
эмпиризм empirism

эмпирический empirical
энантиоморфный enantiomorphic
эндоморфизм endomorphism
   ~ в пространстве endomorphism of a space
   ~ модулей endomorphism of modules
   R- ~ R-endomorphism
   апериодический ~ aperiodic(al) endomorphism
   коммутирующие ~ commuting endomorphisms
   нормальный ~ normal endomorphism
   операторный ~ operator endomorphism
   полупростой ~ semi(-)simple endomorphism, semi(-)simple linear transformation
   присоединённый ~ adjoint endomorphism
   простой ~ simple endomorphism
   симметричный ~ symmetric(al) endomorphism
   сюръективный ~ surjective endomorphism
   точный ~ exact endomorphism
   частичный ~ partial endomorphism
   эрмитов ~ Hermitian endomorphism
энергия energy
   ~ меры energy of a measure
   взаимная ~ mutual energy
   средняя ~ average energy
энтропия entropy
   ~ источника информации entropy of an information source
   ~ множества entropy of a set
   ~ распределения вероятностей entropy of a probability distribution
   ε- ~ ε-entropy
   алгоритмическая ~ algorithmic entropy
   вполне положительная ~ completely positive entropy
   дифференциальная ~ differential entropy

метрическая ~ metric entropy
относительная ~ relative entropy
положительная ~ positive entropy
средняя ~ conditional entropy, mean entropy
топологическая ~ topological entropy
условная ~ conditional entropy, mean entropy
эпиграф epigraph
эпидемия epidemics
эпиморфизм epimorphism
~ группы epimorphism of a group
эпиморфный epimorphic
эпитрохоида epitrochoid, prolate epicycloid
эпициклоида epicycloid
удлинённая ~ epitrochoid, prolate epicycloid
укороченная ~ curtate epicycloid
эргодический ergodic
эргодичность ergodicity
строгая ~ strict ergodicity
эрмитиан Hermitian
эрмитов Hermitian
эрмитовость Hermiticity
этап step
~ алгоритма step in an algorithm
эффект effect
~ блока block effect
~ непрерывности continuity effect
~ регрессии regression effect
главный ~ main effect
дробовой ~ shot effect
накопленный ~ cumulative effect
случайный ~ random effect
фиксированный ~ fixed effect
эффективизация effectivization
эффективно effectively
эффективность efficiency
~ алгоритма efficiency of an algorithm
~ критерия efficiency of a test
~ метода efficiency of a method
~ оценки efficiency of an estimator
~ по Бахадуру Bahadur efficiency
~ статистической процедуры efficiency of a statistical procedure
~ языка efficiency of a language
асимптотическая ~ asymptotic efficiency
относительная ~ relative efficiency
эффективный efficient; effective
эффектор effector

явление phenomenon
переходное ~ transitional phenomenon
реальное ~ real phenomenon
случайное ~ random phenomenon
явно explicitly
явный explicit
ядерность nuclearity
ядерный nuclear
ядро kernel; core
~ гомоморфизма kernel of a homomorphism
~ группы kernel of a group
~ действия kernel of action
~ интеграла kernel of an integral
~ , интегрируемое с квадратом square-integrable kernel
~ конгруэнции kernel of a congruence
~ матрицы kernel of a matrix
~ множества kernel of a set
~ морфизма kernel of a morphism
~ общего вида general kernel
~ оператора kernel of an operator
~ отображения kernel of a map(ping)
~ полугруппы kernel of a semigroup

ядро *(continued)*
- ~ **потенциала**   kernel of a potential
- ~ **представления**   kernel of a representation
- ~ **преобразования**   kernel of a transform
- ~ **спектра**   kernel of a spectrum
- ~ **типа Гильберта-Шмидта**   kernel of Hilbert-Schmidt-type
- ~ **типа потенциала**   polar kernel
- ~ **уравнения**   kernel of an equation
- ~ **функционала**   kernel of a functional
- ~ **экономики**   core of economy

μ-измеримое ~   mu-measurable kernel
абстрактное ~   abstract kernel
анизотропное ~   anisotropic kernel
бесселево ~   Bessel('s) kernel
вещественное ~   real kernel
взаимное ~   reciprocal kernel, resolvent kernel
воспроизводящее ~   reproducing kernel
вырожденное ~   degenerate kernel, separated kernel
дефинитное ~   definite kernel
замкнутое ~   closed kernel
измеримое ~   (mu)-measurable kernel
интегральное ~   integral kernel
итерированное ~   iterated kernel
комплексное ~   complex kernel
левое ~   left kernel, left associator
линейное ~   linear kernel
логарифмическое ~   logarithmic kernel
матрица- ~   matrix kernel
неотрицательно определённое ~   positive(-)semi(-)definite kernel
неотрицательное ~   positive(-)semi(-)definite kernel
неположительно определённое ~   negative(-)semi(-)definite kernel
неположительное ~   negative(-)semi(-)definite kernel
непрерывное ~   continuous kernel
несущественно особое ~   weakly singular kernel
обобщённое ~   distribution kernel
определённое ~   definite kernel
ортогональное ~   orthogonal kernel
особое ~   singular kernel
открытое ~   open kernel
открытое ~ **множества**   kernel of a set
положительно определённое ~   positive(-)definite kernel, positive kernel
полярное ~   polar kernel
правое ~   right kernel; right associator
размерностное ~   dimensional kernel
разностное ~   difference kernel
разрешающее ~   reciprocal kernel, resolvent kernel
регулярное ~   regular kernel
симметрическое ~   symmetric(al) kernel
симметричное ~   symmetric(al) kernel
сопряжённое ~   adjoint kernel
спектральное ~   spectral kernel
среднее ~   middle associator
стохастическое ~   stochastic kernel
топологическое ~   topological kernel
фредгольмово ~   Fredholm('s) kernel
фундаментальное ~   fundamental kernel, elementary kernel
эрмитово ~   Hermitian kernel

язык   language
- ~ **ε-δ**   epsilon-technique
- ~ **аксиоматической системы**   language of an axiomatic system
- ~ **высокого уровня**   high-level language

~ колец   ring language
~ низкого уровня   low-level language
~ с кванторами   language with quantifiers
~ таблиц   truth-table technique
~ теории   language of a theory
~ уравнений   language of equations
~ формул   language of formulas
алгебраический ~   algebraic(al) language
алгоритмический ~   algorithmic language
бесконтекстный ~   context-free language
вероятностный ~   probabilistic language
входной ~   input language
геометрический ~   geometric(al) language
детерминированный ~   deterministic language
естественный ~   natural language
комбинированный ~   combined language
линейный ~   linear language
логический ~   logical language
машинно-ориентированный ~   machine-oriented language
машинный ~   machine language
неоднозначный ~   ambiguous language
объектный ~   object language
однозначный ~   unambiguous language
перечислимый ~   enumerable language
предметный ~   object language
проблемно-ориентированный ~   problem-oriented language
разветвлённый ~   ramified language
рекурсивно перечислимый ~   recursively enumerable language
семантический ~   semantic language
синтаксический ~   syntactic language
специальный ~   special-purpose language
существенно неоднозначный ~   ambiguous language
существенно неопределённый ~   ambiguous language
формализованный ~   formalized language
формальный ~   formal language
формальный ~ программирования   algorithmic language
формульный ~   language of formulas
функциональный ~   functional language
элементарный ~   elementary language

якобиан   Jacobian, Jacobian determinant
~ отображения   Jacobian of a map(ping)
~ преобразования   Jacobian of a transformation
~ функции   Jacobian of a function
невырожденный ~   non(-)vanishing Jacobian
обобщённый ~   generalized Jacobian
промежуточный ~   intermediate Jacobian

якобиев   Jacobian

ярус (*дерева*)   tier

ячейка   cell; (*ленты машины Тьюринга*) square
~ памяти   memory cell
~ таблицы   cell of a table
начальная ~   left(-)most square
пустая ~   blank
элементарная ~   elementary cell

ящик   box
борелевский ~   Borel('s) box